2019年喀山水处理技术
——泵、管操作现场

2019年喀山水处理技术
——EduKit PA评分现场

2019年喀山水处理技术
——11个参赛队集体照

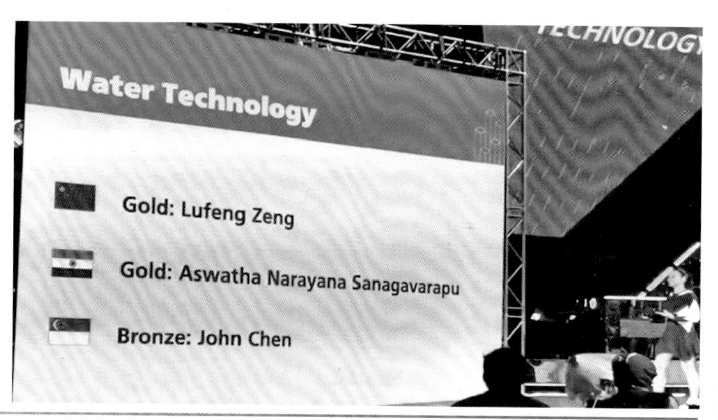

2019年喀山水处理技术
项目获金牌

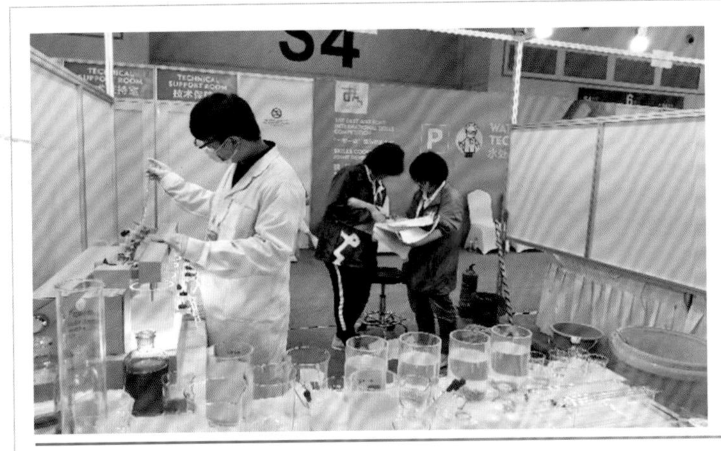

2019年曾璐峰在“一带一路”
水处理絮凝比赛现场

2019年“一带一路”水处理
技术比赛中裁判员讨论现场

2017年阿布扎比水处理技术
——EDS砂过滤展示赛现场

2017年阿布扎比水处理技术
——絮凝实验展示赛现场

世界技能大赛
赛项指导书
水处理技术

化学工业职业技能鉴定指导中心　组织编写

刘东方　袁　髭　主编

沈　磊　主审

化学工业出版社

·北京·

内容提要

本书按世界技能大赛技术文件相关模块对专业技能的要求编写，包括世界技能大赛介绍、水处理技术项目基本知识、模拟试卷三部分。教材既包含了水处理技术职业知识体系应当具备的基础知识，又包含了相关职业技能的模拟培训操作，还包含了参加世界技能大赛的专项能力训练等内容。基础知识针对性强、技能训练可操作性强，对准备参加世界技能大赛的教练、学员有很强的指导作用。

本书为准备参加世界技能大赛的教练、学员的指导书，也可供从事职业教育以及水处理技术人员参考。

图书在版编目（CIP）数据

世界技能大赛赛项指导书．水处理技术／化学工业职业技能鉴定指导中心组织编写；刘东方，袁騉主编．—北京：化学工业出版社，2020.8

ISBN 978-7-122-37158-4

Ⅰ.①世… Ⅱ.①化… ②刘… ③袁… Ⅲ.水处理-职业技能-竞赛-世界 Ⅳ.①TU991.2

中国版本图书馆CIP数据核字（2020）第094093号

责任编辑：王文峡　窦　臻　王海燕　　文字编辑：陈小滔　刘　璐

责任校对：王　静　　装帧设计：关　飞

出版发行：化学工业出版社（北京市东城区青年湖南街13号　邮政编码100011）

印　　装：三河市延风印装有限公司

787mm×1092mm　1/16　印张21　彩插1　字数528千字　2020年11月北京第1版第1次印刷

购书咨询：010-64518888　　售后服务：010-64518899

网　　址：http://www.cip.com.cn

凡购买本书，如有缺损质量问题，本社销售中心负责调换。

定　　价：68.00元

前言

本教材以2017年第44届世界技能大赛水处理技术展示项目和2019年第45届世界技能大赛水处理技术竞赛标准为基础，结合该项目在我国国内选拔赛和国家集训队的相关情况编写，旨在推动世界技能大赛水处理技能项目在中国健康发展，指导选手、教练和技术专家备赛，培养出更具特色和竞争力的选手。

本教材立足于知识够用、理实一体，促进竞赛成果转化，突出职业能力和职业素养而进行编写，体现了现代职业教育的特色。全书按世界技能大赛技术文件相关模块对专业技能的要求编写，包括世界技能大赛介绍、水处理技术项目基本知识、模拟试卷三部分。教材既包含了水处理技术职业知识体系应当具备的基础知识，又包含了相关职业技能的模拟培训操作，还包含了参加世界技能大赛的专项能力训练等内容。基础知识针对性强、技能训练可操作性强，对准备参加世界技能大赛的教练、学员有很强的指导作用。

本书第一部分中世界技能组织简介、世界技能比赛项目由化学工业职业技能鉴定指导中心刘东方整理；与化工相关的比赛项目、中国参加世赛的情况由化学工业职业技能鉴定指导中心张璇整理；水处理技术项目、裁判员对赛务手册的解读由北京市工业技师学院袁騉编写。第二部分中化学基础、水处理工艺操作训练由袁騉编写；Festo水处理设备技能与知识实例由费斯托（中国）有限公司万国江编写；水处理的分类由碧水蓝天（聊城）水处理有限公司刘涛编写；实验室絮凝实验技能与知识实例由北京市工业技师学院杨未男、王冬编写；分析检测基础和 实验室分析检测技能与知识实例由北京市工业技师学院李椿方编写；机械基础和泵系统技能与知识实例由上海石油化工学校杨小燕编写；电工基础由山东工业技师学院袁强和广东中山技师学院魏海翔合编；微生物检测训练由北京电子科技职业学院生物工程学院陈亮编写；虚拟仿真基础由北京东方仿真软件技术有限公司孙美红编写。第三部分和附件部分由袁騉编写整理。全书由刘东方、袁騉负责统稿，由化学工业职业技能鉴定指导中心沈磊负责主审。

在完成本书的过程中，得到了世界技能大赛中国水处理技术项目专家组组长北京工业大学王湛指导。费斯托（中国）有限公司冯建冻，江西环境工程职业学院汪葵、柯瑞华，山东工业技师学院贺琼，深圳中润水工业技术发展有限公司曾铁夫等人提出了许多宝贵建议，在此向他们表示感谢。

限于业务水平，本书难免存在疏漏和欠妥之处，欢迎读者批评指正。

编　者

2020年1月

目录

第一部分 世界技能比赛介绍 /1

第二部分 水处理技术项目基本知识 /21

第三部分 模拟试卷 /267

参考文献 / 332

第一部分

世界技能比赛介绍

1

世界技能组织简介

1.1 世界技能组织

世界技能组织是世界技能大赛的组织机构，其前身是“国际职业技能训练组织”（IV-TO）。20世纪50年代，西班牙和葡萄牙两国发起创立了“国际职业技能训练组织”，目的是感召青年人重视职业技能，引导社会和雇主重视职业技能培训，它们通过举办世界性的竞赛来实现目的。后来，在“国际职业技能训练组织”50周年会员大会上，“国际职业技能训练组织”更名为“世界技能组织”。

世界技能组织是非政府国际组织，注册地在荷兰。

世界技能组织的宗旨是，提升公众对技能人才的认可，展示技能在实现经济发展和个人成功中的重要性。

世界技能组织的目标：

① 通过各成员的共同努力，促进世界技能组织的发展。

② 把世界技能大赛作为加强技能认同、促进技能发展的主要方式。

③ 发展一个现代化的、灵活的组织机构，支持世界技能组织的全球性活动。

④ 与政府、非政府组织和所选择的企业发展战略合作伙伴关系，共同为实现组织的目标而努力。

⑤ 传播信息，共享知识、技能标准和世界技能组织的评价标准。

⑥ 建立便利的国际联系网络，为世界技能组织的利益相关者创造更多技能发展和技能创新的机会。

⑦ 鼓励世界技能组织成员和世界范围内的年轻人加强技能、知识和文化的交流。

世界技能组织的工作职责：

① 通过技能竞赛、教育培训、技能推广、研究、职业发展与国际合作，把行业、政府和教育培训机构联系起来，以推动国际性的技能发展，从而确保公众能够获得相对稳定且逐步增长的经济收入，让年轻人拥有自由选择的权利。

② 向青年人及他们的教师、教练和雇主提出挑战，激励他们达到商业、服务业和工业各领域的世界一流水平，促进技工教育和职业培训的发展。

③ 每两年举办一届世界技能大赛。

④ 通过研讨、会议和比赛，促进技工教育与职业培训理念和经验的交流。

⑤ 传播世界一流水平的职业能力标准。

⑥ 鼓励年轻人接受与他们职业生涯相关的继续教育和培训。

⑦ 促进全球范围内技工教育与职业培训机构之间的交流和联系。

⑧ 鼓励各成员中青年技能人才之间的交流。

世界技能组织的管理机构是全体大会（General Assembly）和董事会（Board of Directors）。

全体大会是世界技能组织的最高权力机构，由各成员的行政代表与技术代表组成。每个世界技能组织成员应由行政代表或技术代表行使投票权。世界技能组织每年组织召开一次全体大会。

全体大会选举出的董事会由主席、副主席、常务委员会副主任、财务主管组成。此外，董事会还应包括今后两届世界技能大赛主办方的两位成员。董事会成员（选举产生的或当然成员）在组织相关事宜时享有同等权利。董事会向全体大会负责。

常务委员会（Standing Committee）由战略委员会（Strategy Committee）和竞赛委员会（Competitions Committee）组成。

战略委员会由行政代表组成。战略事务副主席负责召集并主持会议。战略委员会根据世界技能组织确定的目标提出可行的战略方针和行动计划。竞赛委员会由技术代表组成。竞赛副主席负责召集并主持会议，处理与竞赛相关的所有事务。

世界技能组织的官员包括主席、战略事务副主席、竞赛副主席、特殊事务副主席、常务委员会副主任、财务主管和首席执行官。

世界技能组织首席执行官由董事会任命，除此之外的所有组织官员均由全体大会选举产生，任期四年。世界技能组织现任官员如下。

主席：西蒙·巴特利（英国）；

战略事务副主席兼战略委员会主任：乔斯·德高耶（荷兰）；

竞赛副主席兼竞赛委员会主任：施泰芬·普拉绍尔（奥地利）；

特殊事务副主席：林三贵（中国台北）；

战略委员会副主任：劳伦斯·盖茨（法国）；

竞赛委员会副主任：冯建强（中国香港）；

财务主管：特里·库克（加拿大）；

首席执行官：大卫·霍伊（澳大利亚）。

1.2 世界技能组织大家庭

世界技能组织成员是指能够代表一个国家或地区商业、服务业和工业的职业教育和培训系统的组织，并且得到世界技能组织的认可。任何国家或地区要想成为世界技能组织的成员，须正式提出申请并经全体大会批准通过。

截至 2017 年 11 月，世界技能组织共有 78 个国家和地区成员，覆盖了全球 70%以上的人口。其中，近十年内加入的有近 30 个国家和地区，这足以显示出近年来世界技能运动的蓬勃发展之势。这些成员中亚洲有 29 个国家或地区、欧洲有 26 个国家或地区、美洲有 15 个国家或地区、非洲有 6 个国家或地区和大洋洲有 2 个国家。具体见表 1-1。

表 1-1　2017 年最新成员列表

洲别	序	国家/地区名称	中文名称	简称	加入时间/年份	加入顺序
亚洲（29 个）	1	Armenia	亚美尼亚	AM	2012	62
	2	Kingdom of Bahrain	巴林王国	BH	2013	66

续表

洲别	序	国家/地区名称	中文名称	简称	加入时间/年份	加入顺序
亚洲（29个）	3	Brunei Darussalam	文莱达鲁萨兰国	BN	2004	39
	4	China	中国	CN	2010	53
	5	Georgia	格鲁吉亚	GE	2012	63
	6	Hong Kong，China	中国香港	HK	1997	32
	7	Isreal	以色列	IL	2015	73
	8	India	印度	IN	2006	48
	9	Indonesia	印度尼西亚	ID	2004	41
	10	Iran	伊朗	IR	2000	36
	11	Japan	日本	JP	1961	10
	12	Kazakhstan	哈萨克斯坦	KZ	2014	71
	13	Korea	韩国	KR	1966	12
	14	Kuwait	科威特	KW	2012	64
	15	Macau，China	中国澳门	MO	1983	18
	16	Malaysia	马来西亚	MY	1992	24
	17	Mongolia	蒙古	MN	2014	69
	18	Oman	阿曼	OM	2009	51
	19	Pakistan	巴基斯坦	PK	2017	78
	20	Palestine	巴勒斯坦	PS	2015	75
	21	Philippines	菲律宾	PH	1994	27
	22	Saudi Arabia	沙特阿拉伯	SA	2001	37
	23	Singapore	新加坡	SG	1993	26
	24	Sri Lanka	斯里兰卡	LK	2012	60
	25	Chinese Taipei	中国台北	TW	1970	14
	26	Thailand	泰国	TH	1993	25
	27	Turkey	土耳其	TR	2009	52
	28	United Arad Emirates	阿联酋	AE	1997	31
	29	Vietnam	越南	VN	2006	44
欧洲（26个）	1	Austria	奥地利	AT	1958	9
	2	Belarus	白俄罗斯	BY	2014	68
	3	Belgium	比利时	BE	1998	33
	4	Croatia	克罗地亚	HR	2006	45
	5	Denmark	丹麦	DK	1998	34
	6	Estonia	爱沙尼亚	EE	2006	47
	7	Finland	芬兰	FI	1988	20
	8	France	法国	FR	1953	5

续表

洲别	序	国家/地区名称	中文名称	简称	加入时间/年份	加入顺序
欧洲（26个）	9	Germany	德国	DE	1953	3
	10	Hungary	匈牙利	HU	2006	46
	11	Iceland	冰岛	IS	2007	49
	12	Ireland	爱尔兰	IE	1956	7
	13	South Tyrol Italy	意大利南帝罗尔	IT	1995	29
	14	Latvia	拉脱维亚	LV	2011	55
	15	Priucipality Liechtenstein	列支敦士登	LI	1968	13
	16	Luxembourg	卢森堡	LU	1957	8
	17	Netherlands	荷兰	NL	1962	11
	18	Norway	挪威	NO	1990	22
	19	Portugal	葡萄牙	PT	1950	2
	20	Russia	俄罗斯	RU	2012	59
	21	Spain	西班牙	ES	1950	1
	22	Sweden	瑞典	SE	1994	28
	23	Switzerland	瑞士	CH	1953	6
	24	Ukraine	乌克兰	UA	2017	77
	25	United Kingdom	英国	UK	1953	4
	26	Romania	罗马尼亚	RO	2016	76
美洲（15个）	1	Argentina	阿根廷	AR	2011	57
	2	Barbados	巴巴多斯	BB	2011	56
	3	Brazil	巴西	BR	1981	17
	4	Canada	加拿大	CA	1990	21
	5	Chile	智利	CL	2013	67
	6	Colombia	哥伦比亚	CO	2008	50
	7	Costa Rica	哥斯达黎加	CR	2015	74
	8	Dominican Republic	多米尼加	DO	2012	65
	9	Ecuador	厄瓜多尔	EC	2006	43
	10	Jamaica	牙买加	JM	2004	40
	11	Mexico	墨西哥	MX	2005	42
	12	Paraguay	巴拉圭	PY	2011	58
	13	Trinidad and Tobago	特立尼达和多巴哥	TT	2012	61
	14	United States of America	美国	US	1973	15
	15	Venezuela	委内瑞拉	VE	2002	38

续表

洲别	序	国家/地区名称	中文名称	简称	加入时间/年份	加入顺序
非洲（6个）	1	Egypt	埃及	EG	2014	70
	2	Morocco	摩洛哥	MA	1998	35
	3	Namibia	纳米比亚	NA	2011	54
	4	South Africa	南非	ZA	1990	23
	5	Tunisia	突尼斯	TN	1996	30
	6	Zambia	赞比亚	ZM	2014	72
大洋洲（2个）	1	Australia	澳大利亚	AU	1981	16
	2	New Zealand	新西兰	NZ	1985	19
合计	78					

1.3 关于世界技能大赛

世界技能大赛（world skills competition，WSC）是迄今全球地位最高、规模最大、影响力最大的职业技能竞赛，被誉为“世界技能奥林匹克”，其竞技水平代表了职业技能发展的世界先进水平，是世界技能组织成员展示和交流职业技能的重要平台。世界技能大赛由世界技能组织（world skills international，WSI）举办，每两年一届，截至目前已成功举办44届。

一个国家或地区在世界技能大赛中取得的成绩在一定程度上代表了这个国家或地区的技能发展水平，反映了这个国家或地区的经济技术实力。发达国家特别是制造业强国都高度重视世界技能大赛，参赛事项得到国家的大力支持和国民的高度关注。

1.4 竞赛规则

世界技能大赛竞赛规则规定了：①适用范围和基本原则；②组织（大赛组织者的职责、持续时间、技能的种类、技术说明、测验项目）；③相关各方（参赛者、残疾人参赛者、每一种技能的最少参赛人数、评委会主席和评委）；④比赛（注册、评估、世界技能大赛的奖杯和奖章、公共关系、秘书处、职责、质量管理系统、实验项目）；⑤纪律处罚程序（原则、程序、原告与被告、过程）等。并附录了参赛选手指导手册、评委会主席与评委会职责、首席专家职责、专家职责、工作场地监督员（现场监督员）职责、引入示范性技能的指导原则、首席专家和副首席专家的选举过程、实验性项目、世界技能测试项目设计和管理的道德标准、保密和专业协议、笔译员和口译员行为规则等文件。

1.4.1 关于世界技能大赛发展史

世界技能大赛已经有近七十年的历史了，最早的比赛始于西班牙。

1946年，西班牙国内技术工人大量短缺，为应对这一困境，时任西班牙青年组织总干事的何塞·安东尼奥·埃尔拉·奥拉索（José Antonio Elola Olaso）萌生了以职业技能竞赛吸引年轻人接受职业教育的想法。在他的授意下，时任西班牙最大技能培训中心负责人的弗朗西斯科·阿尔伯特·维达（Francisco Albert-Vidal）和其他几位同事一起，将这一想法变为了现实。阿尔伯特·维达提出通过组织这项特别的行动来激发年轻人学习技能的激情，并使得他们的父母、老师和雇主相信：良好的技能训练也可以为年轻人带来光明的未来。在他的带领下，西班牙于1947年进行了第1次尝试——在国内成功举办了第1届全国职业技能大赛，共有约4000名学徒参与其中。

随后，经过一系列努力，1950年，西班牙与历史、文化、语言都相似的葡萄牙携手，在西班牙马德里举办了第1届世界技能大赛，世界技能大赛的帷幕正式拉开。作为当今世界最负盛名的技能赛事，世界技能大赛最初的赛事规模并不宏大，只有来自两个国家的24名青年技术工人参加。与此同时，两国在西班牙创立了世界技能组织的前身——“国际职业技能训练组织”（International Vocation Training Organization，IVTO），这个组织也就是后来各届世界技能大赛的举办者。

1953年，在西班牙的邀请下，德国、英国、法国等欧洲国家纷纷加入“国际职业技能训练组织”。1954年，由各成员选派的行政代表和技术代表组成的组委会成立，专门负责制定和完善竞赛规则，这种模式沿用至今。从20世纪60年代起，日本、韩国等亚洲国家也先后加入。来自全球不同国家和地区的不同肤色的选手纷纷登上世界技能大赛的舞台，赛事规模日益壮大。时至今日，世界技能大赛已成为真正的世界级技能竞技比赛，世界技能组织各成员国家和地区的青年技术人才齐聚一堂，展示、交流各自的技能，相互学习彼此的经验，分享胜利的喜悦。

1955—1971年，世界技能大赛每年举办一届，自1971年起，基本稳定为每两年举办一届。经过67年的发展，世界技能大赛的参赛规模从1950年2个参赛队24名参赛选手发展到2017年68个参赛队1260余名参赛选手。2017年10月14—19日在阿联酋阿布扎比举办的第44届世界技能大赛是迄今为止规模最大的技能竞赛。

历届世界技能大赛以在欧洲举办为主，在亚洲举办过7届，即第19届在（1970年）日本东京、第24届（1978年）在韩国釜山、第28届在（1985年）日本大阪、第32届（1993年）在中国台北、第36届（2001年）在韩国汉城（2005年1月19日更名为“首尔”）、第39届（2007年）在日本静冈和第44届（2017年）在阿联酋阿布扎比。此外，在北美洲举办过1届，即第26届（1981年）在美国亚特兰大；在拉丁美洲举办过1届，即第43届（2015年）在巴西圣保罗。从欧洲到亚洲、美洲，世界技能大赛足迹的延伸充分说明了其创意的成功之处。以技能的比拼、展示、传播为核心，以鼓励青年技术工人成长为己任，世界技能大赛从诞生之日起，就与社会生产具有紧密的联系，满足了社会发展的需求，顺应了历史的潮流。

1.4.2 世界技能大赛竞赛规则

世界技能大赛发展至今，围绕公平、公正、透明的工作原则，形成了相对成熟、完善的竞赛规则。世界技能大赛竞赛规则是一套完整的文件体系，详细阐述了世界技能大赛在组织与运行、实施与管理等方面的决议和规则，涵盖竞赛的各个方面。而且，随着竞赛项目的不断增加和项目要求的不断变化，每届大赛的竞赛规则都会进行一定程度的修订。

世界技能大赛竞赛规则由竞赛委员会更新，并经世界技能组织全体大会批准后生效。

世界技能大赛竞赛规则分为A、B两册。A册阐述的是世界技能大赛运作、组织和策划的规则，B册阐述的是规范开展技能竞赛的规则。

所有世界技能组织成员以及世界技能大赛工作人员和参赛者都必须遵守竞赛规则。

最新版（7.1版）世界技能大赛竞赛规则A册内容如下：

① 明确了世界技能组织的核心价值观是卓越、公平、多元、创新、正直、透明与

合作。

② 规定了大赛主办方的职责。

③ 规定了世界技能组织及其成员的责任。

④ 规定了竞赛管理体系设置及其职责。

⑤ 规定了大赛主办方在对外联络（包括市场推广、媒体及公关）方面的职责。

⑥ 规定了大赛的质量保证要求。

⑦ 规定了大赛技能项目的选择、设立和取消机制。

⑧ 规定了所有与大赛相关的活动都必须遵照世界技能组织可持续发展策略。世界技能组织的可持续发展策略中列出了“5R 原则”，即减量化原则（reduce）、再循环原则（recycle）、再利用原则（reuse）、重整原则（reformat）、再生性原则（regenerate）。

⑨ 规定了大赛参与人员的权利与义务、入场权限以及技能竞赛经理、首席专家和副首席专家等的提名标准及程序。

最新版（7.1 版）世界技能大赛竞赛规则 B 册内容如下：

① 规定了大赛有关健康、安全与环境策略，以及相关人员的职责。

② 给出了大赛场地基础设施、选手工具箱以及场地组织的具体要求。

③ 明确了每个技能项目都要有技术说明，规定项目名称、相关工作角色或职业、世界技能标准规范、测评规范、评分方案，以及测试项目的开发、选择、生效及改变的流程，测试项目的发布、技能比赛的运行及技能特定的健康、安全和环境的相关要求。

④ 明确了技能项目测评（含测量和评价两部分）的要求，测评依据相关的标准规范，包括权重、评分方案、测试项目和竞赛信息系统。

⑤ 明确了奖牌与奖项的设置及其评选标准。

⑥ 对竞赛前和竞赛期间的媒体参与（摄影与拍照）进行了规定。

⑦ 明确了试点项目的提出及审核机制。

⑧ 提出了事件与争议的解决原则及相关处理程序和要求。这些全面而细致的规则，确保了大赛组织、赛题开发、赛场准备、竞赛实施、竞赛评分、成绩公布和表彰整个过程能够公平、有序、科学、规范地进行。

2

世界技能比赛项目及与化工相关的比赛项目

2.1 世界技能比赛项目

第 45 届世界技能竞赛在 51 个技能门类中设定了国际标准，内容涵盖艺术创作与时装、结构与建筑技术、信息与通信技术、制造与工程技术、社会与个人服务、运输与物流等。同时新增了 5 个展示项目。相关信息见表 2-1。

表 2-1 2019 年第 45 届世界技能大赛竞赛项目

序	所属竞赛领域	竞赛项目序号	竞赛工种名称（英文）	竞赛工种名称（中文）
1	construction and building technology 结构与建筑技术	08	Architectural Stonemasonry	建筑石雕项目
2		20	Bricklaying	砌筑项目
3		24	Cabinetmaking	家具制作项目
4		26	Carpentry	木工项目
5		46	Concrete Construction Work	混凝土结构项目
6		18	Electrical Installations	电气装置项目
7		25	Joinery	细木工项目
8		37	Landscape Gardening	园艺项目
9		22	Painting and Decorating	油漆与装饰项目
10		21	Plastering and Drywall Systems	抹灰与隔墙系统项目
11		15	Plumping and Heating	管道与制暖项目
12		38	Refrigeration and Air Conditioning	制冷与空调项目
13		12	Wall and Floor Tilling	瓷砖贴面项目
14	creative arts and fashion 艺术创作与时装	50	3D Digital Game Art	3D 数字游戏艺术项目
15		31	Fashion Technology	时装技术项目
16		28	Floristry	花艺项目
17		40	Graphic Design Technology	平面设计技术项目
18		27	Jewellery	珠宝加工项目
19		44	Visual Merchandising	商品展示技术项目

续表

序	所属竞赛领域	竞赛项目序号	竞赛工种名称（英文）	竞赛工种名称（中文）
20	information and communication technology 信息与通信技术	53	Cloud Computing	云计算①
21		54	Cyber Security	网络安全①
22		39	IT Network Systems Administration	IT 网络系统管理项目
23		09	IT Software Solutions for Business	IT 商务软件解决方案项目
24		02	Information Network Cabling	信息网络布线项目
25		11	Print Media Technology	印刷媒体技术项目
26		17	Web Technology	网站技术项目
27	manufacturing and engineering technology 制造与工程技术	07	CNC Milling	数控铣项目
28		06	CNC Turning	数控车项目
29		52	Chemical Laboratory Technology	化学实验室技术①
30		42	Construction Metal Work	建筑金属构造项目
31		16	Electronics	电子技术项目
32		19	Industrial Control	工业控制项目
33		48	Industrial Mechanics Millwright	工业机械装调项目
34		03	Manufacturing Team Challenge	制造团队挑战赛项目
35		05	Mechanical Engineering CAD	CAD 机械设计项目
36		04	Mechatronics	机电一体化项目
37		23	Mobile Robotics	移动机器人项目
38		43	Plastic Die Engineering	塑料模具工程项目
39		01	Polymechanics and Automation	综合机械与自动化项目
40		45	Prototype Modelling	原型制作项目
41		55	Water Technology	水处理技术项目①
42		10	Welding	焊接项目
43	social and personal services 社会及个人服务	47	Bakery	烘焙项目
44		30	Beauty Therapy	美容项目
45		34	Cooking	烹饪（西餐）项目
46		29	Hairdressing	美发项目
47		41	Health and Social Care	健康和社会照护项目
48		56	Hotel Reception	酒店接待项目①
49		32	Patisserie and Confectionery	西点与糖艺项目
50		35	Restaurant Service	餐厅服务项目
51	transportation and logistics 运输与后勤	14	Aircraft Maintenance	飞机维修项目
52		13	Autobody Repair	车身修理项目
53		33	Automobile Technology	汽车技术项目
54		36	Car Painting	汽车喷漆项目
55		51	Freight Forwarding	货运代理项目
56		49	Heavy Vehicle Technology	重型车辆技术项目

①为本届新增项目。

2.2 与化工相关的比赛项目

在第45届世界技能比赛中，有两个项目，即制造与工程技术类中的“化学实验室技术”和“水处理技术”项目与化工直接相关。

在“水处理技术”项目的技术文件中介绍：“技能竞赛的名称和描述技能竞赛的名称是水处理技术”。

相关工作角色或职业的描述。水处理技术人员工作岗位为处理供应水或废水处理，或者两者兼具。

无论是工作在供水还是废水处理岗位，水技术人员的职责是在整个工厂和管网中观察，识别，拟定，报告，维护，控制和维修设备及工艺。为此，他们必须具备机械，化学，生物学，电气，自动化和环境保护方面的知识。最重要的是健康和安全。

由于水是世界上最重要的资源，其占据的地位是首屈一指的，保证其质量也是重中之重。

3

中国参加世赛的情况

世界技能大赛有“技能奥林匹克”之称。第 41 届世界技能大赛于 2011 年 10 月在英国伦敦开幕，中国首次派出代表团参加这一赛事，参加数控车床、焊接等 6 个项目的比赛。在这次比赛中，中国石油天然气第一建设公司员工裴先锋勇夺焊接项目银牌，使中国首次参赛即实现了奖牌零的突破。

第 42 届世界技能大赛于 2013 年 7 月 2 日在德国莱比锡开幕，中国派出 26 名选手参加其中 22 个项目的竞赛，最终中国队收获 1 银（胡已雪——美发），3 铜（谢海波——数控铣，冼星文——制冷，王东东——印刷）及 13 个项目的优秀奖。第 43 届世界技能大赛于 2015 年 8 月 11 日至 16 日在巴西圣保罗举行。中国代表团取得了 5 金 6 银 4 铜的成绩实现金牌“零”的突破。第 44 届世界技能大赛于 2017 年 10 月在阿联酋阿布扎比举行。中国代表团参加了 47 个项目的比赛，获得了 15 枚金牌、7 枚银牌、8 枚铜牌和 12 个优胜奖，取得了中国参加世界技能大赛以来的最好成绩。并且，中国以 15 枚金牌列金牌榜首位，并获得“阿尔伯特·维达”大奖。

4

水处理技术项目

4.1 模块分析与能力介绍

在世界技能大赛中，无论是教练员，还是选手，都要认真阅读“根据技术委员会的决议，并根据‘宪法’‘会议常规’和‘竞赛规则’”制定出的“技术说明”。其中最为重要的文件是“技能标准规范”，它是各模块设计的基础。

在2019年第45届世界技能大赛“水处理技术”项目比赛中，共涉及七个方面的内容：“工作组织和管理”“沟通和人际交往能力”“电气”“机械”“环境保护”“化学和生物”及“自动化和文档”。其具体标准规范如表4-1所示。

表4-1　水处理技术2019年世界技能标准规范

部　　分		相对重要性/%
1	工作组织和管理	10
	个人需要了解和理解： ① 在一般水和废水处理、管网运营、污泥和固体废物管理岗位上的安全原则和应用 ② 所有设备和材料的目的、用途、保养、校准和维护，以及存在的安全隐患 ③ 环境和安全原则及其在工作环境中良好管理的应用 ④ 工作组织、控制和管理的原则和方法 ⑤ 团队合作原则及其应用 ⑥ 和角色相关的个人技能、优势和需求，他人、个人以及集体的责任和义务 ⑦ 需要安排活动的参数	
	个人应能够做到： ① 准备并保持安全、整洁和高效的工作区域 ② 管理和处置工作区内产生的废物 ③ 充分考虑健康和安全，为手头的任务做好准备 ④ 以最大限度地提高效率、减少干扰地安排工作 ⑤ 按照制造商的说明，安全地选择和使用所有设备和材料 ⑥ 应用设备和材料以及环境保护的健康和安全标准 ⑦ 保持工作区域处于适当的状态 ⑧ 全面而具体地为团队表现做出贡献 ⑨ 给予并采纳意见和建议	

续表

	部　分	相对重要性/%
2	沟通和人际交往能力	10
	个人需要了解和理解： ① 纸质和电子形式文件的范围和目的 ② 与职业和行业相关的技术语言 ③ 日常报告和正规的、书面的电子表格所要求的标准（例如数值、图形、单位、最低限度信息、建议） ④ 与供应商、公众和客户、团队成员和其他人沟通的必要标准 ⑤ 生成、维护和呈现记录的目的和方法	
	个人应能够做到： ① 以任何可用格式阅读、解释和提取文档中的技术数据和说明 ② 通过口头、书面和电子方式进行沟通，以确保清晰、有效和高效 ③ 使用广泛的通信技术 ④ 讨论复杂的科学技术原理及其应用 ⑤ 对出现的问题做出回应并报告 ⑥ 以面对面或间接的方式回应客户的需求 ⑦ 收集信息并为客户和其他人准备文档	
3	电气	10
	个人需要了解和理解： ① 电力的基本原理 ② 电气系统的基本原理 ③ 机械和执行器的电气控制的基础知识 ④ 电路和P&I图表以及操作手册和/或说明手册 ⑤ 电气系统的保护方法 ⑥ 与电工一起工作时的危险和风险 ⑦ 故障查找分析技术 ⑧ 解决问题的策略 ⑨ 识别高能耗仪器的方法和程序 ⑩ 能效策略	
	个人应能够做到： ① 断开水和废水处理厂常用的电气设备 ② 识别并解决不可靠的区域 ③ 识别控制柜中的不同组件及其功能 ④ 更换控制柜内有问题的组件 ⑤ 进行电气测量并解释/验证结果 ⑥ 根据工业标准连接电线/电缆 ⑦ 根据制造规范安装、设置和调整/校准电气和传感器系统 ⑧ 确保能根据电路图连接所有接线 ⑨ 确保电气系统的功能（旋转方向）	

续表

	部　　分	相对重要性/%
4	机械	10
	个人需要了解和理解： ① 材料的基本特性及反应特性（金属、复合材料、塑料等） ② 不同材料加工方法的基础知识 ③ 连接技术的基础知识 ④ 机械工程的基础知识（机械、密封方法、齿轮技术等） ⑤ 流体的基础知识 ⑥ 测试设备和系统的标准和方法 ⑦ 故障查找分析技术 ⑧ 机械维修的技术和选择 ⑨ 解决问题的策略 ⑩ 形成创新解决方案的原则和技术 ⑪ 水的损失和泄漏是什么，它的潜在原因和可能的预防解决方案	
	个人应该能够做到： ① 有效地协助修理组件 ② 监控和控制工艺设备 ③ 根据使用说明书，必要时调整和/或校准系统 ④ 正确使用配件 ⑤ 确保系统的正确功能 ⑥ 调整工艺参数 ⑦ 识别成本动因并为成本最小化定义方法 ⑧ 以专业的方式工作 ⑨ 确定需要定期维护的设备并制订/采取适当的措施 ⑩ 紧急情况下创建快速可靠的临时解决方案	
5	环境保护	10
	个人需要了解和理解： ① 管网水流动和净化步骤的逻辑顺序 ② 对环境的危害方面和要点（危险/风险分析） ③ 不同的缓解方法 ④ 水和废水管网和处理工艺中所需的基本计算 ⑤ 环境工艺和保护的新趋势 ⑥ 管网和水厂使用时的相关有害物质的危险 ⑦ 附近不同的潜在危险源，其可能的成分及影响 ⑧ 应急计划	
	个人应该能够做到： ① 在水或废水管网和处理厂能操作所有步骤 ② 执行合适的预防或纠正措施，以维持所有处理步骤的效率 ③ 根据给定的案例进行计算 ④ 确定潜在的问题区域并相应地制订补救措施 ⑤ 与确定的目标群体进行沟通，以便提供可在废水收集系统中处理的废物类型的正确信息 ⑥ 与确定的目标群体沟通，以便提供有关配水系统的正确信息，以及可能的缺陷、水质和短缺期 ⑦ 测量并进行过程和质量控制分析 ⑧ 根据法律要求进行监控和记录 ⑨ 以低成本、环保和卫生意识的方式工作 ⑩ 利用不同的能源形式（电力、石油、天然气、空气、水和蒸汽） ⑪ 尽可能重复利用经济能源（减少泄漏或使用热量） ⑫ 避免使用有害物质并提出更换建议 ⑬ 创建和评估应急计划	

续表

部分		相对重要性/%
6	化学和生物	25
	个人需要了解和理解： ① 溶剂和溶液配制、混合和稀释的基本原理，包括基本计算 ② 正确使用每一个特定的玻璃器皿、分析设备或仪器 ③ 如何阅读和执行标准，分析试验规程 ④ 样品预处理、贮存、保存和取样的基本原理 ⑤ 使用不同技术测量样品的基本原理（传统和仪器分析） ⑥ 化学分析原理——质量保证 ⑦ 生物分析原理——质量保证 ⑧ 与特定样本有关的统计分析基本原理（如标准校准曲线、定量检出限、标准差） ⑨ 实验室设备的基本操作/功能	
	个人应能够做到： ① 准备各种化学反应物或溶液 ② 使用适当的玻璃器具、设备和仪器，根据特定的分析规程进行分析测量 ③ 在开始操作前，清洁和校准设备和仪器 ④ 采样，包括其保存和预处理 ⑤ 根据实验室设备的功能，正确使用实验室设备 ⑥ 遵守化学和生物分析规程和质量 ⑦ 清洁和储存使用的设备和仪器 ⑧ 使用适当的分析方法、规程和统计分析来估计未知样品的浓度 ⑨ 记录结果、发现 ⑩ 提供关于水或废水水质的信息，以识别水或废水处理步骤中的任何问题 ⑪ 获取有关水或废水水质的信息，以便在处理过程中识别并执行预防或纠正措施 ⑫ 提供有关水质或污水的资料，以履行法例及规例的规定，以保障市民的安全及健康	
7	自动化和文档	15
	个人需要了解和理解： ① 传感器技术的基本原理 ② 闭环技术的基本原理和功能 ③ 执行器的基本原理 ④ 控制技术的基本原理 ⑤ 故障分析技术	
8	健康和安全措施的应用	10
	个人需要了解和理解： ① 卫生的原则和实践 ② 生物、化学、电气、热力和机械操作的风险评估 ③ 健康与工作相关法规 ④ 相关危险和安全标志的含义 ⑤ 健康防护规定，个人防护装备（PPE）	
	个人应该能够做到： ① 识别和分析风险 ② 创建、开发安全指令 ③ 应用并遵守与工作相关的安全及事故缓解法规 ④ 识别工作环境中的健康和安全危害以及危险情况，并采取相应的措施来缓解这些危害	
全部		100

4.1.1 模块介绍

在2019年的第45届世界技能大赛水处理技术项目的技术文件中，将比赛设置了5个大的模块，即："污水处理厂工作（VR）""泵管阀的连接及故障处理""絮凝实验""化学实验室与微生物检验"和"日常报告"。其中，"泵管阀的连接及故障处理"和"化学实验室与微生物检验"又各分成两个子模块。

4.1.2 能力分析

在完成水处理技术项目操作中，除要具备水处理工艺相关操作技能外，还应掌握相关机械设备的组装、调试、维护保养等技能，设备的自动化控制与参数设置及分析检测等四项专业基础技能，同时学习虚拟仿真操作和微生物检验等技能。它要求一个操作人员，具备较为完整的操作技能体系，除上述专业技能外，还应具备一些综合职业能力，其具体能力为：

① 能依据试题要求，具备制定工作计划，并能独立完成相关工作的能力；

② 能依据行业规范，具备规范、条理和有序地完成相关工作的能力；

③ 具备快速阅读试题，提取工作任务，并对任务中的难度或操作技巧有一定的预见性；

④ 具备应用所学技能，解决特定问题的能力；

⑤ 具备设计表格的能力；

⑥ 具备组装、连接装置美观性的能力；

⑦ 具备良好的语言沟通与交流的能力；

⑧ 具备个人操作安全防护能力；

⑨ 具备安全用电和国际通用机械操作规范等能力；

⑩ 具备良好的环保意识。

4.1.3 核心要素

在完成水处理技术项目操作中，除具备水处理工艺相关操作技能，机械设备的组装、调试、维护保养等技能，设备自动化控制与参数设置及分析检测等四项专业技能外，还应具备一些"核心性"要素，如：

① 要具备强烈的求胜信念；

② 要有2～3种将复杂问题用多个"简单"问题进行转化的能力；

③ 要依据行业规范，具备规范、条理和有序地完成相关工作的能力；

④ 要具备良好的管控时间的能力；

⑤ 要具备快速、准确完成规定任务的能力；

⑥ 要具备用直观性语言（如表格、图等）阐述实验结论的能力。

4.2 考核方式介绍

4.2.1 考核方式介绍

世界技能大赛的考核方式是以操作技能为主的考核，没有理论考试，全部是技能操作。由一名选手在规定时间内（22～24小时），将7个模块的内容独立完成。

考核内容方面。由于第 42 届、第 43 届和第 44 届这三届“水处理技术”项目均为“展示”项目，考核内容在变化与调整之中，每届都有较显著的变化。第 45 届“水处理技术”项目已被列为正式比赛项目，本次比赛的特点是以“虚拟仿真工厂”的场景再现为任务引领，将每项任务嵌入，使工作任务更加明确，同时，在第 44 届比赛项目的基础上，增加微生物检测。

在每项模块考核中，要求用英语（国际通用语言）完成比赛，每个模块虽然各有不同，但都以制订计划为开始，以整体评价完为模块考核结束。

4.2.2 评价方式介绍

世界技能大赛的考核评价方式与我们目前国内的所有考核评价方式都不同，有以下显著差异：

① 选手的分数是由考评小组集体打分出来的，而不能是由个人决定。一个考评小组由三人组成，选出 1 名小组长，负责打分的全过程；

② 在打分过程中，相差不能超过 1 分，取平均值；若相差分数大，必须要进行讨论说明，三人结论统一后才能记录；

③ 过程评价中，必须记录选手用时，每小阶段用时必须记录清楚，为最终评价提供依据；

④ 总时间是印在试卷上的，时间采用包干制，而选手使用的实际时间，有专人记录；

⑤ 评价体系中，专门有时间分，它是指在完成规定任务后，成绩达到本项目 90%以上，即扣分项不得超过 10%时，用时最短的人，称为有效时间（即在规定时间内提前交卷且所得成绩大于或等于本项目成绩的 90%，则用时最短的时间称为有效时间）。以这种方法记录最短用时，然后统计时间加分项。这是世界技能大赛的特点，把“有效时间”进行量化，以鼓励优秀选手，在保障质量的情况下尽量快速完成。

4.2.3 时间计算介绍

在世界技能大赛中，强调“有效时间”的概念，即在完成本模块操作后，成绩大于等于本模块的 90%，小于本模块规定的时间，称作“有效时间”。

在世界技能比赛中，“只鼓励优秀选手”是其特点，这与国内比赛的理念截然不同，我们许多教练要特别注意这一条。

5

裁判员对赛务手册的解读

5.1 对裁判技术要求的解读

裁判员要特别注意自身业务素质的提高，裁判员最好是执行教练，这样有助于对评分标准中技术点的掌握。但在实际情况中，许多单位派出的裁判员并不是执行教练，为此需要认真解读赛务手册中的“裁判员培训”的时间安排和对裁判员的打分要求。

在对裁判员培训的过程中，每位裁判员必须认真解读评分表和评分细则，小组长要对评分细则中“行业操作规范”有明确的理解与控制，最好带领团队进行模拟打分，以提高打分的准确性。

同时大组组长要了解各小组对评分细则的掌控情况，在抽查确认打分尺度已掌握后，方可结束培训。这样才能确保考评的公平性和公正性。

5.2 对赛务流程和保密原则的解读

由于比赛设备的问题，在国赛或世赛上，都会出现分组的现象。为确保比赛的公平和公正，一定要进行选手的抽签分组，同时也要对裁判员进行分组（主要是为执行回避性原则）。为此，裁判员要对赛务流程有清楚的了解，同时执行保密原则。

裁判员的保密原则有以下几条：

① 在裁判员培训之后，不得将培训内容透露给选手，特别对操作要点的评判；

② 评判过程中，裁判员不得相互交流，要独立打分，这样才能发现问题，在小组讨论中，达成共识；

③ 中午休息时，要做好选手、裁判员间的隔离保密工作，防止相互干扰；

④ 分区组长要对考评过程，进行统一平衡，要带领本区的几位小组长进行整体评价，分出顺序，掌握好大组内的水平评价；

⑤ 若分成两个大组，则大组组长间，一定要掌握好组内的平衡和组间的差异，特别是当一天比赛完成后，一定要将两组的前3名进行比较与平衡，相对区分度要保持一致。

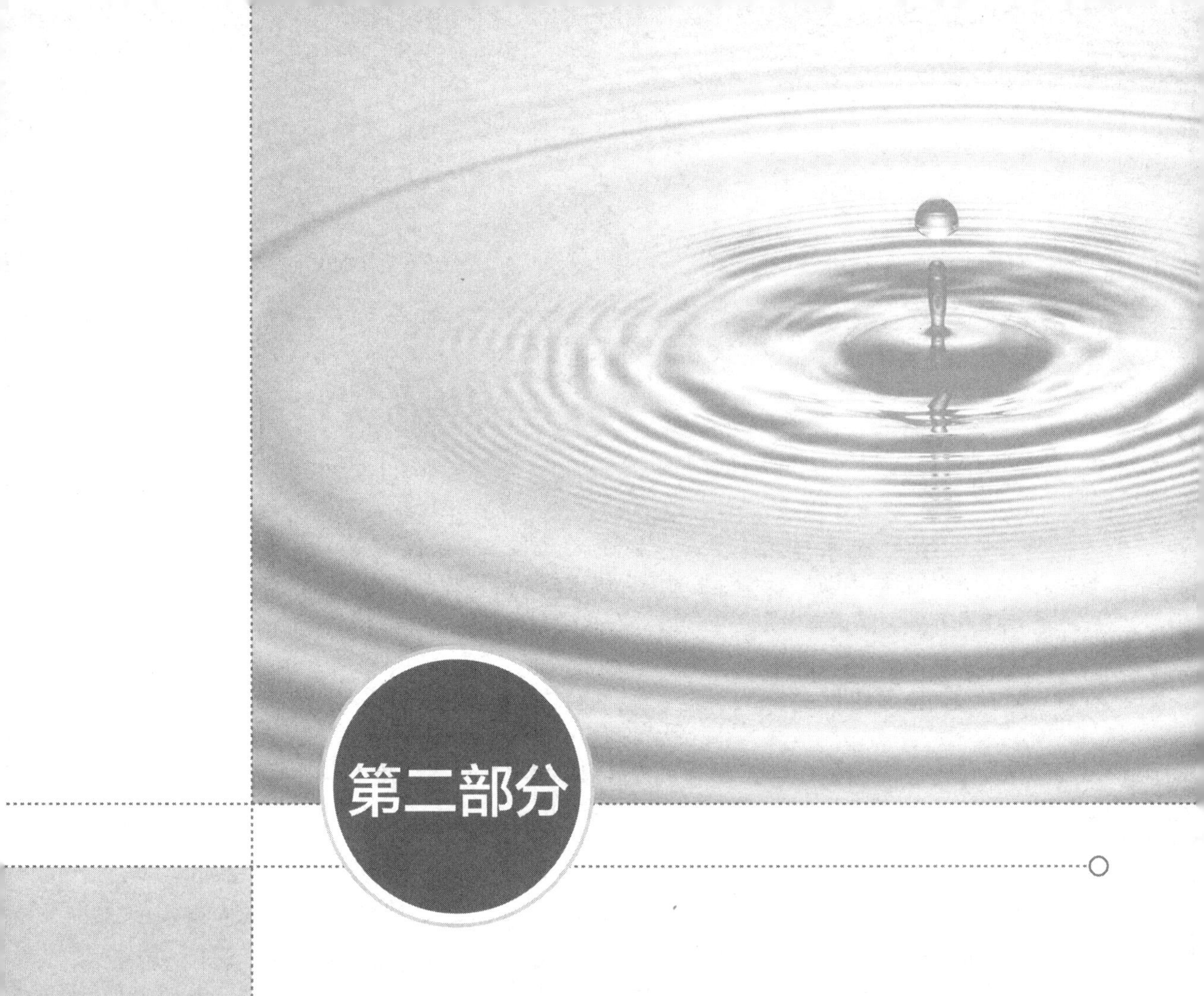

第二部分

水处理技术项目基本知识

6

基础知识

水处理技术项目是由“化学（含分析检测）、机械（含设备）、电子（含自动化控制）、微生物（含微生物/原生动物）”专业的综合体进行组合形成的比赛项目，需要具备这几个专业的技能，方可完成相关操作。本部分要对化学基础加以简单介绍。

6.1 化学基础

这里将从化学最基础部分加以介绍，为后面的学习与训练打好基础。

6.1.1 物质的分类

在人们生活的家园里，任何物质都是由原子（有些是先由原子构成分子）所构成。化学是一门自然科学，是在分子、原子层面上研究物质的组成、性质、结构与变化规律的一门学科，同时化学又是人类用以认识和改造物质世界的主要方法和手段之一。化学中存在着化学变化、物理变化和物理化学变化等形式。

6.1.1.1 从宏观角度上分

(1) 由自然界存在的形态分类

分为固态、液态、气态、等离子态、玻色-爱因斯坦凝聚态、费米子凝聚态这六种状态。

(2) 由组成分类

纯净物和混合物。其中，纯净物又分为单质和化合物；化合物以分散系粒径的相对大小分为溶液、胶体和浊液。

(3) 由多维分类

无机化合物中的酸根和有机化合物中的官能团，都可视为分子片，每个分子片都由中心原子和配位体组成，应用这种分子的分类方法，可以把数以百万计的各种有机和无机的分子看作是各由若干分子片所组成。多维分类方法是将所有分子分成4大类型（无论无机物还是有机物），即单片分子、双片分子、多片分子（含链式、环式、多环式和原子簇化合物）和复合分子（看作是由链、环、簇的各种组合而成的复杂分子）等4大类型。组成这些分子的分子片又可以按它的价电子数的多少分为25类。对同一类分子片，还可以按其中心原子所属的周期不同进一步分类。这样，使用分子片的概念，并运用四维分类法与结构规则，就可以把所有的分子进行分类。同时还可以由分子式去估算分子的结构类型，预见新的原子簇化合物和金属有机化合物，并探讨它们的反应性能等。

6.1.1.2 从性质上分

(1) 由来源分类

无机物和有机物。无机物再进一步分为单质和化合物两大类，而单质又分为金属单质和非金属单质；化合物一般多分为氧化物、酸、碱、盐等四大类。

(2) 从物质的相对挥发度的差异分类

易挥发性（以沸点差异分）、挥发性、难挥发性三大类。

6.1.1.3 从运输管理方面分类

(1) 运输方面分类

无论是水运、陆路还是铁路运输，世界各国都将化学品分为九大类，即爆炸品，压缩气体和液化气体，易燃液体，易燃固体、自燃物品和遇湿易燃物品，氧化剂和有机过氧化物，毒害品，放射性物品，腐蚀品，其他品。

(2) 化学品危险控制的管理方面分类

在中国按危险化学品管理控制方面分为“易制毒试剂、易制爆试剂”“毒品和剧毒品”等。

6.1.2 盐的分类与水解

盐是由金属阳离子（铵盐除外）和酸根阴离子组成的一类化合物。同样盐也有多种分类方法。

6.1.2.1 盐的分类

(1) 含氧酸盐和非（不）含氧酸盐

硫酸钠（Na_2SO_4）为含氧酸盐，氯化钠（NaCl）为非（不）含氧酸盐。

(2) 单盐和复盐

氟化钾（KF）为单盐，氟氢化钾（KHF_2）为复盐。

(3) 一元酸盐、二元酸盐和多元酸盐

氯化钠（NaCl）为一元酸盐，硫酸镁（$MgSO_4$）为二元酸盐，磷酸铁（$FePO_4$）为多元酸（三元酸）盐。

(4) 正盐、酸式盐和碱式盐

氯化铝（$AlCl_3$）为正盐，硫酸氢钾（$KHSO_4$）为酸式盐，羟基氯化铝［Al（OH）Cl_2］为碱式盐。

(5) 金属簇盐和非金属簇盐

3个或3个以上的金属原子直接键合，形成金属-金属键（简写为M—M键），具有多面体结构的多核类配位化合物，形成金属原子簇化合物，简称金属簇合物。电子结构以离域的多中心键为特征。键距比金属单质中金属原子与金属原子间距离小，磁矩也较小、键能较低。簇合物又可分为：碳基簇和非碳摹簇；同核簇和异核簇；低核簇和高核簇等。簇合物具有特殊的催化活性、生物活性和导电性能。在周期表中，第2、第3过渡元素较易形成簇合物。

卤素原子簇化合物在数量上不及金属-羰碳基簇合多，是较早发现的一类金属原子簇，金属-卤素簇合物大多是二元簇合物。三核的以$Re_3Cl_{12}{}^{3-}$为代表，六核的主要有$M_6X_{12}{}^{n+}$和$M_6X_8{}^{4-}$两种典型的原子簇结构单元。铌和钽族以前者为主，钼和钨族以后者为主。

除同核的以外，还存在着异核的金属-卤素原子簇化合物。

其他类型：

① 金属-异腈（RNC）原子簇化合物。RNC 配体在电性上类似于一氧化碳配体。但在金属-RNC 原子簇化合物中，端梢 M—CNR 键的强度比类似的 M—CO 键稍强，这反映了 RNC 配体的 α 给予性较强。

② 金属-硫原子簇化合物。其中硫原子代替了部分金属原子的位置，并与金属原子共同组成原子簇的多面体骨架。

③ 无配体金属原子簇——不含任何配体的金属原子簇。能够形成无配体金属原子簇阴离子或阳离子的元素，大都是过渡元素后 p 区的主族金属元素，特别是那些较重的金属元素（如铅和铋等）更容易形成这类原子簇。

(6) 从盐组成相对强弱方面分

盐有强酸强碱盐、强酸弱碱盐、弱酸强碱盐和弱酸弱碱盐四类。强酸强碱盐如氯化钠（NaCl）、硫酸钾（K_2SO_4）、硝酸钙［Ca（NO_3)$_2$］、高氯酸钡［Ba（ClO_7)$_2$］等；强酸弱碱盐如氯化铵（NH_4Cl）、硫酸镁（$MgSO_4$）、硝酸铜［Cu（NO_3)$_2$］、高氯酸铁［Fe（ClO_7)$_3$］等；弱酸强碱盐如乙酸钠（NaAc）、磷酸钾（K_3PO_4）等；弱酸弱碱盐如乙酸铵（NH_4Ac）、硫化铝（Al_2S_3）等。

6.1.2.2 盐的水解

在溶液中，强碱弱酸盐，强酸弱碱盐或弱酸弱碱盐电离出来的离子与水电离出来的 H^+ 与 OH^- 生成弱电解质的过程叫作盐类水解。

即：盐的电离式可以写成：$M_xA_y \longrightarrow xM^{y+} + yA^{x-}$

水的电离可以写成：$H_2O \rightleftharpoons OH^- + H^+$

由于在同溶液中，对应电荷相互吸引，得到 M（OH)$_y$ 和 H_xA 的水解产物。

在溶液中，由于盐电离出的离子与水电离出的离子结合生成弱电解质，从而破坏了水的电离平衡，使水的电离平衡向电离的方向移动，显示出不同浓度的酸性、碱性或中性。

(1) 盐水解的分类

盐水解的分类见表 6-1。

表 6-1 盐水解的分类

盐类的类别	实例	水解否	引起水解离子	对水解平衡影响	促进作用	水解后溶液酸碱性
强碱弱酸盐	NaAc	单水解	弱酸阴离子引起水解	对水电离有影响	进一步电离	溶液呈碱性
强酸弱碱盐	NH_4Cl	单水解	弱碱阳离子引起水解	对水电离有影响	进一步电离	溶液呈酸性
强酸强碱盐	NaCl	不水解	无引起水解的离子	对水电离无影响		溶液呈中性
弱酸弱碱盐	NH_4Ac	双水解	全部	全部	水彻底电离	水解后酸碱性由对应弱酸弱碱的相对强弱决定

(2) 盐水解的类型

盐水解的类型见表 6-2。

表 6-2 盐水解的类型

类型	酸碱性	pH	举例
强酸弱碱盐水解	溶液显酸性	pH<7	NH_4Cl、$AlCl_3$、$FeCl_3$、$CuSO_4$等
强碱弱酸盐水解	溶液显碱性	pH>7	NaAc、Na_2CO_3、Na_2S 等
强酸强碱盐水解	溶液显中性	pH=7	KCl、NaCl、Na_2SO_4等
弱酸弱碱盐水解	水解溶液酸碱性由对应的弱酸弱碱的相对强弱决定	—	NH_4Ac、NH_4CN、$(NH_4)_2SO_3$等

（3）盐的水解规律

盐的水解规律是：①难溶不水解，有弱才水解；②谁弱谁水解，越弱越水解，都弱都水解；③谁强显谁性，同强显中性，均弱具体定；④越热越水解，越稀越水解。

（4）影响水解平衡的因素

影响水解平衡进行程度的最主要的因素是盐本身的性质。

① 组成盐的酸根对应的酸越弱，水解程度会越大，碱性就越强，pH 越大；

② 组成盐的阳离子对应的碱越弱，水解程度越大，酸性越强，pH 越小；

外界条件对平衡移动也有影响，移动方向应符合勒夏特列原理。

① 温度。由于水解反应一般为吸热反应，升温平衡右移，会使水解程度增大。

② 浓度。改变平衡体系中每一种物质的浓度，都可使平衡移动。盐的浓度越小，水解程度越大。

③ 溶液的酸碱度。加入酸或碱能促进或抑制盐类的水解。例如：水解呈酸性的盐溶液，若加入碱，就会中和溶液中的 H^+，使平衡向水解的方向移动而促进水解；若加入酸，则抑制水解。

（5）水解实例

以 $NH_4^+ + H_2O \rightleftharpoons NH_3 \cdot H_2O + H^+$ 为例（弱碱盐水解）具体条件见表 6-3。

表 6-3　影响铵盐水解的因素

条件	$c(NH_4^+)$	$c(NH_3 \cdot H_2O)$	$c(H^+)$	$c(OH^-)$	pH	水解程度	平衡移动方向
加热	减少	增大	增大	减少	减小	增大	正向
加水	减少	减少	减少	增大	增大	增大	正向
通入氨气	增大	增大	减少	增大	增大	减少	逆向
加入少量 NH_4Cl 固体	增大	增大	增大	减少	减小	减少	正向
通入氯化氢气体	增大	减少	增大	减少	减小	减少	逆向
加入少量 NaOH 固体	减少	增大	减少	增大	增大	增大	正向

以 $Ac^- + H_2O \rightleftharpoons HAc + OH^-$ 为例（弱酸盐水解）具体条件见表 6-4。

表 6-4　影响乙酸盐（醋酸盐）水解的因素

条件	$c(Ac^-)$	$c(HAc)$	$c(OH^-)$	$c(H^+)$	pH	水解程度	平衡移动方向
加热	减少	增大	增大	减少	增大	增大	正向
加水	减少	减少	减少	增大	减小	增大	正向
加入冰醋酸	增大	增大	减少	增大	减小	减少	逆向
加入少量乙酸钠固体	增大	增大	增大	减少	增大	减少	正向
通入氯化氢气体	减少	增大	减少	增大	减小	增大	正向
加入少量 NaOH 固体	增大	减少	增大	减少	增大	减少	逆向

6.1.3　化学反应、化学反应速率与化学平衡

6.1.3.1　化学反应的定义

发生原子、离子重新排列组合，构成新物质的过程，称为化学反应。

6.1.3.2 化学反应类型

按反应物与生成物的类型的不同，化学反应分为化合反应、分解反应、置换反应和复分解反应。

此外，按有无电子得失的情况，可将化学反应分为氧化还原反应和非氧化还原反应。氧化还原反应又包括自身氧化还原反应和还原剂与氧化剂反应。

从化学平衡角度可将化学反应分为酸碱反应、氧化还原反应、络合反应（配位反应）和沉淀反应。

6.1.3.3 化学反应与物理反应的区别

在化学反应中，分子破裂成原子，原子重新排列组合生成新物质的过程，称为化学反应。在反应中常伴有“发光、发热、变色、有气体或沉淀物生成”等外部特征，这是判断一个反应是否为化学反应的重要依据。

物理反应是指物质的状态或存在的形式发生了改变，而物质本身的性质没有变化。

所以两者本质的区别就是化学反应产生了新的物质，物理反应只是物质的状态等发生了变化，没有产生新的物质。但是原子如果变化，即使生成新物质，也不是化学变化，如核聚变是物理变化。

6.1.3.4 化学反应速率的定义

以单位时间内反应物或生成物的物质的量浓度变化，来表示平均反应速率。反应速率与反应物的性质和浓度、温度、压力、催化剂等都有关，如果反应在溶液中进行，也与溶剂的性质和用量有关。

(1) 平均反应速率

化学反应速率定义为“单位时间内反应物或生成物浓度的变化量的正值”。亦称为平均反应速率，用“$v_{平}$”表示。对于生成物，随着反应的进行，生成物的浓度增加，“$v_{平}=\Delta c/\Delta t$”；对于反应物，随着反应的进行，反应物的浓度减少，“$v_{平}=-\Delta c/\Delta t$”。

例：对于反应 $aA+bB=cC+dD$ 的平均反应速率为“$v_{平}$”，可以描述为单位时间内反应物 A 或 B 浓度的减少量的负值，或者生成物 C 或 D 的增加值，即“$v(A)_{平}=-\Delta c(A)/\Delta t$、$v(B)_{平}=-\Delta c(B)/\Delta t$、$v(C)_{平}=\Delta c(C)/\Delta t$ 和 $v(D)_{平}=\Delta c(D)/\Delta t$”浓度常用 mol/L 为单位，时间单位有 s、min、h 等，视反应快慢不同，反应速率的单位可用 mol/（L·s）、mol/（L·min）、mol/（L·h）。

上述体系中，虽然反应数值不同，但有确定的数值关系：$bv(A)_{平}=av(B)_{平}$，$dv(C)_{平}=cv(D)_{平}$等。这样一个反应体系内用不同物质浓度表示的反应速率有不同的数值，易造成混乱，使用不方便。

为了反应只有一个反应速率 v，现行国际单位制建议用 $\Delta c/\Delta t$ 值除以反应式中的计量系数，即：

$$v=-\frac{1}{a}\frac{\Delta c(A)}{\Delta t}=-\frac{1}{b}\frac{\Delta c(B)}{\Delta t}=-\frac{1}{c}\frac{\Delta c(C)}{\Delta t}=-\frac{1}{d}\frac{\Delta c(D)}{\Delta t}$$

这样就得到一个反应体系的速率 v 都有一致的确定值。

(2) 瞬时反应速率

平均反应速率，其大小也与指定时间以及时间间隔有关。开始时反应物的浓度较大，单位时间反应浓度减小得较快，反应产物浓度增加也较快，也就是反应较快；在反应后期，反应物的浓度变小，单位时间内反应物减小得较慢，反应产物浓度增加也较慢，也就是反应速率较慢。

在实际工作中，通常测量瞬时反应速率，即以 $c(t)-t$ 作曲线，在某时刻 t 时，该曲线的斜率为“该反应在时刻 t 时的反应速率”。对于一般反应，其瞬时反应速率可以表示为：

$$v=\lim_{\Delta\to 0}\frac{\Delta c}{\Delta t}=\frac{dc}{dt}$$

对于没有达到化学平衡状态的可逆反应：v（正）$\neq v$（逆）

还可以用：$v(A)/m = v(B)/n = v(C)/p = v(D)/q$

不同物质表示的同一化学反应的速率之比等于化学计量数之比。上式用于确定化学计量数，可比较反应的快慢。对于同一化学反应速率，用不同物质的浓度变化表示时，数值不同，因此，在表示化学反应速率时，必须要指明物质。

（3）影响因素

影响化学反应速率的因素分为内因和外因两大因素：

① 内因。反应物本身的结构特点。如化学键的强弱对反应速率的影响，在相同条件下，卤素氟、氯、溴、碘与氢反应的速率变化是“由快变慢”；分解速率则相反。

② 外因。包括“温度、浓度、催化剂”等。

a. 浓度条件。在相同条件下，增加反应物浓度，相当于增加反应体系内活化分子的数目，从而增加有效碰撞，使反应速率增加。由于活化分子比普通分子具有更高的能量，才有可能撞断化学键或形成过渡态分子，发生化学反应。当然，活化分子的碰撞，只能从一个侧面间接阐述化学反应发生的趋势，并不能说明化学反应一定发生，还需要取决于其他的条件。

在其他条件不变时，瞬间增加局部区域内活化分子的数量，使形成过渡态分子数量增加或撞断化学键的可能性加大，整个体系的稳定状态发生变化，则反应就会发生，至该体系达成新的稳定状态止。

因此，增大反应物的浓度，可以观察到反应速率增加。这是一个非常普遍的自然规律。

b. 温度条件。只要升高温度，反应物分子获得能量，使一部分原来能量较低的分子变成活化分子，增加了活化分子的百分数，使得有效碰撞次数增多，故反应速率加大（主要原因）。一般情况下，每升高 10℃，化学反应速率增加 2～3 倍。

对于一些“放热反应”而言，虽然温度升高，在初始状态下，活化分子的百分数会增大，反应速率增加，但该作用力不像“吸热反应”那样明显和可持续。这是由于反应一旦发生，反应自身会产生足够的热量，能抵消由于外部加热给体系所带来的影响，从而使作用于体系的力有限。

c. 压力条件。对有气体参与的非对称性化学反应（反应物物质的量大于生成物物质的量），例如：$3H_2+N_2 \rightleftharpoons 2NH_3$，当其他条件不变时（除体积），增大体系压强，体积减小，会使反应物浓度增大，单位体积内活化分子数量增加，反应速率加快；反之则减小。若体积不变，加压（加入不参加此化学反应的气体）反应速率就不变。因为浓度不变，单位体积内活化分子数就不变。但在体积不变的情况下，加入反应物，同样是加压，增加反应物浓度，速率也会增加。若体积可变，恒压（加入不参加此化学反应的气体）反应速率就减小。因为体积增大，反应物物质的量不变，反应物的浓度减小，单位体积内活化分子数就减小。

d. 催化剂。使用正催化剂能够降低反应所需的能量，使更多的反应物分子成为活化分子，大大提高了单位体积内反应物分子的百分数，从而成千上万倍地增大了反应物反应速率，负催化剂则反之。催化剂只能改变化学反应速率，不改变化学反应的平衡。

e. 其他因素。当增大固体表面积（如粉碎）时，可增大反应物之间的接触面积，进而提高反应速率；某些对光敏感的反应物，当光照时有可能会增大反应速率；此外，超声波、电磁波、溶剂等都会对反应速率产生影响。

注意事项：①一般来说，化学反应速率随时间而发生变化，不同时间反应速率不同，所以，通常应用瞬时速率表示在 t 时的反应速率，化学反应刚开始一瞬间的速率，称为反应初始速率；②一个化学反应的反应速率与反应条件密切相关，同一个反应在不同条件下进行，其反应速率可以有很大的不同；③浓度是影响反应速率的另外一个重要因素。通常化学反应是可逆的，当正反应开始后，其逆反应也随之进行，所以实验测定的反应速率实际上是正反应和逆反应之差，即净反应速率。当然，有些反应的逆反应速率非常小，完全可以不考虑，可以认为是单向反应。

6.1.4 溶液及制备

（1）定义

在一定的温度下，溶质溶于溶剂所组成的体系称为“溶液”。

（2）溶液的分类

从不同的角度对溶液进行分类，可以对溶液有多种表述。如：“从溶液中溶质粒径的大小分，可将溶液分为真溶液、乳浊液、悬浮液、液晶液”等；“从溶剂的化学分类上，可将溶液分为无机体系溶液、有机体系溶液和混合体系溶液”等。

（3）溶液的制备与方法

由于溶液有多种表示方法，则溶液的制备与方法也多种多样。但这里我们仅讨论固-液体系和液-液体系。

① 直接配制法，即称取一定质量的溶剂，分散到规定体积的分散剂中而得到的分散系。符合该类体系的溶液见表 6-5。

表 6-5 符合直接配制法制备的相关体系溶液

序号	组分标度	单位符号	分散质量取方式	分散剂体积确定	应用实例
1	质量浓度（ρ_B）	g/L 或 mg/L	粗天平直接称	量筒直接量取（水体系）	PAM、铬酸钾指示剂等
			粗天平直接称	量筒直接量取（有机体系）	酚酞指示剂
			分析天平直接称	容量瓶定容（酸水体系）	COD 标液、金属离子标液等
			量筒直接量取	量筒直接量取（水体系）	K^+、Na^+、NH_4^+ 等标液稀释
			量筒直接量取	量筒直接量取（酸水体系）	水样、重金属离子标液稀释
2	物质的量浓度（c_B）	mol/L	分析天平直接称	容量瓶定容（水体系）	重铬酸钾标准制备
			量筒直接量取	量筒直接量取（酸水体系）	酸标准滴定液、酸溶液稀释
			量筒直接量取	量筒直接量取（碱水体系）	碱标准滴定液、碱溶液稀释

在上述溶液制备中，必须注意下列事项：

a. 有些试剂不适宜用称量纸称取，要转移到烧杯中称取，如氢氧化钠、氢氧化钾等。

b. 在用直接法配制标准滴定溶液时，当把重铬酸钾标准物进行处理后，最好将其置于称量瓶中，并放于干燥器内妥善贮存，称量时最好用减量法，将规定量的重铬酸钾标准物称于烧杯中，转移到预定的容量瓶内，定容至规定体积。

c. 在制备标准溶液时，一定要注意分散质的质量折算，如要制备 2.0L 600mg/L 的氯离子溶液时，当选择氯化钠时，需要称取 1.98g 氯化钠；但如若换成氯化钾时，则需要称取 2.52g 氯化钾。

d. 在有些溶液的稀释过程中，要特别注意操作程序，特别是在酸、碱稀释操作中，一定要酸（碱）入水，同时要分步稀释操作。同样在标准溶液的使用中，如溶液浓度高，需要稀释时，也要遵循分步稀释原则（指大于 10 倍以上的稀释操作）。

② 间接制备法。在溶液制备过程中，有些标准滴定溶液无法直接配制，需要采用标定法制备（分散质不是标准物或该标准物较难制备，不属于常用试剂）。该方法是先配制一份近似浓度的溶液，然后通过比较法间接标注出该溶液的近似浓度。如高锰酸钾标准滴定溶液、硫酸亚铁铵标准滴定溶液等。

该类溶液在制备过程中，一定要注意分散质在分散剂内的行为变化，在充分确认分散体系稳定后，方能进行标定操作，否则标定出的结果会随时间变化。

6.1.5 化学基本计算

在水处理技术中，化学基本计算可以分以下几类。

① 沉淀剂溶液的制备计算。如要制备 50g/L 的聚合三氯化铝（PAC）溶液 200mL，则应称取 10.0g 的聚合三氯化铝于 500mL 烧杯中，加蒸馏水至 200mL，充分搅拌后，转移到 500mL 磨口瓶中，待用。写好标签。

试剂名称：	聚合三氯化铝（PAC）
浓　度：	50g/L
制备人：	×××
有效期：	

② 标准溶液的制备计算。要制备 10mg/L 氨氮溶液 100mL，一般是用优级纯氯化铵试剂（纯度为 99.98%），如配制 1000mL 氨氮溶液应称取优级纯氯化铵试剂的质量是多少？（M = 53.51g/mol）

$$m = 1.00 \times 53.51 \times 0.9998 / 18.05 = 2.96\ (g)$$

在配制该溶液时，首先要确认制备溶液的蒸馏水中无氨，以重量法制备该溶液，并做好贮存处理，放置 4h 后，需要确认标称溶液浓度，二级稀释到 10mg/L。

③ 标准滴定溶液的制备。要制备 $c\ (1/6K_2Cr_2O_7)$ = 0.25mol/L 标准滴定溶液 100mL，需要经 120℃处理恒重的标准物［纯度为（99.99%+0.01%）］重铬酸钾多少 g?（容量瓶的校正值为+0.34mL、制备溶液时的温度为 24.5℃）。

已知 0.1mol/L 及 0.2mol/L 的各种水溶液，24℃时补正值为−0.9，而 25℃时补正值为−1.1，则此时的补正值分别为：

用 24℃：$V_{补} = -0.9 \times 100 \div 1000 = -0.09$ (mL)；

用 25℃：$V_{补} = -1.1 \times 100 \div 1000 = -0.11$ (mL)

此时容量瓶的体积为：$V_{容} = 100 + 0.34 - 0.09 = 100.25$ (mL)；

或 $V_{容} = 100 + 0.34 - 0.11 = 100.23$ (mL)

$m_1 = 0.2500 \times 49.03 \times 100.25 \div 1000 \div 0.999 = 1.2288$ (g)；

或 $m_2 = 0.2500 \times 49.03 \times 100.23 \div 1000 \div 0.9999 = 1.2286$ (g)

6.1.6 有机化合物及官能团

有机化学是研究碳化合物的学科；除了碳酸盐、碳酸氢盐、碳的部分氧化物外的某些含碳类化合物称为有机化合物，简称有机物。

基础有机物的组成结构，我们一般由 R-烃基团和 X-官能团两部分表示，并进行研究。

6.1.6.1 官能团的结构

一般烃基有两种分类方法，即饱和烃基和不饱和烃基，而饱和烃基也有不同分法，具体分类见表 6-6。

表 6-6 烃基的分类

有机化合物	链状烃基	烷烃基	C_nH_{2n+1}	有机化合物	饱和脂肪烃基	直链烷烃基	C_nH_{2n+1}
		烯烃基	C_nH_{2n-1}			环状烷烃基	C_nH_{2n-1} ($n\geqslant3$)
		炔烃基	C_nH_{2n-3} ($n\geqslant2$)		不饱和烃基	直链烯烃基	C_nH_{2n-1}
	环状烃基	环烷烃基	C_nH_{2n-1} ($n\geqslant3$)			直链炔烃基	C_nH_{2n-3} ($n\geqslant2$)
		环烯烃基	C_nH_{2n-3} ($n\geqslant3$)			环烷烯烃基	C_nH_{2n-3} ($n\geqslant3$)
	芳香烃基		C_nH_{2n-7} ($n\geqslant6$)			芳香烷烃基	C_nH_{2n-7} ($n\geqslant6$)
	杂环烃基		含氮、硫、磷		杂环烷烃基		含氮、硫、磷

官能团的基本结构，见表 6-7。

表 6-7 官能团的基本结构

序	基团	结构	名称	序	基团	结构	名称
1	卤基	—X	一般称“某”卤代烃	8	氨基	$—NH_2$	一般称“某”氨或胺
2	羟基	—OH	与烃基直接相连称醇	9	硝基	$—NO_2$	一般称“某”硝基化合物
			与芳基直接相连称酚	10	亚硝基	—NO	一般称“某”亚硝基化合物
3	醚基	—O—	含对称醚和非对称醚	11	硝酸酯	$—ONO_2$	一般称“某”硝酸酯
4	羰基	—CHO	与烃基端位相连称醛	12	偶氮基	—N=N—	一般称“某”偶氮化合物
			与烃基非端位相连称酮	13	叠氮基	$—N_3$	一般称“某”叠氮化合物
5	羧基	—COO—	一般一端与氢相连称酸	14	硫基	—SH	一般称“某”硫醇
6	羧基衍生物	—COOR	一端与烃基相连称酯	15	硫醚基	—S—	一般称“某”硫醚
		—COOOC—	两端与烃基相连称酐	16	磺酸基	$—SO_3H$	一般称“某”磺酸（盐）
		—COX	与卤基相连称酰卤	17	砜基	$—SO_2—$	一般称“某”砜
		$—CONH_2$	与氨基相连称酰胺	18	亚砜基	—SO—	一般称“某”亚砜
7	氰基	—CN	一般称“某”氰化物				

6.1.6.2 有机化合物

有机化合物与无机化合物的本质区别是：无机化合物一般含一个基团；而有机化合物一个分子中有一个或多个基团，而在多个基团中，还可能是相同与不相同之分。

(1) 同一个烃基上含有多个相同的取代基

例如含有多个卤素、羟基、羧基等情况的常见化合物。

① 含多个卤素的情况，如1，2-二氯乙烷、三氯甲烷、四氯化碳等；

② 含多个羟基的情况，如丙醇［分（正）丙醇和异丙醇（或2-丙醇）］、丙二醇［分1，2-丙二醇（$CH_2OHCHOHCH_3$）和1，3-丙二醇（$CH_2OHCH_2CH_2OH$）］、丙三醇［（$CH_2OHCHOHCH_2OH$），由于该化合物略甜而称“甘油”］；

③ 含多个羧基的情况，如草酸（HOOC—COOH）、丙二酸（HOOC—CH_2—COOH）等。

（2）同一个烃基上含有多个不相同的取代基

在一个烃基分子中含有两个（及以上）取代基的情况非常普遍，如“某”氨基酸、EDTA、苹果酸、柠檬酸等，均属于此类。

6.1.7 有机基本反应

6.1.7.1 发生取代反应

① 烷烃与卤素反应。气态卤素与烷烃在强光照射下，会发生卤代反应；其中氟与烷烃会瞬间完成；氯气与烷烃需要在一段时间才能完成；溴与烷烃的反应时间较长，一些反应则不能完成；以碘与烷烃反应制备碘化烃的方法基本不用。

② 苯及苯同系物与卤素反应。制备卤代芳烃时，一般用还原铁粉或三溴化铁作催化剂，且多需要用加热的方法才能完成。该方法多用于制备氯代芳烃和溴代芳烃。

③ 醇与氢卤酸的反应是制备卤代烃的方法。气态氢卤酸与醇在浓硫酸或卢卡斯试剂（无水三氯化铝）作用下，易发生卤代反应，生成卤代烃。

6.1.7.2 发生加成反应

① 烯烃、炔烃、二烯烃、苯乙烯等不饱和烃易发生加成反应，将双键、三键打开，形成饱和烃。常用的加成试剂有：氢气、卤化氢、水、卤素单质等。

② 不饱和烃的衍生物的加成。包括卤代烯烃、卤代炔烃、烯醇、烯醛、烯酸、烯酸酯、烯酸盐等。

③ 含醛基的化合物（包括葡萄糖）的加成。如用氢气、氢氰酸等的加成。

④ 酮类、油酸、油酸盐、油酸某酯、油（不饱和高级脂肪酸甘油酯）的加成物质的加成，多用氢气加成制备“人造黄油”等。

6.1.7.3 聚合反应

将不饱和化合物通过催化加压，制备成稳定的高分子聚合材料，是重要的化学反应之一。在聚合反应中，根据需要分为共聚、混聚等。

6.1.7.4 发生氧化还原反应

在有机反应中，氧化还原反应是最重要的一类化学反应，它可以用来制备烷烃、卤代烃、醇、醛（酮）、羧酸等各类化合物。

① 由羧酸盐受热脱羧制备烷烃；

② 烷烃的有条件氧化制备烯烃、炔烃；

③ 烯烃氧化制备醛（酮）、羧酸。

6.2 水处理的分类

水处理主要有城镇污水处理（以生活污水为主）、工业废水处理、循环水处理、化学水处理、饮用水处理、海水淡化等。目前中国城镇污水与工业废水的处理是水处理行业的两个主要分支，根据世界技能大赛水处理项目的考试内容和侧重点要求，将重点介绍这两个方面的知识点。

6.2.1 城镇污水与工业废水处理工艺的划分

整体上分为三部分：预处理、生化处理、深度处理。

(1) 预处理

类似的工艺有粗格栅、细格栅、沉砂池、初沉池、曝气池。由于工业废水的复杂性，通常采用较多的预处理工艺，例如隔油池、气浮池、化学预处理、芬顿、微电解、树脂吸附等物化预处理。

(2) 生化处理

“以活性污泥为主体的废水处理方法。将废水与活性污泥（微生物）按一定比例混合搅拌并曝气，使废水中的有机污染物分解，生物固体随后从已处理废水中分离，并将部分回流到曝气池中”的废水处理工艺，称为生化处理。城镇污水由于来水的指标较低，一般采用 A/O、A^2/O、SBR 或氧化沟等工艺。工业废水由于水质复杂，除上述常规工艺外，还有一些独特的工艺单元。例如污泥床（UASB 或 UBF 或 IC 或 EGSB 等接触氧化单元）、MBR 等。

(3) 深度处理

城镇污水一般采用混凝沉淀、V 型滤池、活性砂等砂滤单元、紫外消毒。工业废水除采用上述工艺外，还有活性炭吸附、臭氧催化氧化、芬顿氧化、中水回用、超滤、纳滤、反渗透等膜处理工艺。

6.2.2 生化处理的分类方式

按溶解氧区分，分为好氧、厌氧、缺氧。

按污泥生长方式分为活性污泥法和生物膜法。

二者都以生化单元为主体，下面就介绍一下生化系统中的好氧、厌氧、缺氧。

(1) 好氧

利用好氧微生物（包括兼性微生物）在有氧气存在的条件下进行生物代谢以降解有机物，使其稳定、无害化的处理方法。微生物利用水中存在的有机污染物为底物进行好氧代谢，经过一系列的生化反应，逐级释放能量，最终以低能位的无机物稳定下来，达到无害化的要求，以便返回自然环境或进一步处理（图 6-1）。

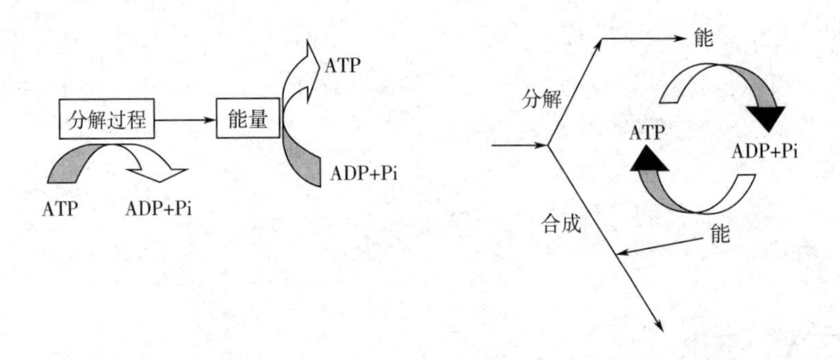

图 6-1 自然分解循环

影响好氧生物处理的因素如下：

① 营养物质。好氧生物处理中对碳、氮、磷三种元素的营养比例要求一般为BOD∶N∶P=100∶5∶1。

② 温度。微生物按其生长温度的不同，可分为低温微生物、中温微生物和高温微生物。好氧生物处理一般在15～40℃内运行，温度低于10℃或高于40℃，都会使微生物代谢活动降低或蛋白质变性以及酶系统被破坏，从而使去除BOD的效率大为降低。因此废水生物处理中进水温度一般控制在20～30℃。

③ pH。废水生物处理中，保持微生物的最适pH范围十分重要，当反应器中pH偏离此范围时，对微生物的生长造成不良影响，反应器不能正常运转，好氧生物处理中，系统在中心环境运行最佳，一般在pH值为6.5～9范围内最好。

④ 溶解氧。好氧微生物的正常生长与水中溶解氧含量有密切关系，在好氧生物反应器中，溶解氧一般为2～4mg/L。

⑤ 有毒物质。主要指重金属及其化合物、酚、氰等物质。微生物对有毒物质的承受力有一定的浓度范围，最好通过实验确定。

（2）厌氧

厌氧生物处理技术是在厌氧条件下，兼性厌氧和厌氧微生物群体将有机物转化为甲烷和二氧化碳的过程，又称为厌氧消化。

一般来说，废水中复杂的有机物物料比较多，通过厌氧分解分四个阶段加以降解：

① 水解阶段。高分子有机物由于其大分子体积，不能直接通过厌氧菌的细胞壁，需要在微生物体外通过胞外酶加以分解成小分子。废水中典型的有机物质比如纤维素被纤维素酶分解成纤维二糖和葡萄糖，淀粉被分解成麦芽糖和葡萄糖，蛋白质被分解成短肽和氨基酸。分解后的这些小分子能够通过细胞壁进入到细胞的体内进行下一步的分解。

② 酸化阶段。上述小分子有机物进入到细胞体内转化成更为简单的化合物并被分配到细胞外，这一阶段的主要产物为挥发性脂肪酸（VFA），同时还有部分的醇类、乳酸、二氧化碳、氢气、氨、硫化氢等产物产生。

③ 产乙酸阶段。在此阶段，上一步的产物进一步被转化成乙酸、碳酸、氢气以及新的细胞物质。

④ 产甲烷阶段。在这一阶段，乙酸、氢气、碳酸、甲酸和甲醇都被转化成甲烷、二氧化碳和新的细胞物质。这一阶段也是整个厌氧过程最为重要的阶段和整个厌氧反应过程的限速阶段。

厌氧技术发展过程大致经历了三个阶段：

第一阶段（1860—1899年）：简单的沉淀与厌氧发酵合池并行的初期发展阶段。这个发展阶段中，污水沉淀和污泥发酵集中在一个腐化池（俗称化粪池）中进行，泥水没有进行分离。

第二阶段（1899—1906年）：污水沉淀与厌氧发酵分层进行的发展阶段。

第三阶段（1906—2001年）：独立式营建的高级发展阶段。这个发展阶段中，沉淀池中的厌氧发酵室分离出来，建成独立工作的厌氧消化反应器。

与此相对应的是，厌氧生物处理技术的反应器主体也经历了三个时代。

第一代厌氧反应器是以普通厌氧消化池（CADT）、厌氧接触工艺（ACP）为代表的低负荷系统。

第二代反应器是20世纪60年代末以在反应器内保持大量的活性污泥和足够长的污泥龄为目标，利用生物膜固定化技术和培养易沉淀厌氧污泥的方式开发出的。如厌氧滤器（AF）、厌氧流化床（AFB）、厌氧生物转盘（ARBCP）、上流式厌氧污泥床（IAASB）、厌氧附着膨胀床（AAFEB）等。其中UASB反应器为应用最广的反应器，在其为代表的第二代反应器的研究与应用的基础上开发出了新一代反应器。

第三代厌氧反应器是在将固体停留时间和水力停留时间相分离的前提下，使固液两相充分接触，从而既能保持大量污泥又能使废水和活性污泥之间充分混合、接触以达到真正高效的目的。目前研究较多的有：厌氧颗粒污泥膨胀床（EGSB）、厌氧内循环（IC）等。

(3) 缺氧

缺氧生物处理是在水中无分子氧存在，但存在如硝酸盐等化合态氧的条件下进行的生物处理过程。缺氧生物处理是指限制性供氧或者不供氧，但通过加注含有硝酸盐的混合液，使混合液的氧化还原电位维持在一定水平，确保活性污泥中的反硝化菌将硝酸盐反硝化生成为氮气，同时将废水中的有机物氧化分解。

6.2.3 几种应用比较广泛的厌氧技术

6.2.3.1 厌氧生物滤池

厌氧生物滤池的构造与一般的生物滤池相似，池内设填料，但池顶密封。废水由池底进入，由池顶部排出。填料浸没于水中，微生物附着生长在填料之上。滤池中微生物量较高，平均停留时间可长达150d左右，因此可以达到较高的处理效果。滤池填料可采用碎石、卵石或塑料等，平均粒径在40mm左右。

6.2.3.2 厌氧接触工艺

厌氧接触工艺又称厌氧活性污泥法，是在消化池后设的沉淀分离装置，经消化池厌氧消化后的混合液排至沉淀池分离装置进行泥水分离，澄清水由上部排出，污泥回流至厌氧消化池。这样做既避免了污泥流失又可提高消化池容积负荷，从而大大缩短水力停留时间。厌氧接触工艺一般负荷：中温为2～10kg COD/（m^3·d），污泥负荷≤0.25kg COD/（kg VSS·d），池内的MLVSS为10～15g/L。

6.2.3.3 UASB

UASB反应器污泥床区主要由沉降性能良好的厌氧污泥组成，浓度可达到50～100g/L或更高。沉淀悬浮区主要靠反应过程中产生的气体的上升搅拌作用形成，污泥浓度较低，一般在5～40g/L范围内，在反应器的上部设有气（沼气）、固（污泥）、液（废水）三相分离器，分离器首先使生成的沼气气泡上升过程偏折，穿过水层进入气室，由导管排出。脱气后混合液在沉降区进一步固、液分离，沉降下的污泥返回反应区，使反应区内积累大量的微生物。待处理的废水由底部布水系统进入，澄清后的处理水从沉降区溢流排除。在UASB反应器中能得到一种具有良好沉降性能和高比产甲烷活性的颗粒厌氧污泥，因而相对于其他的反应器有一定优势：颗粒污泥的相对密度比人工载体小，靠产生的气体来实现污泥与基质的充分接触，省却搅拌和回流污泥设备和能耗；三相分离器的应用省却了辅助脱气装置；颗粒污泥沉降性能良好，避免附设沉淀分离装置和回流污泥设备；反应器内不需投加填料和载体，提高容积利用率。

6.2.3.4 EGSB

20世纪90年代初，荷兰Wageningen农业大学开始了厌氧膨胀颗粒污泥床（EGSB）反应器的研究。Lettinga教授等在利用UASB反应器处理生活污水时，为了增加污水污泥的接触，更有效地利用反应器的容积，改变了UASB反应器的结构设计和操作参数，使反应器中颗粒污泥床在高的液体表面上升流速时充分膨胀，由此产生了早期的EGSB反应器。

EGSB 反应器实际上是改进的 UASB 反应器，区别在于前者具有更高的液体上升流速，使整个颗粒污泥床处于膨胀状态，这种独有的特征使其可以具有较大的高径比。EGSB 反应器主要由主体部分、进水分配系统、气液固三相分离器和出水循环等部分组成。其中，进水分配系统是将进水均匀分配到整个反应器的底部，产生一个均匀的上升流速；三相分离器是 EGSB 反应器最关键的构造，能将出水、沼气和污泥三相有效分离，使污泥在反应器内有效停留；出水循环部分是为了提高反应器内的液体表面上升流速，使颗粒污泥与污水充分接触，避免反应器内死角和短流的产生。

6.2.3.5 IC

IC 内循环厌氧反应器为荷兰帕克公司的专利产品，目前帕克公司在全球有 300 多台 IC 反应器得以应用。相对于 UASB 只在顶部有一级三相分离器，IC 内循环反应器具有两级三相分离器。IC 反应器实际上由两级 UASB 构成，底部 UASB 负荷高，顶部负荷低。因为在一级分离时收集了大量沼气，其对废水的扰动减少，使得在二级三相分离中得到更好的气、水、泥分离效果。二级分离的 IC 反应器确保了最佳的污泥停留时间，这样对于处理一些化工废水是很有利的，因为这些废水厌氧污泥产量很小。IC 反应器具有一个自调节的气提内循环结构，循环废水与原水混合将稀释进水浓度。内循环作用所带来的能量使得泥水在底部混合更加充分，从而污泥活性也得到增加。IC 内循环所形成的废水内部稀释可以减少生产所带来的负荷波动。IC 反应器的容积负荷（15～30kg COD/m^3）为 UASB（7～15kg COD/m^3）的两倍。

6.2.4 新兴技术——废水的再生与循环利用（零排放）

杂盐处理，盐的处理再生利用方式：多效蒸发（分盐技术）、MVR。

废水零排放是指将含有大量无机盐和有机污染物的工业废水，经适当的技术组合处理后回用于生产（达到 99%以上回收再利用），无任何液态污染物排入环境，污染物则被浓缩固态或结晶的形式作进一步处理（送垃圾处理厂填埋或将其回收作为有用的化工原料）。

6.2.4.1 RCC 技术

美国华盛顿州的资源保护公司（RCC）开发和完善了一套专门用作处理含有大量无机盐或 TDS 的工业废水技术。该体系的核心技术包括：机械蒸汽再压缩循环蒸发技术、“晶种法”技术、强制循环压缩蒸汽结晶技术等。

(1) 机械蒸汽再压缩循环蒸发技术

等量的物质，在从液态转变为气态的过程中，需要吸收定量的热能。当物质再由气态转为液态时，会放出等量的热能，根据该原理，开发出了机械蒸汽再压缩循环蒸发技术，用蒸发器处理废水时，蒸发废水所需的热能，由蒸汽冷凝和冷凝水冷却时释放热能所提供，在运作过程中，没有潜热的流失。

运作过程中的能耗，仅是驱动蒸发器内废水、蒸汽和冷凝水循环和流动的水泵、蒸汽泵和控制系统所消耗的电能。为了防止废水对蒸发器的腐蚀，蒸发器的主体和内部的换热管，通常用高级钛合金制造，其使用寿命达 30 年或以上。

卤水浓缩器构造及工艺流程如图 6-2 所示。

废水在蒸发器内蒸发时，如果废水含大量盐分或 TDS，水里的 TDS 很容易附着在换热管的表面结垢，轻则影响换热器的效率，严重时则会把换热管堵塞，解决蒸发器内换热管的结垢问题，是蒸发器能否用作处理工业废水的关键。RCC 开发的“晶种法”技术解决了蒸发器换热管的结垢问题，成功地应用于含盐工业废水的处理中。

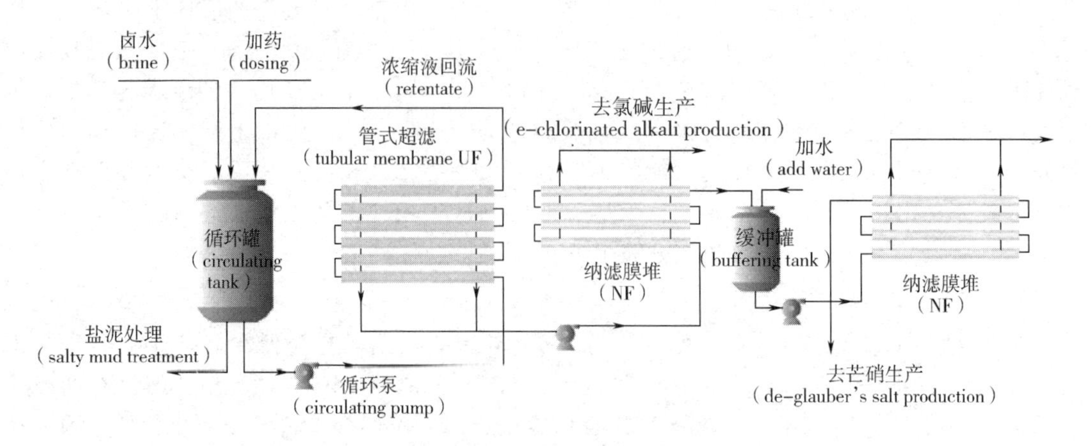

图 6-2　卤水浓缩器构造及工艺流程

(2) 晶种法技术

晶种法技术，经处理后排放的浓缩废水，通常被送往结晶器或干燥器，结晶或干燥成固体，运送堆填区埋放。上述循环过程，周而复始，继续不断地进行。

“晶种法”以硫酸钙为基础，废水里需有钙和硫化物存在，浓缩器开始运作前，如果废水里自然存在的钙和硫化物离子含量不足，可以往废水里加添硫酸钙种子，使废水里钙和硫化物离子含量达到适当的水平。

废水开始蒸发时，水里开始结晶的钙和硫酸钙离子就附着在这些种子上，并保持悬浮态，不会附着在换热管表面结垢。这种现象称为“选择性结晶”。

卤水浓缩器通常能持续运作长达一年或以上的时间，才需定期清洗保养。在一般情况下，除了在浓缩器启动时有可能添加“晶种”外，正常运作时不需再添晶种。

(3) 混合盐结晶技术

用作混合盐结晶的结晶器，既可用蒸汽驱动，也可用电动蒸汽压缩机驱动，而后者能效较高。

这种高效结晶器的主要优点是：设备体积小，占地面积也小；能耗低，盐卤浓缩器处理 1t 废水耗电最低仅 16kW·h。回收率高达 98%，而且回收的是优质蒸馏水，所含 TDS 小于 10ppm（10×10^{-6}），稍做处理即可作高压锅炉补给水，用钛合金材料制作，寿命长达 30 年。

6.2.4.2　HERO 技术

HERO 工艺（high efficiency reverse osmosis）的预处理步骤要根据水化学和现场的专门设计规范来定制，但有一个步骤是不变的，这就是 RO 是在高 pH 条件下运行的。为了使 RO 能在高 pH 条件下运行，所有会引起膜结垢的硬度和其他阳离子成分必须除去，悬浮固体物应降至接近零以避免膜的堵塞，二氧化碳要降低到一定程度以减少水的缓冲性。硅在高 pH 条件下是可以高度溶解的，所以不会限制 RO 的回收率。理论上说，经过预处理后，回收的比例只会受到浓液渗透压的限制。此工艺可实现 95%的回收率，而在大多数电子超纯水的应用上，回收率会更高。

HERO 的特点和优势：在 HERO 工艺条件下，高 pH 运行也是膜供应商可以接受的。当给水是排污水，或含盐量较高时，水回收率可以达到 90%或更高，同时减少清洗频率。对于高硅水质，在高 pH 条件下硅是溶解态（离子态），可以达到高回收率。两级反渗透运行在高 pH 条件下，离子去除率可以达到：硼>99.4%，硅>99.97%，有机物(TOC)>99%。

6.2.4.3 特种 RO 膜技术浓水再浓缩零排放工艺

该特种膜主要由过滤膜片、导流盘、中心拉杆、高压容器、两端法兰、各种密封件及联接螺栓等组成。过滤膜片和导流盘交替叠放，中心拉杆串成膜芯置入高压容器后，由两端法兰进行固定，再用拉杆结合形成。

原水通过膜芯与高压容器的间隙到达膜元件底部，均匀布流进入导流盘，在导流盘表面以雷达扫描方式流动，从投币式切口进入下一组导流盘和膜片，在整个膜柱内呈涡流状流动，产水通过中心管排出膜元件。

(1) 特种 RO 膜特点和优势

① 最低程度的膜结垢和污染现象。采用开放式宽流道及独特的水力学设计，具有更宽的流体通道，更优异的流体湍流效果，导流盘专利结构设计，涡流式流动状态，最大限度地减少了膜表面结垢、污染及浓差极化现象的产生。

② 膜使用寿命长。RO 特种膜采用了新型改性膜片，更适用于废水的膜分离。膜片抗压能力更强，最高可以达到 160bar (16MPa)。且该组件能够有效避免膜的结垢，膜污染减轻，使反渗透膜的寿命延长。

③ 组件易于维护。采用标准化设计，组件易于拆卸维护，可以轻松检查维护任何一片过滤膜片及其他单元，维修简单。这是其他形式膜组件所无法达到的。

④ 过滤膜片更换费用低。当过滤膜片需更换时可进行单个更换，这最大限度地减少了换膜成本，当卷式膜出现补丁、局部泄漏等质量问题或需更换新膜时只能整个膜组件更换。

⑤ 出水水质好。对各项污染物都具有极高的去除率，出水水质好。

(2) 电渗析技术

在外加直流电场作用下，利用离子交换膜的透过性（即阳膜只允许阳离子透过，阴膜只允许阴离子透过)，使水中的阴、阳离子作定向迁移，从而达到水中的离子与水分离的一种物理化学过程。

电渗析技术已广泛应用于各种废水的回收处理，并已经发展成为一种新型的单元操作。例如：

a. 含醛乙酸废水的处理。电渗析浓水经萃取、精馏，可以制得 99%的工业乙酸，电渗析淡水含酸量小于 0.02%，可安全排放。

b. 电渗析处理铜铁废水。通过对含 HNO_3 和 HF 的废水进行有效的处理，不但回收利用了水和有用资源，而且保护了环境。

c. 电渗析实验处理铝制品漂洗废水后的含碱废水，回收了 NaOH 和 Na_2CO_3，处理后淡水可回用或排放，效益显著。

① 电渗析在反渗透浓水回用中的应用。随着膜技术的快速发展，反渗透得到越来越广泛的应用，但是反渗透制纯水的生产过程中会产生大量的浓水，如果浓水得不到妥善处理而直接排放，必然会造成资源浪费及环境污染。采用电渗析工艺对反渗透浓水进行回收再利用，取得了良好的经济效益和社会效益。

该系统工艺主要采用原反渗透浓水进入倒极电驱动膜分离器系统+二级反渗透+EDI 系统。回用水降到电导率 1000μS/cm 后，进入反渗透系统，达到电导率在 5μS/cm 以内，反渗透产出的淡水进入 EDI 系统，反渗透产出的浓水进入倒极电渗析系统。电渗析产出的浓水进入浓缩水箱。EDI 产出的浓水进入二级反渗透系统，EDI 产出的淡水达到 15MΩ，进入产水罐。

② 电渗析技术在高盐高COD污水中的应用。在医药中间体及化工厂生产过程中产出大量含有机物的高盐污水，该污水由于含盐量太高，很难进行生化处理达到排放或回用标准。

使用电渗析可以使盐分下降至可生化标准再进入生化处理阶段。电渗析产出的含盐污水经过电渗析浓缩至12%～15%以上，进入蒸发或MVR系统，最终达到零排放的目的，既为企业解决了高盐废水排放难题，又可以使水资源得到回收利用，节约了资源，提高了企业的经济效益。

(3) 废水零排放工艺在火电厂中的应用

火电厂水资源经过梯级利用后会产生一定量的水质条件极差、不能直接回用的末端废水，这部分末端废水的处理回用是实现全厂废水“零排放”的关键点。经过梯级利用及浓缩减量后的末端废水中含有高浓度的氯离子，需要进行脱盐处理后才能回用。

末端废水的处理方法有灰场喷洒、蒸发塘蒸发、蒸发-结晶、烟道蒸发等，其本质均为通过末端废水的物理性蒸发实现盐与水的分离。

① 蒸发-结晶技术。机械蒸汽再压缩（MVR）和低温常压蒸发结晶技术等。

常用的降膜式机械蒸汽再压缩蒸发结晶系统，由蒸发器和结晶器两个单元组成。废水首先送到机械蒸汽再压缩蒸发器（BC）中进行浓缩。经蒸发器浓缩之后，浓盐水再送到强制循环结晶器系统进一步浓缩结晶，将水中高含量的盐分结晶成固体，出水回用，固体盐分经离心分离、干燥后外运回用。

低温常压蒸发结晶技术。废水首先经过换热器被加热至一定温度（40～80℃），然后进入蒸发系统，水分蒸发形成水蒸气，在循环风的作用下被移至冷凝系统，含有饱和水蒸气的热空气与冷凝系统内的冷水（20～50℃）相遇而凝结成水滴，并被输送至系统外。经蒸发后的废水浓度不断升高，达到饱和溶解度的盐从溶液中析出形成固体颗粒，并最终从水中分离出去。

② 烟道蒸发技术。将末端废水雾化后喷入除尘器入口前烟道内，利用烟气余热将雾化后的废水蒸发；也可以引出部分烟气到喷雾干燥器中，利用烟气的热量对末端废水进行蒸发。在烟道雾化蒸发处理工艺中，雾化后的废水蒸发后以水蒸气的形式进入脱硫吸收塔内，冷凝后形成纯净的蒸馏水，进入脱硫系统循环利用。同时，末端废水中的溶解性盐在废水蒸发过程中结晶析出，并随烟气中的灰一起在除尘器中被捕集，如图6-3所示。

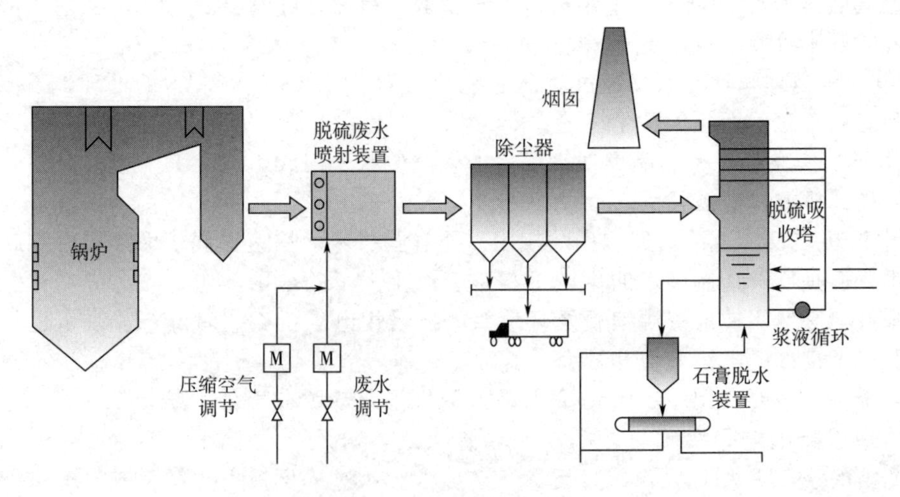

图6-3 烟道蒸发捕集流程

蒸发结晶技术作为一种较为成熟的高盐水脱盐技术，在化工领域已有较多应用，在电力行业也开始应用；烟道蒸发处理技术经过多年的研究，目前在脱硫废水处理中也有一些应用，也有可能用于全厂末端废水的处理。

(4) 臭氧催化氧化技术

① 臭氧氧化机理

a. 臭氧性质。臭氧是一种氧化性极强的不稳定气体，须现场制备使用。臭氧是氧气的同素异形体，含有 3 个氧原子，成 sp^2 杂化轨道，成离域 π 键，形状为“品”形，极性分子。氧在常温常压下为淡蓝色气体，水中的溶解度为 9.23mg/L，高于氧气（42.87mg/L），水中溶解浓度高于 20mg/L 时呈紫蓝色。臭氧有很强的氧化性，氧化还原电位为 2.07V，单质中仅低于 F_2（3.06V）。

b. 臭氧的氧化机理。臭氧能够氧化大多数有机物，特别是氧化难以降解的物质，效果良好。臭氧在与水中有机物发生反应的过程中，通常伴随着直接反应和间接反应两种途径，不同反应途径的氧化产物不同，且受控的反应动力学类型也不同。

② 直接氧化反应。臭氧直接反应是对有机物的直接氧化，反应速率较慢，反应具有选择性，反应速率常数在 $1.0 \sim 10^3 M^{-1} \cdot s^{-1}$ 范围内。由于臭氧分子的偶极性、亲电、亲核性，臭氧直接氧化机理包括 Criegree 机理、亲电反应、亲核反应三种。

③ 间接氧化反应。臭氧间接反应是有自由基参与的氧化反应，过程中产生了 $\cdot OH$，氧化还原电位高达 2.80V，自由基作为二次氧化剂使得有机物迅速氧化，属于非选择性瞬时反应，反应速率常数为 $10^8 \sim 10^{10} M^{-1} \cdot s^{-1}$，氧化效率大大高于直接反应。此外 $\cdot OH$ 与有机物发生的反应主要有三种：脱氢反应（hydrogen abstraction）、亲电加成（electrophilic addition），电子转移（electron transfer reaction）。

④ 臭氧氧化法的影响因素

a. 臭氧浓度。由于臭氧在水中的溶解度比较小，提高臭氧的浓度能够改变臭氧在水中的溶解平衡，使水中臭氧的浓度上升，进而提高臭氧氧化的效果。

b. 体系的 pH。反应体系的 pH 对臭氧氧化降解的影响非常大。体系的 pH 会直接影响以羟基自由基为主的各类自由基的产生。

c. 体系的温度。体系温度对反应速率有明显的影响，温度升高有助于提高臭氧分子在水溶液中自分解产生自由基的浓度，同时温度提高有助于提高水溶液中污染物分子与臭氧分子或是自由基的平均分子动能，有利于污染物分子与臭氧分子或是自由基的碰撞，从而提高氧化降解的速率。

由于臭氧氧化法在实际的应用中存在一些问题：首先，臭氧的产生成本较高，同时臭氧的利用率不高（臭氧在常温水中的溶解度大约在 1000mg/L 左右）；其次，臭氧将有机物彻底矿化的效率还有待提高。为了进一步提高臭氧氧化法的效率，提高臭氧的利用率，降低臭氧氧化的运行费用，同时进一步提高对污染物的去除效率，国内外许多学者开始研究以臭氧为主体的高级氧化组合工艺。

⑤ 催化臭氧工艺。在氧化体系内加入过渡金属离子，能够对臭氧氧化产生明显的催化效果，可以催化臭氧在水中的自分解，增加水中产生的 $\cdot OH$ 浓度，从而提高臭氧氧化效果。目前，催化臭氧工艺分为两种类型：均相臭氧氧化和非均相臭氧氧化。均相臭氧氧化是指在水中加入一些溶解性的过渡金属离子以达到催化氧化的效果。

⑥ H_2O_2/O_3 工艺。当臭氧投量较低时不断提高 H_2O_2 的投加量能够不断提高氧化降解的效果，但是臭氧投量较高的情况下，当 H_2O_2 的投加量达到某一值之后再继续增加其投加量对提高催化效果没有明显的提升。YuJ 等的研究指出采用 H_2O_2 催化臭氧降解 2，4-D，

实验结果指出该方法可以有效地催化臭氧自分解产生更高浓度的·OH，有效地提高了臭氧对2,4-D的矿化率。

⑦ 光催化/O_3工艺。有研究显示通过光催化技术能够大大提升臭氧氧化的效果，所以光催化/O_3工艺不断被国内外学者开始研究与逐步应用，并逐渐发展成为一种独立的高级氧化技术。

⑧ 电化学/O_3工艺。电解过程的阴阳两极反应的产物通常是臭氧自分解产生自由基的引发物。这一发现为电解法和臭氧氧化偶合并用提供了理论基础，并且国内外的部分学者开始研究这一技术，但是目前这一领域的研究还不多，机理与处理效果的分析还不够透彻。

6.2.5 污泥综合利用

6.2.5.1 污泥热水解技术

污泥热水解技术的工作原理是将脱水污泥（一般含水率在85%～90%左右）和温度为150～260℃、压力为1.4～2.6MPa的饱和蒸汽加入密闭的反应釜，通过蒸汽对污泥进行间接加热，使污泥菌胶团、内部微生物和有机物水解破壁，从而使细胞失活，同时细胞内部分有机物如蛋白质和多糖等，得以释放并进入上清液。

该技术起源于20世纪30年代，起初用于改善污泥脱水性能；70年代末开始用于污泥预处理，以提高污泥厌氧消化性能；90年代后被开发用于反硝化碳源的获取和活性污泥的减量研究；1995年Cambi公司在挪威哈马尔的HIAS污水处理厂首次建造热水解装置作为污泥处理工艺的一部分，在此基础上形成了污泥热水解——厌氧消化技术体系。需要说明的是，热水解技术自身能够实现污泥的无害化、减量化、稳定化：热水解使污泥含固率提高、脱水性能增强，从而实现污泥处理的减量化；高温高压过程使病原菌灭活，实现污泥处理的无害化；热水解后有机物通过固液分离转移至滤液中，使得干污泥中可生化降解的有机物减少50%以上，从而达到稳定化。

污泥热水解过程包括固体物质溶解液化和有机物水解两个过程。污泥经热水解处理后，污泥上清液中的溶解性物质浓度大幅提高，尤其以污泥中蛋白质和糖类的溶出最为突出，能改善污泥的脱水性能和厌氧消化性能。相较于传统的超声和臭氧氧化法，热水解技术对污泥有机物胞外聚合物的破壁能力更强，有利于后续的污泥生化处理，热水解后污泥通过固液分离装置分离为干化污泥和滤液。

6.2.5.2 污泥厌氧消化技术

污泥厌氧消化是指利用兼性菌和厌氧菌进行厌氧生化反应，分解污泥中有机质的一种处理工艺。厌氧消化一般包括水解、酸化和产甲烷等阶段。通过厌氧消化，污泥体积减小为原来的30%～50%，脱水效果提高，水分与固体易于分离，稳定性增强，无明显的恶臭；同时厌氧消化过程能有效减少有毒病菌并产生大量的甲烷气体。衡量污泥的厌氧消化性能和产气性能的两个指标：单位质量挥发性固体（VS）产气量和分解单位质量挥发性固体产气量，美国污水处理厂设计手册中这两项指标的最佳范围分别为0.5～0.75L/g和0.75～1.12L/g，国内无明确规定。虽然污泥厌氧消化过程具有有效降解污泥有机物、杀死污泥中病原体、减小污泥体积及回收能源等优势，但厌氧消化系统在运行过程中存在着水力停留时间长（10～20d）和有机物去除率较低（20%～40%）等缺陷。

6.2.5.3 工艺配套装备

(1) 污泥热水解装备

目前污泥热水解常用的装备为水热反应釜，水热反应釜大多为圆柱形罐体，内部设换热装置和机械搅拌装置等。长沙市污泥处理处置工程采用污泥热水解-厌氧消化系统，其中热水解的关键设施为污泥浆化装备，主要包括1套污泥浆化罐、8套污泥热水解罐、1套混合及储泥罐和2套热交换器。各装置规格如下：污泥浆化罐流量为$20m^3/h$；污泥循环泵4台，流量为$20m^3/h$（2用2备）；污泥热水解罐直径1.6m，高4m；热交换器2套，电机功率为5.0kW，混合及储泥罐电机功率为7.5+22kW。

(2) 浆化装备

污泥从料仓柱塞泵提升至浆化装备，在浆化装备中利用闪蒸蒸汽加热浆化至70～80℃，然后泵送至热水解反应罐。浆化装备运行时为连续进料、连续出料，反应罐产生的闪蒸蒸汽通过浆化装备内部分配管和阀门通至浆化装备的不同部位。在浆化装置内部，通过压力表、安全阀、安全水封等动态调整保证浆化装备内的压力安全。

(3) 热水解反应罐

热水解反应罐中利用锅炉蒸汽加热至130～150℃，保压一段时间后泄压，泄压蒸汽进入闪蒸蒸汽罐后再进入浆化装备预热生泥，泄压后反应罐内的污泥通过出浆泵排至热交换器。热水解反应罐一个周期为90min，分为进泥（15min）、加热（15min）、保压（30min）、泄压（15min）、排泥（15min）5个过程，各反应罐可联动工作。

(4) 污泥厌氧消化装备

污泥厌氧消化装备主要包括污泥厌氧消化池（罐）主体、进料系统、搅拌系统、沼气收集装备、沼气净化装备和沼气安全装备。

(5) 消化池（罐）

消化池可分为常规混凝土建造设施和一体化装备。

常规的混凝土建造设施一般由池底、池体和池顶三部分组成，池底为倒圆锥形；池体主要有圆柱形、卵形和龟甲形等几种（圆柱形应用最广泛）；池顶可分为固定盖式和浮动盖式两种。整体而言，柱形消化池的反应罐直径在6～40m之间，罐体内有一坡度为15%的锥底以及一个位于反应罐中心的排泥出口，运行时需保证罐体的污泥深度最低达到7.5m，以保证反应器内物料的充分混合，部分消化池也会配置格子状的底部来减少罐体底部的不均匀沉砂，进而减少反应器的清洗次数。相对应的，卵形污泥消化器是一种改进的池形，该形状的池体可降低砂石和浮渣积累，缺点为基建费较高，且缺少足够的气体贮存空间。

污泥厌氧消化一体化罐体在国内应用较多的为利浦（Lipp）罐，其具有施工周期短、造价相对较低、占地小等优点。该一体化装备建造过程中薄钢板（2～4mm厚）通过上下层之间的咬合形式螺旋上升，按“螺旋、双折边、咬合”工艺可建造成体积为100～$5000m^3$的罐体。罐基础底板为钢筋混凝土结构，同罐体嵌固式连接，并密封处理。Lipp罐一体化厌氧消化设施宜建成地上式，基础底板为浅埋式；在一体化厌氧罐运行过程中，罐内泥位相对较高，罐体及底板受力都较大；另外厌氧罐下部设的人孔、进料管、排渣管、循环管等工艺管道接口，将使得罐底结构处于不利状态，因此在厌氧罐底部通常会设置一道环形圈梁，以限制罐体的变形。

(6) 进料装备

投配池中的污泥经污泥泵抽送到消化池，目前主流的污泥厌氧消化进料系统为间歇进料。近年来，随着自控系统的逐渐发展，基于污泥流量质量控制的自动阀门广泛用于消化系统自动进料控制。溢流管一般与进料装备配套建设，以保证厌氧消化系统中液面的平衡，溢流管的直径至少为25mm。

(7) 搅拌装备

搅拌装备通常用于维持消化系统的持续运转和避免砂石和浮渣沉积。搅拌装备一般置于池中心，当池子很大时，可设若干均布于池中的搅拌装备。搅拌方法一般有泵搅拌和沼气搅拌等。

泵搅拌通常指用泵将消化污泥从池底抽出，经泵加压后送至浮渣层表面或者消化池的不同部位进行循环搅拌，常与进料系统和池外加热系统合建，适用于小型消化池。沼气搅拌是将消化池自身产生的一部分沼气经过压缩机加压后通过竖管或池底的扩散器再送入消化池，达到混合搅拌的目的。沼气搅拌有气提式、竖管式、气体扩散式和射流器抽吸沼气式等四种形式。气提式搅拌是将沼气压入消化池导流管的中部或底部，使沼气与消化液混合，含气泡的污泥即沿导流管上升，起提升作用，使池内消化液不断循环搅拌达到混合的目的；竖管式搅拌根据消化池直径大小，在池内均匀布置若干根竖管，经过加压的沼气通过配气总管分配到各根竖管，从下端吹出后起到搅拌作用；气体扩散式搅拌器是使经过压缩的沼气通过气体扩散器与消化池内污泥混合，起到搅拌作用；射流式抽吸沼气搅拌是用污泥泵从消化池直筒壁的三分之二处抽吸污泥，污泥抽出后压入水射器的喷嘴，当污泥射入水射器的喉管时，形成很大的负压，经过射流器抽吸池顶的沼气，然后将混合污泥与沼气射入消化池底，形成搅拌循环。

(8) 沼气收集装备

沼气收集装备用于收集存储厌氧消化过程产生的沼气，其有效容积可按日均产气量的25%～40%来计算。大型污泥消化系统取低限，小型污泥消化系统取高限。按照储气压力的大小可分为低压式和中压式两种。

(9) 沼气净化装备

通常情况下沼气净化装备包括沼气的脱水、脱硫、脱二氧化碳过程。

沼气脱水常见的方法有两种：汽水分离器和凝水器。汽水分离器一般安装在输送气系统管道上、脱硫塔之前，沼气从侧向进入汽水分离器，经过汽水分离器后从上部离开进入沼气管网；沼气凝水器类似于城市煤气管道的凝水器，一般安装在输送气管道的埋地管网中，按照地形与长度在适当的位置安装。

沼气中的硫化氢可通过脱硫洗涤塔去除，其可分为干式和湿式两种。在常用的干式洗涤塔中一般装填有饱和三氧化二铁，俗称海绵铁。湿式洗涤塔一般用碱性液体来吸收硫化氢，该方法具有可长期连续运行、运行费用低、需要专人值守、装备需要保养的特点。沼气中的二氧化碳则主要通过碱液吸收去除。

(10) 沼气安全装备

沼气安全装备包括消焰器、安全阀、废沼气燃烧器、滴漏阀、气压指示表、冷凝液和沉渣贮存器、引火燃烧室和低压逆止阀等。空气中的沼气达到一定浓度时具有毒性，达到一定的浓度比例后遇到明火有爆炸的风险，因此必须对沼气安全装备予以高度重视。

6.2.5.4 单元技术优势及组合的必要性

(1) 污泥热水解技术的优势

污泥热水解技术具有如下优势：

① 安全性。污泥热水解在反应釜中完成，无粉尘产生，运行状况良好的装备不存在爆炸危险。

② 环保性。污泥热水解反应在密闭反应器中进行，能迅速完成杀菌和除臭过程，后续污泥处理不会产生异味问题；另外污泥处于高温（160～190℃）高压（约1.5MPa）环境下，细菌、病毒等基本均被灭活，因此经消化处理后的污泥细菌指标可达到美国EPA503中A级农用标准。

③ 资源化。热水解过程中，污泥中的有机物得到释放，增加了污泥中有机质（特别是

可溶性有机物）的含量，强化了污泥的可生化性能，能很好地解决我国污泥中有机质含量较低的问题。

④ 高效性。通过蒸汽对污泥间接加压加热，可破坏污泥有机物高分子结构、胶体絮体等固相物质的持水结构；污泥热水解预处理也可提高消化速率，减少污泥消化时间（15～18d）；另外热水解后污泥的流动性更强，可提高进入消化池的污泥浓度（含固率可达10%），减小约1/3的消化池容积。

(2) 污泥厌氧消化技术的优势

污泥在厌氧消化过程中，能够实现污泥中有机物的高效能源化转化，其主要的优势在于：

① 无害化。污泥在厌氧消化过程中，较高的温度（中温37℃、高温75℃）能够实现污泥中病原体的杀灭，并使得部分重金属钝化，处理后的污泥泥质明显改良。

② 减量化。污泥经良好的厌氧消化后，有机物去除率将达到40%～50%，体积也将减少为原来的30%～50%，减量化效果明显。

③ 能源化。污泥在厌氧消化过程中单位质量挥发性固体（VS）产气量可达0.5～0.75L/gVS。如大连夏家河污泥厌氧消化工程每日产气量达30000m^3，经济效益显著。

(3) 污泥热水解和污泥厌氧消化技术结合的必要性

由于我国污泥中有机质含量的平均值低于欧美等发达国家，传统的厌氧消化技术在处理污泥的过程中存在产气率较低、运行效率低下等问题，部分污泥厌氧消化设施存在稳定运行难、系统易崩溃等现象。我国已建成的污泥厌氧消化装备近50座，这些已经存在的污泥厌氧消化装备正常运行的不足20座，与国外有明显的差距。为了保证整个污泥厌氧消化系统的高效运行，实现污泥的稳定化和无害化处理处置，采用合理的预处理技术势在必行。目前常用的污泥预处理技术主要包括碱处理、热水解、超声等。

热水解由于其良好的污泥破壁能力、高效的脱臭能力、优良的污泥病原体杀灭功能等，被广泛应用于污泥的厌氧消化技术的预处理过程。污泥经过热水解预处理之后，微生物絮体解体，微生物细胞破碎，胞外聚合物（EPS）中呈聚合结构的有机物大量释放并进入上清液，进入上清液中的该部分有机物分子量较小、易于生物降解；因此，热水解提高了污泥的可生物降解性，将使得污泥厌氧消化的有机物去除率提高，甲烷产量增加，污泥的脱水性能改善。其次，该工艺对污泥中病原菌的杀灭使得处理后污泥的处置途径趋于多样化。此外，热水解将提升污泥的脱水性能，有效提高消化反应池的含固率，减少消化池的土建投资和运行费用。

6.2.5.5 实际处理工程应用

长沙市污水处理厂污泥集中处置中心在2015年底，已建成规模为500t/d的处理处置工程，并将在2020年内扩大到1000t/d的建设规模，采用“热水解＋污泥厌氧消化＋脱水＋干化”工艺。干化后污泥按照《城镇污水处理厂污泥处置混合填埋用泥质》（GB/T 23485—2009）的要求，作为垃圾填埋场覆盖土的添加料。2015年工程处理污泥量为434t/d，处理餐厨垃圾量为66t/d。污泥指标：进泥含水率为80%，进泥有机物含量为45%。经上述处理处置后的污泥在后续板框脱水中，含固率可降至60%以上。工程总投资为37785.36万元，单位生产成本为347.9元/t湿污泥。

6.2.6 低温干化焚烧

除湿热泵污泥烘干机的工作原理是“利用制冷系统，使来自干燥室的湿空气降温，以热泵回收空气水分的凝结潜热，并用凝结潜热回收的热量加热新风，脱干湿的污泥”。用此技术在低温干化污泥技术中节省了约70%的能耗。

从压滤机或叠螺机出来的含水率80%～85%的污泥，通过无轴螺旋提升机输送到进料口泥仓，经过污泥低温干化机和成型机进行切条造粒，然后落入到网带输送上。

污泥低温干化装置如图6-4所示。

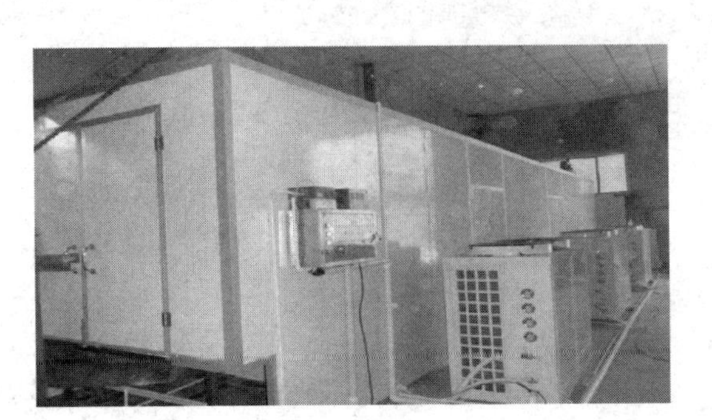

图6-4 污泥低温干化装置

6.2.6.1 污泥低温干化机的特点

① 首创技术。采用四效除湿专利技术，可控空气湿度更低，干燥效率更快。独立的分层系统，满足湿泥快速脱水要求，低温干燥周期短。模块结构设计，负荷调节能力强。传送实现变频无级调速，适合不同含水率的干料调节。

② 直接将污泥干化至10%，无需分段处置。减容量达67%，减重达80%，可节约大量运输成本。可充分实现对污泥进行“减量化、稳定化、无害化和资源化”处理，终污泥颗粒可做肥料、燃料、焚烧、建筑材料、生物燃料、填埋场覆土、土地利用等。

③ 采用连续网带干燥模式，适合各类型污泥干化系统（包括含砂量大污泥），本产品全部采用304不锈钢材料制作，换热器采用环氧树脂电泳防漏处理，使用寿命长；运行过程无机械磨损，使用寿命达15年以上；无易损、易耗件，使用管理方便。

④ 干泥有效杀菌率达90%，性质稳定，无二次污染，可直接将83%含水率的污泥干化至10%，减量达80%。终污泥颗粒可气化、掺烧、焚烧，可做生物燃料、绿化土以及水泥厂利用、建材用等。

6.2.6.2 污泥农用

城镇污水处理厂在污水净化处理过程中产生的含水率不同的半固态和固态物质，不包括栅渣、浮渣和沉砂池沙砾，经过无害化处理达标后可用于耕地、园地、牧草地等。污泥产物农用时，根据其污染物浓度分为A级和B级，农用污泥污染物控制标准可查看GB 4284—2018。

6.2.7 磁絮凝

在传统絮凝沉淀和化学沉淀工艺基础上，增加了相对密度为4.8～5.1的磁粉投入，使得磁粉和絮凝进行高效共沉，使得絮体的相对密度大大提高，从而在沉淀池中可以实现固液分离。其主要过程包括磁絮凝反应过程、高速沉降固液分离过程和磁粉回收过程。絮凝反应过程主要是将污染物质形成絮体和磁粉进行结合，形成大而密实的磁絮团。高速沉降固液分离过程是依靠磁絮团自身的相对密度使得其能够在沉淀池中形成高达40m/h以上的沉降速度，从而快速地将污染物质从水体中分离出来。磁粉回收过程主要是通过高剪切机使得磁粉和剩余污泥分开并进入磁分离器中，将磁粉回收至加载反应池中进行循环使用，如图6-5所示。

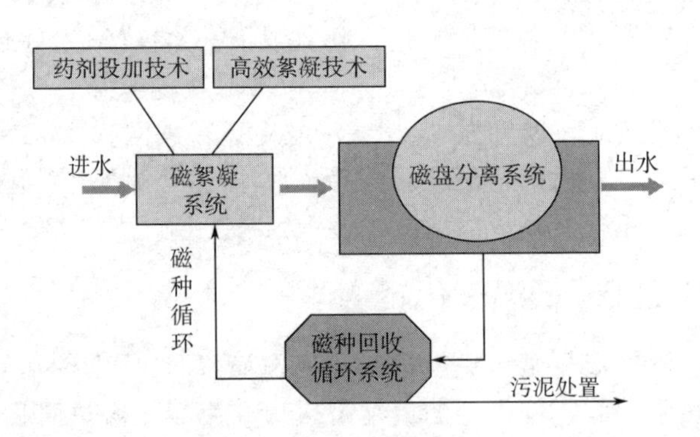

图6-5 磁絮凝沉淀流程

磁絮凝沉淀技术现已应用在污水处理厂提标改造、废水深度除磷、重金属废水治理、黑臭河道治理以及油田回注水处理等领域。尤其是其在污水处理厂提标改造以及废水深度除磷方面的工程实践效果极佳，运行稳定，出水效果优良，解决了提标改造的各项需求。磁生化沉淀技术工艺流程见图 6-6。

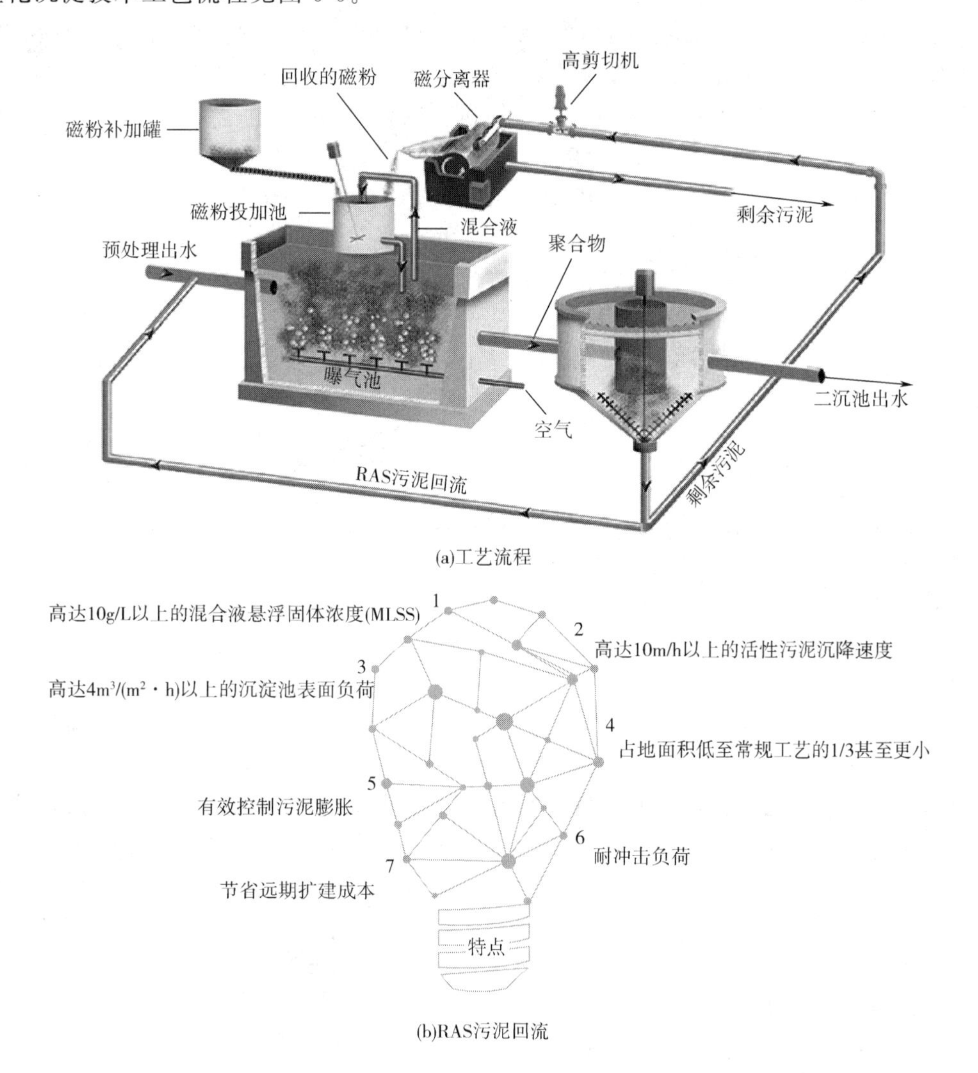

图 6-6 SediMag^{TM}-Bio 磁生化沉淀技术工艺流程图

(1) 磁絮凝沉淀技术特点

① 沉淀速度快，絮体静置沉降速度≥40m/h。

② 表面负荷高［高达 20～40m^3/(m^2·h)］，占地面积小。

③ 有效优化药剂投加量，减少药剂投加量最高达 15%。一吨水的处理费用是三分到八分钱。

④ 污泥浓度高，最高可达 3%以上。

⑤ 出水效果好，悬浮物和总磷可有效控制在一级 A 标准以内，出水总磷最低为 0.05mg/L。

(2) 磁粉作用

① 磁粉能够与混凝絮体结合，从而增大了混凝絮体的密度，加快了混凝絮体的沉淀速度，磁粉随混凝絮体沉淀于高效沉淀池底部。

② 磁粉表面经过处理后具有物理吸附和电荷吸附作用，可以进一步去除水体中的污染物质。

③ 磁粉的表面是 Fe_3O_4，无序排列（Fe_3O_4分子有序排列即形成磁铁），磁粉本身无磁性，但可以导磁，或者能够被磁铁吸引。

④ 磁粉的作用不仅仅是重力帮助的物理作用，同时也由于微观下磁粉表面的微磁场作用，可能对有机磷去除的化学反应有催化作用。

磁絮凝沉淀系统主要的核心设备：高剪切机、磁分离器、搅拌机和刮泥机。搅拌是出水达标最关键的东西，磁粉的相对密度非常大，想让它处于悬浮状态就必须要有大的搅拌强度，但絮凝又需要保证不能有太大的剪切力和搅拌强度，就需要对搅拌机进行专业的设计，一个搅拌机的好坏直接影响这个出水的作用及效果。另外磁粉很沉，对污泥在沉淀池底部有个预浓缩的作用。回收过程是把污泥输送进入到高剪切机中将磁粉和污泥通过高剪切力打开，然后再进入磁分离器，可以把磁分离器简单想象成一个磁铁，是磁粉吸回来、污泥排掉这么一个过程。前期是要先分离，需要高剪切机，它保证磁粉回收纯度，磁分离器保证磁粉回收率。

6.2.8 等离子体技术

等离子体是继固、液、气三态后被列为第四态的物质。由正离子、负离子、电子和中性粒子组成。在这个体系中因其总的正、负电荷数相等，故称为等离子体。高压电极通过多种形式电离不同的气体均可产生等离子体。目前应用于工业废气治理的低温等离子体技术仅限于介质阻挡放电和电晕放电两项技术。电晕放电技术主要应用于除油、除尘、除水，能够对含有大量尘埃、水及油类物质的废气进行预处理。介质阻挡放电技术放电密度高，电子能量大，针对废气中的化学分子进行直接轰击，有效分解多种化学物质，降低挥发性有机物浓度，减弱其毒性，消除恶臭，彻底解决恶臭气味对环境的影响。

等离子体是物质存在的第四种状态。它由电离的导电气体组成，其中包括六种典型的粒子，即电子、正离子、负离子、激发态的原子或分子、基态的原子或分子以及光子。事实上等离子体就是由上述大量正、负带电粒子和中性粒子组成的，并表现出集体行为的一种准中性气体，也就是高度电离的气体。无论是部分电离还是完全电离，其中的负电荷总数等于正电荷总数，所以叫等离子体。下面是等离子体的分类。

（1）按等离子体焰温度分

① 高温等离子体。温度相当于 $10^8 \sim 10^9$ K，如太阳、受控热核聚变等离子体。

② 低温等离子体。

a. 热等离子体。稠密高压［1 大气压（1 大气压＝0.1013MPa）以上］，温度为 $10^3 \sim 10^5$ K，如电弧、高频和燃烧等离子体。

b. 冷等离子体。电子温度高（$10^3 \sim 10^4$ K），气体温度低，如稀薄低压辉光放电等离子体、电晕放电等离子体、DDBD 介质阻挡放电等离子体、索梯放电等离子体等。

（2）按等离子体所处的状态分

① 平衡等离子体。气体压力较高，电子温度与气体温度大致相等的等离子体。如常压下的电弧放电等离子体和高频感应等离子体。

② 非平衡等离子体。低气压下或常压下，电子温度远远大于气体温度的等离子体。如低气压下 DC 辉光放电和高频感应辉光放电，大气压下 DDBD 介质阻挡放电等产生的冷等离子体。

6.2.9 UV光解技术

在波长范围170～184.9nm（647～704kJ/mol）高能紫外线的作用下，一方面空气中的氧气被裂解，然后组合产生臭氧（图6-7反应①②）；另一方面使恶臭气体的化学键断裂，使之形成游离态的原子或基团（图6-7反应③）；同时产生的臭氧参与到反应过程中，使恶臭气体最终被裂解、氧化生成简单的稳定化合物，如CO_2、H_2O、SO_2、NO_2等（图6-7反应④）。

恶臭物质能否被裂解，取决于其化学键键能是否比所提供的UV光子的能量要低。

裂解反应的时间极短（<0.01s），氧化反应（图6-7反应④）的时间需2～3s。

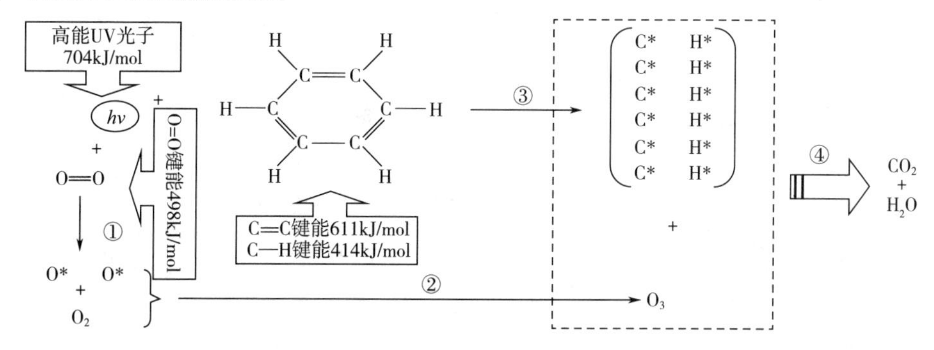

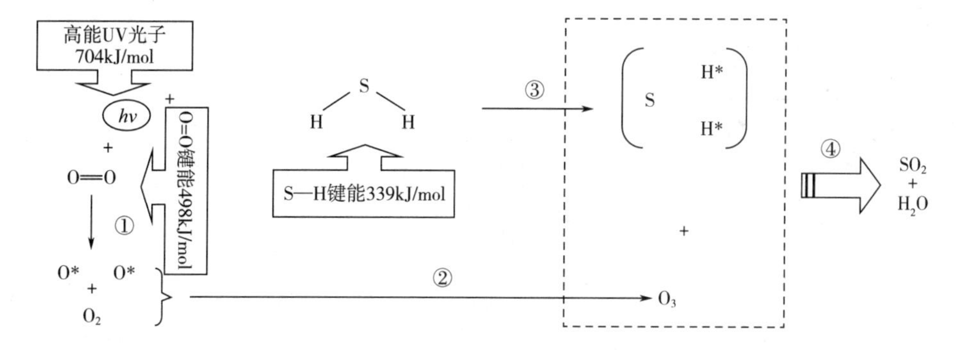

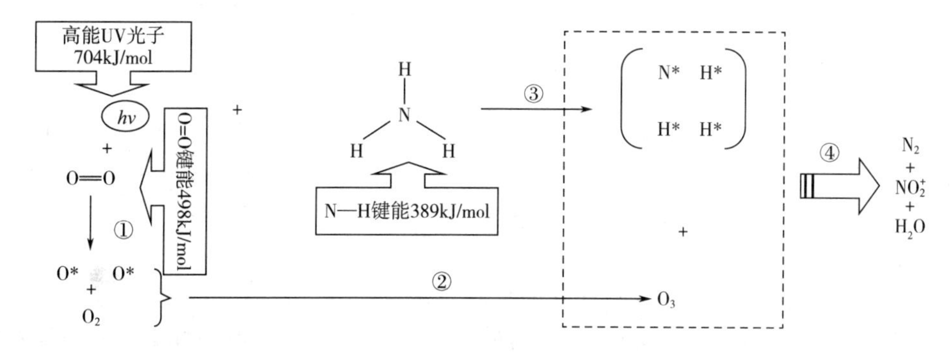

图6-7

（四）甲硫醇UV光解氧化反应机理

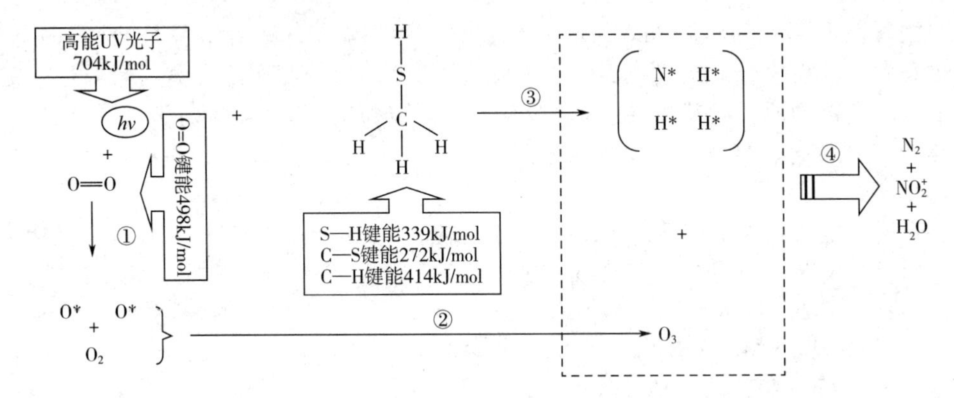

（五）甲醛UV光解氧化反应机理（160nm）

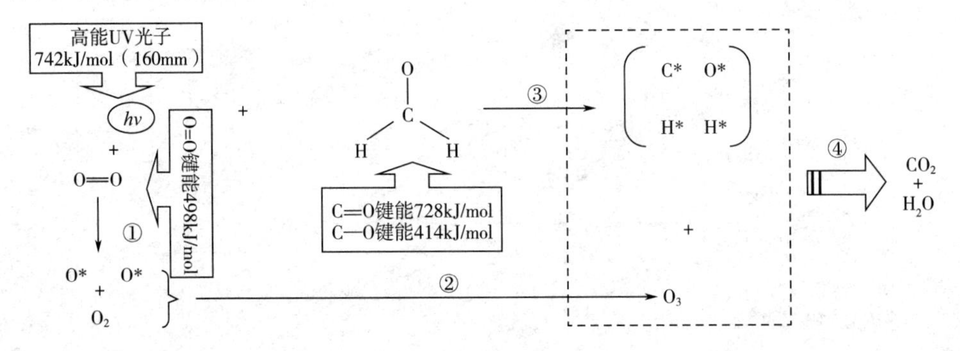

（六）甲醛UV光解氧化反应机理（170nm）

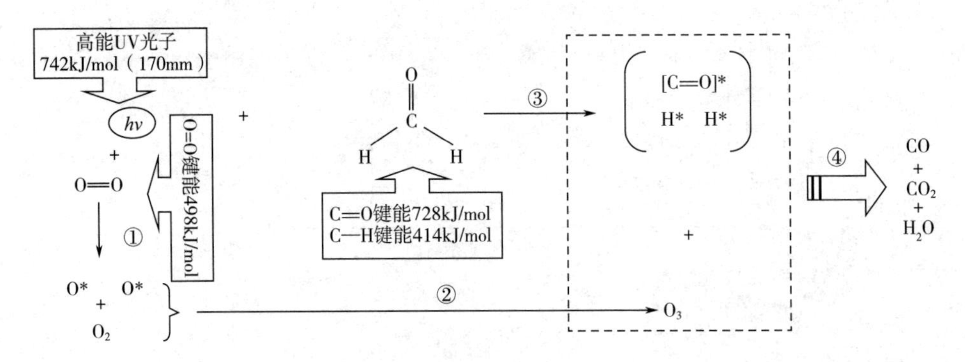

图 6-7　光化学反应机理

提供的UV光子总功率不够或者含氧量不足，会因为裂解或氧化不完全而生成一些中间副产物，从而影响净化效率。对于高浓度大分子的有机恶臭物质体现得较为明显。

UV光解净化的长期稳定、高效，需要反应温度＜70℃，粉尘量＜100mg/m^3，相对湿度＜99%。

条件满足的情况下，UV光解净化的最高净化效率可达到99%以上。

不同波段的UV紫外线对于同一种物质的光解反应可以是不一样的，UV紫外线的波长越短，即UV光子能量越高，物质的光解反应就越容易，反之越难，甚至没有任何效果。表6-8列出了主要的化学分子的结合能。

表 6-8　基础有机化学键能

化学键	键能/(kJ/mol)	化学键	键能/(kJ/mol)	化学键	键能/(kJ/mol)	化学键	键能/(kJ/mol)
H—H	436.2	S—H	339.1	C—F	441.2	C＝O (CO_2)	724.2
H—C	347.9	S—S	268.0	C—N	291.0	O—H	463.0
C＝C	607.0	O＝O	490.6	C≡N	791.2		
C≡C	828.8	C—H	413.6	C—O	351.6		

6.2.10　生物除臭

生物滤床除臭工艺采用了液体吸收和生物处理的组合作用。臭气首先被液体（吸收剂）有选择地吸收形成混合污水，再通过微生物的作用将其中的污染物降解。

具体过程是：先将人工筛选的特种微生物菌群固定于填料上，当污染气体经过填料表面初期，可从污染气体中获得营养源的那些微生物菌群，在适宜的温度、湿度、pH 值等条件下，将会得到快速生长、繁殖，并在填料表面形成生物膜，当臭气通过其间，有机物被生物膜表面的水层吸收后被微生物吸附和降解，得到净化再生的水被重复使用。

污染物去除的实质是以臭气作为营养物质被微生物吸收、代谢及利用。这一过程是微生物的相互协调的过程，比较复杂，它由物理、化学、物理化学以及生物化学反应所组成。

生物滤床除臭可以表达为：污染物 $+ O_2 \longrightarrow$ 细胞代谢物 $+ CO_2 + H_2O$

污染物的转化机理可用图 6-8 表示。

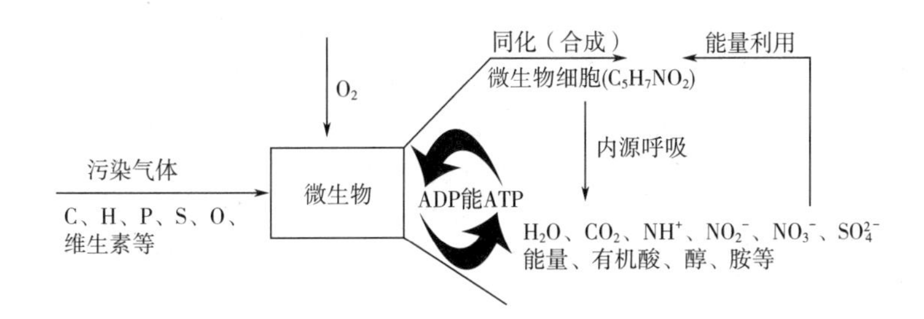

图 6-8　污染物的转化机理

(1) 微生物滤床除臭过程

① 臭气同水接触并溶解到水中；

② 水溶液中的恶臭成分被微生物吸附、吸收，恶臭成分从水中转移至微生物体内；

③ 进入微生物细胞的恶臭成分作为营养物质为微生物所分解、利用，从而使污染物得以去除。

生物滤床除臭是利用微生物细胞对恶臭物质的吸附、吸收和降解功能，对臭气进行处理的一种工艺。主要过程为：通过收集管道、抽风机将臭气收集到生物滤池除臭装置，臭气经过加湿器进行加湿后，进入生物滤池池体，后经过填料微生物的吸附、吸收和降解，将臭气成分去除。

(2) 工艺流程

生物滤床除臭系统主要由集气系统、生物滤床除臭设备、排放系统和辅助整个除臭系统的控制系统组成，如图 6-9 所示。

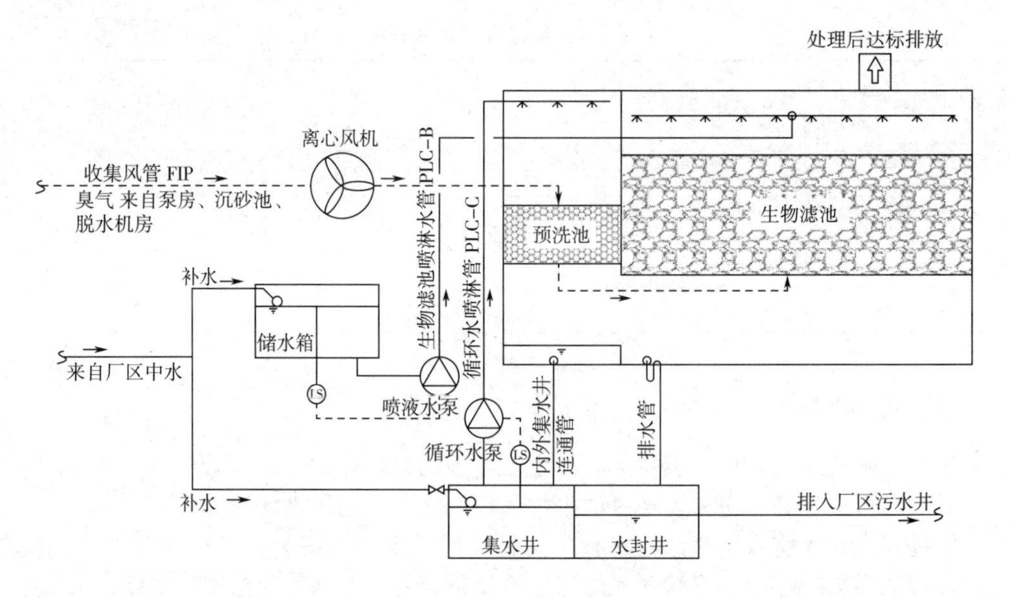

图 6-9 除臭装置工艺流程图

(3) 设备组成

① 离心风机（含风机、电动机、隔振垫、进出口补偿器等）；

② 洗涤床（包括水泵、喷淋系统）；

③ 生物滤床（包括水泵、加湿系统）；

④ 生物填料；

⑤ 风机至洗涤床风管；

⑥ 就地控制或 PLC 全自动电控箱；

⑦ 电控箱至设备的电缆；

⑧ pH 值调节装置监控仪表。

6.3 分析检测基础

在水处理技术中，化学实验室是其中重要组成部分，占百分制的 30 分到 32 分之间。该部分包括三大类，即分析检测类，含水样采集、物理常数测定、滴定分析、比色分析等；实验室絮凝实验；微生物镜检实验。该类考核是水处理工艺人员工艺控制能力和实验创新能力。

6.3.1 分析样品的采集与制备

6.3.1.1 水质采样前的准备

水质样品的采集是分析检测的第一步，对于采样操作而言，其“科学性、代表性、均匀性、有效性”最为重要，要设法保持样品原有的理化、微生物指标，防止成分逸散或带入杂质。

(1) 确定采样负责人

主要负责制订采样计划并组织实施。

(2) 制订采样计划

采样负责人在制订计划前要充分了解该项监测任务的目的和要求，与被检企业进行充分沟通，协商好采样合同（协议）；应对要采样的监测断面周围情况了解清楚；并熟悉采样方法、水样容器的洗涤、样品保存技术。在有现场测定项目和任务时，还应了解有关现场测定技术。

采样计划应包括：确定的采样垂线和采样点位、测定项目和数量、采样质量保证措施，采样时间和路线、采样人员和分工、采样器材和交通工具以及需要进行的现场测定项目和安全保证等。

采样的工作流程是：

① 协商采样合同，确认采样点位、测定项目和数量、采样质量保证措施，以及采样时间和路线；

② 将采样合同转化成检测任务单下发给采样组，签字确认后，一联返回、一联下发、一联留档；

③ 接受采样任务后，要确认采样负责人、采样人及分工、采样器材和交通工具以及需要进行的现场测定项目和安全保证等；

④ 依据相关要求，准备好采样设备及工具，以及现场采样记录表等，确认无误后，实施采样操作；

⑤ 采样前采样点的确认，需要“用 GPS 确定采样点位置、人在采样点及周边景物和在采样点的采样操作”三张照片认定；

⑥ 在采样过程中，在做好安全防护工作后进行样品采集，及时填写现场采样记录表，并进行现场空白实验；

⑦ 对有特殊要求的采样来说，在采样过程，需要进行全程质量控制，以确保采样过程可核对；

⑧ 采样回来后，要将采到的水样进行分发和留样处理；进行企业内工作流转，制订流转单，将检测工作分配到各检测室；

⑨ 依据检测合同，在规定时间前完成规定项目检测，并形成检测报告，同时在规定期间对检测结果数据提出复核、复检等；

⑩ 依据检测合同或检测企业自己的规定，对留样进行处理、处置。

6.3.1.2 采样器材与现场测定仪器的准备

采样器材主要是采样器和水样容器。关于水样保存及容器洗涤方法见表 6-9。本表所列洗涤方法，系指对已用容器的一般洗涤方法。如新启用容器，则应事先作更充分的清洗，容器应做到定点、定项。

采样器的材质和结构应符合《水质采样器技术要求》的规定。

表 6-9 水样物理、化学及生化分析指标的保存技术

项目	采样容器	保存剂及用量	保存期	采样量/mL	容器洗涤
浊度①	G. P		12h	250	Ⅰ
色度①	G. P		12h	250	Ⅰ
pH①	G. P		12h	250	Ⅰ
电导①	G. P		12h	250	Ⅰ
悬浮物②	G. P	1～5℃暗处	12h	500	Ⅰ
碱度②	G. P	1～5℃暗处	12h	500	Ⅰ

续表

项目	采样容器	保存剂及用量	保存期	采样量/mL	容器洗涤
酸度②	G. P		12h	500	Ⅰ
COD_{Cr}	G	加 H_2SO_4，pH≤2	2d	500	Ⅰ
高锰酸盐指数②	G	1～5℃暗处	2d	500	Ⅰ
DO①	溶解氧瓶	加硫酸锰，碱性KI叠氮化钠液，现场固定	24h	250	Ⅰ
$BOD_5$②	溶解氧瓶	1～5℃暗处	12h	500	Ⅰ
TOC	G	用 H_2SO_4，pH≤2；1～5℃暗处	7d	250	Ⅰ
F^-②	P		14d	250	Ⅰ
Cl^-②	G. P		30d	250	Ⅰ
Br^-②	G. P		14h	250	Ⅰ
SO_4^{2-}②	G. P		30d	250	Ⅰ
PO_4^{3-}	G. P	NaOH，H_2SO_4调 pH=7，$CHCl_3$ 0.5%	7d	250	Ⅳ
总磷	G. P	HCl 或 H_2SO_4，pH≤2	24h	250	Ⅳ
氨氮	G. P	H_2SO_4，pH≤2	24h	250	Ⅰ
NO_2^--N②	G. P	1～5℃冷藏、避光保存	24h	250	Ⅰ
NO_3^--N②	G. P	1～5℃暗处保存24天。用HCl，pH=1～2，不低温保存，7天	24h	250	Ⅰ
总氮	G. P	H_2SO_4，pH=1～2	7d	250	Ⅰ
硫化物	G. P	1L水样加NaOH至pH=9，加5%抗坏血酸5mL，饱和EDTA 3mL，滴加饱和 $ZnAc_2$ 至胶体产生，常温避光	24h	250	Ⅰ
总氰	G. P	NaOH，调 pH=9	12h	250	Ⅰ
Ca	G. P	HNO_3，1L水样加浓 HNO_3 10mL	14d	250	Ⅱ
Fe	G. P	HNO_3，1L水样加浓 HNO_3 10mL	14d	250	Ⅲ
Cr（Ⅵ）	G. P	NaOH，调 pH=8～9	14d	250	Ⅲ
As	G. P	HNO_3，1L 水样加浓 HNO_3 10mL，DDTC法，HCl 2mL	14d	250	Ⅰ
Sb	G. P	HCl 0.2%（氢化物法）	14d	250	Ⅲ
Hg	G. P	HCl 1%，如水样为中性，1L水样中加浓HCl 10mL	14d	250	Ⅲ
挥发性有机物②	G	用（1+10）HCl调至pH=2，加0.01～0.02g抗坏血酸除去残余氯	12h	1000	Ⅰ
阴离子表面活性剂	G. P		24h	250	Ⅳ
微生物②	G	加入硫代硫酸钠0.2～0.5g/L，4℃保存	12h	250	Ⅰ
生物②	G. P	不能现场测定时，用甲醛固定	12h	250	Ⅰ

①表示应尽量现场测定；②不能现场测定，低温（0～4℃）避光保存。

注：1. G为硬质玻璃瓶；P为塑料乙烯瓶（桶）；

2. Ⅰ洗涤剂洗一次，自来水洗三次，蒸馏水洗一次；

3. Ⅱ、Ⅲ洗涤剂洗一次，自来水洗二次，（1+3）HNO_3荡洗一次，自来水洗三次，蒸馏水洗一次；

4. Ⅳ 铬酸洗液洗一次，自来水洗三次，蒸馏水洗一次。

经 160℃干热灭菌 2h 的微生物、生物采样容器，必须在两周内使用，否则应重新灭菌；经 121℃高压蒸汽灭菌 15min 的采样容器，如不立即使用，应于 60℃将瓶内冷凝水烘干，两周内使用。细菌监测项目采样时不能用水样冲洗采样容器，不能采混合水样，应单独采样后 2h 内送实验室分析。

在实施采样操作过程中，有以下几种情况需要注意。

（1）协议规定采样点的采样

如受委托方的需要，要在某特定取样点进行采样操作及检测，而该采样点为某建筑物内，遇到此种情况，一般需要有人带领，在被委托方人员的见证下，进行水样的采集操作，并按相关规定进行水样的现场处理、处置操作。同时做好采样操作证明资料的收集工作。

样品检测委托单见表 6-10。

（2）固定点的常规采样操作

例行的常规固定点采样操作，需要在采样过程中，除完成采集水样操作，同时要收集采样操作中的重要环节资料，为检测可能出现的异常情况的分析，提供基础证明。

水样采集后，往往根据不同的分析要求，分装成数份，并分别加入保存剂，对每一份样品都应附一张完整的水样标签。水样标签应事先设计打印，内容一般包括：采样目的，项目唯一性编号，监测点数目、位置，采样时间，日期，采样人员，保存剂的加入量等。标签应用不褪色的墨水填写，并牢固地粘贴于盛装水样的容器外壁上。对于未知的特殊水样以及危险或潜在危险物质如酸，应用记号标出，并将现场水样情况作详细描述。

表 6-10 样品检测委托单

委托单位基本情况					
单位名称					
单位地址					
联系人		固定电话		手机	
样品情况					
委托样品	√工业污水样 □泥样 □环境气体样				
参照标准	HJ/T 91—2002 和 HJ/T 493—2009（采样标准）及参照水和废水监测方法之规定				
样品数量	12 个	采样容器	塑料桶装/瓶	样品量	各 2L
样品状态	□浊 √较浊 □较清洁 □清洁 □黑色 □灰色 √其他颜色				
检 测 项 目					
常规检测项目 √液温 √pH √悬浮物 √化学需氧量 √总磷 √氨氮 □动植物油 □矿物油 √色度 √生物需氧量 √溶解性固体 √氯化物 √浊度 √总氮 √溶解氧 √总铬 □六价铬 √余氯 □总大肠杆菌 □粪大肠杆菌 □细菌总数 √表面活性剂 金属离子检测项目 √钙 √镁 √总钠 √钾 □总铜 □总锌 □总铅 □总镉 √总铁 √总汞 √总砷 □总锰 □总镍 其他检测项目 □硒 □锑 □硼 □酸度 √碱度 □硬度 □甲醛 □苯胺 √硫酸盐 √挥发酚 □氰化物 √总固体 □氟化物 □硝基苯 √硫化物 √硝酸盐氮 √亚硝酸盐氮 □高锰酸盐指数 □污泥含水率 □灰分 □挥发分 □污泥浓度					

续表

备　注			
样品存放条件	√室温\避光\冷藏（4℃）	样品处置	□退回　□处置（自由处置）
样品存放时间	可在室温下保存7天		
出报告时间	□正常（十五天之内）√加急（七天之内）		

在样品采集过程中，为确保采集的水样质量，最有效的方法是进行现场质量样的采集操作。同时考虑样品保存，需要进行现场保存试剂的添加，如加酸、碱或其他试剂。但这样有可能会影响后期检测，因此也需要在采样过程中，进行空白实验样品的采集。

对需要现场测试项目，如pH、电导率、温度、流量等应按表6-11进行记录，并妥善保管现场记录表。

表6-11　采样现场数据记录表

项目名称：										
样品性质与外观描述：										
采样地点	样品编号	采样日期	时间		pH	温度	其他参数			备注
			采样开始	采样结束						

采样人：　　　　交接人：　　　　复核人：　　　　审核人：

6.3.1.3　样品的运输

水样采集后必须立即送回实验室，根据采样点的地理位置和每个项目分析前最长可保存时间，选用适当的运输方式，在现场工作开始之前，就要安排好水样的运输工作，以防延误。

水样运输前应将容器的外（内）盖盖紧。装箱时应用泡沫塑料等分隔，以防破损。同一采样点的样品应装在同一包装箱内，如需分装在两个或几个箱子中时，则需在每个箱内放入相同的现场采样记录表。运输前应检查现场记录上的所有水样是否全部装箱。要用醒目色彩在包装箱顶部和侧面标上“切勿倒置”的标记。

每个水样瓶均需贴上标签，内容有采样点位编号、采样日期和时间、测定项目、保存方法，并写明用何种保存剂。

装有水样的容器必须加以妥善地保存和密封，并装在包装箱内固定，以防在运输途中破损。保存方法见表6-9，除了防震、避免日光照射和低温运输外，还要防止新的污染物进入容器和沾污瓶口使水样变质。

在水样运送过程中，应有押运人员，每个水样都要附有一张管理程序登记卡。在转交水样时，转交人和接收人都必须清点和检查水样并在登记卡上签字，注明日期和时间。

管理程序登记卡是水样在运输过程中的文件，应防止差错并妥善保管以备核查。尤其是通过第三者把水样从采样地点转移到实验室分析人员手中时，这张管理程序登记卡就显得尤为重要了。

在运输途中如果水样超过了保质期，管理员应对水样进行检查。如果决定仍然进行分析，那么在出报告时，应明确标出采样和分析时间。

6.3.1.4 样品的接收

水样送至实验室后，首先要检查水样是否冷藏，冷藏温度是否保持在1～5℃。其次要验明标签，清点样品数量，确认无误后，签字验收。如果不能立即进行分析检测，应尽快采取保存措施，防止水样被污染。

6.3.1.5 实施检测

将样品分配到各检测班（组），按工作分工进行“理化指标”“无机金属离子”“有机污染物”和“微生物指标”等四个门类的检测，在规定时间将检测结果进行汇总处理，以确认检测整体的合理性与可比性。

6.3.2 称量分析基础

称量分析法指通过适当方法把被测组分从试样中分离出来，经干燥恒重后，称量其质量，从而计算出该组分的含量的分析方法。根据分离方法的不同，称量分析的方法分挥发法和沉淀法两大类。

（1）挥发法

挥发法是利用物质的挥发性，通过加热和其他方法，使待测组分从试样中逸出而进行测定的方法。

例如结晶水的测定：结晶水质量可通过样品的失重和干燥剂的增重计算出，即：

$$w(H_2O)=\frac{m_{样}-m_{干燥后}}{m_{样}} \tag{6-1}$$

式中　$w(H_2O)$——结晶水的质量分数；

$m_{样}$——样品质量，g；

$m_{干燥后}$——烘干后样品的质量，g。

测定水样中的悬浮物，可使用“水质悬浮物的测定重量法（GB 11901—89）”标准，该方法适用于地面水、地下水，也适用于生活污水和工业废水中悬浮物测定。

① 要使用的仪器。全玻璃微孔滤膜过滤器；GN-CA滤膜，孔径0.45μm、直径60mm；吸滤瓶、真空泵；无齿扁嘴镊子。

② 采样及样品贮存

a. 采样。所用聚乙烯瓶或硬质玻璃瓶要用洗涤剂洗净。再依次用自来水和蒸馏水冲洗干净。在采样之前，再用即将采集的水样清洗三次。然后，采集具有代表性的水样500～1000mL，盖严瓶塞。

b. 样品贮存。采集的水样应尽快分析测定。如需放置，应贮存在4℃冷藏箱中，但最长不得超过七天（漂浮或浸没的不均匀物质不属于悬浮物质，应从水样中除去）。

③ 称量瓶的标准。用扁嘴无齿镊子夹取微孔滤膜放于事先恒重的称量瓶里，移入烘箱中于103～105℃烘干半小时后取出置于干燥器内冷却至室温，称其质量。反复烘干、冷却、称量，直至两次称量的质量差≤0.2mg。将恒重的微孔滤膜正确地放在滤膜过滤器的滤膜托盘上，加盖配套的漏斗，并用夹子固定好。以蒸馏水湿润滤膜，并不断吸滤。

④ 过滤操作。量取充分混合均匀的试样100mL抽吸过滤。使水分全部通过滤膜。再以每次10mL蒸馏水连续洗涤三次，继续吸滤以除去痕量水分。停止吸滤后，仔细取出载有悬浮物的滤膜放在原恒重的称量瓶里，移入烘箱中于103～105℃下烘干1h后移入干燥器

中，使其冷却到室温，称其质量。反复烘干、冷却、称量，直至两次称量的质量差≤0.4mg为止。

滤膜上截留过多的悬浮物可能夹带过多的水分，除延长干燥时间外，还可能造成过滤困难，遇此情况，可酌情少取试样。滤膜上悬浮物过少，则会增大称量误差，影响测定精度，必要时，可增大试样体积。一般以5～100mg悬浮物量作为量取试样体积的适用范围。

⑤ 悬浮物含量 ρ（mg/L）按下式计算：

$$\rho(\text{mg/L}) = (A-B)\times 10^6/V_{\text{水样}} \tag{6-2}$$

式中 ρ——水中悬浮物浓度，mg/L；

A——（悬浮物+滤膜+称量容器）等物恒重后的质量，g；

B——滤膜+称量容器质量，g；

V——实验中水样体积，mL。

(2) 沉淀法

沉淀法是使欲测组分转化为难溶化合物从溶液中沉淀出来，经过滤、洗涤、干燥或灼烧后称量而进行测定的方法。一般过程为：

$$\text{试样}\xrightarrow{\text{沉淀剂}}\text{沉淀形沉淀}\xrightarrow{\text{过滤}}\xrightarrow{\text{洗涤}}\xrightarrow[\text{或灼烧}]{\text{烘干}}\text{称量形沉淀}\xrightarrow{\text{称量}}\text{计算}$$

例如 SO_4^{2-} 的测定：

$$\underset{}{SO_4^{2-}} + \underset{\text{沉淀剂}}{BaCl_2}\longrightarrow \underset{\text{沉淀形式}}{BaSO_4\downarrow}\xrightarrow{\text{过滤}}\xrightarrow{\text{洗涤}}\xrightarrow[800℃]{\text{灼烧}}\underset{\text{称量形式}}{BaSO_4}$$

例如 Mg^{2+} 的测定：

$$Mg^{2+} + \underset{\text{沉淀剂}}{(NH_4)_2HPO_4}\longrightarrow \underset{\text{沉淀形式}}{MgNH_4PO_4\cdot 6H_2O\downarrow}\underset{\text{洗涤}}{\xrightarrow{\text{过滤}}}\xrightarrow[1100℃]{\text{灼烧}}\underset{\text{称量形式}}{Mg_2P_2O_7}$$

6.3.3 滴定分析基础

在化学分析中，因测定原理和方法不同，可分为滴定分析和称量分析。滴定分析是将求含量的问题转化成一个求体积的问题；而称量分析中的沉淀法，则是将求含量的问题转化成一个质量换算和如何获得一纯净、理想的难溶化合物的过程。

滴定分析法适用于被测组分含量在1%以上的物质的测定。该类分析的特点是设备简单通用、操作简便、省时快速，能保证分析结果的准确度和可靠性，相对误差一般在0.1%～0.2%。这是在仪器分析快速发展的今天，滴定分析法依然占有重要地位的原因。

6.3.3.1 滴定分析的分类

从化学平衡的角度可将化学反应分为四类，将其应用在滴定分析中，产生出四种滴定方法。即酸碱滴定法、配位滴定法、氧化还原滴定法和沉淀滴定法。

(1) 酸碱滴定法

利用中和反应测定物质含量的方法，其基本反应是：

$$H^+ + OH^- \xlongequal{} H_2O$$

酸碱滴定法可以测定酸、酸性物质、碱和碱性物质等。

(2) 配位滴定法

利用标准滴定溶液与被测物质形成配合物的滴定分析方法，其基本反应是：

$$M + Y \xlongequal{} MY$$

目前广泛应用氨羧配合剂作标准滴定溶液，测定多种金属离子的含量。

(3) 氧化还原滴定法

以氧化还原为基础的滴定分析法，当选择氧化剂作标准滴定溶液时，可以测定还原性物质；当选择还原剂作标准滴定溶液时，可以测定氧化性物质。根据滴定剂的不同，氧化还原滴定法又可分为高锰酸钾法、碘量法、铈量法、溴酸盐法等滴定方法。如以高锰酸钾为标准滴定溶液测定亚铁盐的基本反应是：

$$MnO_4^- + 5Fe^{2+} + 8H^+ = Mn^{2+} + 5Fe^{3+} + 4H_2O$$

(4) 沉淀滴定法

以沉淀反应为基础的滴定分析法，应用最广泛的是以硝酸银为滴定剂的银量法，其基本反应是：

$$Ag^+ + X^- = AgX\downarrow$$

根据确定滴定终点所采用的指示剂的不同，银量法可分为莫尔法、佛尔哈德法和法扬司法。

6.3.3.2 对滴定反应的要求

各种类型的反应虽然很多，但适合滴定分析的反应却很有限，应用于滴定分析的化学反应应符合下列要求：

① 反应按化学计量关系定量进行，无副反应发生，并且能进行完全（完全程度≥99.9%）。这是定量计算的基础。

② 反应速率要快，对速率较慢的反应，要有加快反应速率的方法，如通过加热或加催化剂等措施加快反应速率。

③ 有适当的方法确定滴定终点，如用指示剂、电参数或其他方法确定终点。

④ 共存物不能干扰测定。在工业品、污水中的含量测定，经常会遇到被测物中含有杂质的现象，此时，要求共存的杂质不能参与滴定反应。

6.3.3.3 滴定分析的方式

按滴定分析操作方式的不同，滴定分析可以分为直接滴定法、返滴定法（剩余量滴定法）、置换滴定法和间接滴定法。

(1) 直接滴定法

凡是能够满足上述要求（即滴定分析对化学反应的要求）的反应，都可以用标准滴定溶液直接滴定被测物质。以试剂氢氧化钠含量测定为例，由于能完全符合滴定反应的四点要求，因此当称取一定量的氢氧化钠后，可用盐酸标准滴定溶液直接滴定，测出其含量。用同样的方法还可以测定碳酸钠，但碳酸钙试样由于不溶于水，反应速率慢，而无法采用直接酸碱滴定法测定其含量。

(2) 返滴定法（剩余量滴定法）

如上面提到的碳酸钙试样，用 HCl 标准滴定溶液滴加到化学计量点附近，$CaCO_3$ 不能充分溶解，即使加热近沸腾也不行，但当加入标准、过量的 HCl 标准滴定溶液且加热后就很容易使其溶解并充分反应，然后用碱标准滴定溶液滴定剩余的 HCl，就可以测定 $CaCO_3$ 的含量。这就是返滴定法或称剩余量滴定法。由于反应速率慢或反应物为固体，当加入适量的滴定剂时，反应无法立即完成。而加入标准、过量的滴定剂，增加了反应物的量，可加快反应速率，待反应完全后，再用另一种标准滴定溶液滴定剩余的未反应的滴定剂，这就是返滴定法。又如试剂铝盐的含量测定，由于铝离子封闭了二甲酚橙指示剂，无法确定滴定终点，解决此类问题的方法是在铝盐试液中，加入标准、过量的 EDTA 标准滴定溶液并加热，待反应充分后，再加入指示剂，由于溶液中没有游离的金属铝离子，因此不存在干扰确定终点的问题，过量的 EDTA，可根据消耗的锌盐标准滴定溶液体积来确定。

(3) 置换滴定法

对不按一定反应式进行或伴随有副反应的物质，可用置换滴定法进行测定。在试样溶液中加入适当试剂与待测组分反应，生成一种能被滴定的物质，然后用标准滴定溶液滴定生成物，根据标准滴定溶液消耗量、产物和待测组分之间量的关系，可以计算出待测组分的含量。例如硼酸的含量测定，因硼酸是极弱酸（$K_a=5.8\times10^{-10}$），无法用碱直接滴定，但当硼酸与某些多羟基化合物如甘油、甘露醇反应生成配合酸后，其酸性会明显提高，如与甘油反应生成的甘油硼酸，其酸的强度与醋酸相仿（$K_a=8.4\times10^{-6}$）；与甘露醇反应生成的甘露醇硼酸，其酸的强度比醋酸略强（$K_a=1.5\times10^{-4}$），生成的配合酸均可以直接滴定，通过对氢氧化钠标准滴定溶液消耗量的测定，就可以求出硼酸的含量。又如用硫代硫酸钠不能直接滴定测定重铬酸钾的含量，因为重铬酸钾的氧化能力强，反应没有定量关系，同时在酸性条件下硫代硫酸钠还会发生分解，但若在酸性条件下，先让重铬酸钾与过量的碘化钾反应，用置换出来的碘单质再氧化硫代硫酸钠，在此过程中两步反应均有确切的定量关系，控制好实验条件不会有副反应发生，通过对硫代硫酸钠标准滴定溶液消耗的测定，就可以求出重铬酸钾的含量。

(4) 间接滴定法

对不能与滴定剂直接反应的物质，可以通过另外的反应，找到滴定剂与被测物之间量的关系。如甲醛本身与酸碱滴定并无关系，但在一定量的甲醛溶液中加入过量的亚硫酸钠溶液后，亚硫酸钠与甲醛发生加成反应，生成氢氧化钠，用盐酸标准滴定溶液滴定生成的氢氧化钠，就可以间接测出甲醛的含量。

由于有了上述操作方式，极大地提高了滴定分析的应用范围。

6.3.3.4 滴定分析在水质分析中的应用

(1) 酸碱滴定法在水质分析中的应用

在地表水、地下水及污水中，最常使用的为水质总酸（或总碱）度测定。

① 基本原理。由于水中溶解的二氧化碳或地层中微溶性盐进入水中，使得水质的酸碱性发生变化，使用酸或碱标准滴定溶液滴定该类水质，可初步了解水质情况，对全面检测水质提供依据。

如用酚酞作指示剂，以 c（HCl）=0.05mol/L 或 c（HCl）=0.025mol/L 盐酸标准滴定溶液滴定时，记录消耗的体积 $V(HCl)_{酚}$，其结果为水质的酚酞碱度。

$$OH^- + H^+ \longrightarrow H_2O$$

$$CO_3^{2-} + H^+ \longrightarrow HCO_3^-$$

如用甲基橙作指示剂，以 c（HCl）=0.05mol/L 盐酸标准滴定溶液滴定时，记录消耗体积 $V(HCl)_{甲}$，其结果为水质的总碱度或甲基橙碱度。

② 计算公式。

$$酚酞碱度(mmol/L) = 1000\times c(HCl)V(HCl)_{酚}/V_{样} \tag{6-3}$$

$$总碱度或甲基橙碱度(mmol/L) = 1000\times c(HCl)V(HCl)_{甲}/V_{样} \tag{6-4}$$

(2) 络合滴定法在水质分析中的应用

在地表水、地下水及污水中，最常使用的为水质总硬度测定。

① 基本原理。本实验一般在 pH=10（氨-氯化铵）缓冲溶液的条件下，以铬黑 T（EBT）为指示剂，用 EDTA 标准滴定溶液滴定至溶液从酒红色变成纯蓝色，记录消耗体积。

滴定开始前：　$Mg^{2+} + HIn^{2-} \longrightarrow H^+ + MgIn^-$（酒红色）

滴定过程中： Ca^{2+}、Mg^{2+} + H_2Y^{2-} ══ CaY^{2-}、MgY^{2-} + $2H^+$

滴定终点：$MgIn^-$（酒红色）+ H_2Y^{2-} ══ MgY^{2-} + HIn^{2-}（纯蓝色）+ H^+

② 计算公式：

$$总硬度(CaCO_3, mg/L) = 1000c(EDTA)V(ETDA) \times M/V_{样} \tag{6-5}$$

式中　总硬度——指以碳酸钙质量折算的硬度，mg/L；

c（EDTA）——络合剂 EDTA 标准滴定溶液的浓度，mol/L；

V（EDTA）——总硬度测定时，水样中钙镁离子共同消耗的络合剂 EDTA 总量，mL；

M——碳酸钙的摩尔质量，g/mol；

$V_{样}$——测定过程中移取水样的体积，mL。

$$硬度(CaO, mg/L) = 1000c(EDTA)V(ETDA) \times M/V_{样} \tag{6-6}$$

式中　硬度——指以氧化钙质量折算的硬度，mg/L；

c（EDTA）——络合剂 EDTA 标准滴定溶液的浓度，mol/L；

V（EDTA）——总硬度测定时，水样中钙镁离子共同消耗的络合剂 EDTA 总量，mL；

M——氧化钙的摩尔质量，g/mol；

$V_{样}$——测定过程中移取水样的体积，mL。

$$1°(德国度) = 计算硬度/10 \tag{6-7}$$

德国度是指“1L 水中含有 10mg 氧化钙”的量，称为“1°（德国度）”。

（3）氧化还原滴定法在水质分析中的应用

在地表水、地下水及污水中，最常使用的为水质高锰酸盐指数和化学需氧量（即 COD_{Cr}值）的测定。高锰酸盐指数是检测中水或地表水污染程度的一项重要指标。而化学需氧量（即 COD_{Cr}值）也是检测污水污染程度的一项重要指标。它们有许多的相同点，也有许多的不同之处。

① 高锰酸盐指数测定。该方法的测定范围是 0.5～4.5mg/L 的氧，对污染较重的水质，可采用适当稀释的方法进行测定。但对于污染较严重的城市污染或工业废水，该方法不适用。当样品中含有 NO_2^-、S^{2-}、Fe^{2+} 等其他无机还原性离子时可被测定，氯离子含量超过 300mg/L 时，需采用碱性介质氧化法进行测定。

a. 基本原理。样品中加入已知量的高锰酸钾和硫酸，在沸水浴中加热 30min，高锰酸钾将样品中的某些有机物和无机还原性物质氧化，反应后加入过量的草酸钠还原剩余的高锰酸钾，再用高锰酸钾标准滴定溶液回滴过量的草酸钠。通过计算得到样品中高锰酸盐指数。

b. 基本反应式。高锰酸钾与还原性物质反应：

$$4MnO_4^- + 5C(有机物) + 12H^+ \longrightarrow 4Mn^{2+} + 5CO_2\uparrow + 6H_2O$$

高锰酸钾与加准过量草酸在硫酸中的反应：

$$2MnO_4^- + 5C_2O_4^{2-} + 16H^+ = 2Mn^{2+} + 10CO_2\uparrow + 8H_2O$$

用高锰酸钾标准滴定溶液滴定过量的草酸的反应：

$$2MnO_4^- + 5C_2O_4^{2-} + 16H^+ = 2Mn^{2+} + 10CO_2\uparrow + 8H_2O$$

终点的确定：过量一滴。利用高锰酸根的特殊颜色指示其终点。

c. 检测步骤。取 50mL 充分摇动、混合均匀的水样（或先取适量，用蒸馏水稀释至 50mL），置于 250mL 锥形瓶中，加入 5mL±0.5mL（1+3）硫酸，用滴定管加入 10.00mL 高锰酸钾标准溶液，摇匀。将锥形瓶置于沸水浴中加热 30min±2min（水浴沸腾时放入样品，重新沸腾后开始计时，温度在 96～98℃之间）。

达到预定时间后用滴定管加入 10.00mL 草酸钠标准溶液，至溶液变为无色。趁热用高锰酸钾标准溶液滴定至刚出现粉红色，可保持30s不褪，液温不得低于65℃。记录所消耗高锰酸钾溶液的体积V_1。

空白试验：用50mL蒸馏水代替水样，按上述顺序测定，记下回滴的高锰酸钾标准溶液的体积V_0。

向空白试验滴定后的溶液中加入10.00mL草酸钠溶液。若有需要，将溶液加热至80℃。用高锰酸钾标准溶液继续滴定至刚出现粉红色，并可保持30s不褪。记录下消耗的高锰酸钾标准溶液的体积V_2。

d. 计算公式。按照反应方程式中各反应物的物质的量之比，可以得到高锰酸盐指数的计算公式：

$$I_{Mn}=c(1/2Na_2C_2O_4)K(V_1-V_0)\times 8.00\times 1000/V_{样} \tag{6-8}$$

式中 V_1——滴定水样所消耗的高锰酸钾溶液的体积，mL；

V_0——空白试验所消耗的高锰酸钾溶液的体积，mL；

$V_{样}$——水样体积，mL；

K——高锰酸钾溶液的校正系数；

$c(1/2Na_2C_2O_4)$——草酸钠标准滴定基本单元溶液浓度，mol/L；

8.00——氧原子的基本单元量，g/mol；

1000——氧原子摩尔质量g转换为mg的换算系数。

高锰酸盐指数校正系数K：

$$K=10.0/V_2 \tag{6-9}$$

式中 10.0——加入草酸钠标准溶液的体积，mL；

V_2——标定时消耗的高锰酸钾溶液的体积，mL。

② 化学需氧量（COD_{Cr}值）。该方法适用于各种类型的含COD_{Cr}值大于30mg/L的水样，对未经稀释的水样的测定上限为700mg/L。不适用于氯化物浓度大于1000mg/L（稀释后）的含盐水。

a. 基本原理。在酸性重铬酸钾条件下，并在水样中加入已知量的重铬酸钾标准滴定溶液，并在强酸介质下以银盐作催化剂，经沸腾回流后，以试亚铁灵为指示剂，用硫酸亚铁铵标准滴定溶液滴定水样中未被还原的重铬酸钾，由消耗的硫酸亚铁铵的量换算成消耗氧的质量体积分数。

芳烃及吡啶难被氧化，其氧化率较低。在硫酸银催化作用下，直链脂肪族化合物可被有效地氧化。

b. 基本反应。

基本氧化反应：$2Cr_2O_7^{2-}+3C(有机物)+16H^+\longrightarrow 4Cr^{3+}+3CO_2\uparrow+8H_2O$

滴定未反应的重铬酸钾：$Cr_2O_7^{2-}(剩余)+6Fe^{2+}+14H^+\longrightarrow 2Cr^{3+}+6Fe^{3+}+7H_2O$

空白试验：$Cr_2O_7^{2-}+6Fe^{2+}+14H^+\longrightarrow 2Cr^{3+}+6Fe^{3+}+7H_2O$

滴定接近终点时，溶液的颜色由茶色（试亚铁灵铁的红与三价铬的绿红混合色），变为以试亚铁灵铁的红为主色调的红色。

c. 检测步骤。$c(1/6K_2Cr_2O_7)=0.25$mol/L标准滴定溶液制备：称取预先120℃烘干2h的基准或优级纯重铬酸钾1.2258g于100mL烧杯中，加蒸馏水溶解，转入100mL容量瓶中，稀释至标线，摇匀。

用20mL大肚移液管移取水样20mL（水样不干扰，50mg/L$<COD_{Cr}<$700mg/L），置于250mL磨口锥形瓶内，准确移入10.00mL重铬酸钾标准滴定溶液[$c(1/6K_2Cr_2O_7)=$ 0.25mol/L]，数粒防爆沸玻璃珠和0.2g硫酸汞（固体），摇匀，并与回流管连接，从冷凝管

上端慢慢倒入 30mL 硫酸银-硫酸溶液，轻轻摇动锥形瓶使溶液混匀，回流 2h。用 80mL 蒸馏水冲洗冷凝管，使溶液体积在 140mL 左右，取下锥形瓶。溶液冷却至室温后，加 3 滴试亚铁灵指示液，用硫酸亚铁铵标准滴定溶液滴定，溶液的颜色由黄色经蓝绿色变为红褐色。记录硫酸亚铁铵标准滴定溶液的消耗体积。

同时用 10mL 大肚移液管准确移取 10.00mL 重铬酸钾标准滴定溶液［c（$1/6K_2Cr_2O_7$）＝0.250mol/L］置于 250mL 锥形瓶中，加水稀释至约 100mL，缓慢加入 30mL 浓硫酸，混匀，冷却到室温后，加 3 滴（约 0.15mL）试亚铁灵指示液，用硫酸亚铁铵标准滴定溶液滴定，溶液颜色由黄色经蓝绿色变为红褐色，即为终点，记录下硫酸亚铁铵消耗体积，并按式（6-10）计算硫酸亚铁铵标准滴定溶液浓度。平行 4 次。

d. 计算公式。标定硫酸亚铁铵溶液时的计算公式：

$$c[(NH_4)_2Fe(SO_4)_2 \cdot 6H_2O] = c(1/6K_2Cr_2O_7) \times 10.00/V_{亚铁铵} \quad (6\text{-}10)$$

式中 c［$(NH_4)_2Fe(SO_4)_2 \cdot 6H_2O$］——硫酸亚铁铵标准滴定溶液浓度，mol/L；

c（$1/6K_2Cr_2O_7$）——制备出的重铬酸钾标准滴定溶液浓度，mol/L；

$V_{亚铁铵}$——滴定时消耗硫酸亚铁溶液的体积，mL。

测定水样 COD_{Cr} 值的计算公式：

$$COD_{Cr}(mg/L) = c[(NH_4)_2Fe(SO_4)_2 \cdot 6H_2O] \times (V_1 - V_2) \times 8000/V_{水样} \quad (6\text{-}11)$$

式中 $c[(NH_4)_2Fe(SO_4)_2 \cdot 6H_2O]$——硫酸亚铁铵标准滴定溶液浓度，mol/L；

V_1——空白试验消耗硫酸亚铁铵标准滴定溶液体积，mL；

V_2——水样测定所消耗的硫酸亚铁铵标准滴定溶液体积，mL；

$V_{水样}$——水样的体积，mL；

8000——$1/4O_2$ 的摩尔质量以 mg/L 为单位的换算值。

（4）沉淀滴定法在水质分析中的应用

在地表水、地下水及污水中，最常使用的为水质中氯离子的含量测定。

① 基本原理。该方法适用于天然水中氯化物的测定，也可以对经过预处理除去干扰物的生活污水或工业废水中，浓度范围在 10～500mg/L 的氯化物进行测定。如高于 500mg/L 的水样，则需要经过适当稀释，才可以扩大其测定范围。溴化物、碘化物和氰化物能与氯化物一起被滴定，正磷酸盐及聚磷酸盐分别超过 250mg/L 和 25mg/L 时，会干扰测定（使含量测定不准）。铁含量超过 10mg/L 时会干扰滴定终点的确定。

② 基本反应式。

被测离子的测定反应：$Cl^- + Ag^+ \longrightarrow AgCl\downarrow$（白色）

滴定终点反应：$2Ag^+ + CrO_4^{2-} \longrightarrow Ag_2CrO_4\downarrow$（砖红色）

滴定终点时溶液由乳淡黄色变为摇动时看到红止。

③ 测定步骤。用大肚移液管移取一定量的水样（要依据水样中氯含量，初步确定消耗约 25mL 硝酸银标准滴定溶液所应移取水样的体积）于锥形瓶中，调节水样的 pH 值，保持在 6.5～10.5 之间（当水样中铵浓度大于 0.1mol/L 以上时，水样的 pH 值在 6.5～8.5），加 1mL 50g/L 铬酸钾指示液，用 c（$AgNO_3$）＝0.01mol/L 标准滴定溶液避光滴定，滴定至乳液由浅黄色变为看到浅粉红色止，记录体积。同时做空白试验。

【注意】当水样含干扰物时，需要先排除干扰后，才能进行检测，相关步骤见 GB/T 11896 的相关规定。

④ 计算公式：

$$\rho(Cl, mg/L) = c(AgNO_3) \times V_{消} \times 35.45 \times 1000/V_{水样} \quad (6\text{-}12)$$

式中　c（$AgNO_3$）——硝酸银标准滴定溶液的浓度，mol/L；

$V_{消}$——滴定消耗的硝酸银标准滴定溶液的体积，mL；

$V_{水样}$——测定水样时移取的水样体积，mL；

35.45——氯离子的摩尔质量，g/mol。

【注意】硝酸银标准滴定溶液一般均为 0.1mol/L 的浓度，若需要使用 0.01mol/L 浓度时，最常用的方法是在使用前将 c（$AgNO_3$）＝ 0.1mol/L 标准滴定溶液稀释成 c（$AgNO_3$）＝ 0.01mol/L 的标准滴定溶液，然后置于棕色瓶中，静置 1 小时后使用。此外，该溶液一般不过夜。

6.3.4　分光光度基础

从日常生活中可知，许多物质都有颜色，例如高锰酸钾水溶液呈紫红色，重铬酸钾水溶液呈橙色。当含有这些物质的浓度发生改变时，溶液颜色的深浅度也就随之变化。溶液浓度越大，颜色越深；溶液浓度越小，颜色越浅。因此可以利用比较溶液颜色深浅的方法来确定溶液中有色物质的含量。这种方法我们称之为比色法。最初，人们只是对有色物质的含量进行测定，因此出现了“目视比色法”。发展到后来，人们发现，溶液的颜色是由于物质对光的选择性吸收而产生的，可以用滤光片和光电池客观地测量溶液的浓度，从而出现了“光电比色法”。并由此延伸到无色的物质含量的测定。随着近代测试仪器的发展，又用分光光度计代替了比色计，出现了分光光度法。

基于物质光化学性质而建立起来的分析方法称为光化学分析法。分为：光谱分析法和非光谱分析法。光谱分析法是指在光（或其他能量）的作用下，通过测量物质产生的发射光、吸收光或散射光的波长和强度来进行分析的方法。在光谱分析中，依据物质对光的选择性吸收而建立起来的分析方法称为吸光光度法，主要有以下三种。

红外吸收光谱法：属于分子振动光谱，吸收光波长范围在 2.5～1000mm ，主要用于有机化合物结构鉴定。

紫外吸收光谱法（称紫外分光光度法）：属于电子能级间的跃迁光谱，吸收光波长范围在 200～400nm（近紫外区），可在结构鉴定和定量分析中应用。

可见吸收光谱（称可见分光光度法）：电子跃迁光谱，吸收光波长范围为 400～780nm，主要用于有色物质的定量分析。

本部分主要介绍紫外可见分光光度法。

6.3.4.1　光的基本性质

光是一种电磁波，具有波粒二象性。光的波动性可用波长 λ、频率 ν、光速 c、波数（cm^{-1}）等参数来描述：

$$\lambda\nu = c;\quad 波数 = 1/\lambda = \nu/c \tag{6-13}$$

光是由光子流组成，光子的能量：

$$E = h\nu = hc/\lambda \tag{6-14}$$

式中　h——普朗克常数，$h = 6.626\times10^{-34}J\cdot S$。

光的波长越短（频率越高），其能量越大；白光（太阳光）是由各种单色光组成的复合光。

单色光：单波长的光（由具有相同能量的光子组成）；远紫外光区：波长范围在 10～200nm（真空紫外区）；近紫外光区：波长范围在 200～400nm；可见光区：波长范围在 400～780nm，如图 6-10 所示。

当可见光透过三棱镜时，可呈现出连续的由“红、橙、黄、绿、青、蓝、紫”七种颜色组成的光谱。红色光波最长为640～780nm；紫色光波最短为400～470nm，其他波长的光：橙色光波长为640～610nm；黄色光波长为610～530nm；绿色光波长为505～525nm；蓝色光波长为505～470nm。具体如图6-11所示。

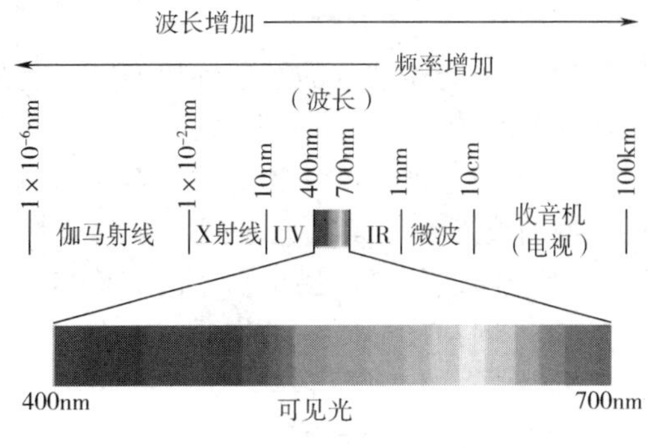

图 6-10 可见光波长与颜色

然而当红色光与绿色光按一定比例混合后，人们看到的不是红绿混合色，而是白色光。同样当橙色光和蓝色光按一定比例混合后，人们也能看到白色光。这样我们就能很好地解释“为什么当自然光照到物体上时，人们肉眼会感受到不同颜色”。如阳光照到树叶上时，由于叶片吸收了自然光中的红色波长的光，自然光反射到我们眼睛的光就是绿光；当自然光中的橙色光被空气折射回太空时，大气就显现出蓝色，而早上光直接透过大气，我们看到的就是橙色。

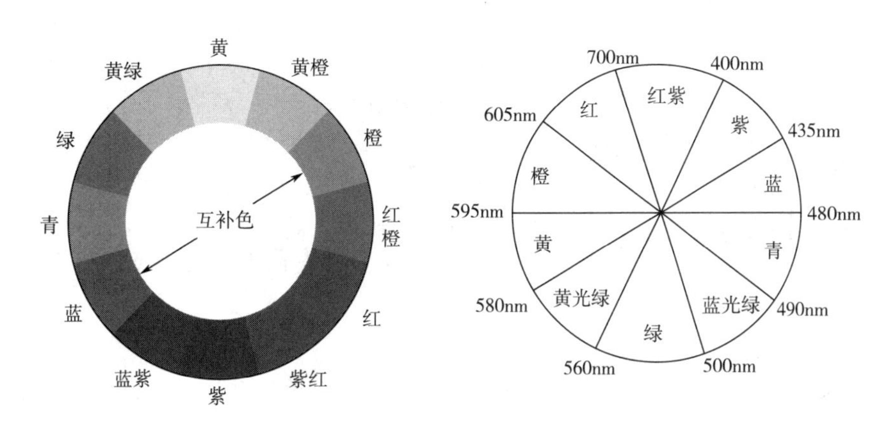

图 6-11 互补色

将物质用不同波长的单色光照射，测吸光度，以吸光度对应波长作图得到该物质的吸收曲线。图6-12为$KMnO_4$的吸收曲线。

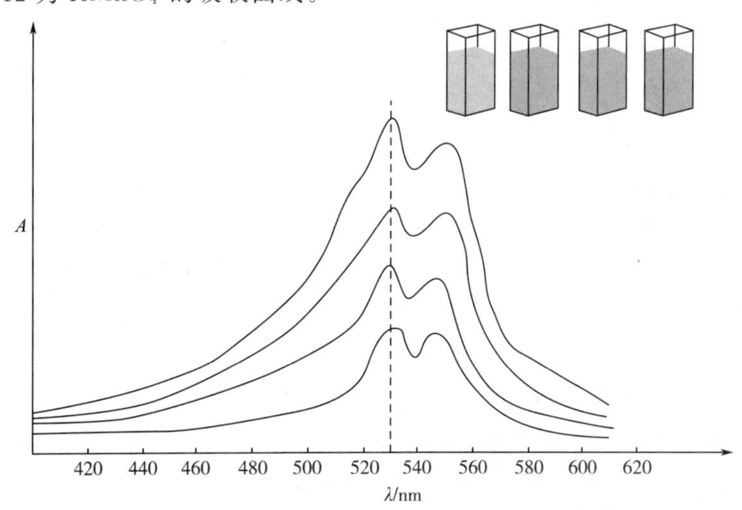

图 6-12 $KMnO_4$溶液的吸收曲线

下面是对于吸收曲线的讨论：

① 由于物质结构的复杂性，同一种物质对不同波长光的吸光度不同。吸光度最大处对应的波长称为最大吸收波长 λ_{max}。

② 不同浓度的同一种物质，其吸收曲线形状相似，λ_{max}不变。而对于不同物质，它们的吸收曲线形状和 λ_{max}则不同。

③ 吸收曲线可以提供物质的结构信息，并作为物质定性分析的依据之一。

④ 不同浓度的同一种物质，在某一确定波长下吸光度 A 有差异，在 λ_{max}处吸光度 A 的差异最大。此特性可作为物质定量分析的依据。

⑤ 在 λ_{max}处吸光度随浓度变化的幅度最大，所以测定最灵敏。吸收曲线是定量分析中选择入射光波长的重要依据。

6.3.4.2 有机物的紫外-可见分子吸收光谱

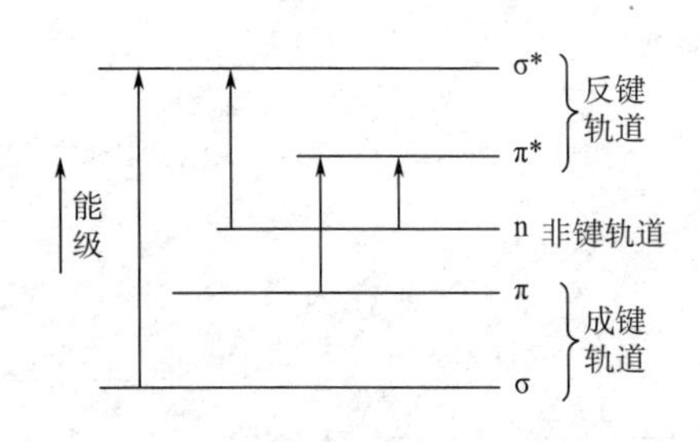

图 6-13 电子能级跃迁示意图

有机化合物的紫外-可见吸收光谱，是其分子中外层价电子跃迁的结果。电子的能级跃迁包括：σ 电子跃迁、π 电子跃迁、n 电子跃迁。

根据分子轨道理论：一个成键轨道必定有一个相应的反键轨道（图 6-13）。通常外层电子均处于分子轨道的基态，即成键轨道或非键轨道上。当外层电子吸收紫外或可见辐射后，就从基态向激发态（反键轨道）跃迁。

具体来说主要有四种跃迁，所需能量（ΔE）大小顺序为：$n\rightarrow\pi^* < \pi\rightarrow\pi^* < n\rightarrow\sigma^* < \sigma\rightarrow\sigma^*$。

（1）几种电子跃迁形式

① $\sigma\rightarrow\sigma^*$ 跃迁。特点是：所需能量最大，σ 电子只有吸收远紫外光的能量才能发生跃迁。饱和烷烃的分子吸收光谱出现在远紫外区（吸收波长 $\lambda<200$nm，只能被真空紫外分光光度计检测到）。如甲烷的 λ_{max}为 125nm，乙烷的 λ_{max}为 135nm。

② $n\rightarrow\sigma^*$ 跃迁。特点是：所需能量较大。吸收波长为 150～250nm，大部分在远紫外区，近紫外区仍不易观察到。含非键电子的饱和烃衍生物（含 N、O、S 和卤素等杂原子）均呈现 $n\rightarrow\sigma^*$ 跃迁。如一氯甲烷、甲醇、三甲基胺 $n\rightarrow\sigma^*$ 跃迁的 λ_{max} 分别为 173nm、183nm 和 227nm。

③ $\pi\rightarrow\pi^*$ 跃迁。特点是：所需能量较小，吸收波长处于远紫外区的近紫外端或近紫外区，摩尔吸光系数 ε_{max}一般在 10^4L/（mol·cm）以上，属于强吸收。不饱和烃、共轭烯烃和芳香烃类均可发生该类跃迁。如乙烯 $\pi\rightarrow\pi^*$ 跃迁的 λ_{max}为 162 nm，ε_{max}为 10^4L/（mol·cm）。

④ $n\rightarrow\pi^*$ 跃迁。特点是：需能量最低，吸收波长 $\lambda>200$nm。这类跃迁在跃迁选律上属于禁阻跃迁，摩尔吸光系数一般为 10～100L/（mol·cm），吸收谱带强度较弱。分子中孤对电子和 π 键同时存在时发生 $n\rightarrow\pi^*$ 跃迁。丙酮 $n\rightarrow\pi^*$ 跃迁的 λ_{max}为 275nm，ε_{max}为 22L/（mol·cm）（溶剂为环己烷）。

（2）与有机物的紫外-可见吸收光谱密切相关的常用名词

① 生色团。最有用的紫外-可见吸收光谱是由 $\pi\rightarrow\pi^*$ 和 $n\rightarrow\pi^*$ 跃迁产生的。这两种跃迁均要求有机物分子中含有不饱和基团。这类含有 π 键的不饱和基团称为生色团。简单的生色团由双键或叁键体系组成，如乙烯基、羰基、亚硝基、偶氮基—N═N—、乙炔基、腈基—C≡N等。

② 助色团。有一些含有n电子的基团（如—OH、—OR、—NH_2、—NHR、—X等），它们本身没有生色功能（不能吸收λ＞200nm的光），但当它们与生色团相连时，就会发生n－π共轭作用，增强生色团的生色能力（吸收波长向长波方向移动，且吸收强度增加），这样的基团称为助色团。

③ 红移与蓝移。有机化合物的吸收谱带常常因引入取代基或改变溶剂使最大吸收波长λ_{max}和吸收强度发生变化。λ_{max}向长波方向移动称为红移，向短波方向移动称为蓝移（或紫移）。

④ 增色效应与减色效应。吸收强度即摩尔吸光系数ε增大或减小的现象分别称为增色效应或减色效应。

6.3.4.3 金属配合物的紫外-可见吸收光谱

金属离子与配位体反应生成配合物的颜色一般不同于游离金属离子（水合离子）和配位体本身的颜色。金属配合物的生色机理主要有三种类型。

(1) 配位体微扰的金属离子d→d电子跃迁和f→f电子跃迁

特点是：摩尔吸光系数ε很小，对定量分析意义不大。

(2) 金属离子微扰的配位体内电子跃迁

由于金属离子的微扰，将引起配位体吸收波长和强度的变化。其变化与成键性质有关，若与静电引力结合，变化一般很小。若与共价键和配位键结合，则变化非常明显。

(3) 电荷转移吸收光谱

电荷转移吸收光谱在分光光度法中具有重要意义。

当吸收紫外可见辐射后，分子中原定域在金属M轨道上的电荷转移到配位体L的轨道，或按相反方向转移，这种跃迁称为电荷转移跃迁，所产生的吸收光谱称为荷移光谱。

电荷转移跃迁本质上属于分子内氧化还原反应，因此呈现荷移光谱的必要条件是构成分子的二组分，一个为电子给予体，另一个应为电子接受体。

电荷转移跃迁在跃迁选律上属于允许跃迁，其摩尔吸光系数一般都较大（10^4左右），适宜于微量金属的检出和测定。

电荷转移跃迁在紫外区或可见光呈现荷移光谱，荷移光谱的最大吸收波长及吸收强度与电荷转移的难易程度有关。

例：Fe^{3+}与SCN^-形成血红色配合物，在490nm处有强吸收峰。其实质是发生了如下反应：

$$[Fe^{3+}\ SCN^-]^{2+} + h\nu = [Fe^{2+}\ SCN^-]^+$$

6.3.4.4 光吸收定律

从前面的内容已知：当一束平行的单色光通过均匀而透明的溶液时，一部分光被溶液所吸收，因此，透过溶液的光通量就要减少。单色光通过溶液的示意图见图6-14。

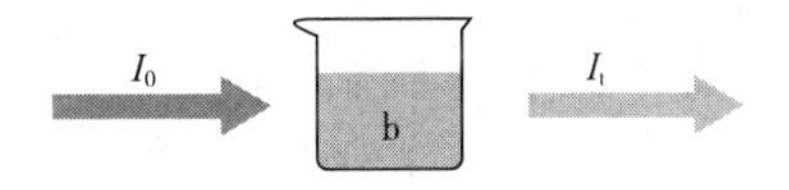

图6-14 单色光通过溶液

(1) 朗伯-比耳定律

布格（Bouguer）和朗伯（Lambert）先后于1729年和1760年阐明了光的吸收程度（吸光度A）和吸收层厚度（光程b）的关系是呈正比。即：$A \propto b$。

1852年比耳（Beer）又提出了光的吸收程度（吸光度A）和吸收物浓度（c）之间也具有类似的关系——正比关系：$A \propto c$。

二者的结合称为朗伯-比耳定律，其数学表达式为：

$$A = \lg(I_0/I_t) = \varepsilon bc \quad (6\text{-}15)$$

式中 A——吸光度，描述溶液对光的吸收程度；

b——液层厚度（光程长度），cm；

c——溶液的浓度，mol/L；

ε——摩尔吸光系数，L/（mol·cm）。

或：

$$A = \lg(I_0/I_t) = abc \quad (6\text{-}16)$$

式中 c——溶液的质量浓度，g/L；

a——吸光系数，L/（mol·cm）。

a 与 ε 的关系为： $a = \varepsilon/M$（M 为摩尔质量） (6-17)

透光度（透光率）T：透光度 T 描述了入射光透过溶液的程度，$T = I_t/I_0$。

吸光度 A 与透光度 T 的关系： $A = -\lg T$。 (6-18)

吸光度 A，透光率 T 与浓度 c 的关系如图 6-15 所示。

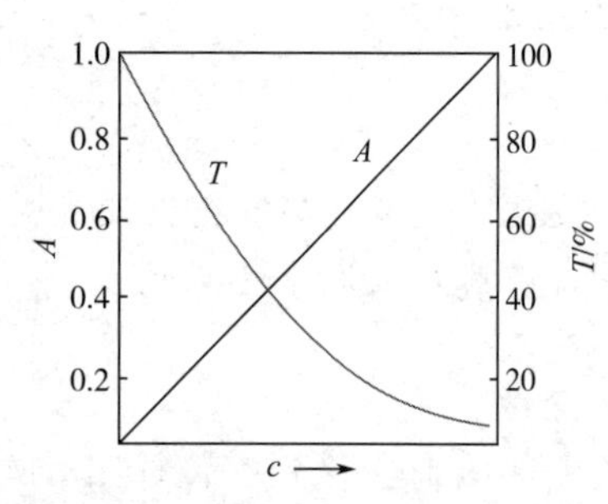

图 6-15 吸光度 A，透光率 T 与浓度 c 的关系

朗伯-比耳定律是吸光光度法的理论基础和定量测定的依据。广泛地应用于紫外光、可见光、红外光区的吸收测量。

摩尔吸光系数 ε 在数值上等于浓度为 1mol/L、液层厚度为 1cm 时该溶液在某一波长下的吸光度。吸光系数a [L/（g·cm）]相当于浓度为 1g/L，液层厚度为 1cm 时，该溶液在某一波长下的吸光度。

（2）有关摩尔吸光系数 ε 的讨论

① ε 是吸收物质在一定波长和溶剂条件下的特征常数，它是吸光能力与测定灵敏度的度量。

② ε 不随浓度 c 和光程长度 b 的改变而改变。

③ 在温度和波长等条件一定时，ε 仅与吸收物质本身的性质有关。可作为定性鉴定的参数。

④ 同一吸收物质在不同波长下的 ε 值是不同的。在最大吸收波长 λ_{max} 处的摩尔吸光系数，常以 ε_{max} 表示。ε_{max} 表明了该吸收物质最大限度的吸光能力，也反映了分光光度法测定该物质可能达到的最大灵敏度。

⑤ ε_{max} 越大表明该物质的吸光能力越强，用光度法测定该物质的灵敏度越高。

当 $\varepsilon > 10^5$ L/（g·cm）时，则说明该反应超高灵敏；若 ε 为（6～10）$\times 10^4$ L/（g·cm）则说明该反应为高灵敏；而 $\varepsilon < 2\times 10^4$ L/（g·cm）则说明该反应不灵敏，应用有效。

⑥ ε 在数值上等于浓度为 1mol/L、液层厚度为 1cm 时该溶液在某一波长下的吸光度。

6.3.4.5 偏离吸收定律的因素

由朗伯-比耳定律，吸光度 A 与浓度 c 呈线性关系，但采用标准曲线法测定未知溶液的浓度时，发现标准曲线常发生弯曲（尤其当溶液浓度较高时），这种现象称为对朗伯-比耳定律偏离，如图 6-16 所示。

引起偏离的因素（两大类）：一类是物理性因素，即仪器的非理想情况引起的；另一类是化学性因素。

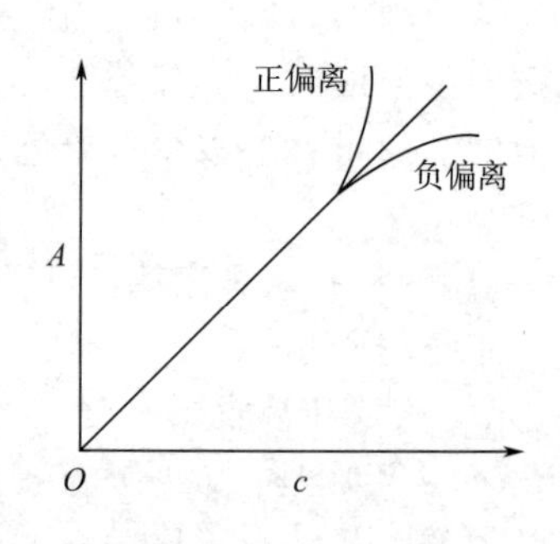

图 6-16 朗伯-比耳定律的偏离

(1) 物理性因素

遵循朗伯-比耳定律的前提条件之一是入射光为单色光。但实际上难以获得真正意义上的纯单色光。分光光度计只能获得近乎单色的狭窄光带。复合光可导致对朗伯-比耳定律的正或负偏离。非单色光、杂散光、非平行入射光都会引起对朗伯-比耳定律的偏离，最主要的是非单色光作为入射光引起的偏离。

非单色光作为入射光引起的偏离：

假设由波长为 λ_1 和 λ_2 的两单色光组成的入射光通过浓度为 c 的溶液，如图 6-17 所示。

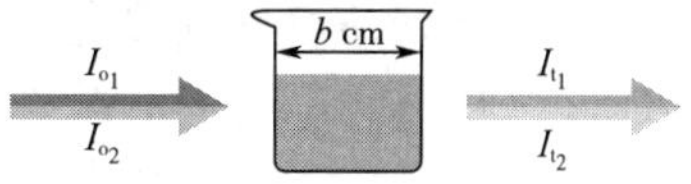

图 6-17 复合光通过溶液示意图

则根据朗伯-比耳定律：

$$A_1 = \lg(I_{o_1}/I_{t_1}) = \varepsilon_1 bc \text{ 和 } A_2 = \lg(I_{o_2}/I_{t_2}) = \varepsilon_2 bc \quad (6\text{-}19)$$

故：

$$I_{t_1} = I_{o_1} \times 10^{-\varepsilon_1 bc};\ I_{t_2} = I_{o_2} \times 10^{-\varepsilon_2 bc}$$

式中，I_{o_1}、I_{o2} 分别为 λ_1、λ_2 的入射光强度；I_{t_1}、I_{t_2} 分别为 λ_1、λ_2 的透射光强度；ε_1、ε_2 分别为 λ_1、λ_2 的摩尔吸光系数。

因为实际上只能测总吸光度 $A_{总}$，并不能分别测得 A_1 和 A_2，故：

$$A_{总} = \lg(I_{o总}/I_{t总}) = \lg[(I_{o_1} + I_{o_2})/(I_{t_1} + I_{t_2})]$$
$$= \lg[(I_{o_1} + I_{o_2})/(I_{o_1} \times 10^{-\varepsilon_1 bc} + I_{o_2} \times 10^{-\varepsilon_2 bc})]$$

令：$\varepsilon_1 - \varepsilon_2 = \Delta\varepsilon$；设：$I_{o_1} = I_{o_2}$

$$A_{总} = \lg[(2I_{o_1})/I_{t_1}(1+10^{-\Delta\varepsilon bc})] = A_1 + \lg 2 - \lg(1+10^{-\Delta\varepsilon bc}) \quad (6\text{-}20)$$

我们对以上公式进行讨论：

由于 $A_{总} = A_1 + \lg 2 - \lg(1 + 10^{-\Delta\varepsilon bc})$，则：

① $\Delta\varepsilon = 0$；即：$\varepsilon_1 = \varepsilon_2 = \varepsilon$，则：$A_{总} = A_1 = \lg(I_o/I_t) = \varepsilon bc$。

② $\Delta\varepsilon \neq 0$；若 $\Delta\varepsilon < 0$，即 $\varepsilon_2 > \varepsilon_1$；$-\Delta\varepsilon bc > 0$，$\lg(1+10^{-\Delta\varepsilon bc})$ 值随 c 值增大而增大，则标准曲线偏离直线向 c 轴弯曲，即负偏离；反之，则向 A 轴弯曲，即正偏离。

③ $|\Delta\varepsilon|$ 很小时，即 $\varepsilon_1 \approx \varepsilon_2$ 则可近似认为是单色光。在低浓度范围内，不发生偏离。若浓度较高，即使 $|\Delta\varepsilon|$ 很小，$A_{总} \neq A_1$，且随着 c 值增大，$A_{总}$ 与 A_1 的差异愈大，在图上则表现为 A-c 曲线上部（高浓度区）弯曲愈严重。故朗伯-比耳定律只适用于稀溶液。

为克服非单色光引起的偏离，首先应选择比较好的单色器。此外还应将入射波长选定在待测物质的最大吸收波长且吸收曲线较平坦处。

(2) 化学性因素

从朗伯-比耳定律的假定来看，所有的吸光质点之间不发生相互作用；假定只有在稀溶液（$c < 10^{-2}$ mol/L）时才基本符合朗伯-比耳定律。当溶液浓度 $c > 10^{-2}$ mol/L 时，吸光质点间可能发生缔合等相互作用，直接影响对光的吸收。因此，朗伯-比耳定律只适用于稀溶液。

其次，溶液中存在着解离、聚合、互变异构、配合物的形成等化学平衡时，吸光质点的浓度发生变化，影响吸光度。

例：铬酸盐或重铬酸盐溶液中存在下列平衡。$2CrO_4^{2-} + 2H^+ \rightleftharpoons Cr_2O_7^{2-} + H_2O$。

而 CrO_4^{2-}、$Cr_2O_7^{2-}$ 颜色不同，吸光性质也不相同。故此时溶液 pH 的大小对测定有重要影响。

6.3.4.6 可见光分光光度法基本原理

可见光分光光度法可以测定多种物质（如金属离子、酸根离子、有机物等）。但对于大部分化合物而言，由于本身是无色物或是半微量成分，从而需要提高显色后，方能进行定性、定量检测。

(1) 显色条件的选择

① 显色反应的选择。在选择显色反应时，一般需要满足“灵敏度高、选择性高、生成物稳定、显色剂在测定波长处无明显吸收”等条件。若在溶液中存在两种有色物质时，要求两种有色物最大吸收波长之差（对比度）：$\Delta\lambda>60nm$。

② 显色反应类型。

a. 利用生成络合物而显色。当金属离子与有机显色剂形成络合物时，通常会改变电子的跃迁能力和强度，产生很强的紫外-可见吸收光谱。

Fe^{2+}（无色）＋ 1,10-邻菲咯啉（无色）$=\!=\!=$ 1,10-邻菲咯啉-Fe^{2+}（红色络合物）

NH_4^+（无色）＋ 纳氏试剂（无色，在碱性条件下）$=\!=\!=$ 氨基碘化氧汞（红色）

b. 利用氧化还原反应而显特定颜色。磷酸根离子与钼酸铵和酒石酸盐作用，会生成簇状黄色化合物（磷钼黄），当遇还原剂时，会生成簇状蓝色化合物（磷钼蓝），其吸光系数明显增加，同时可以消除多种干扰，提高其分析结果灵敏度。

(2) 显色剂

显色剂分为无机显色剂和有机显色剂两大类。

无机显色剂：通常有硫氰酸盐、钼酸铵、过氧化氢等。

有机显色剂：种类繁多，通常有以下两类。

① 偶氮类显色剂。本身是有色物质，生成配合物后，颜色发生明显变化；具有性质稳定、显色反应灵敏度高、选择性好、对比度大等优点，应用最广泛。例如偶氮胂Ⅲ、PAR 等。

② 三苯甲烷类。常用的有铬天青 S、二甲酚橙等。

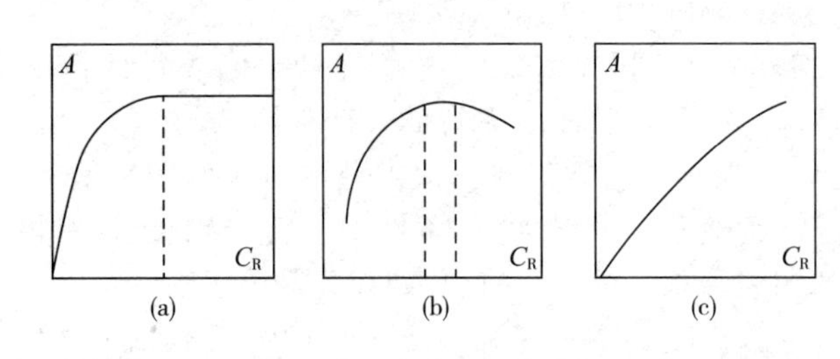

图 6-18 吸光度 A 与显色剂用量 C_R 的关系曲线

(3) 显色反应条件的选择

① 显色剂用量。选择原则：吸光度 A 与显色剂用量 C_R 的关系会出现如图 6-18 所示的几种情况。选择曲线变化平坦处。

② 反应体系的酸度。选择的方法和原则：在相同实验条件下，分别测定不同 pH 值条件下显色溶液的吸光度。选择曲线中吸光度较大且恒定的平坦区所对应的 pH 范围。

③ 显色反应时间与温度。通过实验来确定显色反应的时间与温度。通常的做法：显色后，分别在不同时间测定吸光度，作图得吸光度与时间变化曲线。一定时间后，吸光度不再随时间变化。此时的时间为显色反应时间。显色反应时间较长时，可提高显色温度。

④ 溶剂。选择原则：尽量采用水相测定，但有时在水相体系中，生成物会发生部分解离，遇到这种特殊情况时，需要转换成有机相进行检测。此外有时利用溶剂变化，还可以达到消除干扰，提高分析检测方法的灵敏度的效果。

6.3.4.7 应用实例

(1) 亚硝酸盐氮含量测定——可见分光光度法

① 基本原理。本方法适用于饮用水、地表水、地下水和废水中亚硝酸盐氮的测定。当试样取 50mL 时，亚硝酸盐氮含量最高达 0.20mg/L；如用 1cm 吸收池时，最低量为 0.003mg/L，如用 3cm 吸收池时，最低量为 0.001mg/L。

当试样有色或有悬浮物时，可用氢氧化铝悬浮液，通过搅拌、静置、过滤等步骤，可以消除干扰。

② 基本反应。在磷酸介质中，pH 值为 1.8 时，试样中的亚硝酸根离子与 4-氨基苯磺酰胺反应生成重氮盐，它再与 *N*-（1-萘基）-乙二胺二盐酸盐偶联生成红色染料，在 540nm 波长处测定吸光度。

③ 测定步骤

a. 采样和样品保存。若需短期保存（1～2 天），可以在每升实验室样品中，加入 40mg 氯化汞，并保存于 2～5℃中。

b. 试样的制备。实验室样品含有悬浮物或带有颜色时，需按照标准中 1.4 第二段所述的方法制备试样（即"当试样有色或有悬浮物时，可用氢氧化铝悬浮液，通过搅拌、静置、过滤等步骤，可以消除干扰"）。

c. 测定。用刻度吸管将选定体积的试样移至 50mL 容量瓶中，用水稀释至标线，加显色剂 1.0mL，密塞，摇匀，静置，此时 pH 值应为 1.8±0.3。

加入显色剂 20min 后、2h 以内，在 540nm 的最大吸光度波长处，用光程长为 10mm 的比色皿，以实验用水做参比，测量溶液吸光度。

d. 空白试验。用处理过的蒸馏水进行空白试验，用 50mL 水代替试样。

e. 校准。在一组 6 个 50mL 容量瓶内，分别加亚硝酸盐氮标准工作液［c（N）= 1.00mg/L］0mL、1.00mL、3.00mL、5.00mL、7.00mL 和 10.00mL，用蒸馏水稀释至标线，然后按上面的操作步骤进行操作。

从测得的各溶液吸光度，减去空白试验吸光度，得校正吸光度 A_r，绘制以氮含量（μg）对校正吸光度的校准曲线，亦可按线性回归方程的方法，计算校准曲线方程。

④ 计算公式。试份溶液吸光度的校正值 A_r 按式（6-21）计算：

$$A_r = A_s - A_b - A_c \tag{6-21}$$

式中 A_s——试份溶液测得吸光度；

A_b——空白试验测得吸光度；

A_c——色度校正测得吸光度。

由校正吸光度 A_r 值，从校准曲线上查得（或校准曲线方程计算）相应亚硝酸盐氮的含量 m（N）（μg）。

试样的亚硝酸盐氮浓度按式（6-22）计算：

$$c(\mathrm{N}) = m(\mathrm{N})/V \tag{6-22}$$

式中 c（N）——亚硝酸氮浓度，mg/L；

m（N）——相应于校正吸光度 A_r 的亚硝酸盐氮含量，μg；

V——取试样体积，mL。

试份体积为 50.0mL 时，结果以三位小数精确表示。

（2）硝酸盐氮含量测定——紫外-分光光度法

① 基本原理。本方法适用于地表水、地下水中硝酸盐氮的测定。方法最低检出浓度为 0.08mg/L，测定下限为 0.32mg/L，测定上限为 4mg/L。

干扰的消除：溶解的有机物、表面活性剂、亚硝酸盐氮、六价铬、溴化物、碳酸氢盐和碳酸盐等干扰测定，需进行适当的预处理。可采用絮凝共沉淀和大孔中性吸附树脂进行处理，以排除水样中大部分常见的有机物、浊度和 Fe^{3+}、Cr^{6+} 对测定的干扰。

② 基本反应。利用硝酸根离子在 220nm 波长处的吸收而定量测定硝酸盐氮。溶解的有机物在 220nm 处也会有吸收，而硝酸根离子在 275nm 处没有吸收。因此，在 275nm 处作另一次测量，以校正硝酸盐氮值（国内标准）。

③ 测定步骤

a. 量取200mL水样置于锥形瓶或烧杯中，进行前处理，然后取50mL于容量瓶中，备用。

b. 加1.0mL盐酸溶液，0.1mL氨基磺酸溶液于容量瓶中（如亚硝酸盐氮含量低于0.1mg/L时，可不加氨基磺酸溶液）。

c. 用光程长为10mm的石英比色皿，在220nm和275nm波长处，以经过预处理的新鲜去离子水50mL加1mL盐酸溶液作参比，测量吸光度。

d. 于6个50mL容量瓶中分别移取0.50mL、1.00mL、2.00mL、3.00mL、4.00mL硝酸盐氮标准溶液，用新处理的蒸馏水稀释至标线，浓度分别为0.25mg/L、0.50mg/L、1.00mg/L、1.50mg/L、2.00mg/L硝酸盐氮，按上述方法进行操作，测量溶液的吸光度。

④ 计算公式。溶液吸光度值计算按式（6-23）进行：

$$A_{校}=A_{220}-2A_{275} \tag{6-23}$$

式中 A_{220}——220nm波长处测得的溶液吸光度；

A_{275}——275nm波长处测得的溶液吸光度。

求得吸光度的校正值（$A_{校}$）以后，从校准曲线中查得相应的硝酸盐氮量测定结果（mg/L）。如水样经稀释后，需要乘以稀释倍数。

6.3.5 理化指标检测基础

水质理化指标一般分理化检测、无机阴离子、营养盐、有机污染物、微生物等几类检测。按分析操作手段分为现场检测、滴定分析检测、分光光度检测、色谱检测、微生物检测等几类典型检测操作。在此只对化学实验室内的分析检测进行重点介绍。

6.3.5.1 滴定分析检测

由于前面已单独介绍过滴定分析，为此在这里介绍借助仪器方法进行滴定终点确定的滴定分析检测方法。

由于水质样品存在干扰物，造成许多滴定分析的终点不能用指示剂法加以确定，但可以应用电化学信号的变化进行终点的确定，即电化学滴定。

电化学分析法具有下列特点：

① 灵敏度、准确度高，分析检测限低。被测物质的最低量可以达到10^{-12}mol/L数量级。

② 选择性好，应用广泛。能进行元素形态分析，如Ce（Ⅲ）及Ce（Ⅳ）的分析。

③ 电化学仪器装置较为简单，价格便宜，操作方便，能产生电信号，可直接测定。尤其适合于化工生产中的自动控制和在线分析。

④ 多数情况可以得到化合物的活度而不只是浓度，如在生理学研究中，Ca^{2+}或K^{+}的活度大小比其浓度大小更有意义。

⑤ 通过电化学分析可得到许多有用的信息：界面电荷转移的化学计量学和速率；传质速率；吸附或化学吸附特性；化学反应的速率常数和平衡常数测定等。

传统的电化学分析多以无机离子为分析对象；目前也较多应用于有机化合物和生物电化学活性物质的分析（如生物体中多巴胺的分析）。在快速检测、连续实时检测、活体检测等方面具有其他分析方法无法取代的作用，各种新型离子选择性电极、电化学传感器等是研究的重点。

电化学分析法分类：

① 直接电位法。溶液的电极电位与溶液中电活性物质的浓度（活度）有关，通过测量溶液的电动势，根据能斯特方程计算出被测物质的含量。

② 电位滴定法。以能斯特方程作为理论依据，用电位测定装置指示滴定分析过程中被

测组分浓度（活度）变化，通过记录或绘制滴定曲线来确定滴定终点的分析方法，称为电位滴定法。

③ 电解分析。在恒电流或控制电位的条件下，使被测物质在电极上析出，实现定量分离测定目的的方法称为电解分析法。

④ 库仑分析法。由电解过程中电极上通过的电量来确定电极上析出的物质的量的分析方法称为库仑分析法。库仑分析法中的电流滴定或库仑滴定是指在恒电流下，电解产生的滴定剂与被测物作用。

⑤ 电导分析法。依据电解质溶液浓度与电导率之间关系，确定待测组分含量的方法，分为直接电导法、电导滴定、高频电导滴定等。

(1) 电化学滴定分析基本原理

将指示电极和参比电极浸入被测试液中，构成工作电池（原电池）。对于氧化还原体系，电极上进行以下氧化还原过程：

$$O_x + ne^- \longrightarrow Red \tag{6-24}$$

电极电位 E 的能斯特方程为：

$$E = E^{\ominus} + RT/nF \ln a_{O_x}/a_{Red} \tag{6-25}$$

式中，$E^{\ominus}$为电对的标准电极电位；R 为气体常数，8.314J/（mol·K）；T 为热力学温度，K；F 为法拉第常数，96500C/mol；α_{O_x}和α_{Red}分别为氧化态，还原态的活度，mol/L。一般用浓度代替活度。

在 25℃时，能斯特方程为：

$$E = E^{\ominus} + 0.059/nF \log a_{O_x}/a_{Red} \tag{6-26}$$

为了测定电极电位，也就是要测定实验装置的电动势，需要提供大小相等的反向电压，使电路中的 $I=0$（即测定过程中并没有电流流过电极）。在零电流的情况下，测定指示电极与参比电极的电位差。

指示电极：电极电位随测量溶液和浓度不同而变化。

参比电极：电极电位不随测定溶液和浓度变化而变化的电极。

由于参比电极保持相对恒定，测定不同溶液时，两电极间电动势变化反映指示电极电位变化，指示电极电位与试样溶液中待测组分活度有关，故由电动势的大小可以确定待测溶液的活度（常用浓度代替）大小。

① 参比电极

a. 甘汞电极，这是最常用的参比电极之一。

甘汞电极电极反应：$Hg_2Cl_2 + 2e^- \longrightarrow 2Hg + 2Cl^-$。

半电池符号：Hg，$Hg_2Cl_{2(固)}$KCl。

电极电位（25℃）：

$$E_{Hg_2Cl_2/Hg} = E^{\ominus}_{Hg_2Cl_2/Hg} + \frac{0.059}{2}\ln\frac{a_{Hg_2Cl_2}}{a^2_{Hg}\cdot a^2_{Cl^-}}$$

$$E_{Hg_2Cl_2/Hg} = E^{\ominus}_{Hg_2Cl_2/Hg} - 0.059\lg a_{Cl^-}$$

电极内溶液的 Cl^- 活度一定，甘汞电极电位固定（表 6-12）。

表 6-12　甘汞电极的电极电位（25℃）

不同电极	0.1mol/L 甘汞电极	标准甘汞电极（NCE）	饱和甘汞电极（SCE）
KCl 浓度	0.1mol/L	1.0mol/L	饱和溶液

续表

不同电极	0.1mol/L 甘汞电极	标准甘汞电极（NCE）	饱和甘汞电极（SCE）
电极电位/V	+0.3365	+0.2828	+0.2438

温度校正：对于 SCE，t℃时的电极电位为：

$$E_t = 0.2438 - 7.6\times10^{-4}(t - 25) \quad (6\text{-}27)$$

b. 银-氯化银电极，在银丝上镀上一层 AgCl 沉淀，浸在一定浓度的 KCl 溶液中，即构成了银-氯化银电极（表 6-13）。

对于银-氯化银电极：

电极反应：$AgCl + e^- = Ag + Cl^-$。

半电池符号：Ag，$AgCl_{(固)}$ KCl。

电极电位（25℃）：$E_{AgCl/Ag} = E^{\ominus}_{AgCl/Ag} - 0.059\lg a_{Cl^-}$。

表 6-13　银-氯化银电极的电极电位（25℃）

不同电极	0.1mol/LAg-AgCl 电极	标准 Ag-AgCl 电极	饱和 Ag-AgCl 电极
KCl 浓度	0.1mol/L	1.0mol/L	饱和溶液
电极电位/V	+0.2880	+0.2223	+0.2000

温度校正，标准 Ag-AgCl 电极，t℃时电极电位为：

$$E_t = 0.2223 - 6\times10^{-4}(t - 25) \quad (6\text{-}28)$$

② 指示电极

a. 第一类电极：金属-金属离子电极，一个相界面。

例如：$Ag\text{-}AgNO_3$ 电极（银电极），$Zn\text{-}ZnSO_4$ 电极（锌电极）等。

电极电位为：$E(M^{n+}/M) = E^{\ominus}(M^{n+}/M) - 0.059\lg a(M^{n+})$。

第一类电极的电位仅与金属离子的活度有关。

b. 第二类电极：金属-金属难溶盐电极，两个相界面。常用作参比电极。

c. 第三类电极：汞电极。

汞电极是由金属汞（或汞齐丝）浸入含有少量 Hg^{2+} 与 EDTA 配合物及被测金属离子的溶液中所组成。根据溶液中同时存在的 Hg^{2+} 和 M^{n+} 与 EDTA 间的两个配位平衡，可以导出以下关系式：

$$E(Hg^{2+}/Hg) = E^{\ominus}(Hg^{2+}/Hg) - 0.059\lg a(M^{n+})$$

d. 惰性金属电极。例如：铂电极。此类电极不参与反应，但其晶格间的自由电子可与溶液进行交换。故惰性金属电极可作为溶液中氧化态和还原态获得电子或释放电子的场所。如 Fe^{3+}/Fe^{2+} 电对的测量。

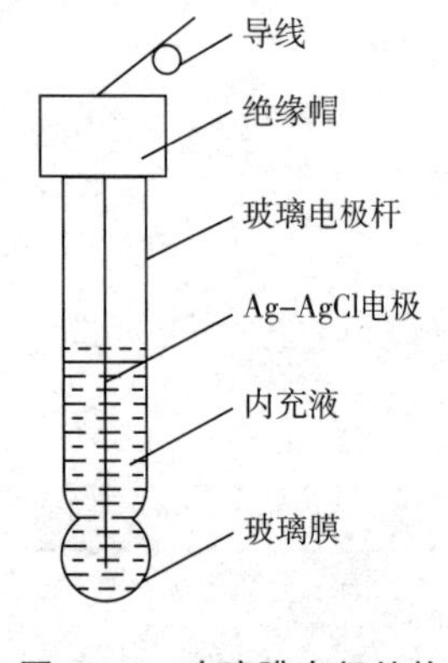

图 6-19　玻璃膜电极结构

③ 玻璃膜电极。属于非晶体膜电极。玻璃膜的组成不同可制成对不同阳离子响应的玻璃电极。电极结构见图 6-19。

以 H^+ 响应的玻璃膜电极为例：敏感膜是在 SiO_2 基质中加入 Na_2O、Li_2O 和 CaO 烧结而成的特殊玻璃膜。厚度约为 0.05mm。膜浸泡在水中时，表面 Na^+ 与水中的 H^+ 交换，才能在表面形成水合硅胶层。故玻璃电极使用前，必须在水溶液中浸泡。

水化层表面可视作阳离子交换剂。溶液中 H^+ 经水化层扩散至干玻璃层，干玻璃层的阳离子向外扩散以补偿溶出的离子，离子的相对移动产生扩散电位。两者之和构成玻璃电极的膜电位。玻璃膜电位形成示意图如图 6-20 所示。玻璃膜电位组成示意图见图 6-21。

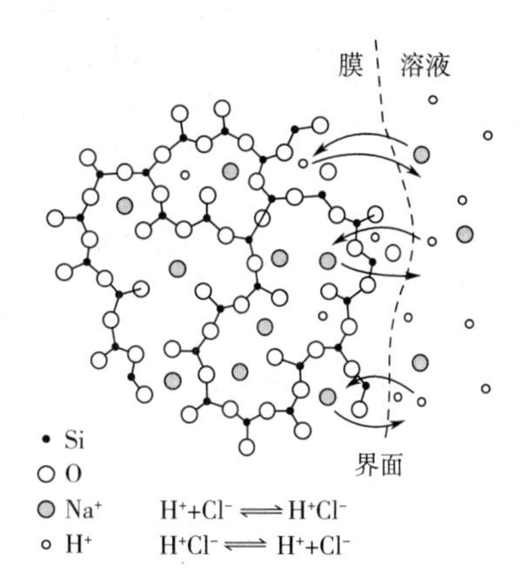

图 6-20　玻璃膜电位形成示意图

由于内参比溶液中的 H^+ 活度（a_2）是固定的，则：

$$E_{膜} = K' + 0.059 \lg a_1 = K' - 0.059\ pH_{试液}$$

有关玻璃膜电极的讨论。

a. 玻璃膜电位与试样溶液中的 pH 成线性关系。式中 K' 是由玻璃膜电极本身性质决定的常数。

b. 电极电位应是内参比电极电位和玻璃膜电位之和。

c. 不对称电位：$E_{膜} = E_{外} - E_{内} = 0.059 \lg(a_1/a_2)$。

如果 $a_1 = a_2$，则理论上 $E_{膜} = 0$，但实际上 $E_{膜} \neq 0$，此时的电位称为不对称电位。

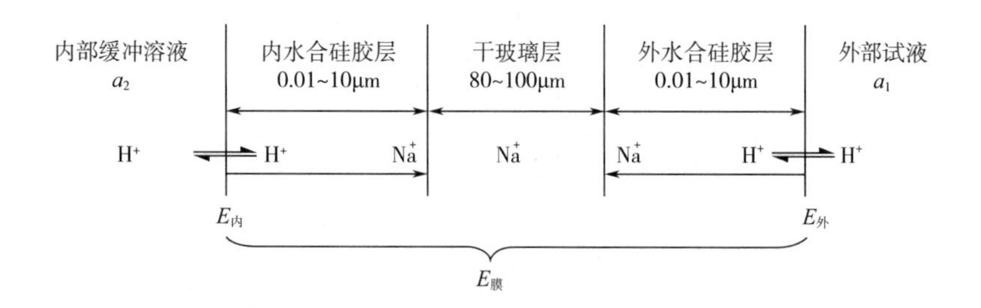

图 6-21　玻璃膜电位组成示意图

产生的原因：玻璃膜内、外表面含钠量，表面张力以及机械和化学损伤的细微差异所引起的。长时间浸泡后（24h）恒定（1～30mV）。

d. 高选择性。膜电位的产生不是电子的得失。其他离子不能进入晶格产生交换。当溶液中 Na^+ 浓度比 H^+ 浓度高 10^{15} 倍时，两者才产生相同的电位。

e. 酸差。测定溶液酸度太大（pH<1）时，电位值偏离线性关系，产生误差。

f. “碱差”或“钠差”。pH>12 时产生误差，主要是 Na^+ 参与相界面上的交换所致。

g. 改变玻璃膜的组成，可制成对其他阳离子响应的玻璃膜电极。

h. 优点是不受溶液中氧化剂、还原剂、颜色及沉淀的影响，不易中毒。

i. 缺点是电极内阻很高，电阻随温度变化。

（2）电位分析法的应用——pH 值的测定

pH 值的测定是电位分析法中的直接电位法的典型例子。

① 基本原理。由两支电极与溶液组成电池。其中指示电极为 pH 玻璃膜电极，参比电极为饱和甘汞电极。

其电池组成表示如下所示：

$$\underbrace{\text{Ag, AgCl} \mid \text{HCl} \mid \text{玻璃膜} \mid \text{试液溶液}}_{\varphi_{玻璃}}\ \underbrace{\mid\mid}_{\varphi_{液接}}\ \underbrace{\text{KCl（饱和）} \mid \text{Hg}_2\text{Cl}_2\text{（固）, Hg}}_{\varphi_{甘汞}}$$

则电池电动势为：

$$E = E_{甘汞} - E_{玻璃} + E_{液接}$$

$$= E_{Hg_2Cl_2/Hg} - (E_{AgCl/Ag} + E_{膜}) + E_{液接}$$

$$= E_{Hg_2Cl_2/Hg} - E_{AgCl/Ag} - K - \frac{2.303RT}{F}\lg a_{H^+} + E_L$$

所以 $E = K' + \frac{2.303RT}{F}\text{pH}$

25℃：$E = K' + 0.059\text{pH}$

式中，常数 K'包括：外参比电极电位；内参比电极电位；不对称电位；液接电位。

由于不对称电位、液接电位无法测得，所以不能由上式通过测量 E 求出溶液 pH，通常采用比较法。

② 用比较法来确定 pH 值（pH 值的实用定义）。用两种溶液：pH 已知的标准缓冲溶液 s 和 pH 待测的试液 x，分别测定各自的电动势为：

$$E_s = K'_s + \frac{2.303RT}{F}\text{pH}_s；E_x = K'_x + \frac{2.303RT}{F}\text{pH}_x$$

若测定条件完全一致，则 $K'_s = K'_x$，两式相减得：

$$\text{pH}_x = \text{pH}_s + \frac{E_x - E_s}{2.303RT/F}$$

式中，pH_s已知，实验测出 E_s和 E_x后，即可计算出试液的 pH_x。我们把上式作为 pH 值的实用定义。使用时，尽量使温度保持恒定并选用与待测溶液 pH 值接近的标准缓冲溶液。

③ pH 计及电极的正确使用与维护。酸度计简称 pH 计，由电极和电计两部分组成。使用中若能够合理维护电极、按要求配制标准缓冲液和正确操作电计，可大大减小 pH 值误差，从而提高化学实验、医学检验数据的可靠性。

a. 正确使用与保养电极。目前实验室使用的电极都是复合电极，其优点是使用方便，不受氧化性或还原性物质的影响，且平衡速度较快。使用时，将电极加液口上所套的橡胶套和下端的橡皮套全取下，以保持电极内氯化钾溶液的液压差。下面就把电极的使用与维护作一简单介绍：

复合电极不用时，可充分浸泡在 3mol/L 氯化钾溶液中。切忌用洗涤液或其他吸水性试剂浸洗。

使用前，检查玻璃电极前端的球泡。正常情况下，电极应该透明而无裂纹；球泡内要充满溶液，不能有气泡存在。

测量浓度较大的溶液时，尽量缩短测量时间，用后仔细清洗，防止被测液黏附在电极上而污染电极。

清洗电极后，不要用滤纸擦拭玻璃膜，而应用滤纸吸干，避免损坏玻璃薄膜、防止交叉污染，影响测量精度。

测量中注意电极的银-氯化银内参比电极应浸入到球泡内氯化物缓冲溶液中，避免电计显示部分出现数字乱跳现象。使用时，注意将电极轻轻甩几下。

电极不能用于强酸、强碱或其他腐蚀性溶液的检验。

严禁在脱水性介质如无水乙醇、重铬酸钾等中使用。

b. 标准缓冲液的配制及其保存。pH 标准物质应保存在干燥的地方，如混合磷酸盐 pH 标准物质在空气湿度较大时就会发生潮解，一旦出现潮解，pH 标准物质即不可使用。

配制 pH 标准溶液应使用二次蒸馏水或者是去离子水。如果是用于 0.1 级 pH 计测量，则可以用普通蒸馏水。

配制pH标准溶液应使用较小的烧杯来稀释，以减少沾在烧杯壁上的pH标准液。存放pH标准物质的塑料袋或其他容器，除了应倒干净以外，还应用蒸馏水多次冲洗，然后将其倒入配制的pH标准溶液中，以保证配制的pH标准溶液准确无误。

配制好的标准缓冲溶液一般可保存2～3个月，如发现有浑浊、发霉或沉淀等现象时，不能继续使用。

碱性标准溶液应装在聚乙烯瓶中密闭保存。防止二氧化碳进入标准溶液后形成碳酸，降低其pH值。

c. pH计的正确校准。pH计因电计设计的不同而类型很多，其操作步骤各有不同，因而pH计的操作应严格按照其使用说明书正确进行。在具体操作中，校准是pH计使用操作中的一个重要步骤。表6-14的数据是精度为0.01且经过计量检定合格的pH计在未校准时与校准后的测量值，从中可以看出校准的重要性。

表6-14　pH计校准前后误差比较

标准pH	校准前误差（pH）	校准后误差（pH）	标准pH	校准前误差（pH）	校准后误差（pH）
13.00	00.0600	00.0000	6.00	−00.0100	−00.0005
12.00	00.0450	00.0005	5.00	−00.0105	00.0005
11.00	00.0500	00.0010	4.00	00.0150	00.0000
10.00	00.0300	00.0000	3.00	−00.0300	00.0000
9.00	00.0200	−00.0005	2.00	−00.0200	−00.0003
8.00	00.0100	00.0005	1.00	−00.0350	−00.0001
7.00	00.0015	00.0000			

方法：尽管pH计种类很多，但其校准方法均采用两点校准法，即选择两种标准缓冲液，一种是pH=7的标准缓冲液，第二种是pH=9的标准缓冲液或pH=4的标准缓冲液。先用pH=7的标准缓冲液对电计进行定位，再根据待测溶液的酸碱性选择第二种标准缓冲液。如果待测溶液呈酸性，则选用pH=4的标准缓冲液；如果待测溶液呈碱性，则选用pH=9的标准缓冲液。若是手动调节的pH计，应在两种标准缓冲液之间反复操作几次，直至不需再调节其零点和定位（斜率）旋钮，pH计即可准确显示两种标准缓冲液的pH值。则校准过程结束。此后，在测量过程中零点和定位旋钮就不应再动。若是智能式pH计，则不需反复调节，因为其内部已贮存几种标准缓冲液的pH值，可供选择，而且可以自动识别并自动校准。但要注意标准缓冲液选择及其配制的准确性。

其次，在校准前应特别注意待测溶液温度。以便正确选择标准缓冲液，并调节电计面板上的温度补偿旋钮，使其与待测溶液的温度一致。不同的温度下，标准缓冲溶液的pH值是不一样的。标准缓冲溶液的pH值与温度的关系见表6-15。

表6-15　标准缓冲溶液的pH值与温度关系对照表

温度/℃	0.05mol/L 邻苯二甲酸氢钾	0.025mol/L 混合物磷酸盐	0.01mol/L 四硼酸钠	温度/℃	0.05mol/L 邻苯二甲酸氢钾	0.025mol/L 混合物磷酸盐	0.01mol/L 四硼酸钠
5	4.00	6.95	9.39	35	4.02	6.84	9.11
10	4.00	6.92	9.33	40	4.03	6.84	9.07

续表

温度/℃	0.05mol/L 邻苯二甲酸氢钾	0.025mol/L 混合物磷酸盐	0.01mol/L 四硼酸钠	温度/℃	0.05mol/L 邻苯二甲酸氢钾	0.025mol/L 混合物磷酸盐	0.01mol/L 四硼酸钠
15	4.00	6.90	9.28	45	4.04	6.84	9.04
20	4.00	6.88	9.23	50	4.06	6.83	9.03
25	4.00	6.86	9.18	55	4.07	6.83	8.99
30	4.01	6.85	9.14	60	4.09	6.84	8.97

校准工作结束后，对使用频繁的 pH 计一般在 48h 内不需再次定标。如遇到下列情况之一，仪器则需要重新标定：

溶液温度与定标温度有较大的差异；电极在空气中暴露过久，如半小时以上时；定位或斜率调节器被误动；测量酸性强（pH 值小于 2）或碱性强（pH 值大于 12）的溶液后；更换电极后；当所测溶液的 pH 值不在两个定标点中间，且又距 pH=7 较远。

(3) 电位分析法的应用——离子活度（浓度）的测定

离子活度（浓度）的测定是电位分析法中的直接电位法的具体应用。

其基本原理是：将离子选择性电极（指示电极）和参比电极插入试液中可以组成测定各种离子活度的电池，根据能斯特方程，电池电动势为：

$$E=K'\pm\frac{2.303RT}{nF}\lg a_i$$

离子选择性电极作正极时，对阳离子响应的电极，取正号；对阴离子响应的电极，取负号。

由于难以方便获得各种离子标准溶液，故不像测定 pH 一样采用比较法，常采用下面两种方法。

① 标准曲线法。用测定离子的纯物质配制一系列不同浓度的标准溶液，并用总离子强度调节缓冲溶液（totle ionic strength adjustment buffer，TISAB）保持溶液的离子强度相对稳定，分别测定各溶液的电位值，并绘制 E-$\lg c_i$关系曲线。

【注意】离子活度系数保持不变，膜电位与 $\lg c_i$呈线性关系。总离子强度调节缓冲溶液 TISAB 的作用：

a. 保持较大且相对稳定的离子强度，使活度系数恒定；

b. 维持溶液在适宜的 pH 范围内，满足离子电极的要求；

c. 掩蔽干扰离子。

例如：测 F^- 过程所使用的 TISAB 典型组成。

1mol/L 的 NaCl，使溶液保持较稳定的离子强度；0.25mol/L HAc 和 0.75mol/L NaAc，使溶液 pH 在 5 左右；0.001mol/L 的柠檬酸钠，掩蔽 Fe^{3+}、Al^{3+} 等干扰离子。

② 标准加入法。设某一试液体积为 V_0，其待测离子的浓度为 c_x，测定的工作电池电动势为 E_1，则：

$$E_1=K+\frac{2.303RT}{nF}\lg(x_i\gamma_i c_x)$$

式中，x_i为游离态待测离子占总浓度的分数；γ_i是活度系数；c_x是待测离子的总浓度。

往试液中准确加入一小体积 V_s（大约为 V_0 的 1/100）的用待测离子的纯物质配制的标准溶液，浓度为 c_s（约为 c_x的 100 倍）。由于 $V_0>V_s$，可认为溶液体积基本不变。浓度增量为：

$$\Delta c = c_s V_s / V_0$$

再次测定工作电池的电动势为 E_2：

$$E_2 = K + \frac{2.303RT}{nF} \lg(x_2 \gamma_2 c_x + x_2 \gamma_2 \Delta c)$$

可以认为 $\gamma_2 \approx \gamma_1$，$x_2 \approx x_1$。则：

$$\Delta E = E_2 - E_1 = \frac{2.303RT}{nF} \lg(1 + \frac{\Delta c}{c_x})$$

$$令：S = \frac{2.303RT}{nF}；则：\Delta E = S\lg(1 + \frac{\Delta c}{c_x})$$

$$得：c_x = \Delta c (10^{\Delta E/s} - 1)^{-1}$$

③ 影响电位测定准确性的因素。在测定溶液 pH 和其他离子活度时，采用的是直接电位法，即由电位测量值获得结果，电位测量的准确性直接影响到结果的准确。影响电位测量准确性的因素主要有以下几个方面。

a. 测量温度。温度对测量的影响主要表现在对电极的标准电极电位、直线的斜率和离子活度的影响上，有的仪器可同时对前两项进行校正，但多数仅对斜率进行校正。温度的波动可以使离子活度变化而影响电位测定的准确性。在测量过程中应尽量保持温度恒定。

b. 线性范围和电位平衡时间。电极电位的测定应该在一定的线性范围内，否则，会引起正或负偏差。所谓的电位的平衡时间是指电极浸入试液获得稳定的电位所需的时间。各种电极都需要有一定的平衡时间，一般响应时间为 1～3min，玻璃电极平衡时间小于 1min，气敏电极响应的时间较长。

c. 溶液特性。在这里溶液特性主要是指溶液离子强度、pH 值及共存组分等。溶液的总离子强度保持恒定。溶液的 pH 值应满足电极的要求。避免对电极敏感膜造成腐蚀。干扰离子的影响表现在两个方面：一是能使电极产生一定响应；二是干扰离子与待测离子发生络合或沉淀反应。

d. 电位测量误差。当电位读数误差为 1mV 时，对于一价离子，由此引起结果的相对误差为 3.9%；对于二价离子，则相对误差为 7.8%。故电位分析多用于测定低价态离子。

(4) 电位分析法的应用——电位滴定分析法

a. 电位滴定装置。电位滴定装置如图 6-22 所示，分手动和自动两种。

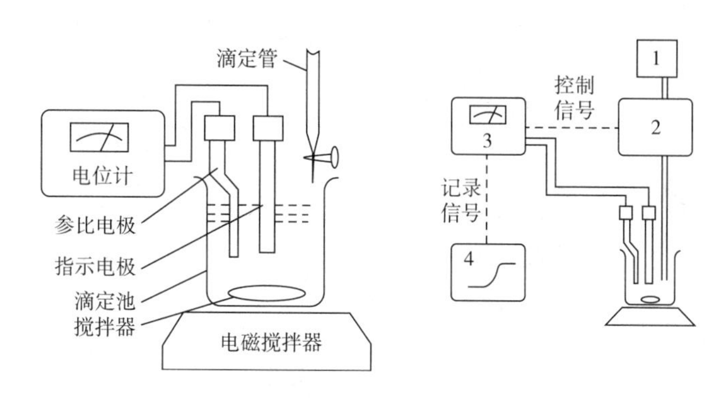

图 6-22 电位滴定装置

1—储液器；2—加液控制器；3—电位测量；4—记录仪

手动电位滴定实际上是将电位测量装置作为滴定终点的显示装置，取代了滴定分析中的指示剂。滴定过程中，每用滴定管滴加一次滴定剂，在平衡后测量电动势。滴定至化学计量点后，绘制滴定曲线，求出滴定曲线上化学计量点所对应的滴定剂消耗体积，由此计算被测离子浓度。自动电位滴定则可自动记录滴定曲线。故电位滴定过程中不需要准确控制滴定终点，不受溶液中沉淀或颜色的影响。

滴定不同离子需要选用合适的参比电极和指示电极；电位滴定过程的关键是确定滴定反应的化学计量点时，所消耗滴定剂的体积。

b. 电位滴定过程与滴定曲线。在电位滴定过程中，首先需要快速滴定寻找化学计量点所在的大致范围。正式滴定时，滴定突跃范围前后每次加入的滴定剂体积可以较大，突跃范围内每次滴加体积控制在 0.1mL。准确记录每次的滴加体积与对应的电位值。

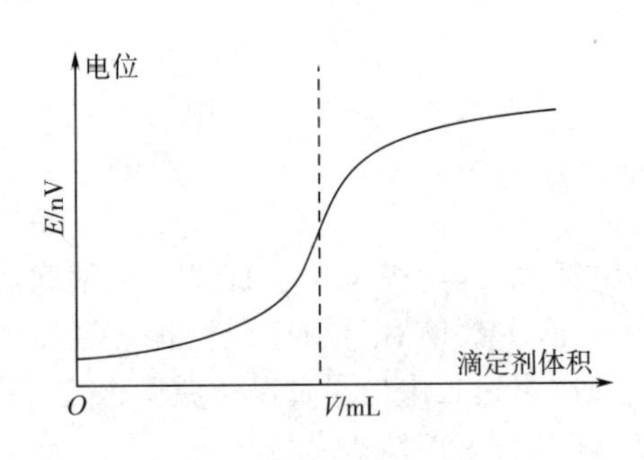

图 6-23　电位滴定曲线图

记录每次滴定时的滴定剂用量（V）和相应的电动势数值（E），作图得到滴定曲线，如图 6-23 所示，并将滴定的突跃曲线上的拐点作为滴定终点，该点与化学计量点非常接近。

c. 电位滴定终点的确定方法。通常采用三种方法来确定电位滴定终点。

E-V 曲线法：

如图 6-24（a）所示。作两条与横轴呈 45°的 E-V 曲线的切线（对称性滴定条件下），并在两切线间作一与两切线等距离的平行线，该线与E-V曲线的交点即为滴定终点。交点的横坐标为滴定终点时标准滴定液的用量；交点的纵坐标为滴定终点时的电动势或 pH 值。E-V 曲线法简单，但准确性稍差。

$\Delta E/\Delta V$-V 曲线法：

如图 6-24（b）所示。$\Delta E/\Delta V$ 近似为电位对滴定剂体积的一阶微商，由电位改变量与滴定剂体积增量之比计算。$\Delta E/\Delta V$-V 曲线上存在着极值点，该点对应着 E-V 曲线中的拐点。

$\Delta^2 E/\Delta V^2$-V 曲线法：

如图 6-24（c）所示。$\Delta^2 E/\Delta V^2$ 表示 E-V 曲线的二阶微商，一阶微商的极值点对应于二阶微商等于零处的 $\Delta^2 E/\Delta V^2$ 值，由下式计算：

$$\frac{\Delta^2 E}{\Delta V^2}=\frac{\left(\frac{\Delta E}{\Delta V}\right)_2-\left(\frac{\Delta E}{\Delta V}\right)_1}{\Delta V}$$

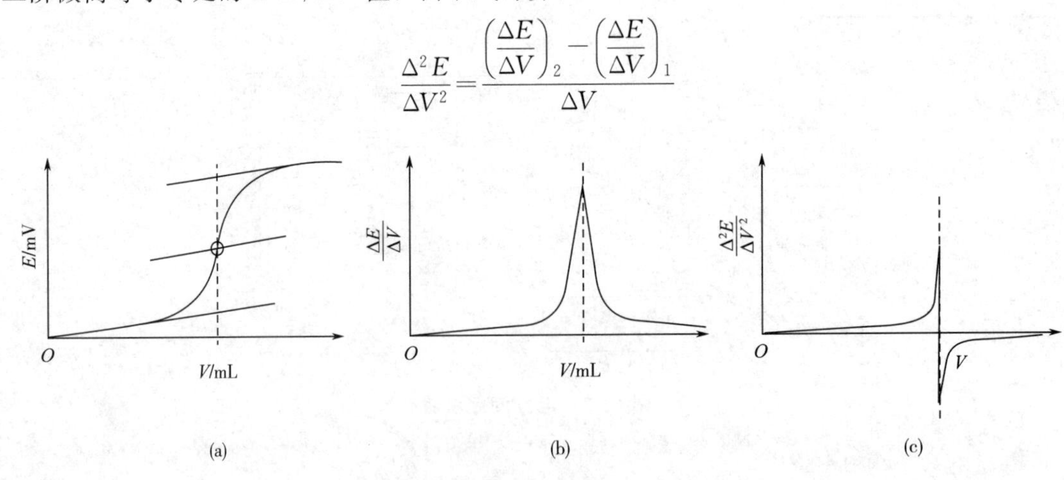

图 6-24　确定终点的三种曲线

(5) 电位分析法计算实例

【例 6-1】以银电极为指示电极，双液接饱和甘汞电极为参比电极，用 0.1000mol/L $AgNO_3$标准溶液滴定含氯试液，得到的原始数据如下（电位突跃时的部分数据）。用二阶微商法求出滴定终点时消耗的 $AgNO_3$标准溶液的体积？

滴加体积/mL	24.00	24.10	24.20	24.30	24.40	24.50	24.60	24.70
电位 E/V	0.174	0.183	0.194	0.233	0.316	0.340	0.351	0.358

解：将原始数据按二阶微商法处理。

滴加 $AgNO_3$体积/mL	测定的电位值/V	ΔE	ΔV	$\Delta E/\Delta V$	$\Delta^2 E/\Delta V^2$
24.00	0.174				
		0.009	0.10	0.09	
24.10	0.183				0.2
		0.011	0.10	0.11	
24.20	0.194				2.8
		0.039	0.10	0.39	
24.30	0.233				4.4
		0.083	0.10	0.83	
24.40	0.316				−5.9
		0.024	0.10	0.24	
24.50	0.340				−1.3
		0.011	0.10	0.11	
24.60	0.351				−0.4
		0.007	0.10	0.07	
24.70	0.358				

表中的一阶微商和二阶微商由后项减前项比体积差得到，例：

$$\frac{\Delta E}{\Delta V}=\frac{0.316-0.233}{24.40-24.30}=0.83$$

$$\frac{\Delta^2 E}{\Delta V^2}=\frac{0.24-0.88}{24.45-24.35}=-5.9$$

二阶微商等于零时所对应的体积值应在 24.30～24.40mL 之间，准确值可以由内插法计算出：

$$V_{终点}=24.30+(24.40-24.30)\times\frac{4.4}{4.4+5.9}=24.34\text{mL}$$

【例 6-2】在 0.1000 mol/L Fe^{2+}溶液中，插入 Pt 电极（+）和 SCE（−），在 25℃时测得电池电动势为 0.395V，问有多少 Fe^{2+}被氧化成 Fe^{3+}？

解：　电池表示为：SCE ‖ Fe^{3+}，Fe^{2+} | Pt

根据能斯特方程：$E=E_{铂电极}-E_{甘汞}=0.77+0.059\lg\{[Fe^{3+}]/[Fe^{2+}]\}-0.244$

则：$\lg\{[Fe^{3+}]/[Fe^{2+}]\} = (0.395+0.244-0.771)/0.059=-2.254$

设有 X % 的 Fe^{2+} 氧化为 Fe^{3+}

则：$\lg\{[Fe^{3+}]/[Fe^{2+}]\} = \lg X/(1-X)=-2.254$

$X/(1-X) = 0.00557$

$X=0.56\%$

即约有 0.56%的 Fe^{2+} 被氧化为 Fe^{3+}。

6.3.5.2 分光光度分析检测

在前面已经介绍了许多的紫外-可见分光光度法，在此重点介绍原子吸收分光光度法。原子吸收分光光度法通常分为火焰原子吸收分光光度法和无火焰原子吸收分光光度法，而无火焰原子吸收分光光度法又可以分为石墨炉法和冷光源法。这里重点介绍火焰原子吸收分光光度法。

(1) 原子吸收分光光度法

紫外-可见分光光度法的本质是分子吸收，即一种宽带吸收，吸收带从几埃到几十埃，乃至更宽。所以紫外-可见分光光度法使用连续光谱光源（卤钨灯，氘灯等）。而原子吸收是一种窄带吸收，即所谓的谱线吸收。其吸收带仅在 10^{-2} Å 数量级，因此，原子吸收分光光度法使用的是锐线光源（元素空心阴极灯等）。

原子吸收分光光度法具备了发射光谱分析法和紫外-可见分光光度法的某些特点，并且介于两者之间。对某些元素的常规测定具有独到之处。而这些元素（例如低含量的钙、镁、银等）测定往往是紫外-可见分光光度法感到棘手的。

原子吸收分光光度法的特点：

① 灵敏度高。常规分析中大多数元素能够达到 10^{-6} g/L，甚至可以方便地进行 10^{-9} g/L 数量级浓度范围的测定。

② 干扰少，并易消除。这是由于原子吸收带宽较窄的缘故，因此测定比较快速简便，并有条件实现全自动化操作。

③ 准确度高。在日常低含量测定时能达到 1%～3%的准确度，若采用高准确度测量方法，准确度可降低到 1%以下。

④ 可以进行微量试样测定。采用非火焰原子吸收法，试样用量仅需 5～100μL（试液）或 0.05～30mg（固体）即可。对试样来源困难的分析极其有利。例如，测定小儿血清中的铅含量。

⑤ 测定范围较广。据报道，可以采用原子吸收测定的元素达 70 个以上。既可以进行低含量元素分析，也能进行 10^{-6}～10^{-9} g/L 数量级的浓度测定，还可以进行合金中基体元素的测定，其准确度可以和重量法媲美，但分析时间大大缩短。

⑥ 原子吸收分光光度法有其局限性。在可以测定的元素中，有一半数量比较有效，干扰较少，但依然存在，有时还比较严重。在高背景低含量样品测定中准确度下降。另外每测定一种元素，都要使用一种特定的元素灯，给分析任务带来了不便。

灵敏度，检测限和精确度的介绍如下。

① 灵敏度 S。在分析工作中，用标准曲线来表示标准溶液浓度和吸光度之间的关系，泛指测试灵敏度是指工作曲线的斜率。若用 A 表示吸光度，用 c 表示标准溶液浓度，则灵敏度是指 $\Delta A/\Delta c$。标准曲线的斜率越大，测试的灵敏度就越高。但目前原子吸收测定中多习惯用特征灵敏度来表示元素测定的灵敏度。所谓特征灵敏度是指能产生 1%吸收（吸光度 0.0044）时所对应的元素浓度，用 μg/mL/1%来表示。通过测定某一浓度为 c 的标准溶液的吸光度 A，可计算出相应的特征灵敏度。

$$S=c\times 0.0044/A(\mu g/mL/1\%)$$

例如：当用波长 324.7nm 测定铜时，1μg/mL 的铜标准溶液所得到的吸光度为 0.044，则该仪器测定铜的特征灵敏度为：

$$S=1\times0.0044/0.044=0.1(\mu g/mL/1\%)$$

同一元素在不同的仪器上测试会得到不同的灵敏度，因而灵敏度是一台仪器的性能指标之一，但不同元素的灵敏度之间保持同样的规律，例如镁的灵敏度总是最高的。

一台仪器灵敏度很高不等于测定时稳定性非常好，所以除了灵敏度之外，还要有一个衡量稳定性的指标。只有两者都好才是一台好仪器，甚至可以说稳定性是两者中更为重要的。对于一台仪器的稳定性可以用测定同一浓度的标准溶液所得到的标准偏差来衡量。也可以用检出限来衡量仪器的稳定性。

原子吸收光谱分析测定时，最适宜浓度应选在灵敏度的 15～100 倍范围内，因此灵敏度是衡量仪器性能优劣的重要指标。

② 检测限 DL。检测限是指能产生一个可以确证在试样中存在某元素的分析信号所需要的该元素的最小量。在火焰原子吸收光谱分析中，将待测元素给出 2 倍于标准偏差的读数时所对应的浓度称为相对检测限 DL，单位为 μg/mL。你若需要测定检测限，建议你按下面方法进行：

a. 配制一待测元素的标准溶液 A，使其溶液的吸光度在仪器最佳条件下为 0.003 左右。

b. 在与上一步骤相同条件下，点火、吸入去离子水，燃烧 2～3min 以达到热平衡状态，调节读数装置的基线（或零点）至平衡。

c. 交替读取去离子水和标准溶液的吸光度各 10 次以上，并由此计算出标准偏差。

d. 配制另一待测元素的标准溶液 B，并使其溶液的吸光度为 0.1 左右，并在上述条件下，测定标准溶液的吸光度。

按下式计算出检出极限： $DL=c=2\sigma/A$

式中 c——待测元素的浓度，μg/mL；

A——溶液的吸光度；

σ——标准偏差（用去离子水经 10 次以上测定所得标准偏差），μg/mL。

在非火焰原子吸收光谱分析中，待测元素能给出 2 倍于标准偏差的读数时所对应的质量称为绝对检测限，单位为 μg/mL。

检测限不但与仪器灵敏度有关，还与仪器的稳定性（噪声）有关，它表明了测定的可靠程度。从使用角度看，提高仪器的灵敏度，降低噪声，是降低检测限，提高信噪比的有效手段。

③ 精确度 RSD。精确度采用相对标准偏差来度量。其计算公式为：

$$RSD=\sigma/A_{平均}$$

式中 σ——标准偏差（经 10 次以上测定所得标准偏差）；

$A_{平均}$——多次测定的吸光度的平均值。

(2) 原子吸收分光光度计的结构

原子吸收分光光度计的结构见图 6-25。

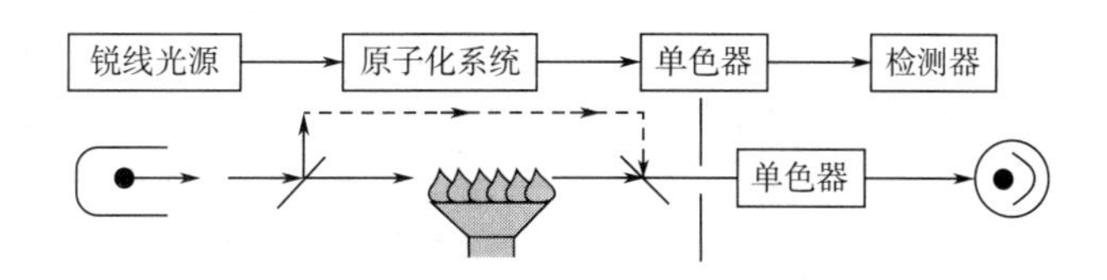

图 6-25 原子吸收分光光度计结构图

① 光源。提供待测元素的特征光谱，获得较高的灵敏度和准确度。若将原子吸收用于分析，需要测量光吸收变化。若使用钨丝灯和氘灯（即连续光源）作为光源，则经分光后，光谱通带为 0.2nm。而原子吸收线的半宽度为 10^{-3}nm。如图 6-26 所示。即若用一般光源照射时，吸收光的强度变化仅为 0.5%，灵敏度极差，无法满足分析需要。

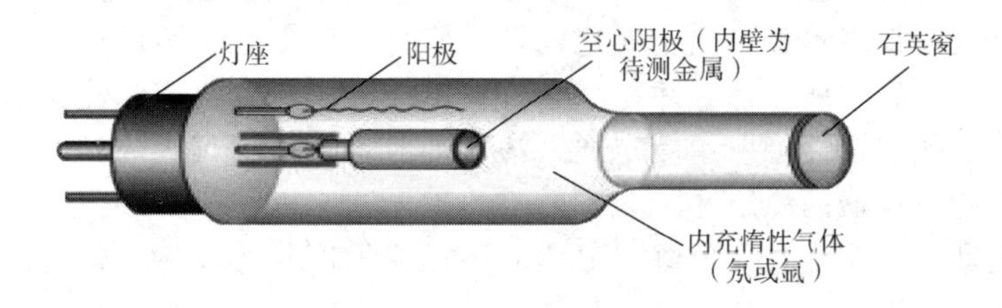

图 6-26 空心阴极灯结构图

光源应满足如下要求：

a. 能发射待测元素的共振线；

b. 能发射锐线；

c. 辐射光强度大，稳定性好。因此不能用连续光源，须采用特殊光源——锐线光源；

d. 光源的发射线与吸收线的中心频率 v_0 一致；

e. 发射线的半峰宽 $\Delta V_{1/2}$ 小于吸收线的半峰宽 $\Delta V_{1/2}$；

符合以上条件的光源有空心阴极灯，无极放电灯。

② 原子化系统。其作用是将试样中的元素转变成原子蒸气。原子化方法有两种：火焰法和无火焰法（利用电热高温石墨管或激光）。火焰原子化装置含雾化器和燃烧器。

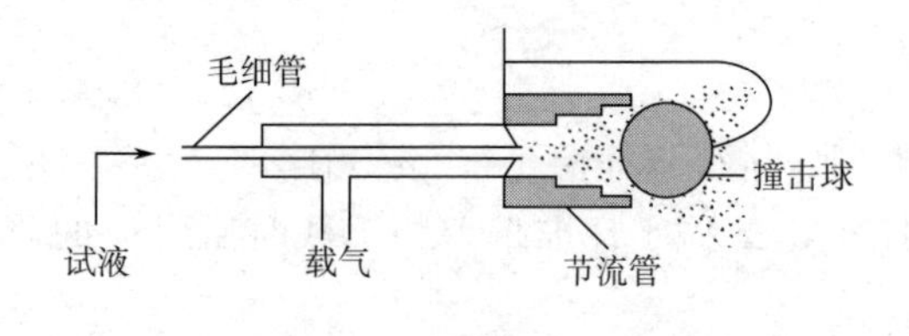

图 6-27 雾化器结构图

a. 雾化器。结构如图 6-27 所示，主要是将溶液撞击成雾。其优点是雾化作用，缺点是雾化效率低。

b. 火焰。试样雾滴在火焰中，经蒸发、干燥、解离（还原）等过程产生大量基态原子。

c. 火焰温度的选择。首先要考虑火焰温度越高，产生的热激发态原子越多，在待测元素充分解离为基态原子的前提下，尽量采用低温火焰。火焰温度取决于燃气与助燃气类型，常用空气-乙炔，最高温度为 2600℃，能测 35 种元素。

d. 火焰类型。化学计量火焰。特点是：温度高，干扰少，稳定，背景低，为常用的火焰。

富燃火焰。特点是：还原性火焰，燃烧不完全，测定较易形成难熔氧化物的元素如 Mo、Cr 稀土等。

贫燃火焰。特点是：火焰温度低，氧化性气氛，适用于碱金属测定。

原子化过程分为“干燥、原子化、净化（去除残渣）”三个阶段，待测元素在高温下生成基态原子；其特点是原子化程度不高，试样用量少（1～10mL），检测极限在 10^{-7}～10^{-9}g 之间。但是精密度差，测定速度慢，操作不够简便，装置复杂。

③ 单色器。单色器的作用是将待测元素的共振线与邻近线分开。由色散元件（棱镜、光栅），凹凸镜、狭缝等几部分组成。它的性能由下列参数衡量：

a. 线色散率（D）。两条谱线间的距离与波长差的比值 $\Delta X/\Delta\lambda$。实际工作中常用其倒

数 $\Delta\lambda/\Delta X$。

b. 分辨率。仪器分开相邻两条谱线的能力。用这两条谱线的平均波长与其波长差的比值 $\lambda/\Delta\lambda$ 表示。

c. 光谱通带宽度（W）。指通过单色器出射狭缝的某标称波长处的辐射范围。当色散率倒数 D'一定时，可通过选择狭缝宽度 S 来确定：$W = D'S$。

④ 检测系统。主要由检测器、放大器、对数变换器、显示记录装置组成。

a. 检测器。作用是将单色器分出的光信号转变成电信号。常用的检测器有光电池、光电倍增管、光敏晶体管等。

光电倍增管的功能是将经过原子蒸气吸收和单色器分光后的微弱光电能量转换成电信号，并且不同程度放大。它利用二次电子发射现象放大光电流。它由一个阳极，一个光电阴极和多个倍增极组成。

负高压加在阴阳极之间，并经过一组电阻分配在各个倍增极上。电压在－200～－1200V之间可调。两个倍增极间的电压差在 50～90V 之间。为使其放大倍数恒定，电压稳定度应在 0.1%～0.01%或更高。输出电流在 1～2mA。光量子射到光电阴极上，当其能量达到电子脱出功时，便发射出电子，并被第一倍增极所吸引，这样，电子流倍增，最后聚集在阳极的电子数可达光电阴极发射电子数的 10^6 倍。测量的是最后一个倍增极和阳极间的电流，此电流与入射光的强度呈正比，并随施加的电压呈指数级变化。由于它既有光电转换作用又有放大效应，因此可以测量十分微弱的光强度。

b. 放大器。作用是将光电倍增管输出的较弱信号，经电子线路进一步放大。

c. 对数变换器。作用是完成光强度与吸光度之间的转换。

d. 显示器与记录器。由检测器输出的信号，用放大器放大后，得到的只是透光度读数，为了在指示仪表上指示出与浓度呈线性关系的吸光度值，用对数变换器将信号进行对数转换，然后由指示仪表进行指示。随着电子技术的迅速发展，目前大部分仪器都由记录仪自动记录测量数据和用数字显示测量数据升级为电子计算机软件（工作站）处理数据，能直读分析结果。

(3) 原子吸收分光光度法的定量方法

原子吸收分光光度法的测定灵敏度高，检测限小，干扰少，操作简单快速，主要用于元素的定量分析。目前本方法可测定的金属元素多达 60～70 种，应用范围不断扩大。目前，可以成熟地应用于以下测定：

碱金属测定。测定灵敏度很高。

碱土金属测定。在火焰中易生成氧化物，原子化效率与火焰有较大关系。

有色金属测定。Fe、Co、Ni、Mn 一般用贫燃火焰，Cr、Mo 用富燃火焰。

贵金属测定。测定灵敏度很高，宜采用贫燃火焰。

另外，原子吸收分光光度法还可以应用于头发中微量元素的测定；水中微量元素的测定；水果、蔬菜中微量元素的测定等方面。

其定量方法主要有标准曲线法（工作曲线法）和标准加入法。

① 标准曲线法（工作曲线法）。原子吸收光谱分析的标准曲线法（又称作工作曲线法，下面均称为标准曲线法）与紫外-可见分光光度法相类似。它也需要先配制一系列标准溶液，与试液在同一条件下依次测定它们的吸光度，然后以吸光度 A 为纵坐标，标准溶液浓度为横坐标，绘制 A-c 工作曲线，从工作曲线上查出试液的浓度，再通过计算就可以求出试样中待测元素的含量。

如果标准溶液与待测试样溶液基体差别较大，就会给测定引入不可忽视的误差。因此为了消除这种“基体效应”应在实验中保持标准溶液与试液基体相同。所谓基体是指试液中除待测组分以外的其他成分的总体。基体效应是指同一种组分由于基体不同而使吸光度测量产生误差的一种干扰现象。

理想的标准曲线应该是一条通过坐标原点的直线。但实际工作中常常会出现标准曲线弯曲的情况，这主要是由于待测元素含量较高时，吸收线产生热变宽和压力变宽，使锐线光源辐射的共振线的中心波长与共振吸收线的中心波长错位，使吸光度减少而造成的。

为了保证测定的准确度，在使用标准曲线法时，要注意以下方面：

首先，所配制的标准溶液及试液的浓度应在吸光度与浓度成线性关系的范围之内并控制吸光度值在 0.2～0.8 之间，以减少测量误差。

其次，在整个过程中要吸喷去离子水或空白溶液来校正零点的漂移。

还有，由于燃气的变化或空气流量变化引起的吸喷速率变化，会引起测定过程中工作曲线斜率的变化。因此在测定过程中，要用标准溶液检查测试条件有没有变化，以保证在测定过程中标准溶液及试样溶液测试条件完全一致。

标准曲线法简便、快速适于组成较简单的大批样品分析。

总之，对标准曲线法要求是：

吸光度 A＝0.2～0.8，A 与浓度 c 成线性关系；

要校正零点的漂移；

要使标准溶液与试样溶液测试条件一致；

通过折算，计算出样品含量（表 6-16）。

图 6-28 为工作曲线法直观图。

表 6-16　工作曲线法数值

移取标准溶液体积/mL	1.00	2.00	3.00	4.00	5.00	6.00
吸光度 A	0.000	0.048	0.098	0.149	0.198	0.254

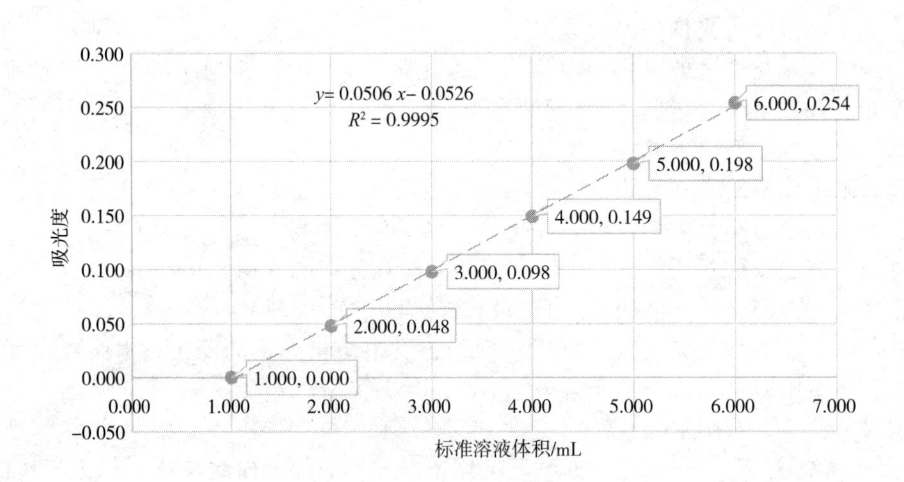

图 6-28　工作曲线法

② 标准加入法。标准加入法的操作方法是：吸取试液若干份，第一份不加待测元素标准溶液，从第二份开始，依次按比例加入不同量的待测组分标准溶液，用溶剂稀释至同一体积，以空白样为参比，在相同测量条件下，分别测量各份试液的吸光度，绘出工作曲线，

并将它外推至浓度轴，则在浓度轴上的截距，即为未知浓度 c_x。具体操作步骤如下：

取若干份体积相同的试液（c_x），依次按比例加入不同量试样的待测物的标准溶液（c_0），定容后浓度依次为：c_x、c_x+1；c_x、c_x+2；c_x、c_x+3；c_0……，分别测得吸光度为：A_x，A_1，A_2，A_3，A_4，……。以 A 对浓度 c 作图得一直线，图中 c_x 点即为待测溶液浓度。

标准加入法示例如表 6-17 和图 6-29 所示。

表 6-17　标准加入法数值

制备出新溶液体积/mL	1.00	2.00	3.00	4.00	5.00	6.00
吸光度 A	0.213	0.257	0.298	0.346	0.391	0.439

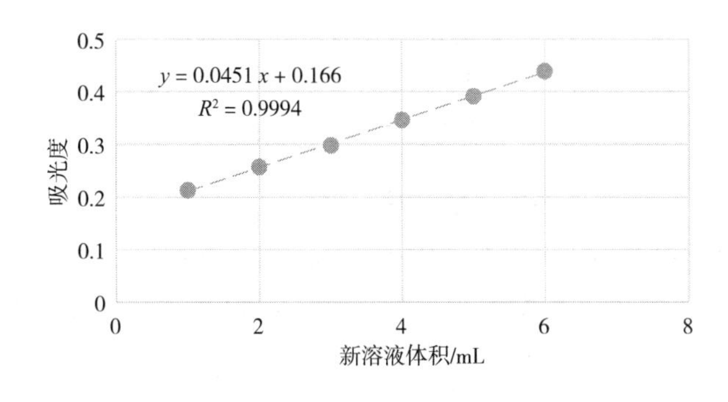

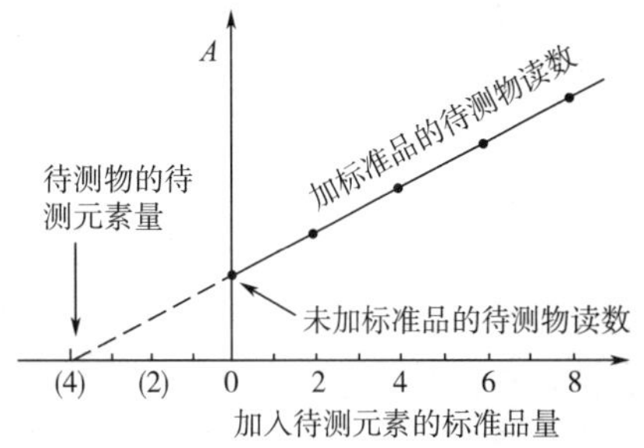

图 6-29　标准加入法工作曲线

通过外推，可以测定出样品的含量。

该方法相较于标准工作曲线法，其优点在于，可以部分消除基体干扰。

6.3.6　微生物检测基础

微生物在污水处理厂生化系统调试、后期稳定运行和工艺调整过程中，起着很重要的指示作用，通过镜检活性污泥中的微生物状况，可以获得该活性污泥的相关性状信息，对生产起到一定指导作用。

本文从活性污泥样品的采集、性状分析、微生物的指示作用、微生物图谱以及案例分析等五个方面分别阐述了微生物与污水处理之间的关系；从镜检和专业角度考虑，将菌胶团作为一个单独的对象进行了分析，具有一定的针对性。

6.3.6.1　活性污泥镜检样品采集

样品采集对镜检结果影响比较明显，采样不当，得出的镜检结果会误导对活性污泥进行参数的调控。为避免这类情况的发生，遵循规范的采样方法、明晰采样点显得更为重要。

采集的活性污泥样本位置和监测活性污泥沉降比一样都是来自曝气池末端的混合液，此位置的活性污泥混合液不论从活性污泥的稳定性、絮凝性、种群数量还是原生动物代表性来讲都是最佳的。

(1) 稳定性方面

在曝气末端，活性污泥处于减速增长期，活性污泥活性降低，稳定性就变得更加可靠了。

(2) 絮凝性方面

因为活性污泥处于减速增长期，表现的活性污泥沉降性就更明显，自然絮凝性就更佳。

(3) 微生物种群方面

这里指的还是原后生动物种群，微生物的主体细菌种群不在讨论之列。

活性污泥中原后生动物种群在曝气池前端是非活性污泥类原生动物占优势，在曝气池中段是中间性活性污泥原生动物占优势，而曝气池末端占优势的原生动物种类决定了活性污泥生物相所处的功能性状。在此位置采集活性污泥混合液进行生物相显微镜观察，结果更具代表性。

6.3.6.2 检测液采集的方法

在曝气池末端采集到待测的混合液后，需要选取一滴到载玻片上，以备检测。就这一过程需要注意以下几点。

① 所取活性污泥混合液在检测前，要不停地缓慢摇动来避免发生絮凝沉淀。活性污泥发生絮凝沉淀后，如再次被搅匀，其随后发生的絮凝效果将会略有减弱，上清液的细小絮体悬浮物将会增多，对观察会造成一定的误导（如观察到的活性污泥结构松散、细小、不密实、颜色偏淡等）。

② 通常采集活性污泥样本到载玻片上所用的工具是胶头滴管。胶头滴管伸入到被采集的活性污泥混合液前需要进行充分搅拌，使活性污泥悬浮于混合液中，同时胶头滴管伸入到混合液中的深度也要控制好，一般到混合液的中部为宜。采集后，再将活性污泥混合液移动到载玻片前，可以将胶头滴管内的混合液挤掉几滴，然后将一滴活性污泥混合液置于载玻片上。

载玻片上所取的一滴混合液，在实际使用过程中是过量的，在盖上盖玻片时会有部分溢出而需要擦拭掉，否则，盖玻片容易在载玻片上移动，同时被采集的这一滴活性功能的污泥混合液也会在高差、温度等作用下发生内部流动或移动。为此擦拭掉这多余部分的活性污泥混合液是有必要的，可以按照 1/4 的活性污泥混合液比例来确定被擦拭掉的这一滴活性污泥混合液，也就是说在被擦拭掉后的待检测样品中，其实际采样量为 3/4 滴活性污泥混合液。

6.3.6.3 进行活性污泥镜检需要注意的问题

(1) 避免高温镜检

因为高温情况下载玻片上的水样本身数量较少，样品水体会出现膨胀，富含的细小气泡会析出来影响观测效果。

(2) 避免阳光直射

这样可以有效防止被检样品中的气泡析出膨胀的发生，更可避免存在的气泡因为阳光直射发生反光、折射等现象而影响观测效果。同时也可以防止对眼睛的伤害。

(3) 避免振动

确保观测的稳定性和本身的安全性，显微镜放置的场所需要保证安全。

(4) 避免光线不足

显微镜没有自带补充光源的情况下，如果环境照度低于 300lx，观察的时候显微镜就比较暗，为此需要显微镜自带的补充光源来满足对观测光照度的需求。

(5) 避免光线异常

如果周围的光线是彩色光线，那么在显微镜内观察到的视野色彩通常也是彩色的，这对观察活性污泥性状有干扰作用。

6.3.6.4 污水处理微生物图谱

在活性污泥系统中，根据对活性污泥是否有利将原生动物分为非活性污泥类原生动物、中间性活性污泥类原生动物和活性污泥类原生动物。

(1) 活性污泥原生动物

当显微镜筒中，观察到活性污泥中含有钟虫、累枝虫、楯纤虫等，且数量呈增长趋势时，表明出水水质明显变好。其原生动物的相关信息如下。

① 钟虫

a. 名词解释：原生动物门寡膜纲缘毛目钟虫科的通称。因体形如倒置的钟而得名。

b. 形态特点：若钟形，钟口朝上，下方有钟柄具有伸缩性。

c. 生活习性：无论是单个的还是群体的种类，在废水生物处理厂的曝气池和滤池中生长十分旺盛，能促进活性污泥的絮凝作用，并能大量捕食游离细菌而使出水澄清。

d. 活动特点：固着生长于菌胶团。

e. 指示作用：以钟虫为代表的固着性纤毛虫类作为优势原生生物时，出水水质良好，清澈透明。

f. 图例如图 6-30 所示。

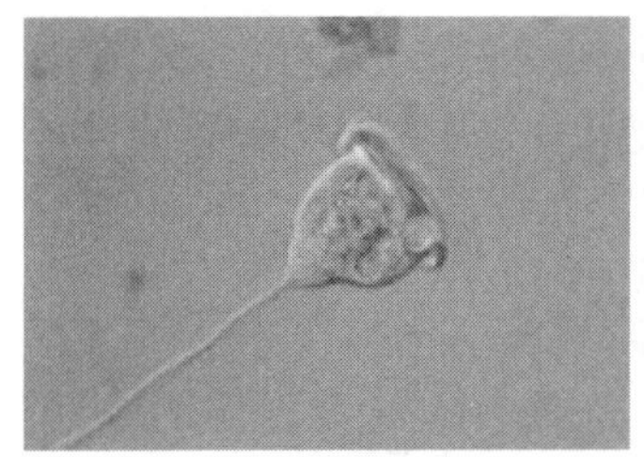
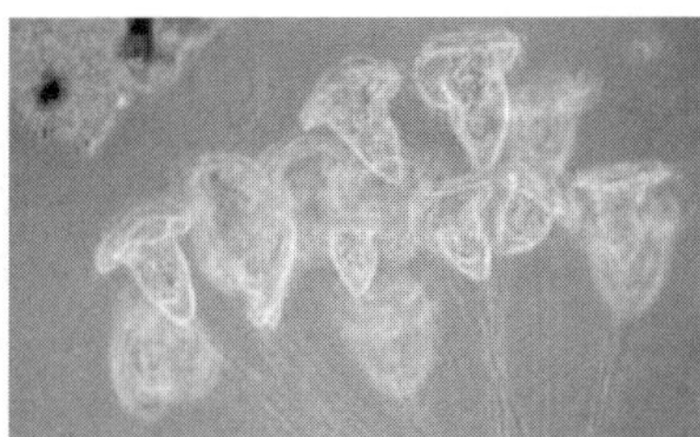
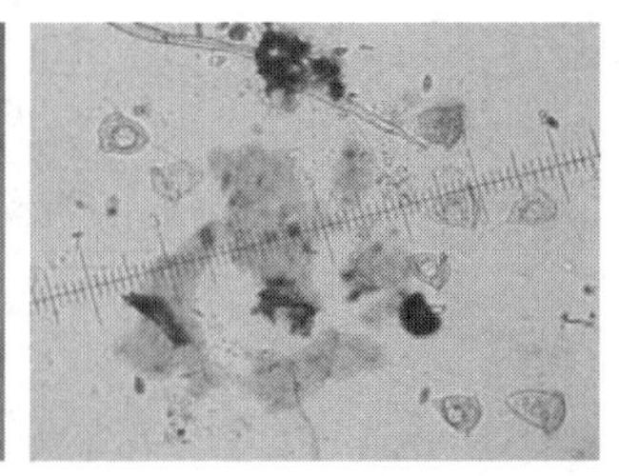

图 6-30　钟虫形态

② 累枝虫

a. 名词解释：累枝虫属原生生物，因其生长形态类似树枝状故名累枝虫。

b. 形态特点：个体呈细长或近似圆筒形，其柄内因为没有肌丝轴鞘存在，根本不能收缩，体宽约在体长的 1/2～1/3，前端口围较大，具有纤毛的口围盘小于口围，能显著地突出在口围边缘之外，内质呈乳白色，含有少量食泡，有一个伸缩泡相当大，位于前端，柄粗细适中，比较光滑。

c. 生活习性：固着生长于菌胶团，依靠钟体上的纤毛来捕食食物，并具有伸缩性。以细菌为食物来源，特别喜好摄食大肠杆菌、假单胞杆菌等。

d. 活动特点：固着生长。

e. 指示作用：水质澄清良好、出水清澈透明时与钟虫、盖虫、轮虫等同时出现。而在生活污水中累枝虫大量出现则是污泥膨胀、解絮的征兆。

f. 图例如图 6-31 所示。

③ 楯纤虫

a. 分类：活性污泥类原生动物。

b. 形体特点：体长为 25～40μm，体宽为 18～29μm，体形小，甲三边呈圆形，前端最狭小，后端最宽阔且平直，少许钝圆，背面凸出，前触毛 4 根，倾斜地排成一行，腹触毛 3 根，位于前半部，臀触毛 5 根，相当长且细，倾斜地排列在后部。

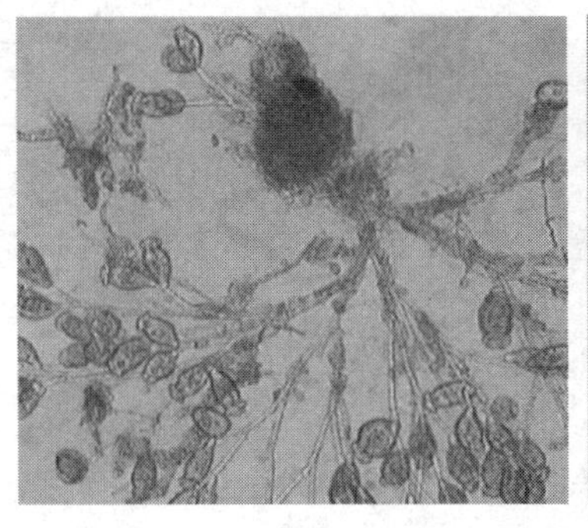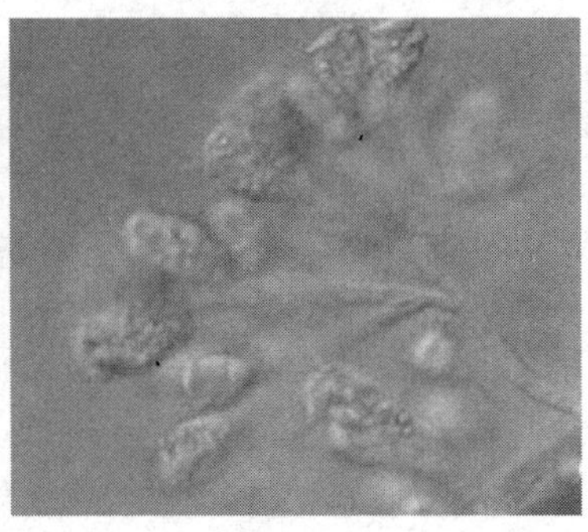

图 6-31 累枝虫形态

c. 生活习性：以细菌为食物，生态范围较广，但对化学物质极为敏感，可作为有毒物质判定生物指标。

d. 活动特点：可生活于海水及淡水中，底栖或浮游，但也有不少生活在土壤中或寄生在其他动物体内。

e. 指示作用：以细菌为食物，生态范围较广，但对化学物质极为敏感，可作为有毒物质判定的指标生物。楯纤虫也可作为水质处理良好的指示生物，大量出现时，处理的水 BOD 大多在 15mg/L 以下。但楯纤虫过多时（2000 个/ mL 以上），其会不断地在活性污泥中翻来翻去，影响污泥的沉降效果。

f. 图例如图 6-32 所示。

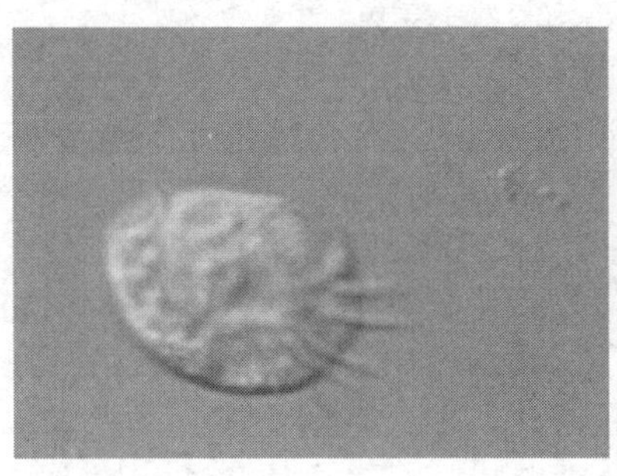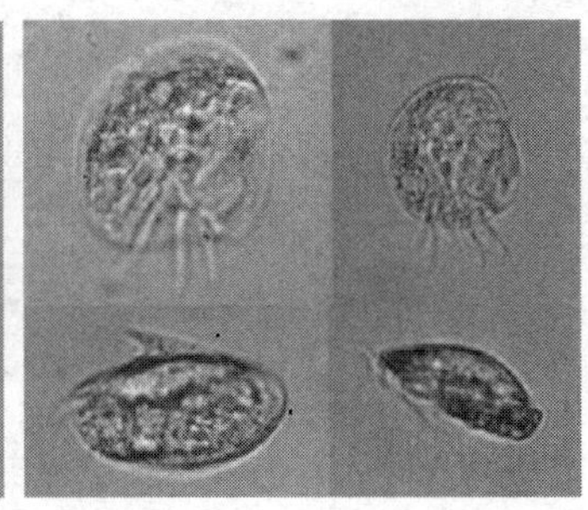

图 6-32 楯纤虫形态

④ 游仆虫

a. 分类：活性污泥类原生动物。本体长为 135～230μm，宽为 75～98μm。

b. 形态特点：身体坚实，不会弯曲或改变形状，系宽阔的椭圆形，背面常有凸出，腹面扁平，后半部比前半部少狭一些，后部浑圆，口缘区大而长，前触毛有 7 根，臀触毛 5 根，尾触毛 4 根，伸缩泡位于后半部右侧，大核呈很长的带形。

c. 生活习性：主要以鞭毛虫和纤毛虫为食料，有时也吞食单细胞藻类。

d. 活动特点：因其具备纤毛和刚毛的动能，具匍匐爬行能力，可在菌胶团爬行。

e. 指示作用：经常在较低 BOD 负荷时出现，此时处理出水 BOD，通常在 10mg/L 左右。

f. 图例如图 6-33 所示。

当显微镜筒中，观察到活性污泥中含有波豆虫属，有尾波豆虫，肾性虫属、豆形虫属、

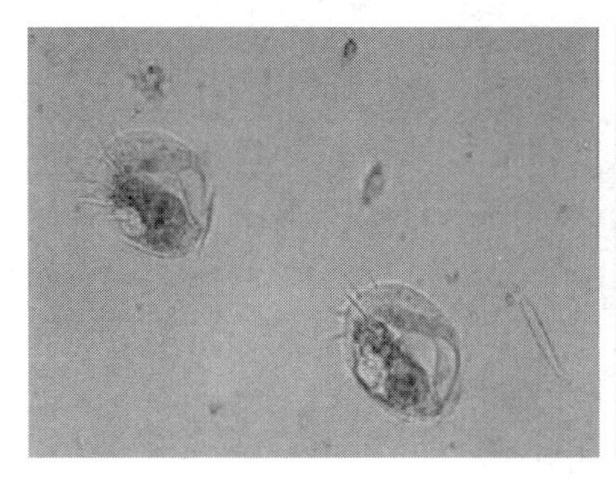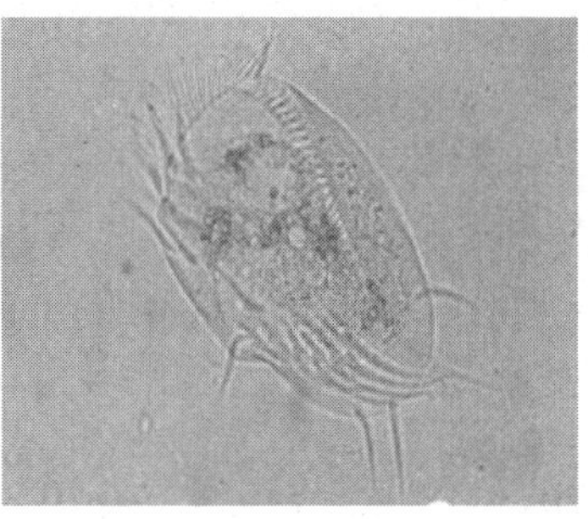

图 6-33　游仆虫形态

草履虫属等快速游泳型生物时，表明活性污泥出现恶化。其原生动物的相关信息如下。

⑤ 波豆虫

a. 分类：动基体目鞭毛原生动物中的一属。存在于污水中，双鞭细胞呈卵圆形或伸长形。

b. 形态特点：本体长为 11～15μm，本体宽为 5～7μm；身体很小，呈卵圆形，前端有一少许弯转的突出“尖角”，后端浑圆。两根鞭毛起源于前端从胞口内伸出。鞭毛是活动器官同时也是食物收集器官，因此其活动性很强。

c. 生态特征：主要以细菌为食料，就生态习性而言它是中污性和多污性的种类。是非活性污泥类原生动物的代表，经常在 BOD 负荷高并且溶解氧低的情况下出现，若其数量上占优势则出水浑浊，BOD 多在 30mg/L 以上。

d. 活动特点：两根鞭毛起源于前端凹沟内，前端的游泳鞭毛等于体长，后端的舵鞭毛则二倍于体长，伸缩泡一个位于前端鞭毛基粒下面，行动为爬行或跳跃。

e. 指示作用：在未发现钟虫的情况下，镜检出现大量的游动纤毛虫，如草履虫、漫游虫、豆形虫、波豆虫，细菌以游离细菌为主，表明水中有机物质较多，处理效果很差。若原来水质较好，突然出现固定纤毛虫减少，浮游纤毛虫增加的现象，预示水质要变差。

f. 图例如图 6-34 所示。

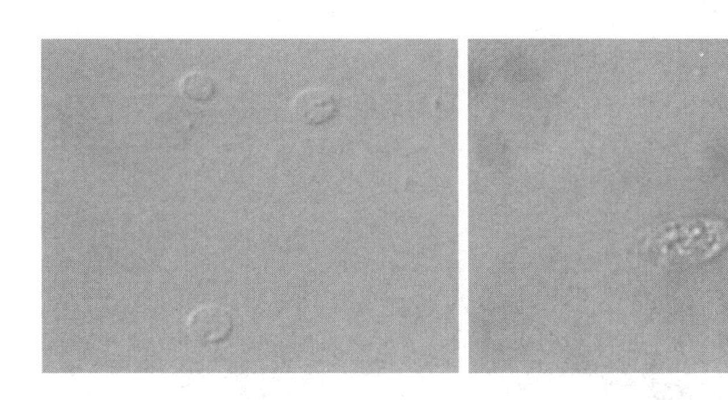

图 6-34　波豆虫形态

⑥ 草履虫

a. 名词解释：因其身体形状从平面角度看上去像一只倒放的草鞋底故而得名草履虫。

b. 形态特点：草履虫全身由一个细胞组成，体内有一对成形的细胞核。其身体表面包着一层表膜，除了维持草履虫的体形外，还负责内外气体交换，体形较大，其个体是侧跳虫的大约 50 倍以上。

c. 生活习性：草履虫的生殖方式是多种多样的，可分无性、接合、内合、自配、质配等。口沟内密长纤毛摆动时，能把水里的细菌和有机碎屑作为食物摆进口沟内，再进入草履虫体内，供其慢慢消化吸收。草履虫自身没有呼吸系统。草履虫通过表膜和外界直接进行气体交换，这就是草履虫所谓的呼吸。

d. 活动特点：膜上密密地长着近万根纤毛，靠纤毛的划动在水中旋转慢速游动，活动于菌胶团周围。

e. 指示作用：在活性污泥培养中期会作为优势原生生物出现。日常运行当中工况良好时也会出现少量草履虫。污泥恶化、活性污泥絮体较小时草履虫和豆形虫属、肾形虫属瞬目虫属波豆虫、尾滴虫属、滴虫属等作为优势原生生物出现。

f. 图例如图 6-35 所示。

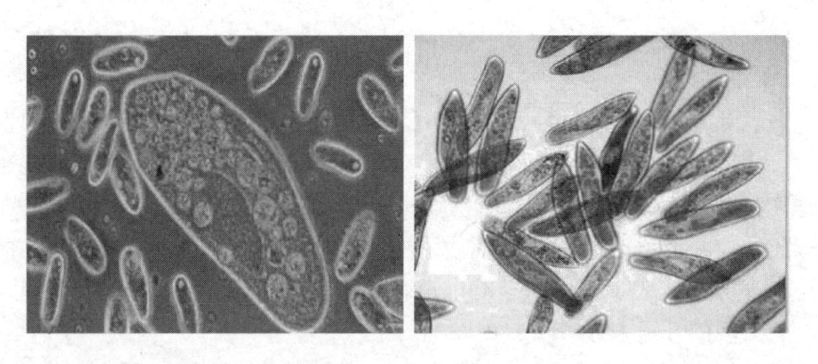

图 6-35　草履虫形态

⑦ 吸管虫

a. 名词解释：成虫有长短不一的吸管分布于全身或局部。属纤毛虫类可捕食浮游纤毛虫类。

b. 形态特点：幼体有纤毛，成虫纤毛消失，取而代之的是长短不一的吸管分布于全身。虫体呈球形、倒锥形或三角形等，幼虫固着在固体物质上后，尾柄生出纤毛脱落。

c. 生活习性：固着生长，用触手代替口摄取食物。

d. 活动特点：幼体期自由游动；成体无纤毛，一般不游动（固着）。

e. 指示作用：运行工况由差逐渐变好的情况下可见，正常运行且稳定的工况下少量出现。污泥培养成熟时吸管虫也会出现。其特征为带有几根细长的吸管。

f. 图例如图 6-36 所示。

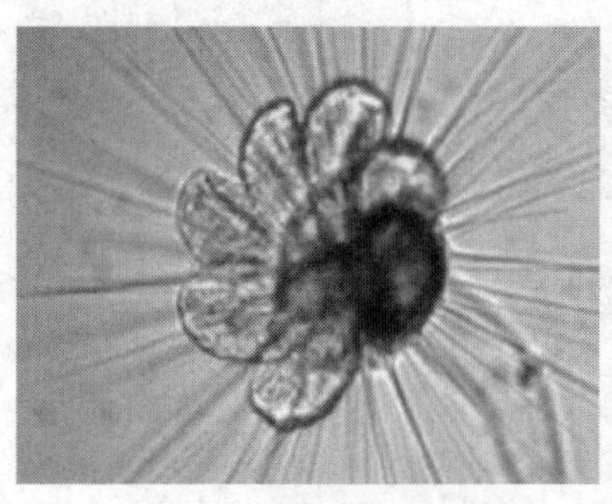
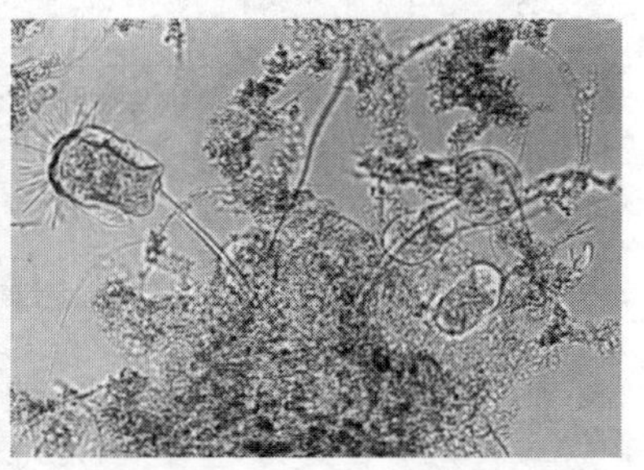

图 6-36　吸管虫形态

当显微镜筒中，观察到活性污泥中含有硫细菌、螺旋体、扭头虫属时表明溶解氧不足，需要向曝气池内增加供氧量，提高溶解氧浓度。其原生动物的相关信息如下。

⑧ 扭头虫

a. 分类：是一种常见于富含硫化物的沉淀物、污泥中的自由生物、厌氧纤毛虫。体前部向左侧扭转，且大多明显向外凸出。

b. 体形特征：本体长为 120～160μm，本体宽为 30～60μm。体形成纺锤状，中间腹部较膨大，口缘从前端背面开始，以对角线方向向腹面扭转；周身纤毛稀疏，排列宽而明显，有一个伸缩泡位于末端。

c. 生态特征：一类厌氧纤毛虫，可耐受一定程度的溶解氧，通常以摄取沉淀物中的细菌为生。

d. 活动特点：以慢速游动为特点，其运动速度快于滴虫。

e. 指示特点：以细菌为食物来源，经常出现在只能检测出微量溶解氧的活性污泥中，对活性污泥系统而言，如果扭头虫数量占优势则处理出水水质大多浑浊，BOD 升高。

f. 图例如图 6-37 所示。

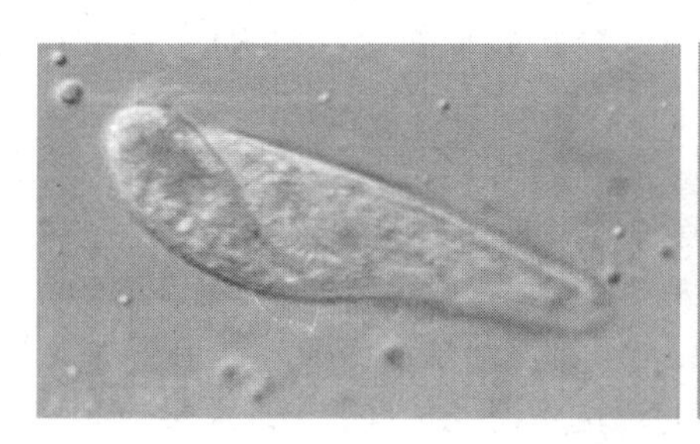
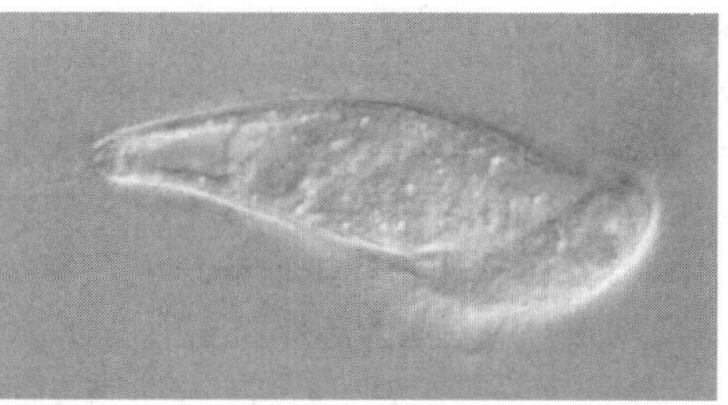

图 6-37 扭头虫形态

⑨ 三刺榴弹虫（又称板壳虫）

a. 名词解释：三刺榴弹虫属原生生物，具有一枚大核，卵圆形，结构较疏松，呈颗粒状。

b. 形态特点：身体呈圆桶状榴弹形，中间少许膨大，体长和体宽的比例约为 2∶1。形态固定不变，个体大致呈棕褐色；由外质形成的板壳有 15～20 行，板壳由横沟分成六段，每段形成一定形式和数量的“窗格”。纤毛均匀地分布在全身，胞口位于最前端，被纤毛围裹不易看到。

c. 活动特点：游动速度快，因没有爬行用刚毛而不适应在菌胶团内移动，常在菌胶团外围活动。

d. 生活习性：板壳虫能捕食藻类，小型鞭毛虫以及小的纤毛虫，也吸食已经死亡的轮虫。

e. 指示作用：经常在 BOD 负荷较低，溶解氧浓度高，所处理的水中 BOD 较低的情况下出现。

f. 图例如图 6-38 所示。

（2）非活性污泥微生物

非活性污泥类微生物往往是在活性污泥系统发生故障，各种控制参数不合理的情况下才会大量繁殖，并成为活性污泥内原后生动物的优势种群，它的出现说明活性污泥系统出现了较大的问题，处理效果变差。常见的非活性污泥类原生动物有以下几种。

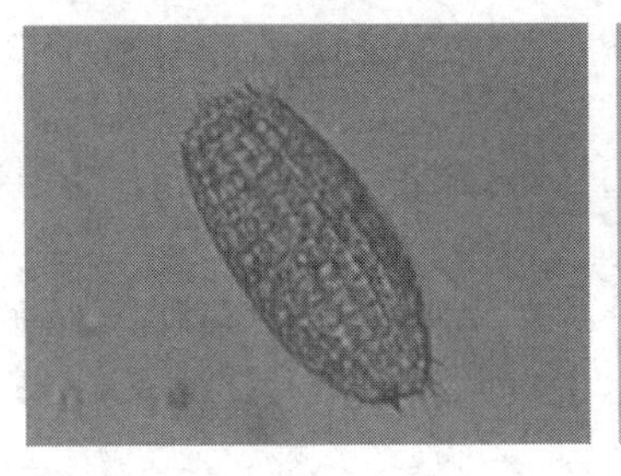 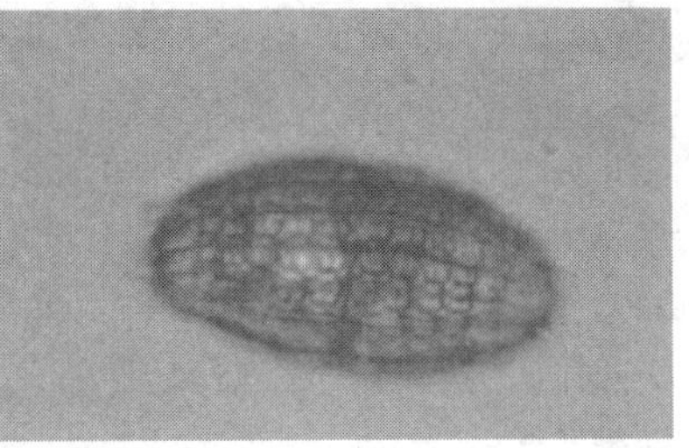

图 6-38　三刺榴弹虫形态

① 轮虫

a. 名词解释：前端有一头冠，并生着 1～2 列或更多的纤毛环，当冠伸出的时候，左右 2 个纤毛环不断地摆动，形似毡轮故名轮虫。

b. 形态特点：体形很小，身体由头、躯干和尾部组成。头的前端有能伸缩的头冠或称为轮盘头冠上有 1～2 列或更多的纤毛，外侧的一圈称为纤毛带，内侧的一圈称为纤毛环，运动时可搅动水流，获得食物。躯干和尾部（又称足）的表面常有很多明显的环纹，使身体伸缩自如。

c. 生活习性：在污水中，它们主要取食悬浮颗粒物和胶状物。通过表皮的渗透作用进行呼吸，在体壁和消化管之间有假体腔，内含液体和各种内部器官。

d. 活动特点：具有轮状排列的纤毛，用以捕食和运动。活动较为频繁、剧烈。

e. 指示作用：培养期的活性污泥中出现轮虫表明污泥基本培养成熟；运行中大量的轮虫出现，可能预示着污泥要发生膨胀。而长期曝气过量的污泥老化也会出现大量的无腔轮虫。

f. 图例如图 6-39 所示。

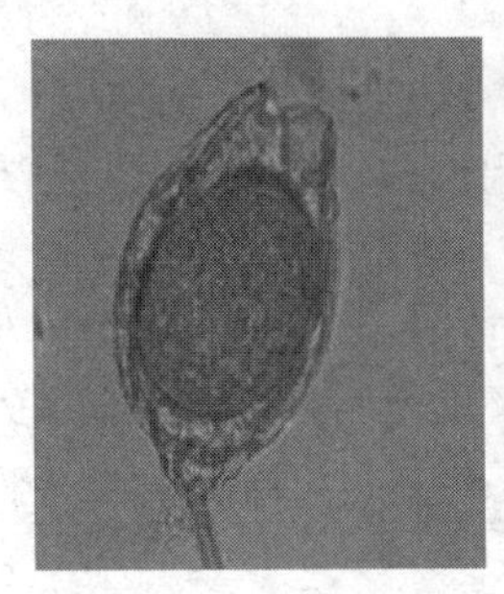 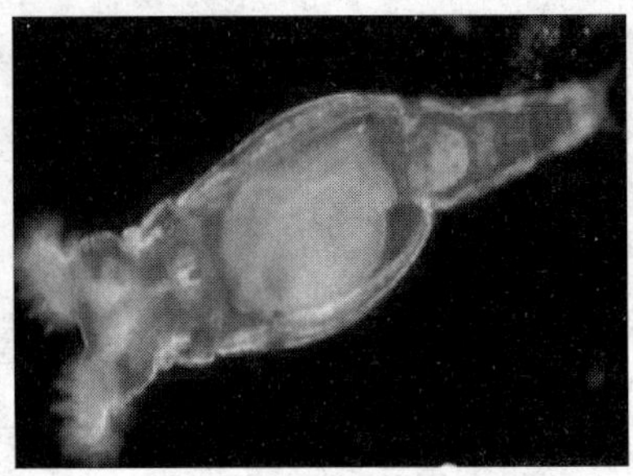 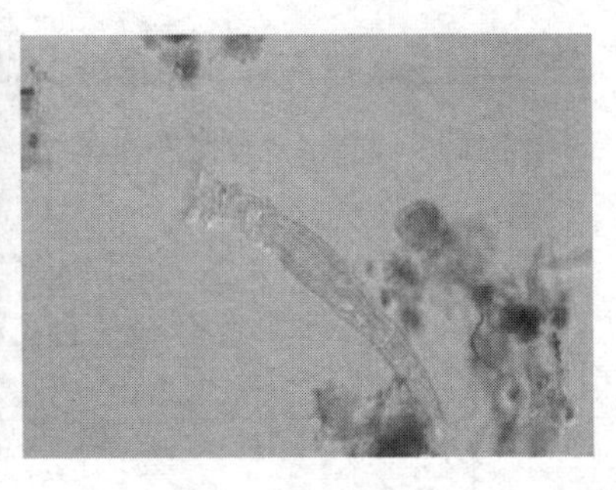

图 6-39　轮虫形态

② 线虫

a. 名词解释：线虫属后生动物，因其形状呈线状而得名。

b. 形态特征：两侧对称，体长，通常两端尖，并有透明隔腔（消化道与体壁间充满液体的体腔）。

c. 生活习性：以细菌为食，又因为全身透明，研究时不需染色。属后生动物。

d. 活动特点：伸缩蠕动，活动剧烈。

e. 指示作用：污泥培养后期可见少量线虫；低溶解氧时可见，大量线虫出现预示工况要变差。水力负荷突然增大时，往往会出现大量线虫（增加曝气量，减小水力负荷，配合剩余污泥排放可以抑制线虫生长）。

f. 图例如图 6-40 所示。

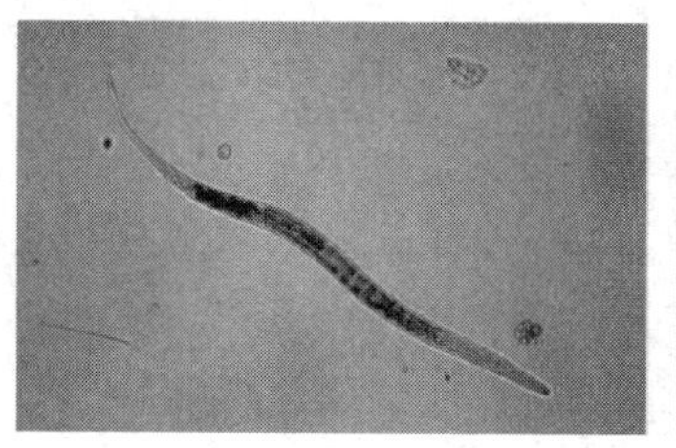
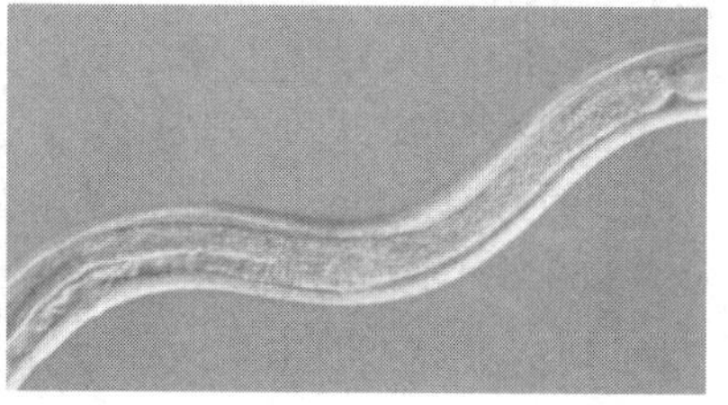

图 6-40　线虫形态

(3) 其他生物——水蚤

a. 分类：水蚤是一种小型甲壳动物，属于节肢动物门、甲壳纲、枝角目，称鱼虫。

b. 形态特点：水蚤个体小于 3mm，有甲壳覆盖全身，头大，有复眼一对。

c. 生活习性：水蚤的形态能随季节而改变，夏天头部伸长，冬天头部较小，春秋居中，数量较少。

d. 活动特点：游动速度快。

e. 指示作用：一般出现在含养分较高的生物处理终沉池中，以细菌、藻类、原生动物及有机腐物为食。水蚤出现表示处理效果较好；出水处出现许多水蚤，且其体内血红素低，说明溶解氧高，水蚤的颜色很红时，则说明出水中几乎没有溶解氧。

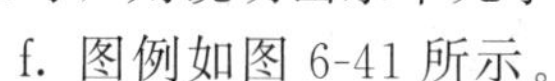

f. 图例如图 6-41 所示。

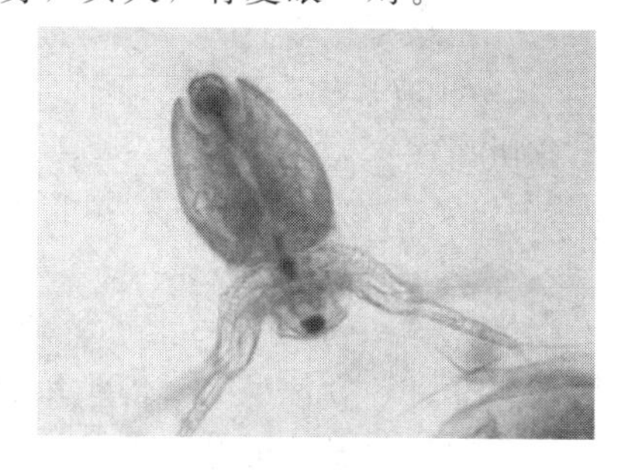

图 6-41　水蚤形态

6.3.6.5　光学显微镜结构

光学显微镜是在 1590 年由荷兰詹森父子首创。它可把物体放大 1600 倍，分辨的最小极限达 0.1μm。光学显微镜的种类很多，除一般的外，主要有暗视野显微镜，一种具有暗视野聚光镜，从而使照明的光束不从中央部分射入，而从四周射向标本的显微镜。荧光显微镜是以紫外线为光源，使被照射的物体发出荧光的显微镜。结构为：目镜，镜筒，转换器，物镜，载物台，通光孔，遮光器，压片夹，反光镜，镜座，粗准焦螺旋，细准焦螺旋，镜臂，镜柱等组成。相关结构见图 6-42。

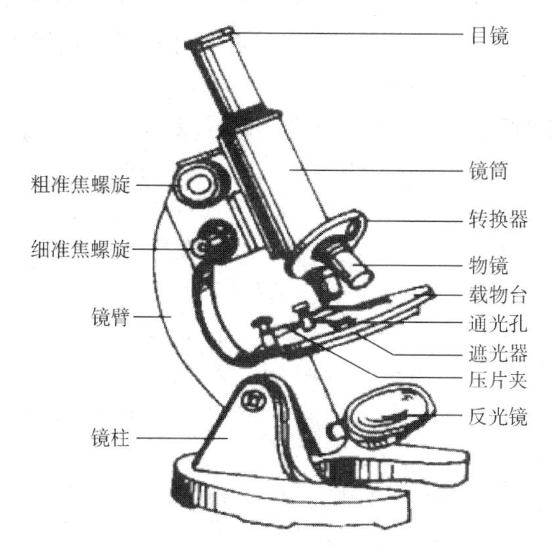

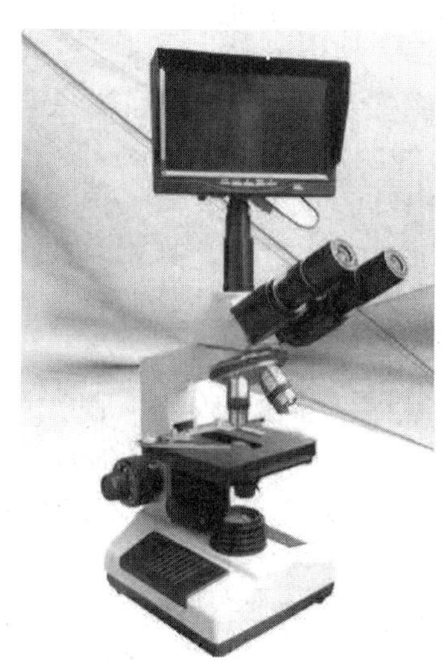

图 6-42　光学显微镜结构图（带投影屏）

(1) 光学显微镜操作

① 调节亮度。由暗调亮，可以用大光圈、凹面镜，也可调节反光镜的角度。

② 将载玻片在载物台上适当位置固定好。

③ 用低倍物镜对准通光孔，使用粗准焦螺旋将镜筒自上而下进行调节，眼睛在侧面观察，避免物镜镜头接触到玻片，而损坏镜头和压破玻片。

④ 左眼通过目镜观察视野的变化，同时调节粗准焦螺旋，使镜筒缓慢上移，直至视野清晰为止。

⑤ 如果在视野中没有被观察对象，可以移动载玻片，原则为欲上反下，欲左反右。

⑥ 如果不够清晰，可以用细准焦螺旋进一步调节。

⑦ 如果需要在高倍物镜下观察，可以转动转换器调换物镜。如果视野较暗，可通过①方法调节；如果不够清晰，可通过⑥方法调节，但是不可以用④方法。

(2) 载玻片操作

① 在载玻片的中央滴一滴清水，用镊子将材料放入其中，加盖盖玻片后用吸水纸将周围的水吸净擦干后放到载物台上观察。

② 如果有气泡，可以用滴管在盖玻片一侧滴加清水，用吸水纸在另一侧吸引排出气泡。

③ 载物台一定要保持水平，避免清水流出污染载物台。

(3) 光学显微镜的日常维护与保养

对于生物显微镜的维护保养，主要做到防尘、防潮、防热、防腐蚀。用后及时清洗擦拭干净，并定期在有关部位加注中性润滑油脂。

日常维护保养：

a. 防尘光学元件表面落入灰尘，不仅影响光线通过，而且经光学系统放大后，会生成很大的污斑，影响观察。灰尘、砂粒落入机械部分，还会增加磨损，引起运动受阻，危害同样很大，应注意保持显微镜的清洁。

b. 防潮光学镜片很容易生霉、生雾，机械零件受潮后，容易生锈，显微镜箱内应放1～2 袋硅胶干燥剂。

c. 防热光学镜片应避免热胀冷缩引起镜片的开胶与脱落，因此，生物显微镜要放置在干燥阴凉、无尘、无腐蚀的地方，使用后，要立即擦拭干净，用防尘透气罩盖好或放在箱子内。当显微镜闲置时，用塑料罩盖好，并储放在干燥的地方防尘防霉。将物镜和目镜保存在干燥器之类的容器中，并放些干燥剂。

d. 防腐蚀显微镜不能和具有腐蚀性的化学试剂放在一起，如硫酸、盐酸、强碱等。

e. 光学系统的维护保养。透镜清洁：使用后用干净柔软的绸布轻轻擦拭目镜和物镜镜片。聚光镜和反光镜只要擦干净即可。有较顽固的污迹时，可用长纤维脱脂棉或干净的细棉布蘸少许无水乙醇或镜头清洗液（3 份酒精∶1 份乙醚）擦拭，然后用干净细软的绸布擦干或用吹风球吹干。

f. 机械系统的维护保养。滑动部位：定期涂些中性润滑脂油漆；顽固污迹可以使用软性的清洁剂来清洗，如使用海绵布、硅布等。塑料部分：用软布蘸水清洗即可。

【注意】不要使用有机溶剂（如酒精、乙醚、稀释剂等），因为会腐蚀机械和油漆，造成损坏。

【注意】清洗液千万不能渗入到物镜镜片内部，否则会损坏物镜镜片。纯酒精和乙醚非常容易燃烧，在将电源开关打开或关闭时要特别当心不要引燃这些液体。

g. 物镜和目镜生霉、生雾的处理办法。准备 30%无水乙醇+70%乙醚，将不同镜头单独分开放置在干燥器皿中，最好用棉棒、纱布、柔软的刷子等比较柔软的东西来擦拭，油镜当时就要清洗。

目镜可以自己拆下来清洗，16X 目镜注意别装反了，前片凹面在上。

物镜不要随便拆下。特别是 100X 油镜，处理不当的话，前片容易浸油或开胶。

【注意】擦洗镜头时，不能过度用力，以防止损伤镀膜层。最好 2 个月能集中保养一次。显微镜多时，各个镜头要标号以免弄错了搭配。

h. 定期检查。为了保持性能的稳定，建议做定期的检查和保养。

6.3.7 在线分析检测基础

在线分析是指采用自动采样系统，将试样自动输入分析仪器中进行连续或间歇连续分析的分析技术。在线分析、内线分析和外感分析这 3 种分析方式统称为在线分析。与经典的化学分析或实验室一般的仪器分析相比，在线分析具有分析速度快、效率高（每小时可分析几十甚至上百个样品）、操作简单、自动化程度高、节省人力以及试剂用量等特点，可实现连续监测和数据处理计算机化，消除了人为产生的误差。

在线分析基本可分为以下 4 种：

① 间歇式在线分析。在工艺主流程中引出一个支线，通过自动取样系统，定时将部分样品送入测量系统，直接进行检测。所用仪器有过程气相色谱仪、过程液相色谱仪、流动注射分析仪等。

② 连续式在线分析。让样品经过取样专用支线连续通过测量系统，进行连续检测。所用仪器大部分是光学式分析仪器，如傅里叶变换红外光谱仪、光电二极管阵列紫外-可见分光光度计等。

③ 直接在线分析。将化学传感器直接安装在主流程中进行实时检测。所用仪器有光导纤维化学传感器、传感器阵列、超微型光度计等。

④ 非接触在线分析。探测器不与样品接触，而是靠敏感元件把被测介质的物理性质与化学性质转换为电信号进行检测。非接触在线分析是一种理想的分析形式，特别适用于远距离连续监测。用于非接触在线分析的仪器有红外发射光谱分析、X 射线光谱分析、超声波分析等。

分析仪器组成：对于大型在线分析仪器来说，一般包括 6 个部分。组成框图如图 6-43 所示。

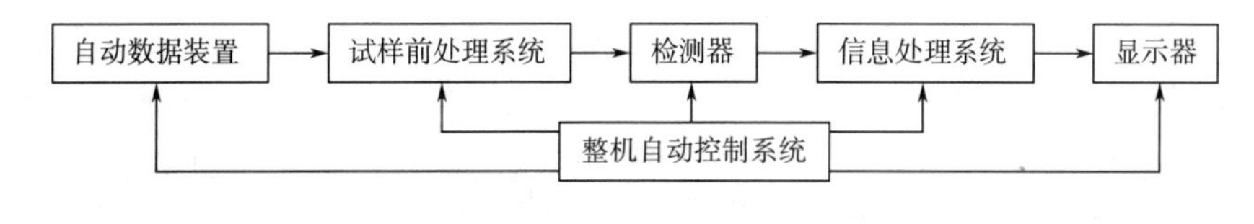

图 6-43 组成框图

①自动取样装置。取样装置自动快速地把被分析试样取到仪表主机处。

② 试样预处理系统。其任务是对气体和液体试样进行过滤、稳压、冷却、干燥、定容、稀释、分离等操作，对固体试样进行切割、研磨、粉碎、缩分、加工成形等操作。

③ 检测器。分析仪器的检测器是根据某种物理或化学等原理把被测的成分信息转换成电信息。

④ 信息处理系统。其任务是对检测器给出的微弱电信息进行放大、对数转换、模数转换、数学运算、线性补偿等信息处理工作。

⑤ 显示器。用模拟表头、各种数字显示器或屏幕显示器显示出被测成分量的数值。

⑥ 整机自动控制系统。自动控制各个部分自动而协调地工作，每次测量时自动调零、校准；有故障时显示报警或自动处理故障。

分析仪器分类，在线分析仪器一般可按测量原理分为 8 类。

① 电化学式。采用电位、电导、电流分析法的各种电化学分析仪器。如电导式分析仪、电解式分析仪、酸度计、离子浓度计、氧化锆氧分析器、电化学式有毒性气体检测器等。

② 热学式。利用气体的热学性质进行气体成分分析的热导式气体分析仪、热磁式氧分析仪。

③ 磁学式。主要用于氧含量分析。它利用氧的高顺磁特性制成，如磁力机械式、磁压力式氧分析器等。

④ 光学、电子光学及离子光学式。采用吸收光谱法原理的红外线气体分析器、近红外光谱仪、紫外-可见分光光度计等。

⑤ 射线式或辐射式。如 X 射线分析仪、γ 射线分析仪、同位素分析仪、微波分析仪等。

⑥ 色谱仪与质谱仪。利用物质性质进行组分分离并检测的定性、定量分析方法，如气相色谱仪、液相色谱仪、四极杆质谱计、飞行时间质谱仪等。

⑦ 物性测量仪表。定量检测物质物理性质的一类仪器。按其检测对象来分类和命名，如水分计、黏度计、密度计、湿度计、尘量计、浊度计以及石油产品物性分析仪器等。

⑧ 其他，如半导体气敏传感器等。

在线分析仪器与实验室分析仪器相比较，它应具有 3 个特点。

① 从生产工艺流程取样，样品状态复杂所以必须作预处理，才能送入分析仪器进行分析，因此，在线分析仪器必须具有自动取样和试样预处理系统；

② 分析处理数据自动进行，并显示或输出给调节器或计算机，从取样操作到数据处理全部自动进行，在线分析仪器必须是完全自动化；

③ 在线分析仪器的精度可以低些，但是长时间运行，其稳定性必须要好。

主要优势：离线分析在时间上有滞后性，得到的是历史性分析数据，而在线分析得到的是实时的分析数据，能真实地反映生产过程的变化，通过反馈线路，可立即用于生产过程的控制和最优化。离线分析通常只是用于产品（包括中间产品）质量的检验，而在线分析可以进行全程质量控制，保证整个生产过程最优化。在线分析是今后生产过程控制分析的发展方向。

在线分析的应用。20 世纪 80 年代，自动分析仪的主要发展方向是带微处理机的分析系统。例如，微处理机-色谱系统可以完成数字积分器的功能，包括峰的检测、面积积分、保留时间的计算、基线漂移的校正、组分含量的计算等。并对产品质量进行闭环控制，把测定结果作为自动控制的信号，直接发出指令进行操作，使生产控制在最佳数值上。

微处理机还可与其他在线质量分析仪联用。利用微处理机的控制运算，存储机能进行自动调零，根据标准样品调整范围以达到测量的线性化，从而使分析仪器达到更高的准确度和灵敏度。带微处理机的分析仪的特点是能长期连续自动进行，可靠性高，方法简易，可自动进行校准和标准化，带自动状态检测和故障分析程序，能自动校正环境温度、压力变动所引起的分析误差等；并可以实行闭环控制，可使生产操作有显著的改进，不但提高了产品质量，还节省了大量人力。

水样预处理的设计主要是为了既要消除干扰仪表分析和影响仪表使用的因素，又不能失去水样的代表性。预处理的手段通常有自然沉降、物理过滤及渗透等。通常是根据水样的纯度来决定预处理的级别。有些分析仪器在设计时已经考虑了进样的预处理，需在系统集成时考虑与之配合使用。

6.3.7.1 水质在线监测系统数据采集控制

数据采集控制系统主要由PLC、现场工控机、中心站计算机以及变送器、执行机构等组成，其功能主要有：

① 控制整个在线监测系统的自动运行，这部分主要由PLC写入程序后完成；

② 采集、存储并传输仪表分析的数据，这部分主要由现场工控机与数据采集传输模块协作完成。

水质在线监测系统集成辅助系统。辅助系统的设计主要是为了保障在线监测系统连续稳定运行，它需要根据现场情况的变化而做相应的调整。总体来说有以下4个方面需要注意。

① 管路的清洗。由于管路中残留的污垢以及因此而孳生的藻类会对水样造成污染，所以需要对管路进行定时定量的清洗，清洗的方式和内容多种多样，目的都是为了保证水样的真实性和代表性。

② 电力的保障。电力的稳定直接关系到仪表分析的准确性和连续性，因此首先尽可能选择稳定的交流电网以供接入；其次，在交流电进入自动监测系统前，需要对电流再次整流，以便应对突发性电流不稳情况的发生；最后，如果有必要的话，可以配备后备电源以供停电时在线监测系统的正常运行。

③ 预防雷击。防雷主要分为站房防雷、电源防雷和通讯防雷。当遭遇雷击时，电流首先击穿防雷器以达到保护仪表及系统设备的目的。这一点在雷雨多发的地区尤其重要，当发生雷雨后，工作人员要尽快检查防雷器状态，如损毁要及时更换。

④ 调节温湿度。适合的温度和湿度对于仪表的稳定运行也很重要，这部分功能主要由空调和除湿设备来实现。

6.3.7.2 在线监测系统的应用

(1) 在线pH监测应用

① 监测原理。在线pH分析仪主要采用离子选择电极测量法来实现精确检测的。仪器上的电极：pH和参比电极。pH电极有一离子选择膜，会与被测样本中相应的离子产生反应，膜是一离子交换器，与离子电荷发生反应而改变了膜电势，通过测量膜电势可间接折算出检测值。

膜两边被检测的两个电势差值会产生电流，参考电极液构成“回路”一边，膜内部电极液为另一边。内部电极液和样本间的离子浓度差会在工作电极的膜两边产生电化学电压，电压通过高传导性的内部电极引到放大器，参考电极同样引到放大器的地方。通过检测一个精确的、已知离子浓度的标准溶液获得定标曲线，从而检测样本中的离子浓度。

溶液中被测离子接触电极时，在离子选择电极基质的含水层内发生离子迁移。迁移的离子的电荷改变存在着电势，因而使膜之间的电位发生变化，在测量电极与参比电极间产生了一个电位差。离子选择式电极，电极内含有已知离子浓度的电极液，通过离子选择电极膜与样本中相应离子相互渗透，从而在膜的两边产生膜电位，样本中离子浓度不同，产生的电位信号的大小也不同，通过测量电位信号大小就可以测知样本中离子的浓度。

电极内液与样本之间的离子浓度差使电极膜产生电化学电位，这个电位可由电极取出，输往放大器的输入端，放大器的另一个输入端与参比电极连接并接地，电极电压可进一步放大。形成电压差，决定着被测样本的离子浓度。

电极溶液中被测离子接触电极时，在离子选择电极膜基质的含水层内发生离子迁移。迁移离子的电荷改变存在着电势，因而使膜之间的电位发生变化；在测量电极与参比电极间产生了一个电位差。理想的离子选择性电极对溶液中所要测定的离子产生的电位差，应符合能斯特（Nernst）方程：

$$E=E^{\ominus}-\frac{RT}{ZF}\ln[a(\mathrm{X})]$$

式中，E 为测得的电位；$E^{\ominus}$ 为标准电极电位（常数）；R 为气体常数；T 为热力学温度；Z 为离子价；F 为法拉第常数；a（X）为离子的活度。

可见，测得的电极电位和“X”离子的活度的对数成比例，当活度系数保持恒定时，电极电位与离子浓度（c）的对数也成比例，以此来求出溶液中离子的活度或浓度。

② 操作方法

a. 仪器开机进入系统自检，检测各主要部件的功能是否正常，如：仪器主板、打印机、液路检测（由液检器完成）、分配阀及阀检器等，可智能识别判断故障，自动提示和操作步骤。

进入活化电极程序，具有电极活化计时功能，精确把握活化时间，以提高电极的使用寿命，确保电极稳定性。时间为30min的倒计时，可按NO键直接退出活化电极程序。

进入主菜单，首先进行电极定标，通过定标确保仪器稳定性。

选择水样分析，经5次以上的质控测试后，可自动生成、打印质控报告，计算出所做质控次数的平均值、标准偏差、变异系数。

智能液体检测程序，确保进样及测量准确，测量过程自动提示，可24h待机，在待机状态能自动保养，简短的液路，独有的正反冲洗自动定标及冲洗管道系统，杜绝交叉污染。

有自动打印、手动打印两种方式可选，节约打印纸。报告单：综合信息报告，可设置参考范围值及打印。

b. 性能特点。自动进样，自动进行定性和定量分析，多参数（氟/硝酸盐氮/pH）分析。

实时在线监测和实验室检测任意选择。

USB接口方便仪器测量软件升级和数据传输，或与计算机通讯。

仪器采用离子选择性电极法测量，方便和快捷。

仪器采用自动两点定标，斜率、截距双参数校正，保证测试结果的准确。

能自动进行质控数据处理，能储存一年数据，方便查询。

仪器采用ARM快速高性能处理器，光电定位液体分配阀，具有集成度高、简化流路及便于维护保养的优点。

智能化免维护设计：定标、进样、测量、冲洗，显示并打印报告，仪器故障诊断与排除，全程自动化，无需人工清洗与维护。

c. 维护保养。在线pH分析仪必须进行定期保养。用户应安排专人负责，严格执行定期保养，使仪器始终处于良好的工作状态，减少故障的发生。

d. 注意事项。仪器安装时要求可以选择准确的测试试剂；仪器吸入样品的过程中不能吸入气泡，否则将引起结果的不可靠；仪器后箱内的220V电压对人身安全有危险性，在没有拔除电源插头以前，千万不要打开仪器后盖；仪器如在在线模式工作时，雷雨天气请不要操作，以免发生意外。

在线工艺流程如图6-44所示。

(2) 在线 COD_{Cr} 监测应用

① 工作原理。重铬酸钾高温消解，比色测定（依据标准 GB 11914—89）；测量方法采用标准水质-化学需氧量测定法（重铬酸钾法），水样、重铬酸钾、硫酸银（催化剂使直链脂肪族化合物氧化更充分）和浓硫酸的混合液在消解池中被加热到 175℃，在此期间铬离子作为氧化剂从Ⅵ价被还原成Ⅲ价而改变了颜色，颜色的改变度与样品中有机化合物的含量成对应关系，仪器通过比色换算直接将样品的 COD 显示出来。

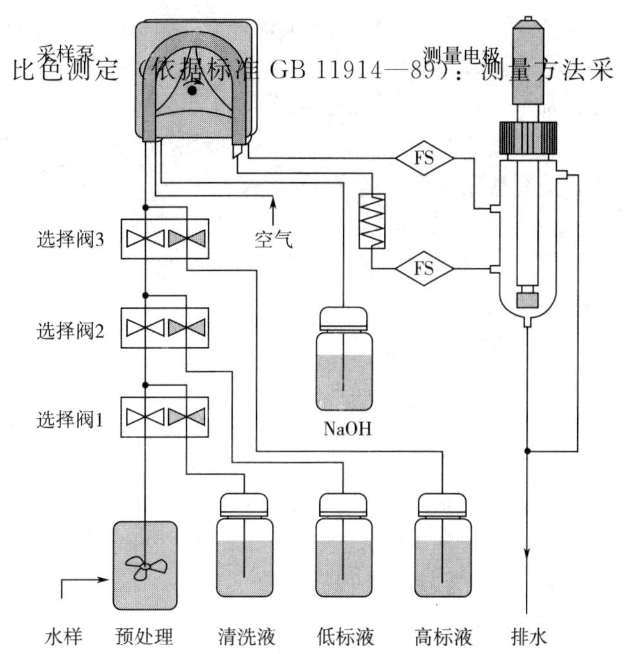

图 6-44　在线监测工艺流程图

② 确保测量的高准确度。采用了美国 MasterFlex 的蠕动泵技术，转速恒定；具有双重过滤，可以适应具有高悬浮物、杂质、漂浮物的水，确保数据的准确稳定。

③ 确保产品的稳定性。采用蠕动泵技术，使采样计量准确；采样系统采用九通阀技术，彻底摆脱管路的压迫老化；采用欧洲电力系统专用的电源系统、防电磁干扰、电网不稳定。

④ 大大降低了售后成本。原装进口的全世界超耐研磨型蠕动泵管；所有管路采用耐高温、防腐蚀进口 3 氟、4 氟材料，内径为 1.5mm，不堵漏；存储量为 2 万条记录，存满后自动将早前的数据覆盖，掉电时数据不丢失；掉电时能自动停止工作并待机，上电后自动复位；定时清洗管路（可设定时间）、每次做完样清洗管路（可设定开关）。

⑤ 技术参数：

测量方法：重铬酸钾高温消解，比色测定（标准 HJ 828—2017）。

测试量程：（0～200）mg/L、（0.2～2.0）g/L、（2.0～10.0）g/L 三档量程可选，自动稀释后可达 40.0g/L。

检测下限：8mg/L。

分辨率：<1.0mg/L。

准确度：标准溶液 <5%；水样<10%。

重现度：<3%。

测量周期：15min，可设定。

无故障运行时间：≥720h/次。

量程漂移：±3%F.S.。

做样间隔：连续、1h、2h、……、24h、触发。

校正间隔：手动进行或按选定间隔和时间自动进行（1～7d）。

清洗间隔：手动进行或按选定间隔和时间自动进行（1～7d）。

保养间隔：>1 个月，每次约 1h。

试剂消耗：每套试剂约 358 个样。

人机界面：7 寸、7 万色、800×480 分辨率、TFT 真彩色触摸屏，中英繁三种界面语言。

打印：微型打印机打印功能（选配）。

存储：2万条数据，掉电时不丢失，存满后自动覆盖早前的数据（可增配4万条数据）。

通信接口：1路RS232数字接口或RS485，支持MODBUS协议或自定义协议，1路模拟量为4～20mA（20mA对应量程可调）。

预处理系统：自清洗、反吹、精密过滤功能，保证样品具有良好代表性的同时，也避免了大型悬浮颗粒堵塞管路（选配）。

⑥ 应用。广泛应用于废水处理、纯净水、循环水、锅炉水等系统以及电子、电镀、印染、化学、食品、制药等工程领域，在地表水及污染源排放等环境监测的远程监控系统应用中功能强大。

(3) 在线氨氮监测

氨氮是一种营养盐污染物，在水体中含量较高时，会导致水质恶化，生态系统失衡，引发富营养化，在有氧环境中还可能转变为致癌的亚硝酸盐。

将待测水样的pH值调节到12以上，使水样中的铵离子（NH_4^+）和溶解性氨转化成氨气（NH_3）释放出来，使用氨气敏电极测量释放出来的氨气，并转换成氨氮浓度。测量过程中加入络合剂EDTA调节水样，以防止钙盐沉淀。

测量原理：氨气敏电极法。

测量范围：(0～1000) mg/L。

分辨率：0.01mg/L。

测量精度：±3%。

测量时间：＜5min。

通讯接口：RS485，标准Modbus协议。

外形尺寸：(340×214×510) mm。

工作环境：(5～45)℃，＜85%RH。

工作电压：220V AC。

功耗：80W。

(4) 在线总磷监测

总磷分析仪专为偏远地区无人值守的运行环境而设计，有专用电池作为主供电系统的后备电源；包括串行电缆、移动电话和公用电话网在内的多种通讯方式，给客户提供了更多的选择。完善的配套软件可以在个人电脑上运行，完成对总磷分析仪的控制、数据处理、下载以及通讯管理。利用该软件还可以实现对分析任务的报警触发、化学试剂以及其他的各种配置的管理。

在线总磷测定主要特点：

① 专为野外无人值守的环境而设定，具有内置数据采集系统和后备电源，可长期独立进行数据分析和采集，数据精确度可与实验室相当；

② 系统为全部监测参数提供参比值，使用户远程判断监测值的真实性和系统的运行状态，为用户判断水质污染程度提供可靠依据；

③ 采用12V直流供电，确保野外无人值守条件下的电源供应的稳定，连续；

④ 钼蓝比色法和高温消解模块，在线连续监测总磷含量，克服其他方法所存在的离散采样、高成本以及时间延迟等缺点；

⑤ 自动两点校正或每h校正一次，每次取样监测后，自动反清洗，确保数据精确；

⑥ 多种通讯方式选择，包括串行通讯、电话网络以及无线传输等，实现远程管理，数据下载和故障诊断等；

⑦ 扩展灵活，可与其他分析仪和传感器相连，安装和维护工作量小。

6.4 机械基础

6.4.1 泵

在工业生产中，若是需要将液体由低处送至高处、由低压设备送入高压设备，或者克服管道阻力进行远距离输送时，须提高液体的能量（表现为提高液体的压力）。泵是用来输送液体并且将外来能量（原动机的机械能）转换为液体能量的机器。

6.4.1.1 泵的分类

泵的分类方法很多。按工作原理分为以下 3 种。

(1) 速度泵

速度泵也称透平泵。是依靠泵内高速旋转叶轮将能量传递给被输送的液体介质，并提高介质压力。按叶轮结构形式及传动方式不同，速度泵主要分为离心泵［图 6-45（a）］、轴流泵［图 6-45（b）］、混流泵［图 6-45（c）］、旋涡泵、屏蔽泵、磁力泵等。由于离心泵具有结构简单、体积小、质量小，操作平稳、流量稳定，性能参数范围广、易于制造、便于维修等优点，在各行业中均得到广泛运用。

(2) 容积泵

容积泵是依靠泵工作容积的周期性变化来输送液体的。容积泵又分为往复泵和回转泵两种类型，进一步分类如图 6-46 所示。

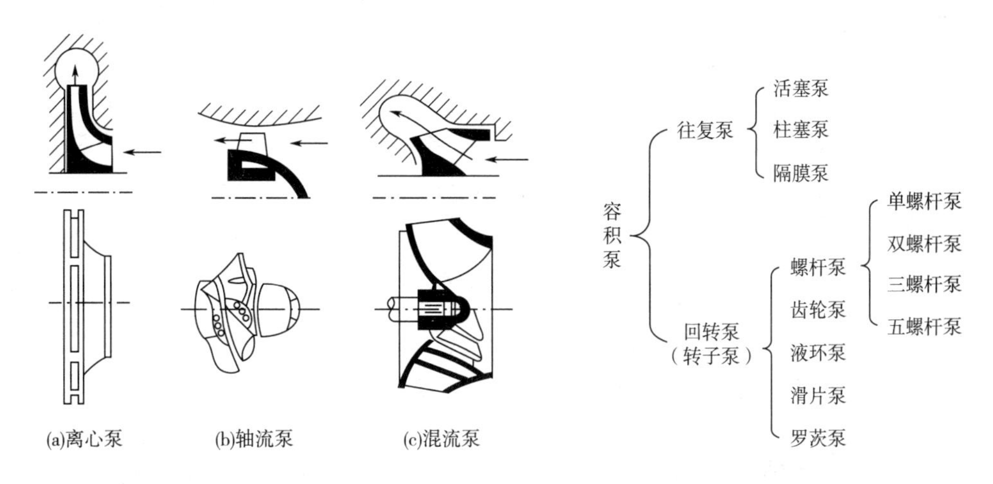

图 6-45 各种类型的速度泵

图 6-46 容积泵的分类

在图 6-46 所示的容积泵中，除液环泵是一种气液混合介质输送机器外，其余所有的容积泵都具有以下共同的特点。

① 平均流量恒定，容积泵的流量只取决于工作容积的变化值及其频率，理论上与排出压力无关（不考虑泄漏），且与介质的温度、黏度等物理、化学性质无关，当泵的转速一定时，泵的流量是恒定的。

② 泵的压力取决于管路特性，理论上容积泵的排出压力将不受任何限制，即可根据泵装置的管路特性，建立任何排出压力。但由于受到原动机额定功率和泵本身结构强度的限制，为保证工艺及安全生产，泵的排出压力不允许高出泵铭牌上的排出压力。

③ 对输送的液体有较强的适应性，原则上容积泵可以输送任何介质，不受介质物理性

质和化学性质的限制。当然，在实际应用中，有时也会遇到不能适应的情况，主要是由于与液体接触的材料和制造工艺及密封技术暂时不能解决，其他类型的泵就不能做到这点。

④ 容积泵具有良好的自吸能力，启动前不需要灌泵。

(3) 其他类型泵

这种类型的泵是利用流体静压力或流体动能来输送液体的流体动力泵，主要包括喷射泵、水锤泵等。

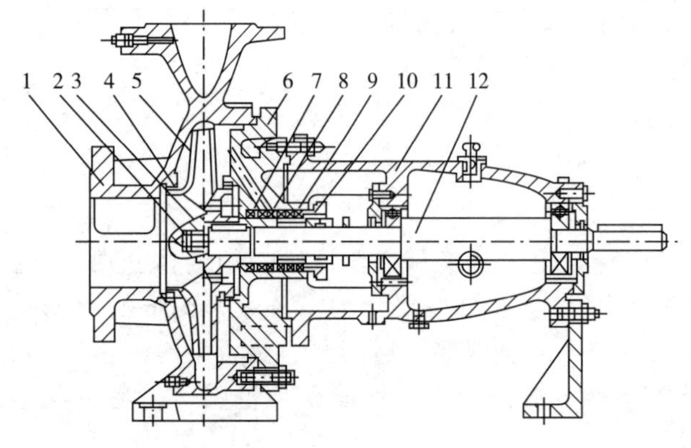

图 6-47 IS 型单级单吸悬臂式离心泵

1—泵壳（泵体）；2—叶轮螺母（背帽）；3—垫片；4—密封环（口环）；5—叶轮；6—泵盖；7—轴套；8—液封环；9—填料；10—填料压盖；11—轴承托架；12—轴

6.4.1.2 典型离心泵结构

(1) IS 型离心泵

IS 型离心泵是单级单吸悬臂式离心泵，是按国际标准规定的性能和尺寸设计的。用于输送清水、性质与水相似的液体，如图 6-47 所示。IS 型离心泵为后开门结构，主要由泵壳（泵体）、泵盖、叶轮、轴、密封环（口环）、密封组件、轴承及轴承悬架等部件组成。后开门结构是指泵壳位置在电机远端，泵盖位置在电机近端。检修这种类型的泵，只要拆除联轴器、部分地脚螺栓、泵盖和泵壳之间的连接螺栓，即可取出泵中的转动部件，检修方便。

(2) 分段式多级离心泵

分段式多级离心泵的泵壳是垂直剖分多段式，由一个首段、一个尾段和若干个中段组成，用四个长杆螺栓连接为一个整体，如图 6-48 (a)、(b) 所示。叶轮的个数代表离心泵的级数，

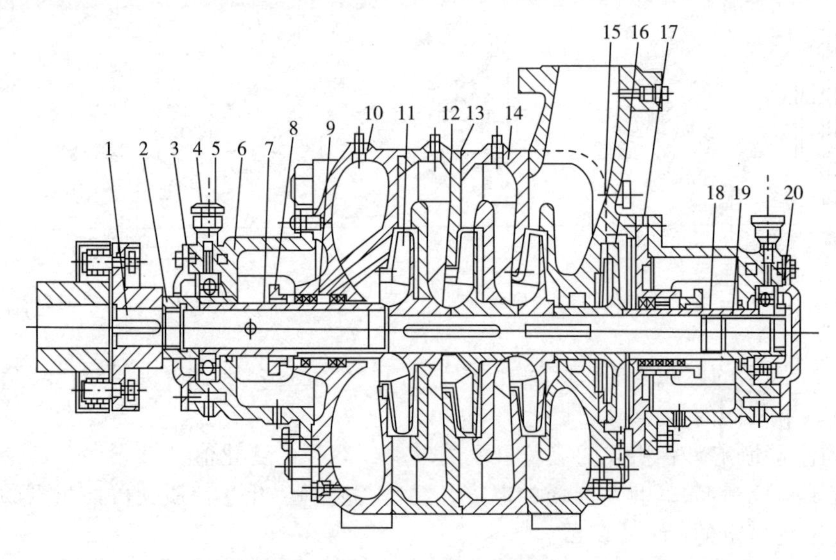

图 6-48 (a) 一般分段式多级离心泵

1—泵轴；2—轴套螺母；3—轴承盖；4—轴承衬套甲；5—轴承；6—轴承体；7—轴套甲；8—填料压盖；9—填料；10—进水段；11—叶轮；12—轴；13—中段；14—出水段；15—平衡环；16—平衡盘；17—尾盖；18—轴套乙；19—轴承衬套乙；20—圆螺母

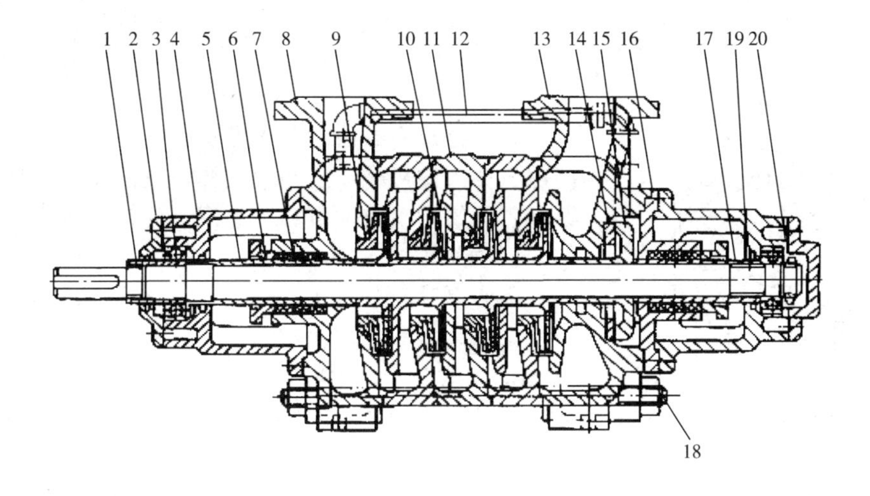

图 6-48（b） 一般分段式多级离心泵

1—轴套螺母；2—轴承盖；3—轴承；4—轴承体；5—轴套甲；6—填料压盖；7—填料环；8—进水段；9—密封环；10—叶轮；11—中段；12—回水管；13—出水段；14—平衡环；15—平衡盘；16—尾盖；17—轴套乙；18—拉紧螺栓；19—轴；20—圆螺母

每个叶轮后均配置一个固定不动的导轮。叶轮是单吸式，吸入口朝向一个方向。为了平衡轴向力，在末级叶轮后装有一套平衡组件，常用平衡盘组件，并用平衡管和首段进口连通。轴的两端用轴承支撑，轴承置于轴承座内，轴承座被加工在轴承体上。两套轴封装置分别安装在首级叶轮外侧和平衡组件外侧的轴段位置，如果采用机械密封组件，则机械密封部分组成部件固定在首段、尾盖上。

6.4.1.3 离心泵的工作原理

叶轮带动液体一起高速旋转，液体在离心力作用下被甩向蜗壳及泵出口，由于蜗壳容积不断增大，使液体旋转时获得的部分动能转变为液体的压能，液体的压力升高，压力升高的液体被排出泵壳。同时，叶轮中心处形成低压，使泵能够不间断地吸入液体，形成液体的连续流动。如图 6-49 所示。

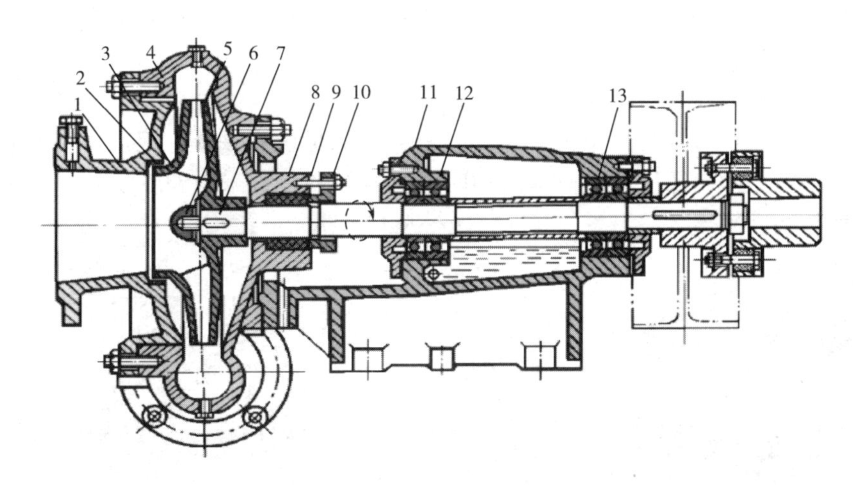

图 6-49 单级单吸前开门离心泵结构图

1—泵盖；2—口环；3—双头螺柱；4—泵壳（泵体）；5—叶轮；6—螺母（背帽）；7—泵轴；8—填料箱；9—填料；10—填料压盖；11—托架；12—轴承箱；13—滚动轴承

6.4.1.4 离心泵的主要部件

(1) 主要转动部件

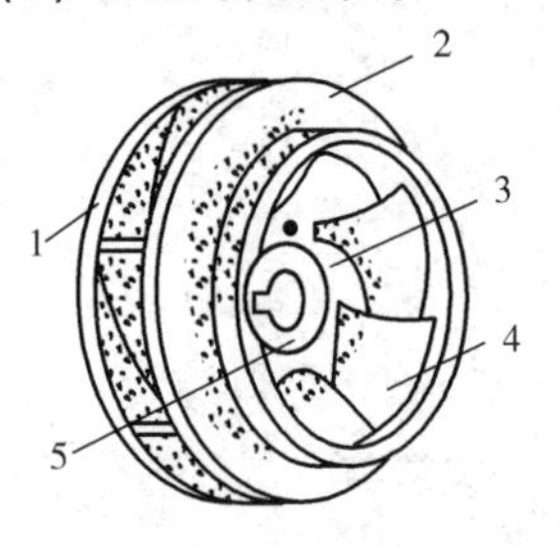

图 6-50 离心泵闭式叶轮结构图

1—后盖板；2—前盖板；3—平衡孔；4—叶片；5—轮毂

叶轮是离心泵内对液体做功的唯一部件。它的作用是将电机输入的机械能传递给液体，使液体获得动能。离心泵叶轮从结构组成上可分为轮毂、叶片、盖板三部分，如图 6-50 所示。

离心泵叶轮分为闭式［图 6-51（a）］、半开式［图 6-51（b）］、开式［图 6-51（c）］三种类型。

a. 闭式叶轮。由叶片和前、后盖板组成。闭式叶轮的效率较高，但制造难度较大。适用于输送黏度较小、不含颗粒的清洁液体。

b. 半开式叶轮。由叶片和后盖板组成。半开式叶轮的效率较低，但制造难度较小，成本较低，适用于输送易于沉淀或含固体悬浮物的液体。

c. 开式叶轮。由叶片及叶片加强筋组成，无前、后盖板。开式叶轮的效率低，适用于输送黏度大的液体以及含较多固体悬浮物或带纤维的液体。

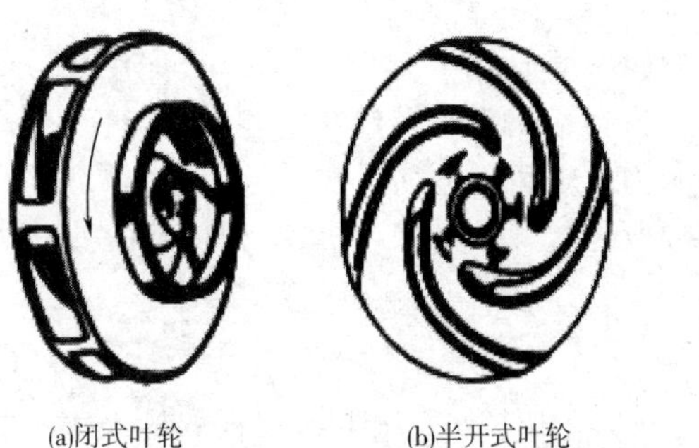

(a)闭式叶轮

(b)半开式叶轮　(c)开式叶轮

图 6-51 各种类型叶轮

离心泵叶轮的叶片一般采用后弯式叶片，如图 6-52 所示。后弯式叶片的特点是叶片弯曲的方向与叶轮的转动方向相反。采用后弯式叶片，离心泵的工作效率高，因此离心泵广泛使用后弯式叶片。

(2) 叶轮螺母

叶轮螺母常被称为背帽，如图 6-53 所示。叶轮螺母装在轴端，起到固定叶轮轴向位置的作用。为了防止叶轮螺母在离心泵启动时的瞬间松动，常采用左旋螺纹，即拆装叶轮螺母时逆时针旋转叶轮螺母为上紧，并安装防松垫片。

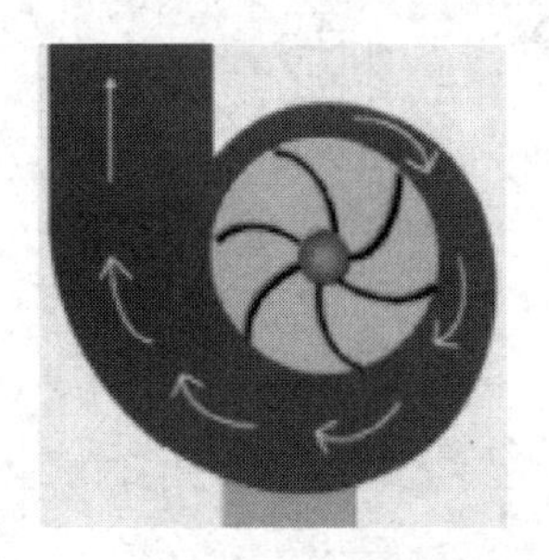

图 6-52 后弯式叶片工作示意图

图 6-53 叶轮螺母

① 泵轴。离心泵的叶轮、叶轮螺母、平衡部件、部分机械密封部件均安装在泵轴上，泵轴支撑这些零部件并且传递动力，如图 6-54 所示。为了满足轴上零件的定位，通常采用阶梯轴。常用泵轴的材料有 45、40Cr、1Cr18Ni9Ti。

② 轴套。有些离心泵轴上安装有轴套，离心泵上轴套主要是用来保护泵轴，防止轴被磨损，如图 6-55 所示。轴套通常采用键（或紧定螺钉）固定在轴上，有的轴套是用来给轴承定位，防止轴承轴向窜动的，例如图 6-47 中轴承之间的 6 标识所示。

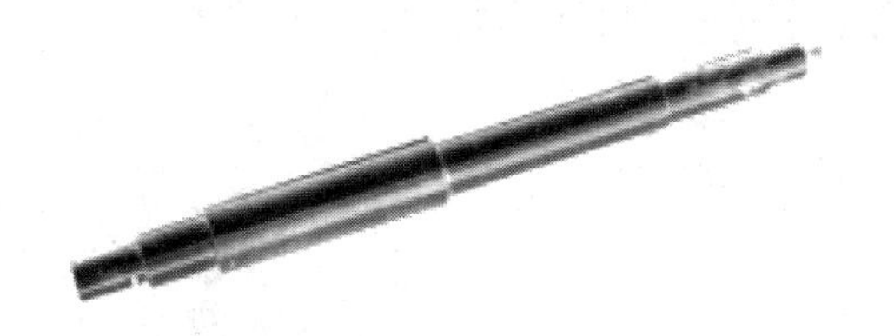

图 6-54　泵轴

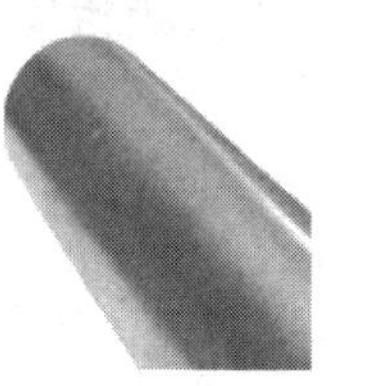

图 6-55　轴套

③ 轴承。轴承主要是用来支撑轴及轴上的零部件，如图 6-56（a）所示。部分轴承同时具备轴向定位作用，如图 6-58（b）所示。轴承需要采用润滑油或润滑脂来润滑，减小轴承和轴之间的磨损，降低摩擦产生的热量。离心泵常采用滚动轴承，滚动轴承通常采用过盈配合固定在轴颈上，在正常工作时，滚动轴承内圈随轴同步旋转，外圈在轴承座内固定不动。

(a)深沟球轴承

(b)圆锥滚子轴承

图 6-56　滚动轴承类型

（3）主要静止部件

① 泵壳，也称泵体，是泵包容和输送液体的外壳的总称。形状类似蜗牛的壳，如图 6-57所示。泵壳围成的内部空间常称为蜗壳，蜗壳是一个截面逐渐扩大的螺旋形流道。离心泵输送的液体在流道内汇集，并被流道引入泵出口（单级泵）或下一级叶轮（多级泵）。同时，在螺旋形流道结构形状的作用下，液体获得的部分动能转变为压能。

由于螺旋形流道的形状不对称，导致叶轮径向压力不均，易使轴弯曲，所以多级离心泵仅首尾采用似蜗牛形状的泵壳，形成蜗壳空间，转换能量，中段采用形状对称的数个导轮，引导液体流动并完成能量的转换，如图 6-58 所示。

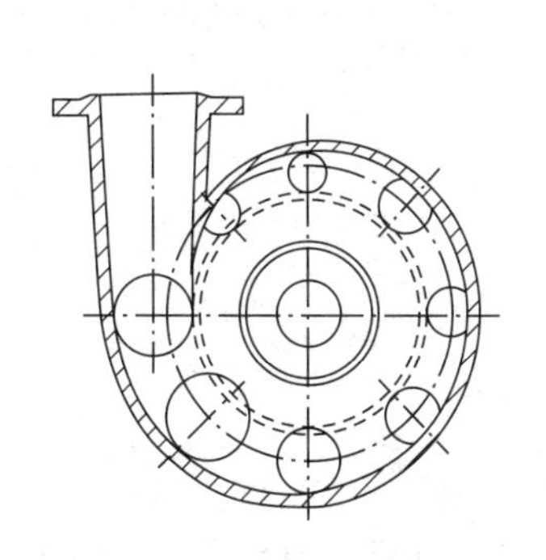

图 6-57　离心泵泵壳的结构形式

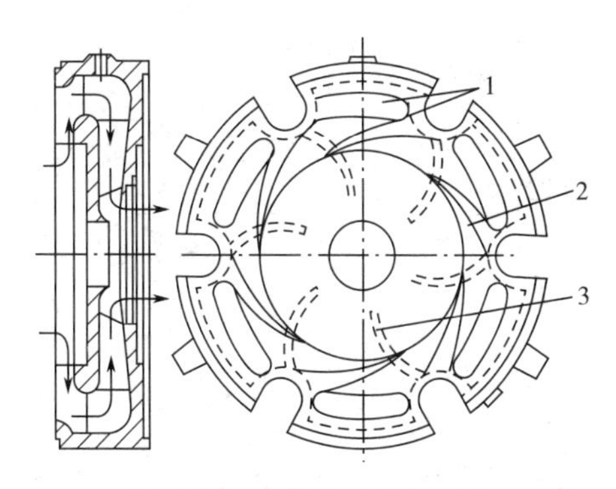

图 6-58　多级离心泵的导轮

1—流道；2—正向导叶；3—反向导叶

② 导轮。用于多级离心泵中，是固定不动的圆盘。级数不同的离心泵，导轮个数也不相同，由于多级离心泵首尾采用泵壳，通常导轮个数比叶轮个数少一个。导轮由隔板、正向导叶、反向导叶三部分组成。液体从叶轮甩出后，正向导叶引导液体继续向叶轮外侧流动，液体的流动速度逐渐降低，液体获得的大部分动能转变为压能。液体经隔板背面的反向导叶的引导，消除了旋绕，同时被引到下一级叶轮入口，如图 6-59 所示。

③ 诱导轮。也称入口导轮，如图 6-60 所示。诱导轮是一个固定不动的、带有前弯形叶片的圆盘。离心泵采用诱导轮，提高了泵的吸入性能，起到增压的作用。

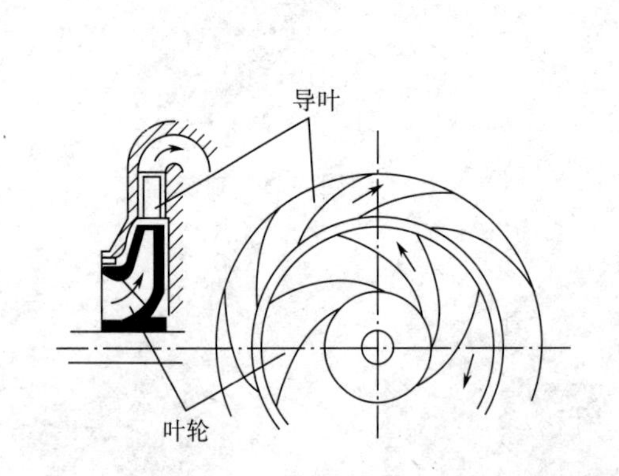

图 6-59 多级离心泵导轮的正向导叶位置图

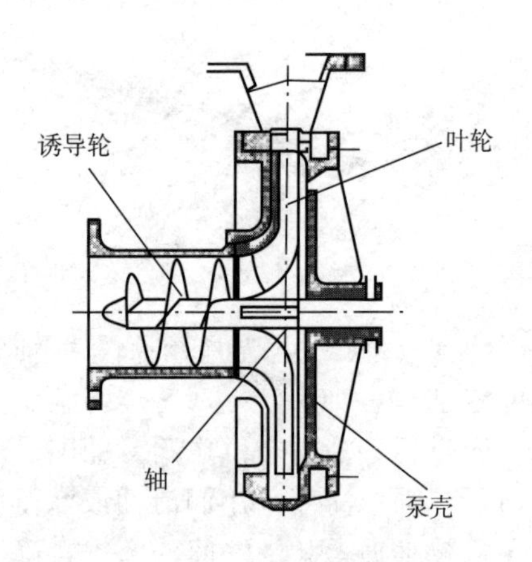

图 6-60 带诱导轮的离心泵结构图

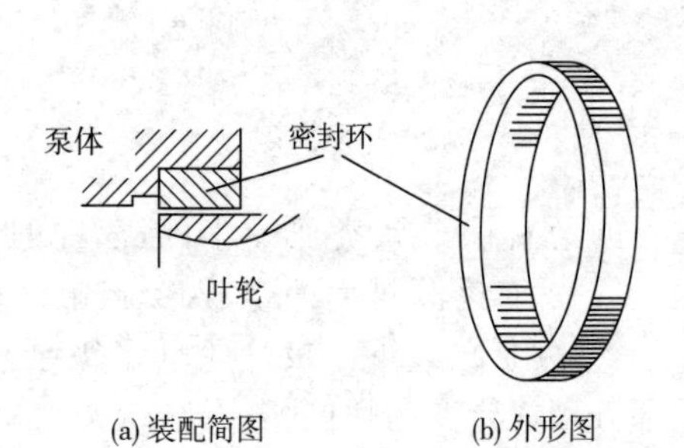

图 6-61 密封环（口环）

④ 密封环，又称口环，如图 6-61 所示。装在泵壳内壁和叶轮入口对应的位置处，与泵壳之间采用过盈或过渡配合，并用锁紧销、骑缝螺钉或点焊定位。主要作用是防止介质内漏，保护泵壳和叶轮。密封环内孔与相配合的叶轮外圆必须保证有一定的径向间隙，间隙大小的设定既要考虑到内漏较大对泵效率的影响，同时应充分考虑到离心泵正常工作时的热膨胀量，保证泵在正常工况下能够可靠运转。常用材料为铸铁、青铜、经硬化处理的马氏体不锈钢。最小间隙如表 6-18 所示。

表 6-18 最小运转间隙 单位：mm

间隙部位旋转零件直径（D）	最小间隙值	间隙部位旋转零件直径（D）	最小间隙值
$D<50$	0.25	$150\leqslant D<175$	0.45
$50\leqslant D<65$	0.28	$175\leqslant D<200$	0.48
$65\leqslant D<80$	0.30	$200\leqslant D<225$	0.50
$80\leqslant D<90$	0.33	$225\leqslant D<250$	0.53
$90\leqslant D<100$	0.35	$250\leqslant D<275$	0.55
$100\leqslant D<115$	0.38	$275\leqslant D<300$	0.58
$115\leqslant D<125$	0.40	$300\leqslant D<325$	0.60
$125\leqslant D<150$	0.43	$325\leqslant D<350$	0.63

续表

间隙部位旋转零件直径（D）	最小间隙值	间隙部位旋转零件直径（D）	最小间隙值
$350 \leqslant D < 375$	0.65	$500 \leqslant D < 525$	0.80
$375 \leqslant D < 400$	0.68	$525 \leqslant D < 550$	0.83
$400 \leqslant D < 425$	0.70	$550 \leqslant D < 575$	0.85
$425 \leqslant D < 450$	0.73	$575 \leqslant D < 600$	0.88
$450 \leqslant D < 475$	0.75	$600 \leqslant D < 625$	0.90
$475 \leqslant D < 500$	0.78	$625 \leqslant D < 650$	0.95

【注意】为防止闭式叶轮在运转过程中，由于轴向窜动、叶轮和口环接触造成磨损，通常在叶轮上安装叶轮口环，叶轮口环与叶轮采用过渡配合，并且用骑缝螺钉固定。在介质长期冲蚀或非正常工况造成的接触磨损后，通常仅口环和叶轮口环磨损，保障了泵壳和叶轮完好，检修时仅更换口环和叶轮口环，操作简便，成本低。

⑤ 轴封。在旋转的泵轴和静止的泵壳（泵盖）之间的密封部件称为轴封。它可以防止和减少介质外漏，提高泵的效率，同时还可以防止空气被吸入泵内，保证泵的正常运行。轴封的密封可靠性是离心泵安全运行的重要保障。

据统计，在日常的机泵维修工作中，几乎40%～50%的工作量是更换轴封。离心泵的维修费大约有70%用在密封故障的处理中，我国每年因为泵轴封问题造成的能源损失约占全国总能耗的1%。

离心泵常用的轴封装置有填料密封和机械密封。

a. 填料密封。填料密封是依靠填料和轴（或轴套）外圆表面的紧密接触来密封介质的。它由填料、填料箱（又称填料函）、液封环、填料压盖和螺栓等组成，如图6-62所示。

填料常被称为盘根，安装在填料箱内，通过螺栓将填料压盖和填料箱（填料箱通常是泵盖或泵壳的一部分）紧密连接。通过调节螺栓的松紧度调节填料压盖压紧填料的预紧力，从而调节填料密封允许泄漏量的大小，合理的松紧度应该使液体从填料箱中滴状漏出，控制在20～60滴/min左右。泄漏量不合适时，需调整填料压盖的压紧力或更换填料，填料压盖的压紧力不能过大，过大将造成机械磨损加剧，功率消耗大，严重时造成发热、冒烟，甚至烧毁零件。实际起密封作用的仅仅是靠近填料压盖的几圈填料，因此设计填料箱轴向尺寸的大小时以压入4～5圈填料为宜。如果离心泵正常工作时在填料密封处温度不高，则无需设计安装液封环。密封要求严格或介质压力较高时，不采用填料密封。

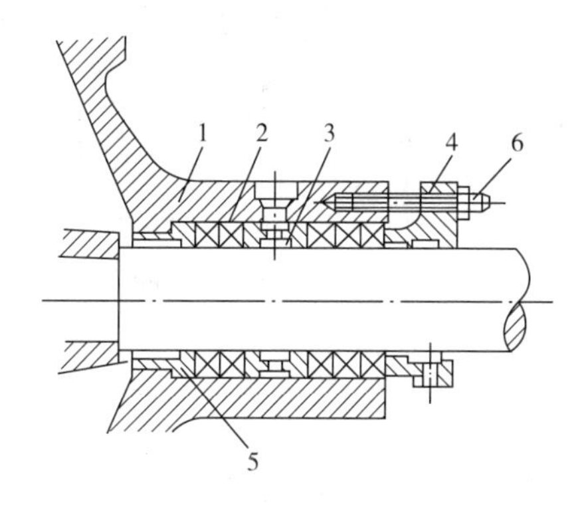

图6-62 填料密封结构图

1—填料箱；2—填料；3—液封环；4—填料压盖；5—隔离环；6—螺栓

填料材料要求有较好的弹性和塑性，一定的强度，自润滑性及导热性能好，化学稳定性好，常采用石墨浸棉织填料、石墨浸石棉填料、金属箔包石棉芯子填料。石墨浸棉织填料适用于输送温度小于40℃的低压离心泵，石墨浸石棉填料适用于输送温度小于250℃，压力小于1.8MPa的液体，金属箔包石棉芯子填料适用于输送温度小于400℃，压力小于2.5MPa的液体。

b. 机械密封。由于填料密封正常工作时必须保证一定的外漏量，从安全和经济角度考虑都不符合现代生产的需要，除水泵和化工泵外，目前采用填料密封的离心泵已不多见。随着科技的发展，机械密封技术有了很大的发展，近几十年来机械密封在石油、化工、冶金、机械、航空等行业中获得了广泛的应用，据统计，我国石化行业80%～90%的离心泵均采用机械密封。

(4) 动静组合部件

机械密封，又称端面密封，是防止介质沿轴外泄的轴封部件。

① 基本结构与密封原理。机械密封的结构类型很多，其典型结构如图6-63所示。

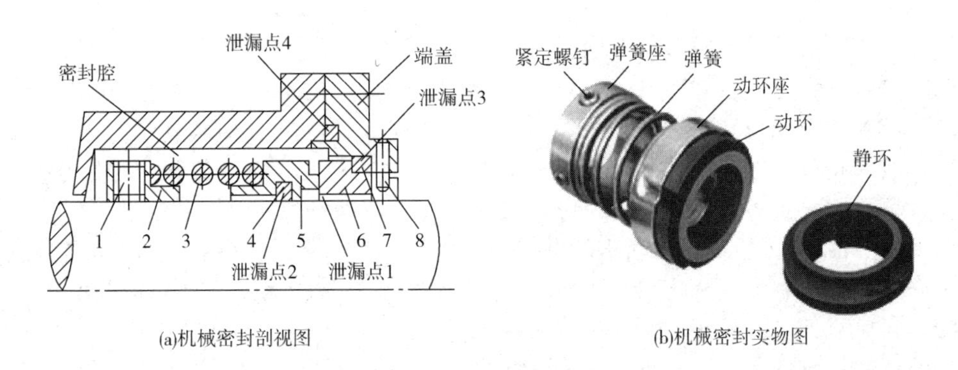

(a)机械密封剖视图

(b)机械密封实物图

图6-63 内装式单端面机械密封结构图

1—紧定螺钉；2—弹簧座；3—弹簧压盖；4—动环密封圈；5—动环；6—静环；7—静环密封圈；8—防转销

不论何种类型的机械密封，均由四类部件组成。

a. 主要密封件。动环（和泵轴同步转动）、静环（用防转销固定并静止在压盖内）。

b. 辅助密封件。动环密封圈、静环密封圈。

c. 压紧件。弹簧、推环。

d. 传动件。弹簧座、紧定螺钉（或键）。

工作原理：离心泵工作时，泵轴带动紧定螺钉、弹簧座、弹簧及动环同步转动，静环在防转销的作用下静止于压盖（常被称为端盖）内。动环在转动时，受到弹簧力和介质压力的共同作用，动环的端面被压紧与静环的端面紧密贴合，动环和静环的贴合端面是光洁、平直的研磨端面，工作时端面间维持一层极薄的流体膜，动环与静环相对旋转，贴合端面间形成动密封，达到密封效果。

密封点：一套机械密封共有四个密封点，三个静密封点，一个动密封点。

a. 静密封点。必须安装密封垫片，常用O形、V形等密封垫实现密封，不易泄漏。

在静环和压盖之间的静密封点，图6-65中所示泄漏点3。

在动环与轴之间的静密封点，图6-65中所示泄漏点2。

在泵壳与压盖之间的静密封点，图6-65中所示泄漏点4。

b. 动密封点。由动环与静环上一对匹配的密封端面形成，是保障机械密封性能和寿命的关键。

在动环与静环之间，图6-65中所示泄漏点1。

② 主要零件材料

a. 摩擦副材料。是指动环和静环的端面材料。机械密封的泄漏中80%～90%是密封端面引起的，除了操作工的运行操作水平、密封面相互平行度和密封面与轴心的垂直度等因素的影响以外，密封端面的材料选择非常重要。一软一硬两种材料配对使用是较好的选择方式。软质材料主要有碳石墨、聚四氟乙烯、铜合金等。硬质材料主要有硬质合金、工程陶瓷、金属等。例如：静环采用石墨浸渍巴氏合金，动环采用碳化钨。

b. 密封圈材料。包括动环密封圈和静环密封圈。要求材料具有良好的弹性，较低的摩擦系数，耐介质腐蚀、溶胀，耐高温，具有一定的强度和抗压性。常用的材料有合成橡胶、聚四氟乙烯、柔性石墨、金属材料等。

c. 弹性元件材料。包括弹簧和金属波纹管等（机械密封设计用金属波纹管代替弹簧）。要求材料强度高、弹性极限高、耐疲劳、耐腐蚀以及耐高（低）温，保证在介质中长期工作仍能保持足够的弹力，维持密封端面的良好贴合。泵用机械密封的弹簧常用 4Cr13、1Cr18Ni9Ti、0Cr18Ni12Mo2Ti 不锈钢，如果工作介质是常温、无腐蚀介质时常采用 60Si2Mn、65Mn 碳素弹簧钢。

③ 冷却冲洗。冲洗是一种控制机械密封温度和延长寿命的有效措施。泵在工作时，动静环之间的密封面持续摩擦，不断产生摩擦热，如果不降温，温度会持续上升，密封面间的液膜被汽化，形成干摩擦，将造成密封面磨损、动静环变形、密封圈老化，失去弹性，严重时会导致机械密封破裂、介质外泄。常用的冷却方法按冲洗液的来源分为两种。

a. 自冲洗。采用自身介质冲洗密封端面，如图 6-64 所示。从泵出口管线侧引出少量自身介质作为冲洗液，由于和自身介质相同，不存在污染介质的问题。如果自身介质温度过高，可以外加冷却器，冲洗液经过冷却器降温后再进入机械密封冷却密封部件。这种冲洗方法被企业广泛采用。

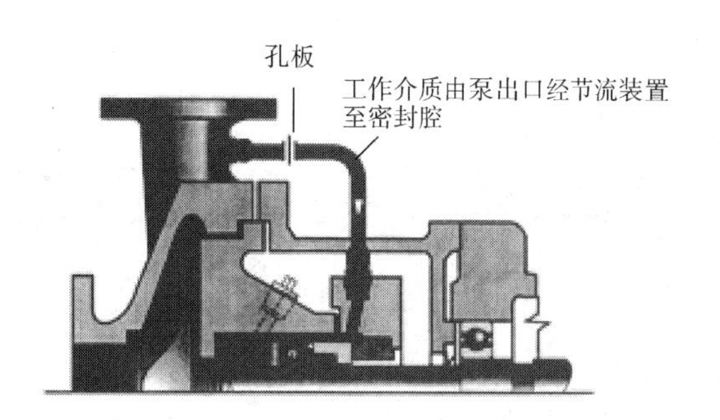

图 6-64 带有自冲洗的内装式单端面机械密封

b. 外冲洗。利用外来冲洗液注入密封腔，实现对密封的冲洗。冲洗液是与离心泵自身介质相容的液体，冲洗液的压力应比密封腔内压力高 0.05～0.1MPa。

6.4.1.5 离心泵的轴向力及其平衡

(1) 轴向力的产生

离心泵在正常运转时，由于叶轮两侧液体的压力分布不均匀而产生压差，压差会对叶轮施加沿轴线方向的推力，这个推力被称为轴向力，其方向为自叶轮背面指向泵吸入口。轴向力会造成泵轴在运转的同时沿轴向窜动，窜动严重时会造成轴承损坏，如图 6-65 所示，甚至会使泵内零部件相撞而破坏，必须采取必要的措施平衡轴向力。

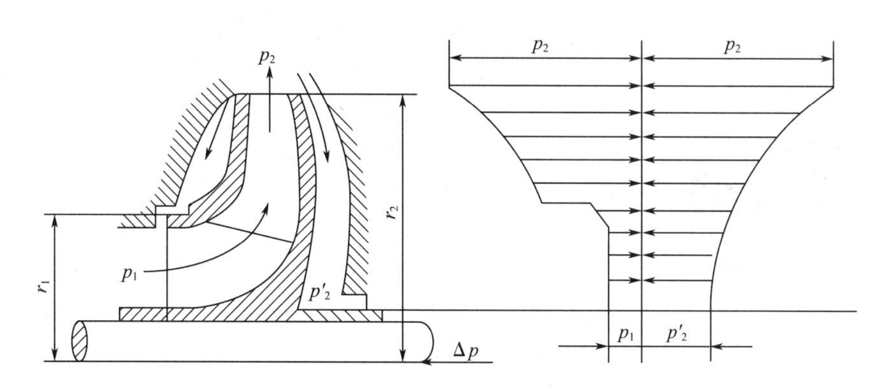

图 6-65 单吸叶轮的轴向推力

（2）轴向力的平衡

① 单级泵轴向力的平衡措施

a. 开平衡孔。结构简单，使叶轮两侧的压力基本平衡，泵效率降低，多用于小流量泵。如图 6-66（a）所示。

b. 接平衡管。较开平衡孔优越，不干扰泵入口流线，效率相对较高，广泛采用。如图 6-66（b）所示。

c. 采用双吸叶轮。理论上可以完全平衡轴向力，而且增大了流量，但结构复杂，多用于大流量泵。如图 6-66（c）所示。

d. 采用平衡叶片。在叶轮轮盘的背面铸出几条径向平衡叶片，当叶轮旋转时，平衡叶片带动叶轮背面间隙内的液体，在离心力的作用下，液体被甩向轮盘外围，使叶轮背面压力显著降低。平衡叶片除了减小轴向力外，还可以减小轴封的负荷，可防止固体颗粒进入轴封。如图 6-66（d）所示。

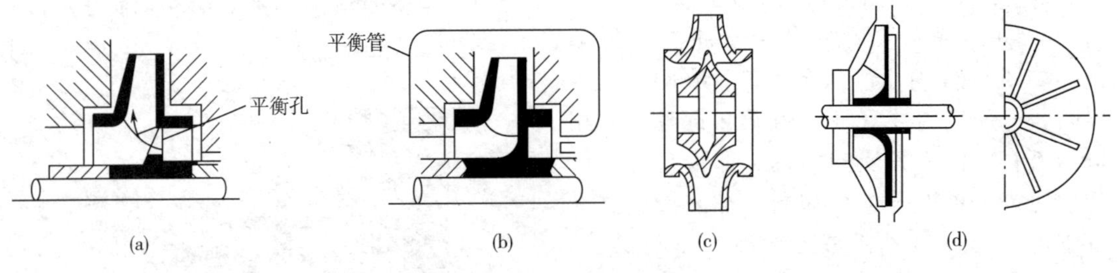

图 6-66　单级泵轴向力的平衡措施

② 多级泵轴向力的平衡措施

a. 接平衡管。仅能平衡部分轴向力。

b. 对称布置叶轮。由于各级泄漏情况不同、各级轮毂直径不同，轴向力不能完全平衡，需要辅助平衡装置，适用于单吸悬臂泵和蜗壳式多级泵。如图 6-57 所示。

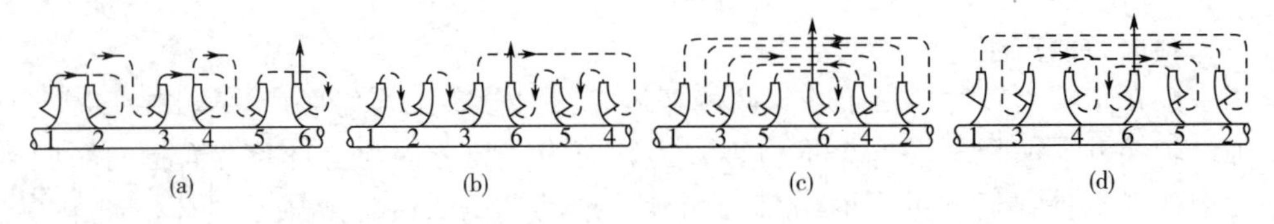

图 6-67　对称布置叶轮

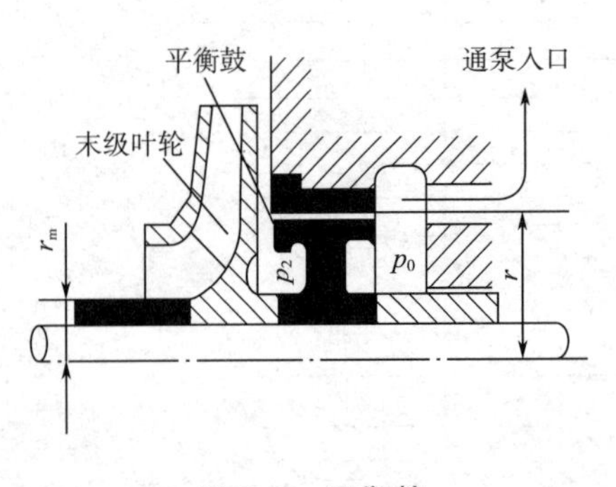

图 6-68　平衡鼓

c. 采用平衡鼓。采用狭缝节流效应卸荷，间隙减小、长度增加均会改善平衡效果。

变载下，轴向力平衡不充分，仍需其他止推装置。如图 6-68 所示。

d. 采用平衡盘。能够适应轴向力的变化，自动全部平衡轴向力。如图 6-69 所示。

需要注意的是，上述单级泵和多级泵轴向力的平衡措施，理论上来看，除了采用双吸叶轮和平衡盘的方法可以自动平衡轴向力，其他所有平衡轴向力的方法都不能完全平衡轴向力。特别是在非正常工况下，为了保证离心泵的安全运行，采用具有止

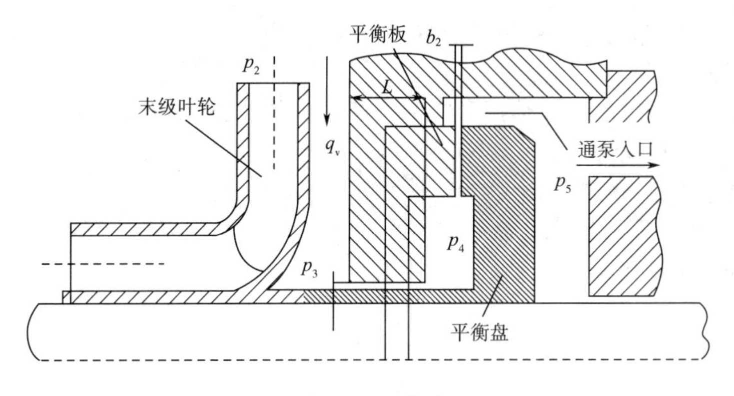

图 6-69 平衡盘

推功能的轴承平衡剩余的轴向力，保证离心泵内的转动部件不发生轴向窜动。

6.4.1.6 离心泵的主要性能参数

(1) 流量

单位时间内泵排出的液体量为流量。

$$\begin{cases}\text{体积流量}:Q\ (m^3/s、m^3/h、L/h)\\ \text{质量流量}:G\ (kg/s、t/h)\end{cases}$$

$$G=\rho Q$$

式中 ρ——液体密度，kg/m^3。

(2) 转速 n

泵轴每分钟转的圈数为转速，单位为 r/min。

【注意】铭牌上标的是额定转数。

(3) 扬程 H

单位质量的液体通过泵后获得的能量为扬程。单位为 m。

$$H=h+(p_2-p_1)/\rho g+(v_2^2-v_1^2)/2g$$

式中 h——位能，m；

$(p_2-p_1)/\rho g$——压能；

$(v_2^2-v_1^2)/2g$——动能（速度能）；

p_2——离心泵出口压力，Pa；

p_1——离心泵入口压力，Pa；

v_2——离心泵出口速度，m/s；

v_1——离心泵入口速度，m/s。

(4) 功率

包括有效功率和轴功率（W）。

① 有效功率 N_e。单位时间泵对液体做的功。

$$N_e=QH\rho g$$

② 轴功率 N。单位时间内由电机传到泵轴上的功。

$$N=N_e+\text{各种损失}$$

$$N_{电}=(1.1-1.2)N$$

(5) 效率 η

有效功率 N_e与轴功率 N 之比。

$$\eta=N_e/N$$

【注意】泵的性能参数是在额定转数下测得的。

(6) 汽蚀余量 Δh

在输送温度下，泵入口处液体所具有的、超出液体的饱和蒸气压能的那部分能量。Δh 的大小与泵装置的操作条件有关。

(7) 最小汽蚀余量 Δh_{min}

泵刚开始汽蚀时的汽蚀余量。

(8) 允许汽蚀余量 [Δh]

$$[\Delta h]=\Delta h_{min}+0.3(\mathrm{m})。$$

因此，离心泵的 [Δh] 越低，抗汽蚀能力越强，越不易汽蚀。

如离心泵工作时 $\Delta h>[\Delta h]$，泵不会汽蚀；$\Delta h=[\Delta h]$ 时，泵刚汽蚀；$\Delta h<[\Delta h]$ 时，泵严重汽蚀。

6.4.1.7 离心泵的装配

离心泵的各个零件在完成修理、更换，经检查无误，确认其符合技术要求之后，应进行整机装配。装配质量的好坏，直接关系到离心泵的性能和使用寿命。

(1) 装配技术要求

① 在盘车过程中，装配合格的离心泵无机械摩擦现象；

② 运行时，泵轴不会轴向窜动；

③ 联轴器装配的同轴度偏差符合技术要求；

④ 润滑油牌号符合泵说明书要求；

⑤ 设备清洁，外表无灰尘、油垢；

⑥ 基础及底座清洁，表面无积水，废液，环境整齐、清洁。

(2) 装配前的准备工作

① 仔细阅读泵的有关技术资料，如总图、使用说明书等；

② 熟悉泵的组装质量标准；

③ 检查泵的零件是否齐全，质量是否合格；

④ 备齐检修工具；

⑤ 准备齐全检修可能的消耗性物品，例如润滑油、盘根、垫片等。

(3) 装配顺序

各种型号的离心泵，因结构不同，装配步骤有差异。下述装配步骤以采用填料密封的IS型离心泵（后开门式）为例。

① 装配轴组（即组装轴承与泵轴）；

② 轴组装入轴承箱；

③ 将悬臂与轴承箱连接固定；

④ 将泵盖固定在悬臂后，安装叶轮，锁死叶轮背帽；

⑤ 将已组装好的泵组件整体装入泵体中；

⑥ 连接泵盖和泵体；

⑦ 如果采用填料密封，安装填料；

⑧ 联轴器找正。

(4) 重要装配环节及调整

① 轴承的装配。滚动轴承装配在泵轴上时，它的内圈与轴颈之间采用过盈配合。通常过盈量为0.01～0.05mm，轴颈小，过盈量取小值，轴颈大，过盈量取大值。装配时，轴承沿轴颈推进到轴肩或轴套处为止。常采用以下方法进行装配。

a. 使用手锤和铜棒安装滚动轴承。过盈量较小时，可以利用铜棒做衬垫，铜棒的一端置于滚动轴承内圈上，用手锤敲击铜棒的另一端，注意敲击时使滚动轴承均匀受力，使轴承平稳地沿轴颈推进，如图6-70（a）所示。

b. 使用专用套筒安装滚动轴承。将泵轴竖直放置在木板或金属衬垫上，滚动轴承套在轴上摆正，放上套筒，使套筒的开口端顶在滚动轴承内圈上，用手锤敲打套筒带盖板的一端，轴承沿轴向下移动，直至轴肩。如图6-70（b）所示。

为了增加装配滚动轴承的扭力，可在手柄处加套筒，套管用内径比轴承大2～4cm的薄壁钢管制成，它的长度应该比轴头到轴颈的长度稍大一些。

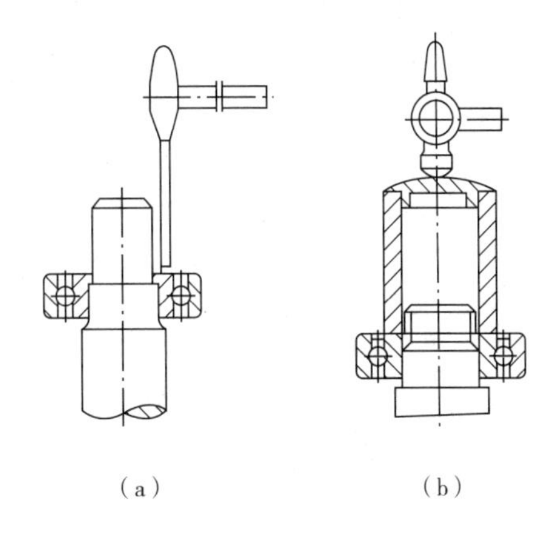

图6-70　滚动轴承的装配

c. 采用热装法安装滚动轴承。过盈量较大时，可以采用热装法或冷装法装配滚动轴承。

热装法就是将滚动轴承放入机油中，对机油加热，使滚动轴承内圈遇热膨胀，内径增大，不用借助外力即可轻松套在轴颈上，自然冷却后滚动轴承收缩，内径减小，实现过盈配合，保证泵正常工作，轴和轴承内圈同步转动。对机油进行加热时，注意油温控制在100～200℃，温度不能过高，否则会造成滚动轴承退火。

d. 采用冷装法安装滚动轴承。冷装法就是将轴颈放在冷冻装置中，冷冻至－60～－80℃，将轴立即取出和轴承装配，待轴颈温度上升至常温时，轴颈恢复正常直径，保证过盈量。

使用热装法或冷装法装配滚动轴承时，省时省力，装配轴承时无需采取任何机械强制措施，保证了过盈量，易于达到装配要求。

滚动轴承装配好以后，应加上放松垫片，然后用锁紧扳手将圆螺母拧紧，并把放松垫片的外翅扳入圆螺母的槽内，防止圆螺母松动。

② 轴组与轴承悬架的装配。将叶轮螺母（背帽）用手拧紧在轴头上，将另一侧的轴头（安装联轴器侧），穿过泵体的前轴承孔，注意使轴承的外圈和轴承孔对正装入，用手锤敲击叶轮螺母，使轴组平稳进入轴承悬架。用垫片调整轴承压盖凸台的高度，使其与滚动轴承外端面到轴承悬架轴承孔端面的深度相同。最后，将轴承压盖盖在轴承悬架的轴承孔处，并用压盖螺栓拧紧。

装配好的轴组在轴承悬架中应该能灵活转动，不会产生轴向窜动和径向跳动。

③ 叶轮的装配。叶轮和轴颈之间为间隙配合，间隙值为0.1～0.15mm。试装叶轮时，应使叶轮在轴颈上只有滑动而不产生摆动。间隙太小时，可以采用锉削的方法使轴颈的尺寸减小一些，也可以在车床上将叶轮的内径车大一些，以保证应有的间隙。间隙太大时应更换叶轮，以免因为间隙太大影响叶轮的旋转精度。

依据泵说明书要求，调整叶轮背面与泵盖之间合适的轴向间隙。为保证泵的安全运行，叶轮背面与泵盖之间不能接触产生摩擦，但它们之间的轴向间隙也不能太大。如果轴向间隙过大，会增加轴封的泄漏量。为保证合适的轴向间隙，可以调整前后两轴承压盖处的垫片厚度。调整方法如下：欲减小叶轮背面与泵盖之间的轴向间隙，可将后轴承压盖垫片厚度增加，前轴承压盖垫片厚度减小；欲增大叶轮背面与泵盖之间的轴向间隙，可将后轴承压盖垫片厚度减小，前轴承压盖垫片厚度增加。注意在调整轴承压盖垫片厚度的过程中，应使前后轴承压盖处的垫片总厚度维持不变。在调整垫片的同时，注意调整好垫片后，将泵轴稍向后（欲减小轴向间隙时）或向前（欲增大轴向间隙时）敲打，使其窜动一个很小的距离，然后压紧轴承压盖。

④ 泵盖和泵壳的装配。将转组、轴承悬架及泵盖等已经组装完成的组合件与泵壳装配。这项装配的关键是要保证叶轮处于正常的工作位置。依靠泵盖和泵壳的配合面来保证叶轮入口与泵壳上的密封环的同轴度，装配时，泵壳和泵盖之间必须安装密封垫片，密封垫片除了具备防止介质外泄的密封作用，还具备调整叶轮轴向位置的作用，从而控制叶轮前侧和泵壳之间的间隙大小，保证介质的内漏量适宜。安装时，先装垫片，然后将组合件推入泵壳，拧紧泵盖螺栓，边拧边转动泵轴，注意叶轮和密封环有无擦碰，若有，应及时调整更换垫片，间隙调整好后，拧紧泵盖螺栓。

常用的密封垫片材料有聚四氟乙烯、橡胶、石棉。

⑤ 联轴器的装配。联轴器又称靠背轮，它是用来连接电机和离心泵的零件。国内单级离心泵常用凸缘式联轴器。在进行电机和离心泵的装配时，必须对两半联轴器进行找正对中。

将泵轴承悬架与机座的地脚螺栓拧紧，用水平仪检查泵的水平，如果水平，便可通过调整电机与地脚螺栓之间的垫片厚度调整电机和离心泵的对中。考虑泵和电机在正常工作时的受热膨胀不同（泵的工作温度通常高于电机），调整电机轴中心线高度略高于泵中心线高度，保证泵在正常工作时，泵轴中心线与电机轴中心线同轴。

联轴器的找正是修理和装配离心泵工作中的一项很重要的工作。找正的质量对离心泵的正常工作有很大影响。找正质量差，两半联轴器对中误差大时，将会在轴和联轴器之间产生附加应力，使泵工作时发生不正常的噪声及振动，加剧了轴承的负荷，严重时会造成泵或电机严重故障。

(5) 前开门式离心泵的装配

前开门式离心泵装配如图 6-71 所示。

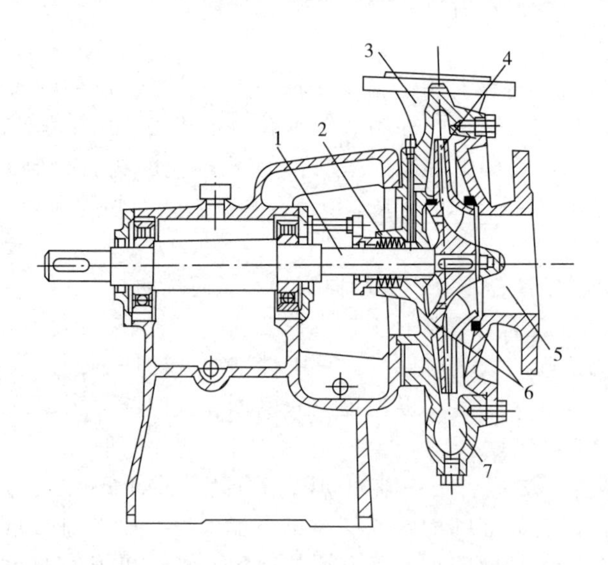

图 6-71 单级单吸离心泵（前开门式）

1—轴；2—填料；3—扩压管；4—叶轮；5—吸入室；6—口环；7—蜗壳

装配顺序：

a. 装配轴组，即泵轴与轴承的装配。

b. 轴组装入轴承悬架。

c. 将轴承悬架安装在机座上。

d. 将轴封零件从前端套在泵轴，再将泵壳从同侧推入泵轴。

e. 将叶轮及叶轮螺母安装在轴端，调整叶轮背面和泵壳间隙（与后开门式离心泵的调整方法相同）。

f. 泵盖安装在泵壳上，通过选择泵盖垫片厚度调整叶轮前侧与泵盖之间的间隙（与后开门式离心泵的调整方法相同）。

g. 把整个组合机组安装在机座上。

h. 装填料。填料安装前在接口处切 45°斜角，相邻两根盘根之间要错 90°～120°。填料全部装完后，不能压得过紧。开机后，可根据泄漏情况，调整填料的松紧程度。

i. 联轴器找正。

【注意】前开门式离心泵泵盖位于泵壳与叶轮前侧（远离电机端被称为泵的前侧），由于泵结构设计问题，在拆装维修泵时，泵盖、泵壳与管线的连接螺母必须都要拆开，否则无法拆除、更换泵内件。因此前开门式离心泵接入系统时，安装较繁琐。而后开门式离心泵结构特点是仅泵壳和离心泵出入口管线连接，拆装后开门式离心泵时，无需拆装泵壳就能取出泵内件（除非泵壳损坏需要更换），因此无需拆装泵出入口法兰上的螺栓，减少了检修工作量。

6.4.1.8 往复泵的分类、结构、工作原理、特点、组装与调整

往复泵属于回转式容积泵。

(1) 往复泵的分类

往复泵的分类方法很多，常见以下几种方式。

① 按活塞构造形式分类

a. 活塞式往复泵。在液力端往复运动件上有密封元件的往复泵；

b. 柱塞式往复泵。在液力端往复运动件上无密封元件的往复泵；

c. 隔膜式往复泵。依靠隔膜片往复鼓动达到吸入和排出液体的往复泵。

② 按泵的作用方式分类

a. 单作用往复泵。吸入阀和排出阀装在活塞的一侧，活塞往复运动一次（一个工作循环），只有一个吸入过程和一个排出过程，如图 6-72（a）所示。

b. 双作用往复泵。活塞的两侧都装有吸入阀和排出阀，活塞往复运动一次有两个吸入过程和两个排出过程，如图 6-72（b）所示。

c. 差动往复泵。吸入阀和排出阀装在活塞的一侧，泵的排出管与活塞另一侧相通，活塞往复运动一次有一个吸入过程和两个排出过程，如图 6-72（c）所示。

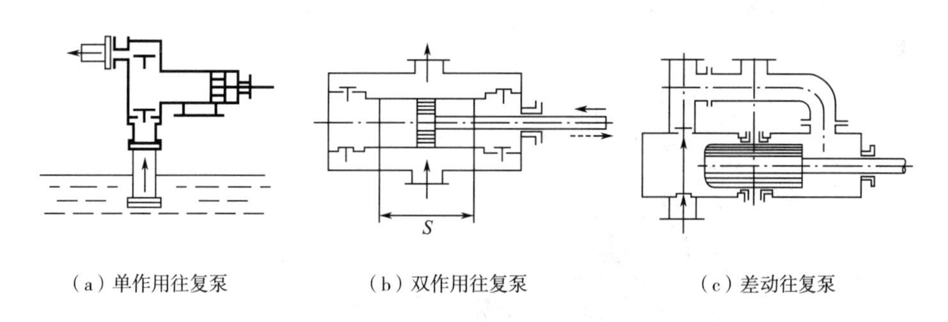

（a）单作用往复泵　（b）双作用往复泵　（c）差动往复泵

图 6-72　各种类型的往复泵

(2) 往复泵的结构

往复泵通常由两部分构成，如图 6-73 所示，一部分是直接输送液体，把机械能转化为液体压力能的液力端（液缸部分），主要由泵缸、活塞、活塞杆、吸入阀、排出阀等组成。另一部分是将原动机的能量传递给液力端的传动端（动力端），主要由曲柄、连杆、十字头等组成。

(3) 往复泵工作原理

往复泵是依靠活塞在泵缸内往复运动，使泵缸工作容积周期性地扩大与缩小，以此来吸入、排出液体。如图 6-73 所示，当曲柄逆时针旋转时，活塞向右移动，泵缸工作容积增大，压力降低，排出阀关闭，同时在压差作用下，进口管线内的液体顶开吸入阀进入泵缸。

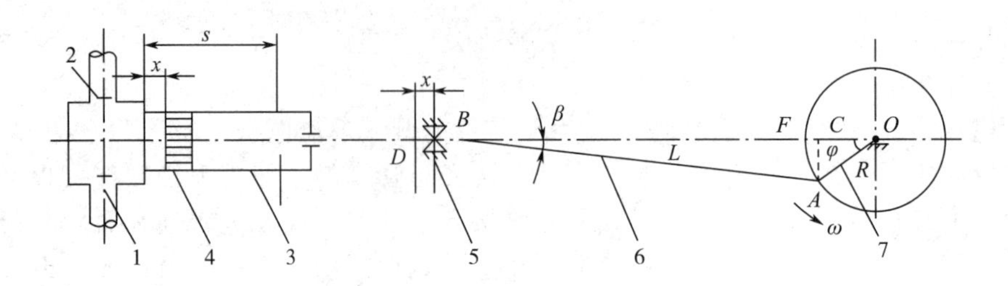

图 6-73　单作用往复泵示意图

1 —吸入阀；2 —排出阀；3 —泵缸；4 —活塞；5 —十字头；6 —连杆；7 —曲柄

当活塞在曲柄连杆结构的带动下，由右侧向左侧移动时，吸入阀关闭，液缸工作容积减小，液体介质被压缩，压力急剧升高，在此压力作用下，排出阀打开，泵缸内的液体进入出口管线，直到活塞运行到外止点为止，排液过程结束。往复泵的曲柄以角速度 ω 不停地旋转时，往复泵就不断地吸入和排出液体。

活塞往复运动一次，称为往复泵的一个工作循环。往复泵的工作循环只有吸液和排液两个过程。内、外止点间的距离称为活塞的行程或冲程，一般用 S 来表示，如图 6-73 中所示。

(4) 往复泵的特点

① 流量几乎与排出压力无关，瞬时流量脉动，不均匀；

② 排出压力与泵结构尺寸和转速无关，由背压大小决定；

③ 具有自吸能力；

④ 适用于输送高压、小流量和高黏度液体。

(5) 往复式柱塞计量泵的组装与调整

往复式柱塞计量泵是普通往复泵的特殊变型，即设有调节行程和转速装置的往复泵，图 6-74 所示为 N 型曲轴调节机构的柱塞式计量泵，主要由传动结构（常采用蜗轮蜗杆传动）、行程调节结构（最终调节的是介质排出量）、泵缸三部分组成。

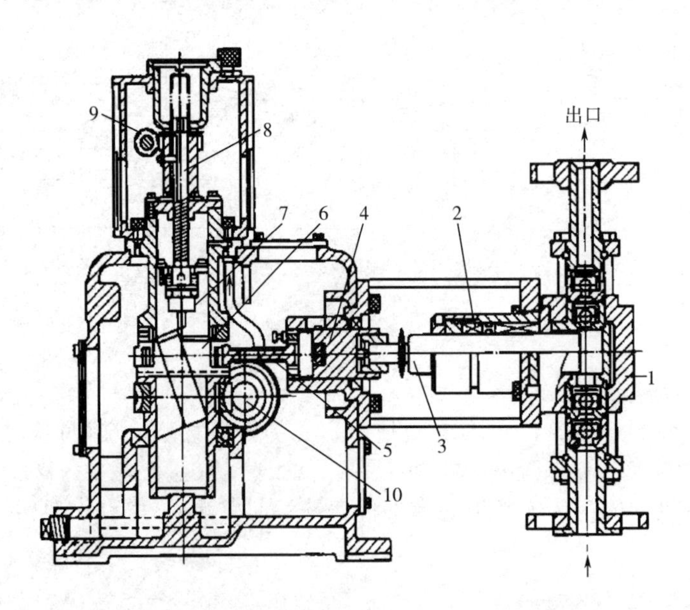

图 6-74　N 型曲轴调节机构的柱塞式计量泵

1—泵缸；2—填料箱；3—柱塞；4—十字头；5—连杆；6—偏心轮；7—N 型曲柄；8—调节螺杆；9—调节用蜗轮蜗杆；10—传动用蜗轮蜗杆

往复泵在组装之前，所有零部件的质量均要符合图纸要求。表面清洗干净，油路通畅。按一定程序组装，组装程序大体为拆卸过程的逆过程，但在某些细节上也不能完全按“逆过程”来操作。组装质量的好坏直接影响到机器的运行。因此，组装时应特别精心。

① 装配前的准备

a. 备齐必要的图纸资料、数据；

b. 备齐必要的检修工具、量具、配件及材料；

c. 装配人员劳保穿戴，做好个人防护。

② 装配步骤

a. 检查蜗轮、蜗杆、轴承、柱塞以及传动轴、工作轴等所有配件有无缺陷、损坏，清点配件数量。

b. 清洗配件，清洗后的配件要做到“下铺上盖”，不能落地。

c. 将柱塞装配到柱塞缸中，要注意避免磕碰，以免损坏镀铬层。将填料和填料压盖装上，不要压紧。

d. 将传动轴安装到箱体上，并与柱塞连接固定。

e. 将蜗轮与支撑轴承装到带有偏心的工作轴上，然后将组装好的工作轴安装到箱体中。

f. 将蜗杆装入到箱体中，并检查蜗轮、蜗杆的接触情况。如果不在要求的位置，可调整蜗杆两头轴承压盖垫片。

g. 将流量调整装置安装到箱体上。

h. 将填料压紧，松紧程度可根据盘车情况来定。以手动盘车没有过大的阻力为好，开启泵后可以再调整泄漏量。

i. 连接电机。

③ 装配后的检查

a. 装配后盘车应无卡涩，密封压盖不应倾斜，装配的各项数据应符合设备装配要求；

b. 特别注意计量泵不允许空负荷试车。

6.4.1.9 螺杆泵的分类、结构、原理、特点、组装与调整

螺杆泵属于回转式容积泵。

(1) 螺杆泵的分类

按照螺杆数目分类，螺杆泵分为单螺杆泵和多螺杆泵（双螺杆、三螺杆、五螺杆泵等）。如图 6-75 所示。

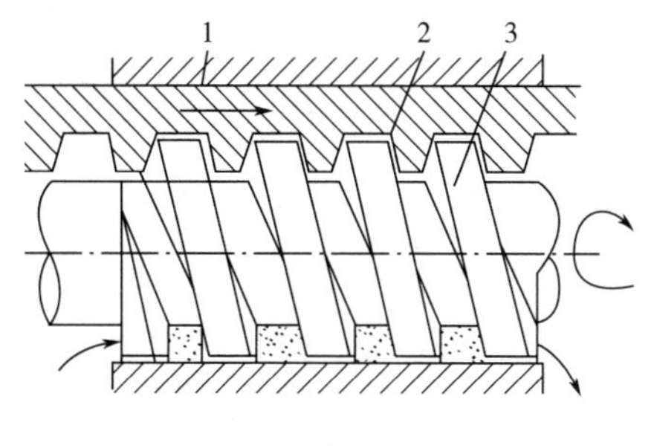

(a) 单螺杆泵

1—泵壳；2—衬套；3—螺杆

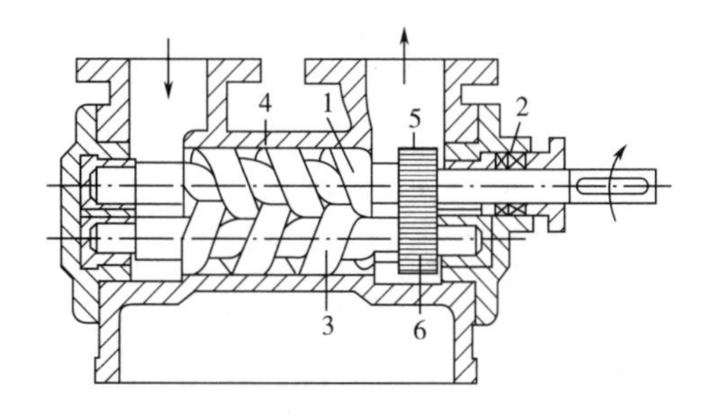

(b) 双螺杆泵

1—主动螺杆；2—填料；3—从动螺杆；4—泵壳；5—主动齿轮；6—从动齿轮

图 6-75 各种类型的螺杆泵

(2) 螺杆泵的结构

不同类型螺杆泵的结构组成基本相同。以三螺杆泵为例，如图 6-76 所示。三螺杆泵主要构件包括一根主动螺杆、两根从动螺杆、衬套、泵壳、填料箱、轴承等。

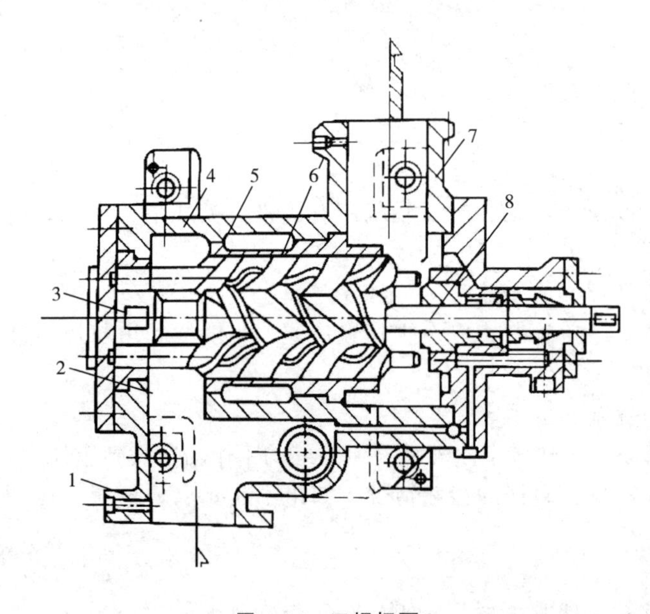

图 6-76　三螺杆泵

1—吸入管；2—吸入室；3—轴承座；4—泵壳；5—衬套；6—从动螺杆；7—排出管；8—主动螺杆

单螺杆泵是一种较新的水力机械泵，目前在石油钻采和水处理中得到了越来越广泛的应用。如图 6-75（a）所示，单螺杆泵最重要的元件是衬套和螺杆组成的衬套螺杆副。由于单螺杆在衬套中进行复杂的行星运动，所以在螺杆与传动轴之间装有一个偏心联轴节，也可以用万向联轴节代替。

(3) 螺杆泵的工作原理

如图 6-74 所示，当螺杆转动时，吸入室一侧的密封线连续地向排出室一端作轴向移动，使吸入室工作容积增大，压力降低，液体在泵内外压差的作用下，沿入口管线进入泵吸入室。随螺杆的转动，密封腔内的液体连续而均匀地沿轴向移动到排出室。排出室一端的工作容积逐渐缩小，液体压力升高，在泵内外压差作用下液体排入泵出口管线。在正常工作时，尽管三根螺杆均转动，但从动杆不是由主动螺杆驱动，而是由液压的驱动而旋转的。

(4) 螺杆泵的特点

① 流量均匀。螺杆泵工作时，密封腔连续向前推进，各瞬时排出量相同，因此其流量比往复泵、齿轮泵均匀。

② 受力状况良好。多数螺杆泵的主动螺杆不受径向力的作用，从动螺杆不受扭转力矩的作用，因此使用寿命较长。双螺杆结构的螺杆泵，还可以平衡轴向力。

③ 运转平稳，噪声低。螺杆泵被输送液体不受搅拌作用。螺杆泵密封腔空间较大，有少量杂质颗粒也不妨碍工作。

④ 具有良好的自吸能力。螺杆泵密封性能好，可以排送气体，启动时不用灌泵，可用于气液混相输送。由于密封性好，可在较高压力下工作，压力可达 30MPa。

⑤ 除单螺杆泵以外，其他螺杆泵无往复运动，不受惯性力的影响，故转速较高，一般转速为 1500～3000r/min。单螺杆泵由于偏心距很小，惯性力也很小，转速可以达到 3000r/min。同样排量下，体积、质量均小于往复泵。

⑥ 可以输送黏度较大的液体。

(5) 双螺杆泵的组装与调整

① 装配前的准备

a. 备齐必要的图纸资料、数据。

b. 备齐必要的检修工具、量具、配件及材料。

c. 装配人员劳保穿戴，做好个人防护。

② 装配步骤

a. 检查同步齿轮、螺杆、轴承、止推垫片、密封组件有无缺陷、损坏以及配件数量。

b. 清洗配件。清洗后的配件要做到“下铺上盖”，不能落地。

c. 将主动螺杆、从动螺杆装入到泵壳中，可适当涂抹润滑油，有利于盘车。

d. 将前盖板、后盖板装配到壳体上，安装时要注意端盖垫子的完好性，不能损坏。端盖螺栓要对称拧紧（驱动端为前）。

e. 装配前、后密封。如果是机械密封，装配时要注意不能猛烈敲击，以防损坏机封。如果是填料密封，装配时要注意填料压盖不能装斜。

f. 装配前、后轴承。一般来说非驱动端轴承为定位轴承，既承受轴向力，也承受径向力。驱动端为径向轴承，只起到支撑作用。

g. 同步齿轮装配。同步齿轮装配时一定要保证紧固，在工作过程中不能出现松动现象。

h. 装配同步齿轮端盖，并装配联轴器。

③ 装配后的检查。装配后盘车应无卡涩，密封压盖不应倾斜，装配的各项数据应符合设备装配要求。特别注意螺杆泵不允许空负荷试车。

6.4.1.10 齿轮泵的分类、结构、工作原理、特点、组装与调整

齿轮泵属于回转式容积泵。

(1) 齿轮泵的分类

根据啮合特点，齿轮泵分为外啮合齿轮泵、内啮合齿轮泵。内啮合齿轮泵的流量比外啮合齿轮泵的流量均匀，但制造加工复杂。外啮合齿轮泵的齿轮数目为 2～5 个，两个齿轮啮合的外啮合齿轮泵最常用。

(2) 齿轮泵的结构

以外啮合齿轮泵为例，如图 6-77 所示，主要是由两个相互啮合的齿轮、泵体、泵盖、轴承和安全阀等组成。

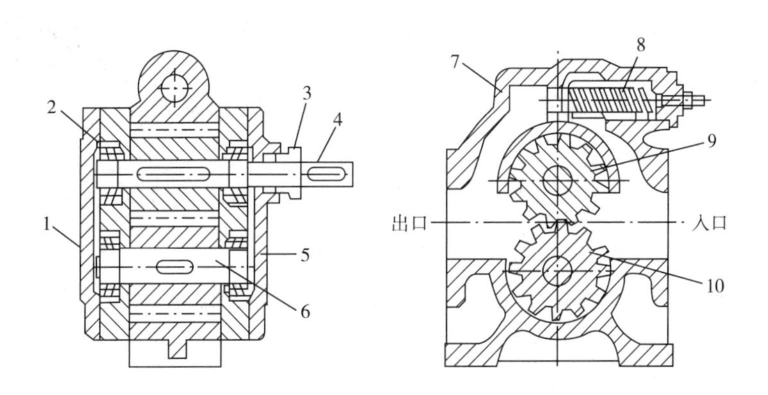

图 6-77 外啮合齿轮泵

1—后泵盖；2—轴承；3—密封压盖；4—主动轴；5—前泵盖；6—从动轴；7—泵体；8—安全阀；9—主动齿轮；10—从动齿轮

在介质入口侧，脱离啮合的轮齿表面和泵体的内表面形成了吸入室，在介质出口侧，即将啮合的轮齿表面和泵体的内表面组成了排出室，两室互不相通。

(3) 齿轮泵的工作原理

依靠齿轮相互啮合过程中形成的工作容积的变化来输送液体。

如图 6-78 所示，啮合齿 A、B、C 将工作容积空间隔成吸入室和排出室，当齿轮按图示

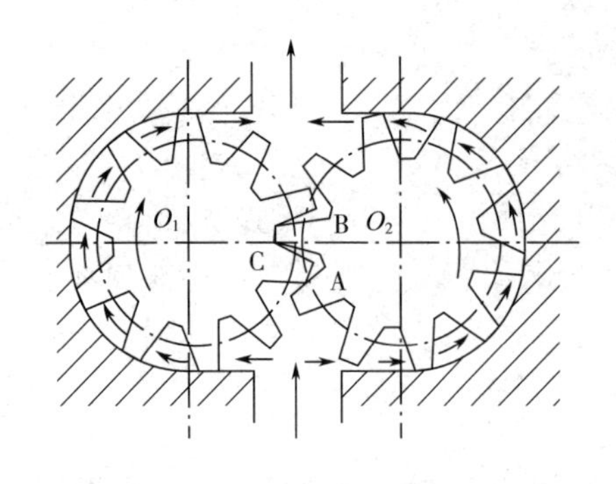

图 6-78 齿轮泵工作原理图

方向转动时，位于吸入室的 C、A 齿逐渐退出啮合，使吸入腔容积逐渐增大，压力降低，在压差作用下，液体沿入口管进入吸入腔，并充满齿间容积，随着齿轮转动，进入齿间的液体被带到排出室，由于齿轮的啮合占据了齿间容积，使排出室容积变小，压力升高，在压差作用下液体被排入出口管。

(4) 齿轮泵的特点

① 流量和排出压力基本上无关。

② 流量和压力有脉动。

③ 无入口阀、出口阀。

④ 具有良好的自吸能力。

⑤ 运转可靠，流量比往复泵均匀。

⑥ 制造容易，维修方便。

⑦ 适用于不含固体杂质的高黏度（常大于 $2200mm^2/s$）液体。

(5) 齿轮泵的组装与调整

① 装配前的准备

a. 备齐必要的图纸资料、数据。

b. 备齐必要的检修工具、量具、配件及材料。

c. 装配人员劳保穿戴，做好个人防护。

② 装配步骤

a. 检查配件有无缺陷、损坏以及配件数量。

b. 清洗配件。清洗后的配件要做到“下铺上盖”，不能落地。

c. 将齿轮装配到主动轴和从动轴上，将装好齿轮的轴装入到泵体中，可适当涂抹润滑油，有利于盘车。

d. 将前、后泵盖装配到泵体上，安装时要注意垫片的完好性，不能损坏。端盖螺栓要对称拧紧（联轴器端为前）。

e. 装配前、后轴承，检查装配后的齿轮盘车情况，应顺滑无卡涩。

f. 装配密封装置和联轴器。

③ 装配后的检查。装配后盘车应无卡涩，泵盖不应倾斜，装配的各项数据应符合设备检修要求。注意不允许空负荷试运齿轮泵。

6.4.2 风机的分类、结构、工作原理、特点、安装与调试、故障分析

风机是一种压缩和输送气体的机器。广泛应用于矿山、冶金、石化、航天、航海、能源和车辆工程等领域，是国民经济各工业部门的通用设备。和压缩机比较，风机的结构较简单，维护和检修比较容易。

(1) 风机的分类

① 按排气压力 p（表压）大小分类。

分为通风机和鼓风机两大类。在设计条件下，$p \leqslant 15kPa$ 的风机称为通风机；$15kPa < p \leqslant 300kPa$ 的风机称为鼓风机。

② 按工作原理分类。

分为容积式和透平式两大类，其分类如表 6-19 所示。

表 6-19　风机按工作原理的分类

风机	容积式	回转式	罗茨式
			螺杆式
			滑片式
			叶氏式
		往复式	活塞式
			隔膜式
	透平式	离心式	
		轴流式	
		混流式	

容积式风机因其排气压力较高，主要用于鼓风机，通风机多采用透平式风机。

下面主要介绍生产中常用的离心式风机和罗茨鼓风机。

(2) 离心式风机

① 离心式风机的结构。离心式风机主要由机壳、叶轮、主轴、轴承、轴承箱、密封组件、润滑装置、联轴器（或带轮）、底座以及其他辅助零部件等组成。典型的离心式风机结构如图 6-79 所示。

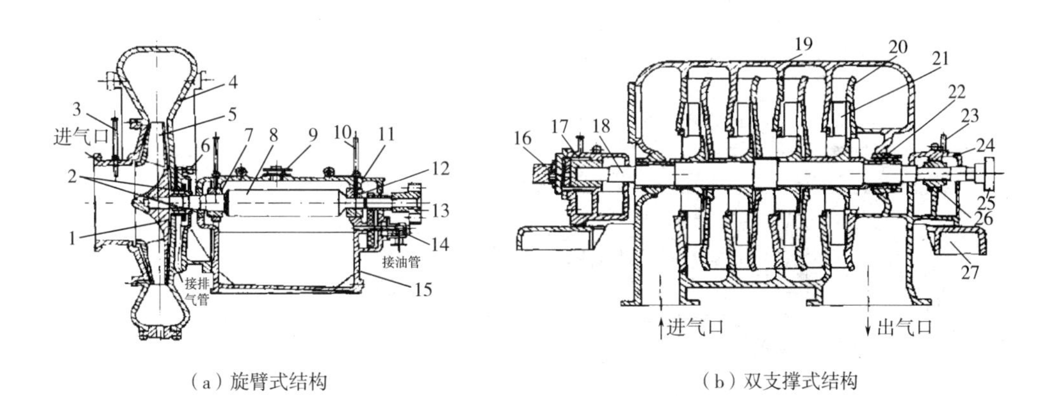

（a）旋臂式结构　　（b）双支撑式结构

图 6-79　离心式风机

1—排气管；2，22—密封；3，10，23—温度计；4，19—机壳；5，21—叶轮；6—油杯；7，17—止推轴承；8，18—主轴；9—通气罩；11，24—轴承箱；12，26—径向轴承；13，25—联轴器；14，16—主油泵；15，27—底座；20—回流室

② 离心式风机的工作原理。叶轮带动气体高速旋转，气体在离心力的作用下被甩向蜗室及扩压管，由于通道容积不断增大，使气体旋转时获得的部分动能转变为压能，气体的压力升高，压力升高的气体由出气口排入出口管道。同时，叶轮中心处形成低压，使风机能够不间断地吸入气体，形成气体的连续流动。如图 6-80 所示。

③ 安装前清点风机所有的零部件是否齐全、有无损伤。

a. 彻底清洁轴承和轴承箱。

b. 检查安装轴承座，注意控制轴向偏差及径向偏差。

c. 安装机壳的下半部分、进气箱的大半部，进风口的大半部。

d. 组装轴、轴承、转子，半联轴器，就位于轴承箱，调整位置。

e. 检查调整各安装间隙，固定机壳、进气箱，进风口。

f. 安装密封部件。

g. 安装上部机壳。

h. 安装集流器。

i. 安装调节挡板。

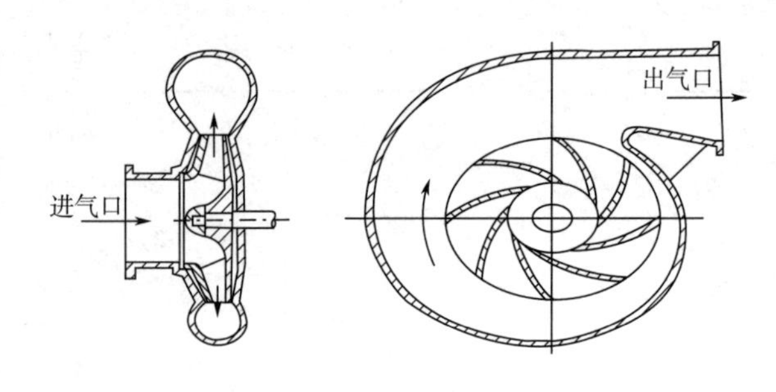

图 6-80 离心式风机工作原理示意图

j. 安装电机，与风机连接。

k. 注意润滑系统的连接。

l. 如果有冷却水系统，注意安装。

m. 盘车，单机试运。

④ 离心式风机的日常维护

a. 定时检查润滑油油位、油温及冷却水流量。

b. 定时检查风机排气压力、电机电流、轴承温度。

c. 检查风机有无异常及产生杂音。

d. 检查各密封部位有无泄漏。

e. 检查地脚螺栓、泵上各连接螺栓有无松动。

f. 做好设备日常清洁工作。

⑤ 离心式风机常见故障分析及处理方法见表 6-20。

表 6-20 离心式风机常见故障分析及处理方法

常见故障	故障原因	处理方法
运转声音异常、振动	①转子不平衡 ②叶轮内积垢、积灰 ③叶轮变形或损坏 ④泵轴和电机轴同心度不好 ⑤轴承损坏或间隙过大 ⑥地脚螺栓松动	①重做动平衡 ②清洁叶轮 ③更换叶轮 ④清洁重新找正 ⑤更换轴承 ⑥紧固地脚螺栓
流量不足或压力低	①叶轮磨损 ②传动带松弛	①重做动平衡，修理或更换叶轮 ②调整或更换传动带
轴承过热	①轴承安装不正确 ②轴承磨损 ③润滑油质、油量或牌号不符合要求 ④泵与电机对中不良	①重新装配 ②更换轴承 ③更换润滑油，调整油量 ④重新找正

(3) 罗茨鼓风机

① 罗茨鼓风机的结构。罗茨鼓风机是由机壳、前后盖板、一对转子、主轴、从动轴、密封部件、一对同步齿轮、轴承、电动机、底座等部件组成，如图 6-81 所示。大型鼓风机常带有润滑油循环系统、减速装置、除尘器、消声器以及安全阀。

两转子之间、转子与机壳之间，既要保证相互不发生碰撞，又要保证不因间隙过大，造成过多漏气，影响泵效率或正常运行。

② 罗茨鼓风机工作原理。如图 6-82 所示，在一个长圆形机壳内，两个“8”字形、位差 90°的转子装在两平行轴上。两平行轴同侧端装有互相啮合的一对外啮合齿轮，在电机的带动下，啮合齿轮传动，带动转子转动，完成吸气、压缩及排气过程。

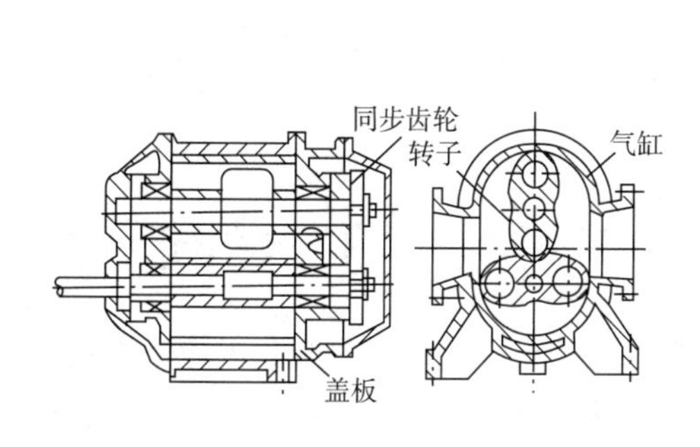

图 6-81 罗茨鼓风机

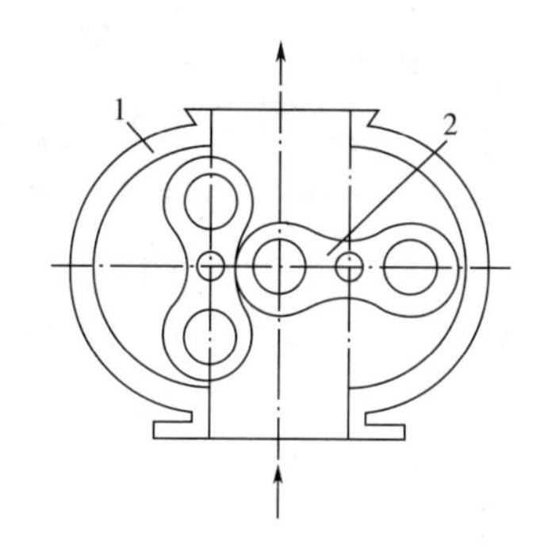

图 6-82 罗茨鼓风机工作原理

罗茨鼓风机的工作过程如图 6-83 所示。图 6-83 中 1～5 的五个转子位置，表示转子转动 180°的工作过程。当转子在 1 位置时，图中泵左面部分与进气口相通，气体压力等于进气压力；图中泵右面部分与排气口相通，内部气体压力等于排气压力；图中上转子与外壳所围的空间中，包含有与进气压力相同的气体 A。当转子转一个微小角度到达 2 位置时，上部空间 A 与排气口相通，排气管内的高压气体突然由间隙 δ 倒流到空间 A 中，使其中的气体压缩，由吸气压力升高到排气压力，随着转子的进一步转动，右侧容积不断减小，泵右侧气体从排气口排出，同时，图中左侧的容积空间不断增大，压力降低，气体从吸入口吸入，并随转子进入图中下部空间。到达 3 位置时，情况与 1 位置时相同，只是气体所处的空间及转子的位置发生了变换。转子到达 4 位置时，下部空间的气体 B 先被压缩，而后排出。5 位置与 1 位置完全相同。因此，转子每转一周，排气量为上、下密闭空间容积之和的两倍。

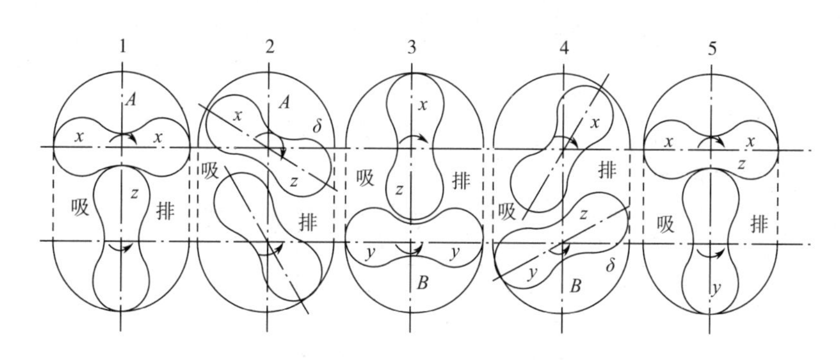

图 6-83 罗茨鼓风机的工作过程

通常，罗茨鼓风机进气压力为大气压，罗茨鼓风机压力的升高依赖于排气口工作系统的背压。

③ 罗茨鼓风机的工作特点

a. 气缸内不需要润滑，输送介质不含油。

b. 强制排气，风量受出口阻力的影响很小。

c. 结构简单，操作维护方便，使用寿命长。

d. 采用新型叶轮型线，高效，节能，噪声低。

e. 转子动平衡精度及齿轮精度高，传动平稳振动小。

④ 罗茨鼓风机的组装与调试。组装前先修复或更换损坏的零部件，清洗各零部件，保证各配合部位的清洁度。各部位密封垫片如有损坏或失落，应更换相同厚度、材质的垫片。组装顺序为：

a. 将机壳吊到工作平台上，吹洗，修毛刺。

b. 将驱动侧的墙板安装在机壳上。

c. 将转子从另一侧推入机壳中。

d. 组装齿轮侧墙板，并保证轴向间隙（不同的机型有不同的间隙标准）。总间隙不够的可选配机壳密封垫。

e. 组装两侧的轴承座，轴承。定位轴承的轴承座垫片，决定叶轮轴向间隙的分配。

f. 组装齿轮，甩油盘，注意按标记对正。齿轮的锥面配合处不许涂油，应清洗干净，齿轮正式锁紧前应作一次预紧。

g. 组装齿轮箱，小轴承座用垫片控制好轴向间隙的分配。

h. 组装油箱及油封，油标等。

i. 装带轮或联轴器及其他附件。

⑤ 罗茨鼓风机的常见故障分析及处理方法见表 6-21。

表 6-21　罗茨鼓风机的常见故障分析及处理方法

常见故障	故障原因	处理方法
运转声音异常、振动	①转子平衡精度过低或被破坏 ②地脚螺栓松动 ③轴承磨损 ④紧固件松动 ⑤机组承受进气管道的重力	①重新校正平衡 ②紧固地脚螺栓 ③更换轴承 ④重新拧紧 ⑤增加支撑
风量不足、风压低	①叶片间隙增大 ②密封或机壳漏气 ③管线法兰漏气 ④传送带松动，达不到额定转速	①分析磨损原因，调整叶片间隙 ②修理机壳、更换密封 ③更换法兰垫片 ④调整或更换皮带
轴承过热	①轴承安装不正确 ②轴承磨损 ③润滑油质、油量或牌号不符合要求 ④与电机对中不良	①重新装配 ②更换轴承 ③更换润滑油，调整油量 ④重新找正
鼓风机卡死，盘不动	①异物附着在转子上 ②轴承摩擦或内有异物	①清洗管路 ②检修、清洁、更换零件
密封装置漏气	①断油 ②填料磨损 ③装配不良 ④夹杂杂质	①疏通油路，更换新油 ②更换 ③重新装配 ④清洗
机体发热	①间隙调整不当 ②轴承磨损 ③杂质过多 ④介质温度超高	①调整间隙 ②更换轴承 ③冲洗 ④介质降温

续表

常见故障	故障原因	处理方法
齿轮磨损	①齿轮间隙过小 ②润滑油选用不当或变质、油量不合适 ③油路系统故障	①调整间隙 ②更换润滑油、调整油量 ③确保油压、油量

6.4.3 阀门分类、安装、调试、工作基础

6.4.3.1 阀门的作用

阀门是管路中用来控制管内流体流动的装置。阀门的主要用途包括：

① 启闭作用。截断或沟通管内流体的流动。

② 调节作用。改变管路阻力，调节流体流速，使流体流过阀门后产生较大压强。

③ 安全保护作用。当管路或设备超压时自动排放介质，保证设备及管路不超压。

④ 控制流向作用。分配及控制流体的流量和流向等。

6.4.3.2 阀门的分类

按作用和用途分类：

① 截断阀。截断阀又称闭路阀，其作用是接通或截断管路中的介质。截断阀包括截止阀、闸阀、旋塞阀、球阀、蝶阀和隔膜阀等。

② 止回阀。止回阀又称单向阀或逆止阀，其作用是防止管路中的介质倒流。水泵吸水管的底阀也属于止回阀。

③ 安全阀。安全阀的作用是防止管路或设备中的介质压力超过规定数值，超压自动打开泄压，达到安全保护的目的。

④ 调节阀。调节阀的作用是调节介质的压力、流量等参数。包括调节阀、节流阀和减压阀。

⑤ 分流阀。分流阀的作用是分配、分离或混合管路中的介质。包括各种分配阀和疏水阀等。

工业和民用工程中的通用阀门常分成11类，即截止阀、闸阀、安全阀、旋塞阀、球阀、蝶阀、隔膜阀、止回阀、节流阀、减压阀和疏水阀。本书仅介绍水处理装置中常用的截止阀、闸阀、球阀及蝶阀。

6.4.3.3 阀门的基本知识

(1) 截止阀的基本知识

① 截止阀的结构。如图6-84所示，截止阀的主要部件有手轮、阀杆、填料压盖、填料、阀盖、阀体、阀芯和阀座等。截止阀的密封零件是阀芯和阀座。通过转动手轮，带动阀杆和阀芯作轴向的升降，改变阀芯和阀座之间的距离，从而改变流体通道的大小，改变流量大小。为了使截止阀关闭后严密不泄漏，阀芯和阀座的配合面经过研磨或者使用垫片，也有在密封面镶青铜、不锈钢等耐蚀、耐磨材料。阀芯和阀杆采用活动连接，以利于阀芯和阀座严密贴合。为防止

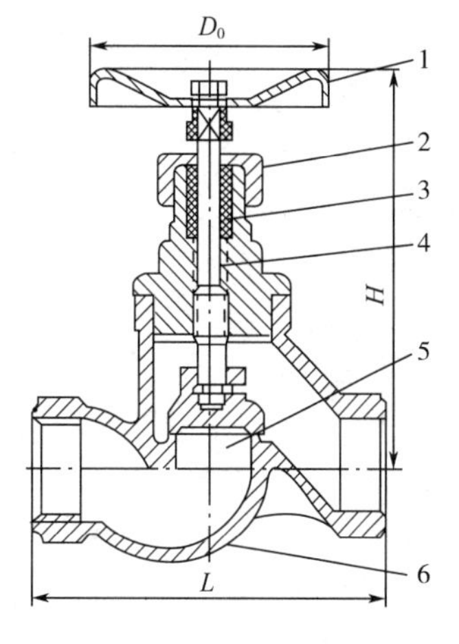

图 6-84 截止阀结构图

1—手轮；2—填料压盖；3—填料；4—阀杆；5—阀芯；6—阀体

介质从阀体和阀盖的结合面处泄漏，在该结合面中间加垫片。阀杆穿出阀盖，它们之间的径向间隙，靠填料的挤压变形来密封，以防止介质沿阀杆向外泄漏。

截止阀和管路的连接形式有法兰连接、螺纹连接两种，法兰连接一般用于公称直径较大的阀门，而螺纹连接用于公称直径较小的阀门。根据结构形式的不同，截止阀分为标准式、流线式、直线式和角式，其结构示意图如图 6-85 所示。

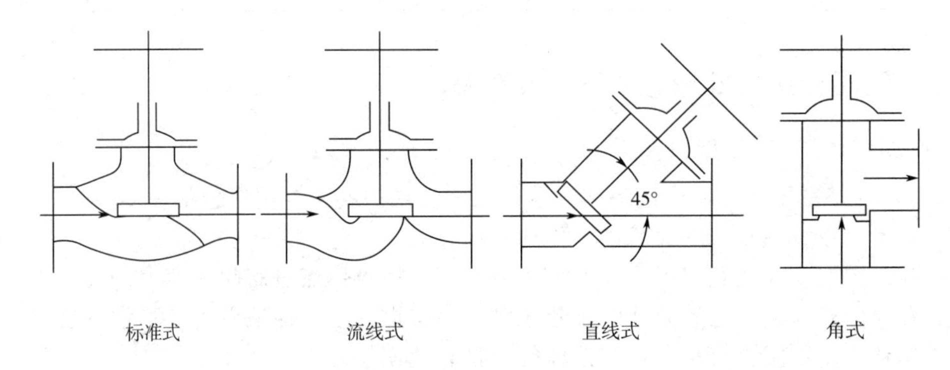

图 6-85　截止阀的种类

标准式截止阀的阀体中部呈球形，阀座位于阀体的中心部位，介质在阀体内的流动阻力较大；流线式截止阀的阀腔呈流线形，介质的流动阻力比标准式截止阀小；直线式截止阀的阀杆倾斜成 45°，介质流过阀腔时，以直线方式流过，所以流体的流动阻力最小；角式截止阀进出口的中心线相互垂直，适用于管路垂直转弯处。

② 截止阀的工作特点。截止阀在管路中主要用作沟通和切断介质，也可用于流量调节。截止阀与闸阀比较，调节性能好，结构简单，制造维修方便，在实际生产中广泛应用。适用于水、油、气、蒸汽及真空管路，不宜用于有沉淀物或易于结晶的液体介质管路。

截止阀安装于管路中时，应特别注意阀口的方向，使介质“低进高出”，即介质从阀芯的底部进入，从阀芯的上部流出，只有这样才会减少介质的流动阻力，开启阀门时也比较省力。

(2) 闸阀的基本知识

① 闸阀的结构。闸阀也称为闸板阀。闸阀的主要部件有闸板、阀体、阀杆、阀盖、填料函、套筒螺母和手轮等，闸板通过阀杆和手轮相连。转动手轮可使闸板上下活动，闸板降至最下方时阀门关闭，介质的流动被切断，闸板部分上升时，流体可部分通过，闸板提到最高位置时，管路完全打开。

② 闸阀的分类

a. 根据闸阀阀杆上螺纹位置的不同，可分为明杆式、暗杆式两类。

明杆式闸阀的阀杆螺纹位于阀杆的上部，如图 6-86 所示，与阀盖上部的套筒螺母相配合，旋转手轮时，阀杆与闸板一起作上下方向（轴向）的升降运动，随着阀门的开启，阀杆逐渐升高。暗杆式闸阀的阀杆螺纹位于阀杆的下部，如图 6-87 所示，与嵌在闸板上的套筒螺母相配合，旋转手轮时，阀杆与手轮一起转动，闸板在阀腔内作上下方向的升降运动，阀门在开启、闭合时，阀杆只在原地旋转，而没有轴向运动。

明杆式闸阀在工作过程中可根据阀杆的高低判断阀门的开启程度，暗杆式闸阀则不能；明杆式闸阀阀杆需轴向运动，占用的空间高度较大，暗杆式闸阀的阀杆位置不变，占用的空间高度较小；明杆式闸阀的螺纹在阀门外侧，不受介质腐蚀且便于润滑，使用寿命长，暗杆式闸阀则相反。明杆式闸阀在化工企业中广泛使用。

b. 根据闸板结构形式的不同，分为楔式、平行式两类，如图 6-86（a）、（b）所示。楔式闸板的密封面与垂直中心成一角度，大多制成单闸板，平行式闸阀的密封面与垂直中心平行，多制成双闸板。

c. 闸阀的特点。流体阻力小，开启缓慢，易于调节流量，但结构复杂，密封面易磨损，不易修理，一般用在大直径管路上。

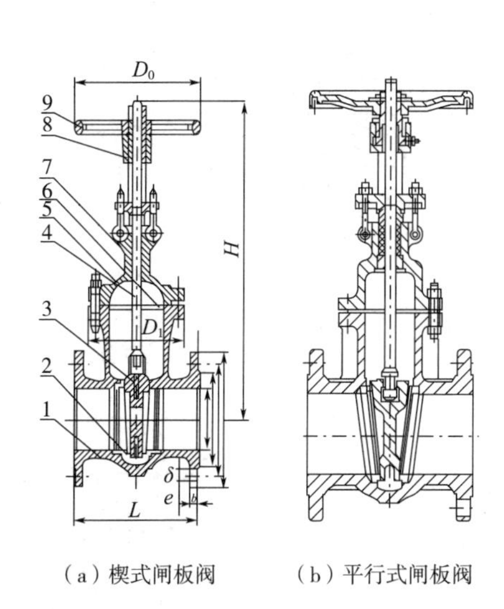

图 6-86 明杆式闸板阀

1—扫除盖；2—阀体；3—阀板；4—立柱；5—阀盖；6—垫片；7—防尘盖；8—轴承；9—手轮

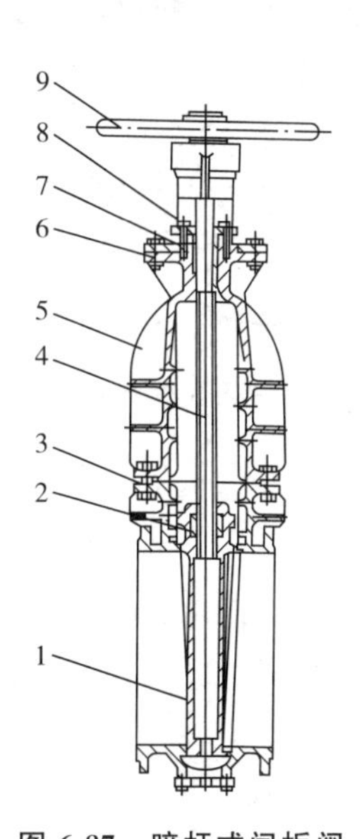

图 6-87 暗杆式闸板阀

1—扫除盖；2—阀体；3—阀板；4—立柱；5—阀盖；6—垫片；7—防尘盖；8—轴承；9—手轮

（3）球阀的基本知识

① 球阀的基本结构。球阀主要由阀体、阀盖、密封阀座、球体和阀杆等部件组成。通过旋转阀杆带动带孔的球体旋转，控制阀门启闭。如图 6-88 所示。

② 球阀的分类

a. 根据介质流向，球阀可分为三通式、直通式两种。三通式球阀具有分流或汇流作用，如图 6-89 所示。

b. 根据球体结构，球阀可分为浮动球球阀、固定球球阀。浮动球球阀的球体在阀体内可以浮动。根据密封座结构的不同，浮动球球阀又分为固定密封阀座、活动密封阀座两种形式。通常固定密封阀座浮动球阀在阀体内装有两个氟塑料制成的固定密封阀座，浮动球球体夹紧在两个阀座之间，球体是球阀的启闭件，为了提高阀门密封性，球体要有较高的制作精度和较小的表面粗糙度。

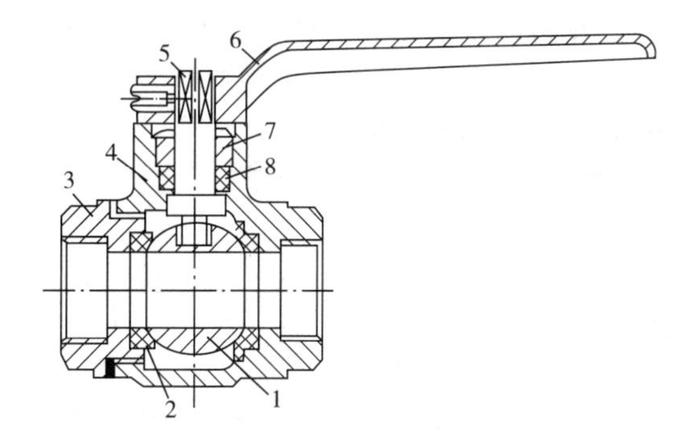

图 6-88 固定密封阀座浮动球阀结构图

1—浮动球；2—固定密封阀座；3—阀盖；4—阀体；5—阀杆；6—手柄；7—填料压盖；8—填料

活动密封阀座浮动球阀结构如图 6-90 所示。它与固定密封阀座浮动球阀不同的只是两个密封座中有一个是固定的，而另一个则可以沿轴向移动。该阀的优点是当关闭球体时右腔有介质，介质就给球体一个向左的压力，球体被压紧在活动阀座上，从而使密封性能提高。

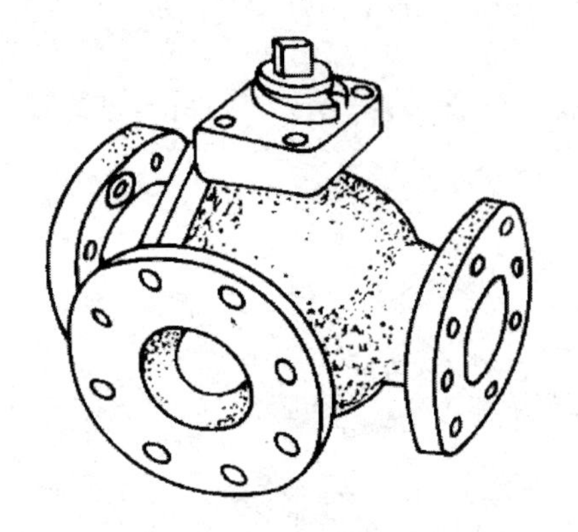

图 6-89　三通式球阀外形图

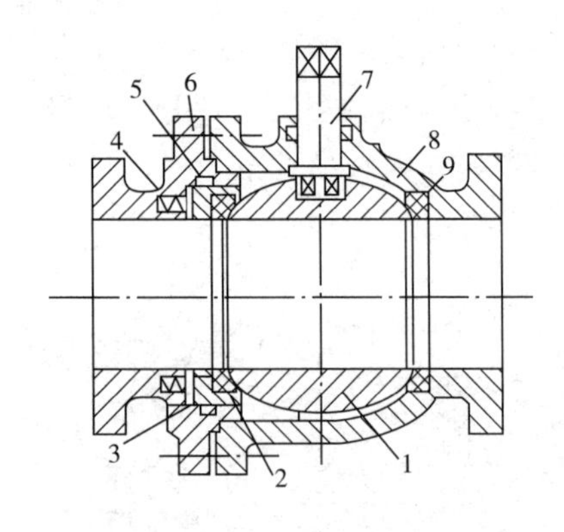

图 6-90　活动密封阀座浮动球阀

1—浮动球；2—密封阀座；3—活动套筒；4—弹簧；
5—圆形密封圈；6—阀盖；7—阀杆；8—阀体；9—固定密封阀座

固定球阀如图 6-91 所示，球体和阀杆成一体，密封阀座装在活动套筒内，套筒与阀体间用 O 型密封圈密封，左右两端密封阀座和套筒均由弹簧组预先压紧在球体上。当阀杆在上下两轴承中转动关闭阀门时，介质压力作用在套筒端面上，将密封阀座压紧在球体上起密封作用。此时，出口端密封阀座不起作用。

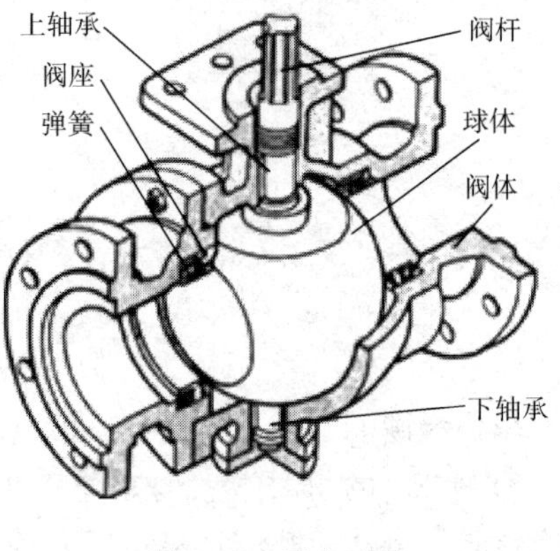

图 6-91　固定球阀

③ 球阀的特点。球阀操作简便，启闭迅速，介质流动阻力小，密封性能好，得到广泛应用。特别适用于黏度较大的介质的输送管路中。

(4) 蝶阀的基本知识

① 蝶阀的基本结构。蝶阀主要由阀体、蝶板、阀杆、密封垫圈、传动部件等组成，如图 6-92 所示。当旋转手柄时，通过齿轮传动结构带动阀杆、杠杆、松紧弹簧传动，使蝶板转动，开启或关闭流道。蝶阀的驱动方式除手动驱动，还有电动、气动等驱动方式。

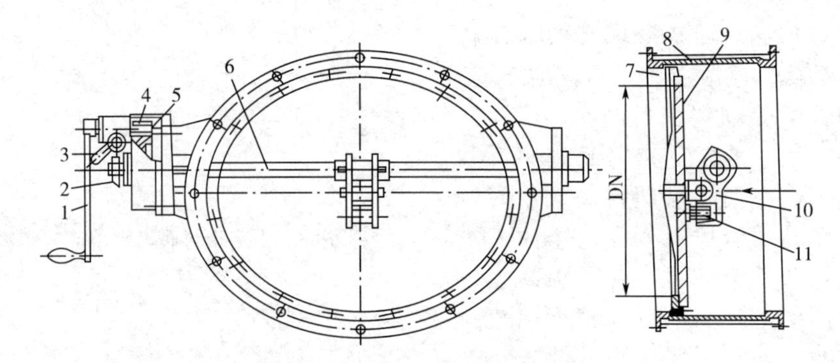

图 6-92　手动齿轮传动的蝶阀

1—手柄；2—指示针；3—锁紧手柄；4—小齿轮；5—大齿轮；6—阀杆；7—P 型橡胶密封圈；
8—阀体；9—蝶板；10—杠杆；11—松紧弹簧

蝶阀的蝶板呈圆盘状，可绕阀杆的中心线作旋转运动。蝶阀密封垫片有非金属和金属两种密封形式。采用非金属密封材料的弹性密封蝶阀，密封垫片可以镶嵌在阀体上或附在蝶板周围。

② 蝶阀的特点。蝶阀结构简单，维修方便，开关迅速，常用作截断阀，适用于大口径管路，在石油、煤气、化工、水处理等工业上得到广泛应用。

6.4.3.4 阀门型号编制方法

本标准适用于通用截止阀、闸阀、球阀、蝶阀、隔膜阀、安全阀、旋塞阀、止回阀、疏水阀等阀门的型号编制。

阀门的型号编制方法如下：

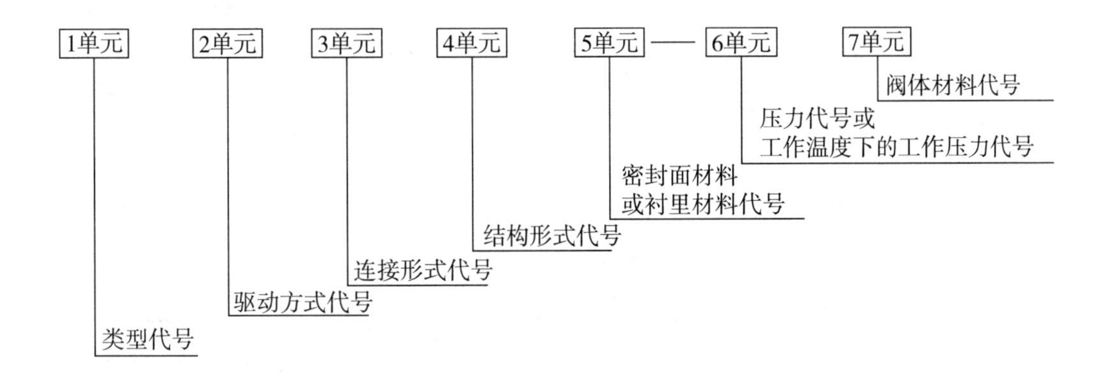

① 1 单元：常用阀门类型代号。

类型	闸阀	截止阀	球阀	蝶阀	隔膜阀	安全阀	旋塞阀	止回阀	疏水阀
代号	Z	J	Q	D	G	A	X	H	S

② 2 单元：驱动方式代号。

传动方式	电磁动	电磁液动	电液动	蜗轮	正齿轮	锥齿轮	气动	液动	气液动	电动
代号	0	1	2	3	4	5	6	7	8	9

用手轮、手柄或扳手传动的阀门以及安全阀、减压阀、疏水阀省略本代号。

③ 3 单元：连接形式代号。

连接形式	内螺纹	外螺纹	法兰	焊接	对夹	卡箍	卡套
代号	1	2	4	6	7	8	9

④ 4 单元：结构形式代号。

闸阀结构形式				闸阀代号
明杆	楔式	弹性闸板		0
		刚性闸板	单闸板	1
			双闸板	2
	平行式		单闸板	3
			双闸板	4
暗杆	楔式		单闸板	5
			双闸板	6
	平行式		单闸板	7
			双闸板	8

截止阀结构形式		截止阀代号	截止阀结构形式		截止阀代号
阀瓣非平衡式	直通式	1	阀瓣平衡式	直通式	6
	三通式	3		角式	7
	角式	4			
	直流（Y型）式	5			

球阀结构形式		球阀代号	球阀结构形式		球阀代号
浮动球	直通式	1	固定球	直通式	7
	Y型	2		四通式	6
	L型	4		T型	8
	T型	5		L型	9

蝶阀结构形式		蝶阀代号	蝶阀结构形式		蝶阀代号
密封型	单偏心	0	非密封型	单偏心	5
	中心垂直板	1		中心垂直板	6
	双偏心	2		双偏心	7
	三偏心	3		三偏心	8
	连杆机构	4		连杆机构	

⑤ 5单元：阀座密封面材料代号。

材料	巴氏合金	渗氮钢	搪瓷	衬胶	氟塑料	18-8不锈钢	Cr13不锈钢	蒙乃尔合金
代号	B	D	C	J	F	E	H	M
材料	尼龙塑料	渗硼钢	衬铅	橡胶	铜合金	硬质合金	阀体直接加工	
代号	N	P	Q	X	T	Y	W	

⑥ 6单元：公称压力代号。

用公称压力数值（单位 MPa）的 10 倍表示，并用短横线和前面 5 个单元分开。

⑦ 7 单元：阀体材料代号。

阀体材料	塑料	碳钢	铬钼钢	Cr13 系不锈钢	18-8 系不锈钢	Mo2Ti 系不锈钢
代号	S	C	I	H	P	R
阀体材料	球墨铸铁	灰铸铁	可锻铸铁	铝合金	铜及铜合金	钛及钛合金
代号	Q	Z	K	L	T	A

例一：J11T-16K 截止阀，公称压力 *PN* 为 1.6MPa，阀体材料为可锻铸铁，密封面材料为铜合金，直通式，采用内螺纹连接。

例二：Z41W-25P 闸阀，公称压力 *PN* 为 2.5MPa，阀体材料为 18-8 系不锈钢，阀体直接加工密封面，闸板为楔式单闸板，采用法兰连接。

6.4.3.5 阀门的安装与调试

(1) 阀门安装前的检查

① 根据型号和出厂说明书检查它们是否可以在所要求条件下应用，并进行水压强度和密封实验。

② 检查垫片、填料及紧固零件（螺栓）是否适合于介质性质的要求。

③ 检查阀杆是否灵活，有无卡住和歪斜现象，启闭件必须严密关闭，不合格阀门应研磨修理。

(2) 阀门安装时的注意事项

① 安装在维护和检修最方便的地方。

② 在水平管路上，阀杆应垂直向上，或者是倾斜某一角度，不要将阀杆向下安装。在高处或难于接近处，为方便操作可以将阀杆装成水平，同时再安装一个带有传动链条的手轮或远距离操作装置。

③ 安装一般的阀门时，应使介质自阀盘下面流向上面。

④ 安装止回阀时，应特别注意介质的正确流向。对于升降式止回阀，应保证阀盘中心线与水平面互相垂直；对于旋启式止回阀，应保证摇板的旋转枢轴装成水平。

⑤ 安装杠杆式安全阀时，须使阀盘中心线与水平面互相垂直。

⑥ 安装法兰连接阀门时，应保证两法兰端面互相平行、中心线同轴，在拧紧螺栓时，应对称成十字交叉式地进行。高温阀门上连接螺栓和螺母，应在螺纹上涂黑铅粉，以便检修时容易拆开。

⑦ 安装螺纹连接的阀门时，应保证螺纹完整无缺，并涂以密封胶合剂。拧紧时，必须用扳手把住要拧入管子一端的六面体上，以保证阀体不被拧变形或损坏。

(3) 阀门的装配试压

① 阀杆修理。除研磨密封圈以外，有时阀杆也要修。一般用细砂布磨去阀杆表面上的铁锈和污物即可。

② 填料函清理。清除填料函中的旧填料。

③ 零件清洗。清洗各零件上的污物和铁锈。

④ 阀门装配。研磨和清洗好后进行装配。装配时，先将阀杆插入盖内，并装上新填料，然后再装配其他零件。

⑤ 阀门试压。装配好后阀门应进行水压密封实验，实验压力等于或高于工作压力，保

持压力 3～5min，以不漏为合格。

6.4.4 水处理工艺应用的其他典型设备

(1) 曝气器

曝气过程是污水生化工艺的中心环节。无论是活性污泥法工艺还是生物膜法工艺，在生物处理过程中几乎都用到了曝气器，例如 A^2O 法工艺、SBR 工艺。

曝气器是一种微孔曝气增氧装置，由鼓风机通过管道输送空气，空气通过管道进入曝气器装置，通过曝气器微孔吹出气泡，微孔气泡在整个污水处理池中均匀扩散，充分混合后，达到曝气增氧效果。

曝气器类型：鼓风曝气设备按结构形式，主要分为盘式曝气器、管式曝气器、球形曝气器。本章仅介绍球形刚玉微孔曝气器。

球形刚玉微孔曝气器：如图 6-93 所示，曝气器呈球冠形，采用刚玉材质，支撑托盘和楔形插件均为工程塑料。现场总装效果如图 6-94 所示。球形刚玉微孔曝气器防堵、防倒灌性好，节能高效、布气均匀、耐老化、抗腐蚀。单位面积充氧率高，适用于污水处理的生化曝气。

图 6-93 球形刚玉微孔曝气器

图 6-94 曝气器现场总装效果图

(2) 搅拌机

搅拌设备提供水处理过程中所需要的能量和适宜的流动状态。搅拌机的搅拌器工作时，在电机的带动下作旋转运动，将机械能传递给流体，在搅拌器附近形成高湍动的充分混合区，推动液体流动。搅拌的主要功能是加速整个液体的混合、平衡浓度、均匀温度，阻止悬浮物沉降。

搅拌机种类繁多，本章仅介绍 QJB 型潜水搅拌机。如图 6-95 所示。

图 6-95 QJB 型潜水搅拌机外形图

QJB 型潜水搅拌机。由叶轮（螺旋桨）、密封装置、轴承、壳体、潜水电机、漏水保护装置、安装提升系统等组成，如图 6-96 所示。叶轮作为搅拌器，要求有较高的强度及耐腐蚀性，常选用不锈钢材料。QJB 型潜水搅拌机推流能力强，渗漏保护功能全、密封质量好、体积小、质量轻、效率高、寿命长，主要适用于市政和工业污水处理过程中的混合、搅拌和环流，也

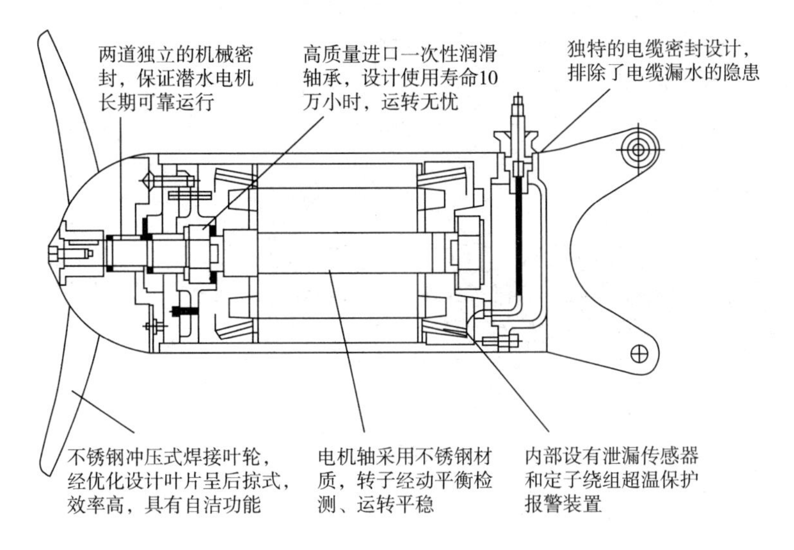

图 6-96　QJB 型潜水搅拌机

可以用作景观水循环的推动设备。

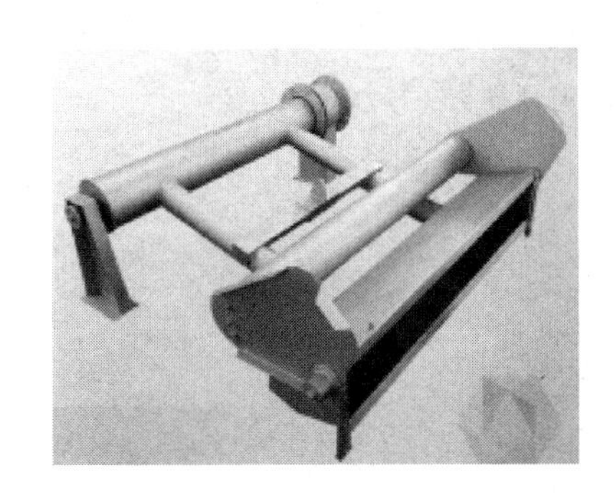

图 6-97　XB 型滗水器外形图

(3) 滗水器

又称滗析器，是各种间歇式循环活性污泥法污水处理系统（如 SBR、CASS 等）的上清液排出设备（图 6-97）。主要有机械式、虹吸式、自浮式三种。本章仅介绍机械式滗水器，如图 6-98 所示。

机械式滗水器。主要由撇渣筒、滗水槽、排水分管（支管）、排水转管（总管）、滑动轴承、回转轴座（支座）、驱动装置、传动装置、自动控制装置等组成，如图 6-98 所示。滗水时，电机由自动控制系统操作，通过电动推杆带动滗水槽接近水面，按指定的速度推

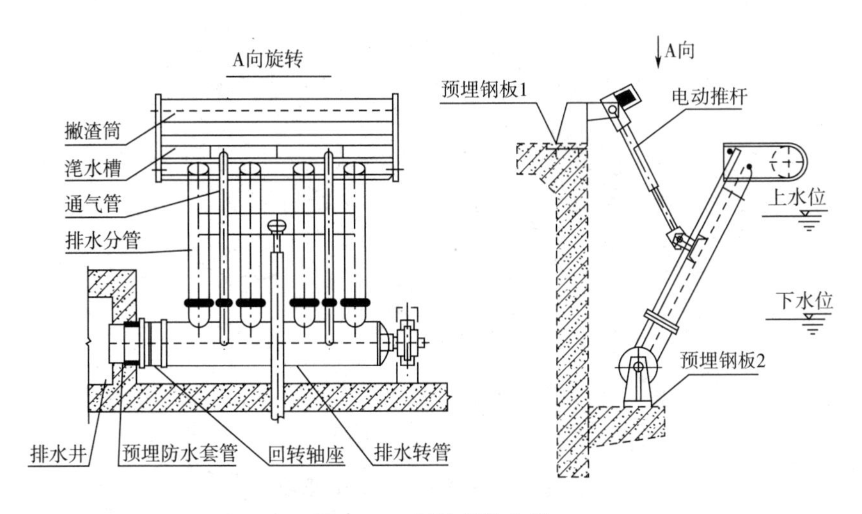

图 6-98　机械式滗水器

动滗水槽撇入上清液，上清液经排水分管汇入排水转管，最后从排水管排出。

(4) 管壳式换热器

在水处理工艺中，换热器的作用是实现连续、稳定地污水换热。常用的类型有固定管板式、浮头式、U 型管式。本章仅介绍固定管板式换热器。如图 6-99 所示。

(a) 带补偿圈的固定管板式换热器（单管程）

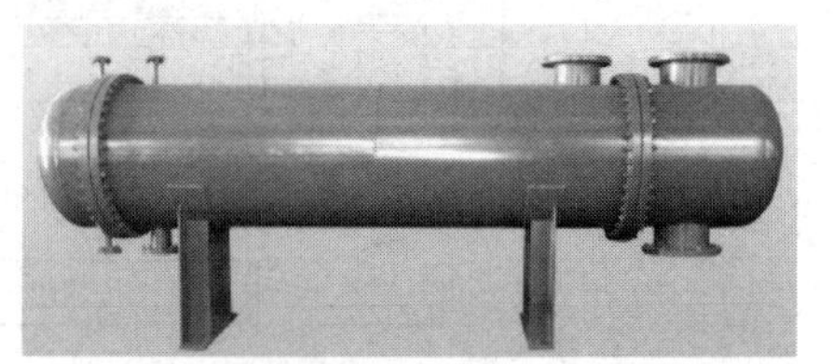

(b) 固定管板式换热器（双管程）

图 6-99　固定管板式换热器

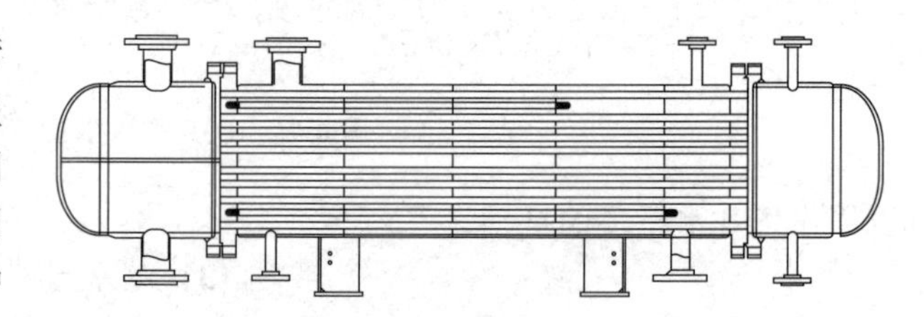

图 6-100　固定管板式换热器结构图

固定管板式换热器由壳体、管束、管板、折流板和管箱等部件组成，如图 6-100 所示。壳体多为圆筒形，内部装有管束，管束两端固定在管板上。进行换热的冷热两种流体，一种在管内流动，称为管程流体，另一种在管外流动，称为壳程流体。为提高管外流体的传热效果，通常在壳体内安装若干折流板。当管束与壳体温度差稍大而壳程压力又不太高时，可在壳体上安装补偿圈，以减小热应力。

进行换热的冷热两种流体，按以下原则选择流道：

① 不洁净和易结垢流体宜走管程，因管内清洗较方便；

② 腐蚀性流体宜走管程，以免管束与壳体同时受腐蚀；

③ 压力高的流体宜走管程，以免壳体承受压力。

(5) 膜处理设备

膜处理设备适用于海水淡化、自来水水质改善以及各个行业所需的任何等级的纯水、纯净水。主要设备有微滤装置、超滤装置、反渗透装置、电渗析器等。本章仅介绍超滤装置和反渗透装置。

① 超滤装置。超滤（UF）属于压力驱动型膜分离技术，以膜两侧压差为推动力，以机械筛分原理为基础理论的溶液分离过程，介于纳滤和微滤之间。超滤过程在本质上就是一种筛孔分离技术，主要从液相中分离大分子化合物（蛋白质、淀粉、酶等）、胶体分散液（黏土、微生物等）和乳液（润滑脂、洗涤剂、油等）。超滤技术具有相态不变、无需加热、设备简单、占地少、能耗低、低压操作、对材料要求不高等特点，因此，在工业污水处理中被广泛应用，如图 6-101 所示。

超滤装置中的膜组件分为内压式膜组件和外压式膜组件，如图 6-102 所示，内压式膜组件原液从 A 进入中空纤维超滤膜内，原液中的小分子从中空纤维超滤膜内部向外渗出，在壳体内形成超滤液，从图中 B 排出，大分子无法透过超滤膜，在超滤膜内形成浓缩液，继续向前流动从 A 中流出。外压式膜组件原液进入的是膜组件壳体内，原液中的小分子穿过中空纤维超滤膜进入膜内部，形成超滤液，从图中 B 排出，大分子无法渗入超滤膜内部，

图 6-101　超滤装置

在膜外和壳体内的空间中形成浓缩液，继续向前流动从 A 处流出。

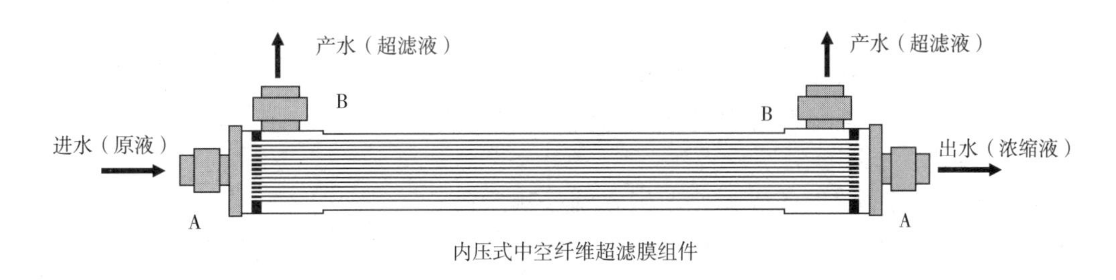

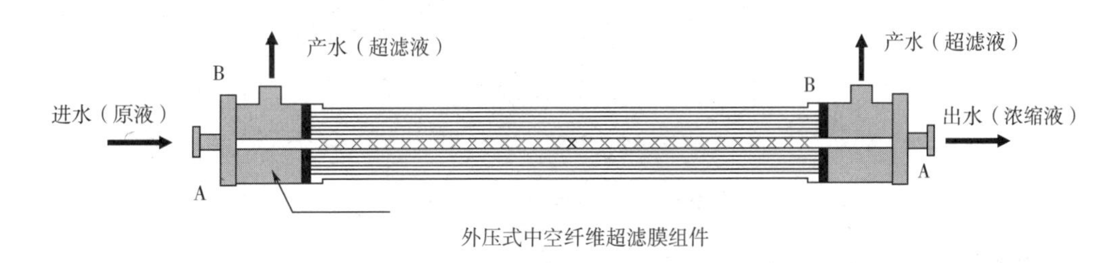

图 6-102　超滤装置的膜组件工作示意图

② 反渗透装置。反渗透装置是一种膜过滤装置。在压差作用下，反渗透膜（RO 膜）选择性地只透过溶剂（通常是水分子），而截留离子物质，可去除 99%以上的溶解固形物、颗粒、胶体、细菌及有机物。如图 6-103 所示，其主要部件包括反渗透膜、导流网、集水管、管板、外壳、密封元件、端板等。反渗透装置在分离过程中无需加热，没有相变，耗能较少，设备体积小，操作简单，适用性强。

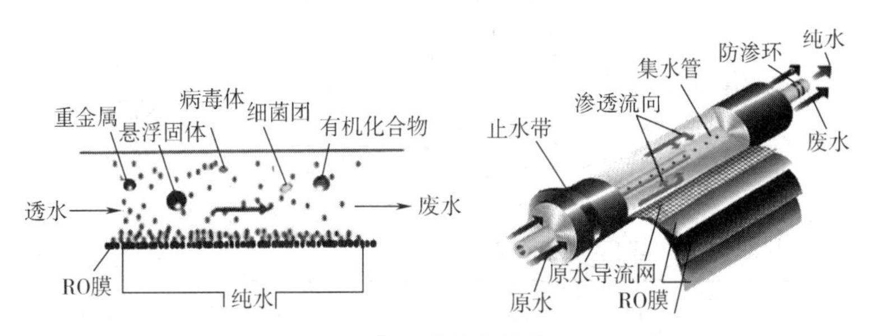

图 6-103　反渗透膜基本结构及原理图

6.5 电工基础

6.5.1 电路、电工基础

6.5.1.1 电路及电路图

(1) 电路和电路的组成

① 电路。电路就是电流的通路，它是为了某种需要由某些电工设备或元件按一定方式组合起来的。基础实物电路图见图 6-104。

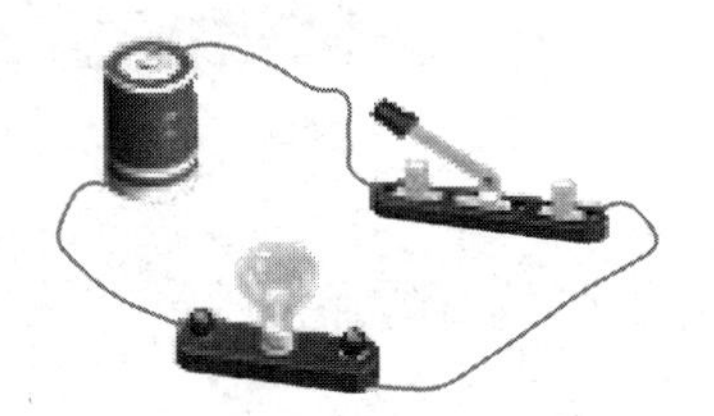

图 6-104 基础实物电路图

② 电路组成

a. 电源。产生电能的设备。

b. 负载。把电能转化成其他能的器件或设备。

b. 开关，导线。控制电路作用，连接电路作用。

(2) 电路图

① 电路图：图中的设备或元件用国家统一规定的符号画出的电路模型（图 6-105）。

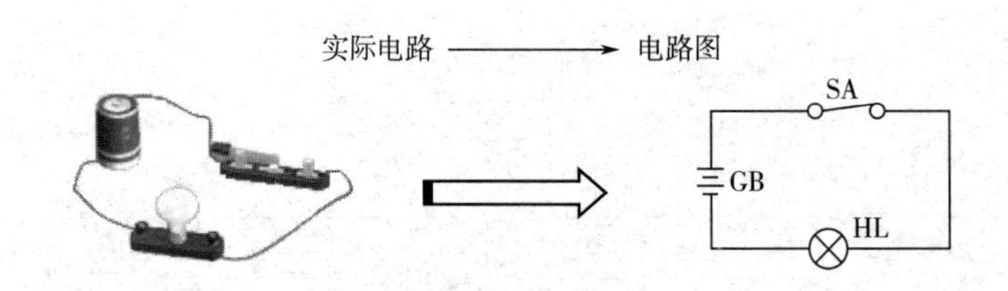

图 6-105 实物转换电路图

② 需熟悉的电路符号如表 6-22 所示。

表 6-22 部分电工图形符号

图形符号	名称	图形符号	名称	图形符号	名称
	开关		电阻器		接机壳
	电池		电位器		接地
G	发电机		电容器		端子
	线圈	A	电流表		连接导线 不连接导线
	铁芯线圈	V	电压表		熔断器
	抽头线圈		电压表		灯

注：摘自 GB 4728—2008。

(3) 电路的工作状态

① 通路。电路构成闭合回路，有电流通过，见图 6-106（a）；

② 断路。电路断开，电路中无电流通过。断路也叫开路，见图 6-106（b）；

③ 短路。短路是电源未经负载而直接由导体构成闭合回路，见图 6-106（c）。

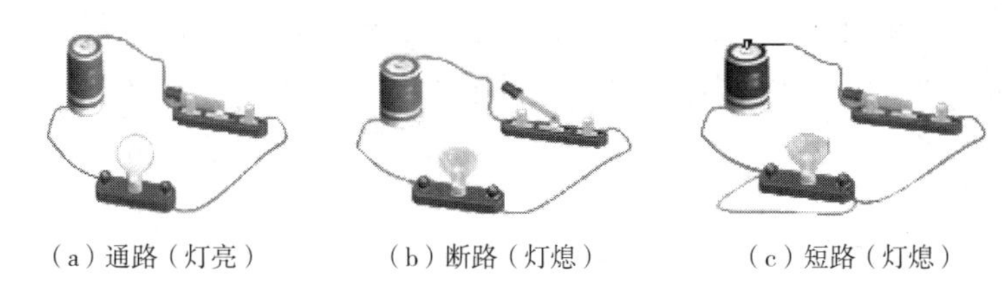

（a）通路（灯亮） （b）断路（灯熄） （c）短路（灯熄）

图 6-106 工作状态图

【注意】电源短路危险。短路电流比正常工作时电流大得多，可造成事故。但并不是所有的短路都危险，有时由于某种需要，还要利用某种短路装置，把电气设备短路（并不是将电源短路），如在安培计中设置了一个短路装置，可以使它避免受到电流的冲击。

6.5.1.2 电流

（1）概念

电荷有规则地定向移动称作电流。在 ts 内通过导体横截面的电量为 q（库仑），则电流 I 可表示为 $I = q/t$。电流参数见表 6-23。

表 6-23 电流参数

序号	中文名称	符号	单位	
1	电流强度（大小）	I	安培	A
2	电量	Q（q）	库仑	C
3	时间	t	秒	s

（2）电流的单位换算关系

$$1\text{kA} = 10^3\text{A}; 1\text{mA} = 10^{-3}\text{A}; 1\mu\text{A} = 10^{-3}\text{mA} = 10^{-6}\text{A}$$

（3）电流分类

大小和方向都不随时间变化的电流，称稳恒电流，简称直流（DC）；

大小和方向都随时间变化的电流，称交变电流，简称交流（AC）；

交流电流瞬间电流强度用 I 表示，在短时间内研究其变化时，用 Δt 表示，此段时间通过导体横截面的电量用 Δq 表示，则瞬时电流强度为：

$$I = \frac{\Delta q}{\Delta t}$$

电流强度变化实验测定见图 6-107。

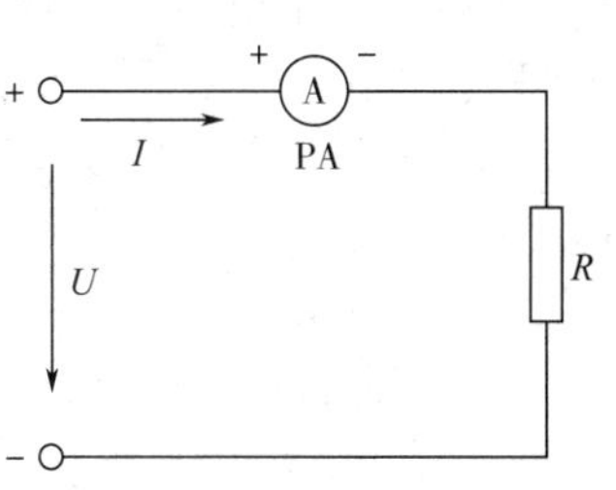

图 6-107 电流强度变化实验测定图

（4）电流大小的测量

电流的大小使用电流表（安培表）进行测量。

电流测量时应注意：

① 交、直流电流应分别使用交流和直流电流表测量。

② 电流表必须串接到被测量的电路中。

③ 直流电流表表壳接线柱上标明的“+”“−”记号，

应和电路的极性相一致，不能接错，否则指针反转，既影响正常测量，又容易损坏电流表。

④ 要合理选择电流表的量程。

(5) 电流的方向

习惯上规定正电荷移动的方向为电流的方向。电流的方向难以判断时的判断方法：

① 假定任意电流的方向为参考方向（也称正方向）；

② 然后列方程求解。

(6) 电流密度

当电流在导体的横截面上均匀分布时，该电流与导体横截面积的比值为电流密度。公式为

$$J=I/S$$

式中，I 为电流强度，A；S 为导线横截面积，m^2；J 为电流密度，A/m^2。

举例：某照明电路需要通过21A的电流，问应采用多粗的铜导线？（设 $J=6A/mm^2$）

解：

$$S=I/J=21/6=3.5mm^2$$

6.5.1.3 电压与电位

(1) 电压

① 电场力为单位正电荷从电场中a点移动到b点所做功，称a、b两点间电压。用 U_{ab} 表示。

表达式：

$$U_{ab}=A_{ab}/Q$$

单位：毫伏（mV）、伏特（V）、千伏（kV）

② 电压的单位换算关系：$1kV=10^3V$　$1V=10^{-3}mV$　$1mV=10^{-3}\mu V$

③ 电压大小的测量。电压大小的测量使用电压表（伏特表）进行测量（图6-108），测量时应注意：

a. 交、直流电压应分别使用交流电压表和直流电压表测量；

b. 电压表必须并联在被测量电路的两端；

c. 直流电压表表壳接线柱上标明的“+”“−”记号，应和被测的两点的电位相一致，即“+”端接高电位，“−”端接低电位，不能接错，否则指针反转，损坏电压表；

d. 要合理选择电压表的量程。

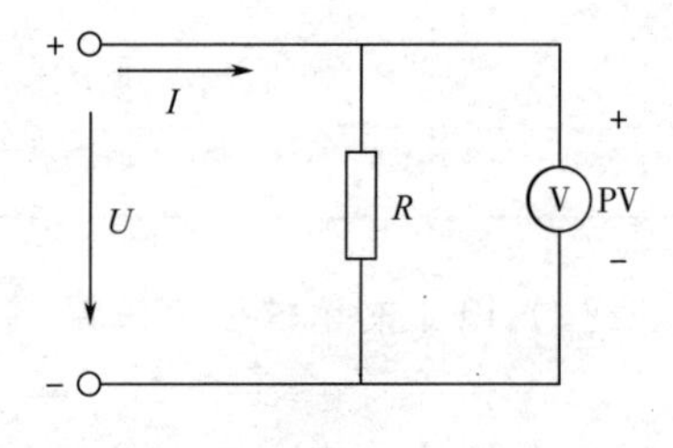

图6-108　电压表接法示意图

④ 电压的方向。在电路图中有两种表示方法。如图6-109（a）用箭头表示，图6-109（b）用极性符号表示。

(2) 电位

① 电位是指电路中某点与参考点之间的电压，符号用带下标的字母 U 表示，单位也是V（伏特）。

零电位的符号有：⏚表示接大地；⊥或⏊表示接机壳或公共接点。

② 电位与电位差（电压）的区别。从下面例子来讨论，可求出各点电位及电压。

由图6-110可以看出：

a. 电位具有相对性，即电路中某点的电位值随参考点位置的改变而改变。

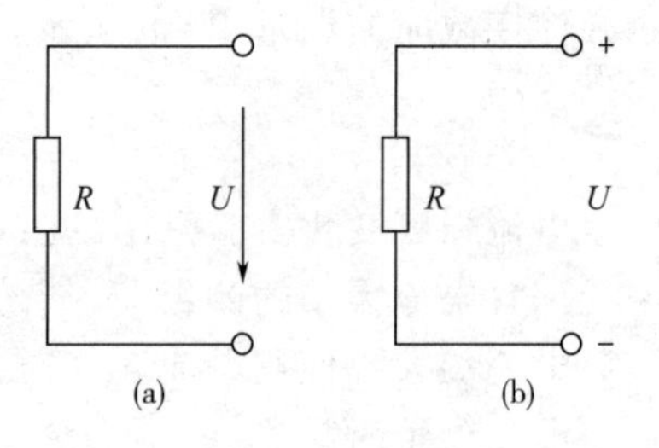

图6-109　电压表示图

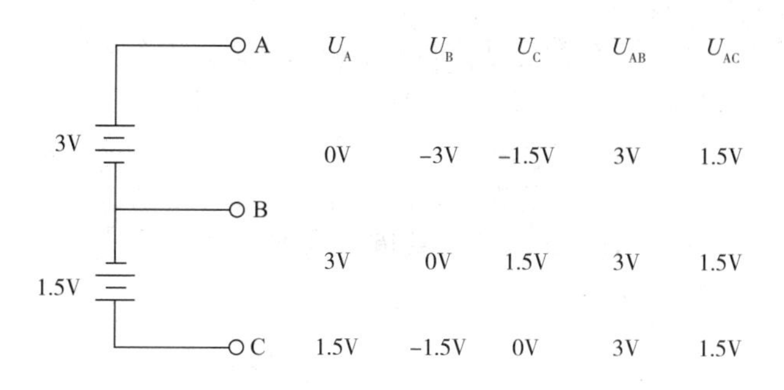

图 6-110 各点电位直观图

b. 电位差具有绝对性，即任意两点之间的电位差值与电路中参考点的位置选取无关。

$$U_{ab}=U_a-U_b$$

c. 电位有正负之分，当某点的电位大于参考点（零电位）电位时，称其为正电位，反之称其为负电位。

【例 6-3】已知：$U_A=10V$，$U_B=-10V$，$U_C=5V$。求 U_{AB} 和 U_{BC} 各为多少？

解：根据电位差与电位的关系可知：

$U_{AB}=U_A-U_B=10-(-10)=20V$；$U_{BC}=U_B-U_C=-10-5=-15V$

6.5.1.4 电动势

(1) 电动势

① 衡量电源力做功的能力。电源力（非电场力）将单位正电荷从电源负极移到正极所做的功，用 E 表示。

表达式：$E=A/Q$；单位：伏特（V）；Q 表示电荷量大小即电量。

② 方向。从电源负极指向正极。

③直流电动势的两种图形符号见图 6-111。

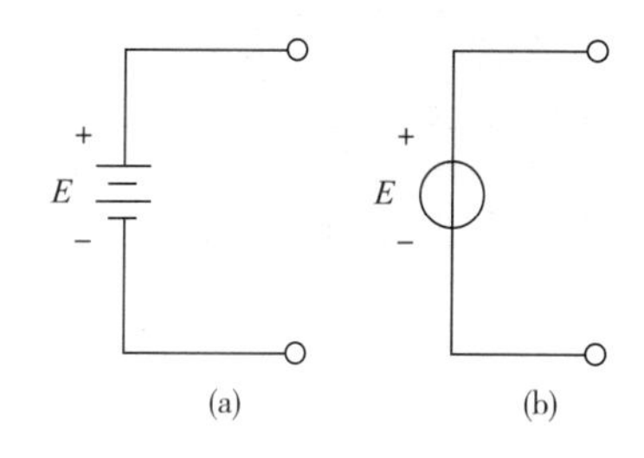

图 6-111 电动势图

(2) 电动势和电压的关系

① 电动势是电源力做功，其表示为电能；电压是电场力做功，表示电能转化为其他能。

② 方向不同，电动势方向从电源负极指向正极。电压方向从高电位指向低电位，即电压方向从电源正极指向负极。

③ 电动势仅存在于电源内部，电压既存在于电源外部，也存在于电源两端。

6.5.1.5 电阻与电导

(1) 电阻

① 导体对电流的阻碍作用称为电阻，用 R 表示。其单位为 Ω（欧姆）。

② 电阻单位的换算关系：

$$1k\Omega=10^3\Omega \quad 1M\Omega=10^3k\Omega=10^6\Omega$$

(2) 电阻定律

导体的电阻跟导体的长度成正比，跟横截面积成反比，并与导体的材料性质有关。

$$R=\rho\times L/S$$

式中，ρ 为电阻率或电阻系数，是与导体材料性质有关的物理量，Ω·m。

(3) 电阻与温度的关系

温度每升高1℃时，电阻产生的变动值与原电阻的比值，称为电阻温度系数，用字母 a 表示。如果在温度 t_1时，导体的电阻为 R_1；在温度 t_2时，导体电阻为 R_2，那么电阻温度系数是：

$$a=(R_2-R_1)/R_1(t_2-t_1)$$

例：有一台电动机，它的绕组的铜线，在室温 26℃时测得电阻为 1.25Ω，转动 3 小时，测得电阻增加到 1.5Ω。问此时电动机绕组线圈的温度是多少？

解：已知 $R_1=1.25\Omega$，$R_2=1.5\Omega$，$t_1=26$，$a=0.004$。

由 $a=(R_2-R_1)/R_1(t_2-t_1)$，可得：$t_2=(R_2-R_1)/a\times R_1+t_1$　$t_2=1.5-1.25/0.004\times1.25+26=76$（℃）

(4) 常用电阻器

用电阻材料制成的、有一定结构形式、能在电路中起限制电流通过作用的二端电子元件，它是由基板、电阻膜、电极、绝缘保护膜等组成。阻值不能改变的称为固定电阻器，阻值可变的称为电位器或可变电阻器。理想的电阻器是线性的，即通过电阻器的瞬时电流与外加瞬时电压成正比。

① 电阻器的结构与性能特点。电阻在电子设备中，作负载、分流、限流、分压、降压、取样等作用。

常见电阻有碳膜电阻、金属膜电阻、碳质电阻、线绕电阻、碳膜电位器、线绕电位器。

一些特殊电阻器，如热敏电阻器、压敏电阻器和敏感元件，其电压与电流的关系是非线性的。电阻器是电子电路中应用数量最多的元件，通常按功率和阻值形成不同系列，供电路设计者选用。电阻器在电路中主要用来调节和稳定电流与电压，可作为分流器和分压器，也可作电路匹配负载。根据电路要求，还可用于放大电路的负反馈或正反馈、电压-电流转换、输入过载时的电压或电流保护元件，又可组成 RC 电路作为振荡、滤波、旁路、微分、积分和时间常数元件等。

② 电阻器的标记方法。色标符号：

棕、红、橙、黄、绿、蓝、紫、灰、白、黑

（1、2、3、4、5、6、7、8、9、0）

③ 电阻器的主要指标。

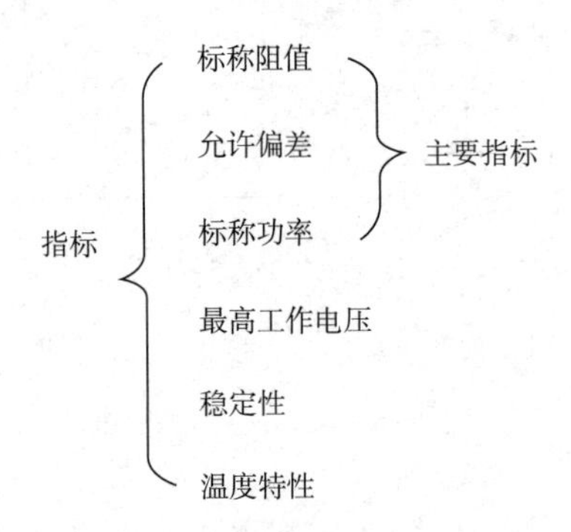

④ 电阻器的选用。电阻的标称阻值应和电路要求相符，其额定功率应为实际消耗功率的（1.5～2）倍，允许偏差在要求的范围之内。

(5) 电导

电阻的倒数叫做电导，G，单位为西门子（S）；

$G=1/R$，G 表示导电性能；G 值大，则 R 值小，说明电阻值小，该器件导电性能强；反之 G 值小，则 R 值大，说明电阻值大，该器件导电性能差。

6.5.1.6 电路中各点电位的计算

(1) 电位计算

计算电位的基本步骤是:

① 分析电路。根据已知条件，求出部分电路或某些元件上电流和电压的大小与方向。

② 选定零电位点（参考点）。要以方便计算为准。

③ 计算电位。

确定参考点位置：参考点选好以后，当计算某点电位时，可从这点出发，经电路中任意路径到达参考点（零电位点），分析各段电压，从该点指向参考点的方向依次相加。路径可以任意选择，但选择的原则是计算方便简单。

如图 6-112（a）所示，以 d 点为参考点，若求 b 点的电位，选择的路径有三条。

【例 6-4】在图 6-112（b）中，已知 $E_1=6\text{V}$，$E_2=16\text{V}$，$E_3=14\text{V}$，$R_3=8\Omega$，求流过电阻 R_3 的电流。

解：①要先求出 a、b 两点间的电位。

设 d 点为参考点，则

$$U_a=-E_1=-6\text{V};U_b=-E_2-E_3=-16-14=-30\text{V}$$

$$U_{ab}=U_a-U_b=-6-(-30)=24\text{V}$$

再计算流过 R_3 的电流:

$$I_{ab}=U_{ab}/R_3=24/8=3\text{A}$$

即：流过电阻 R_3 的电流为 3A（安）。

② 分段法，即把两点间电压分为若干个小段进行计算，各小段电压的代数和即为所求电压。如在图 6-112（c）中:

$$U_{ac}=U_{af}+U_{fb}+U_{bh}+U_{hc}=0+E_2+IR_1-E_1$$

通常在分析、计算电路中各点电位大小和变化时，应掌握下列规律:

第一条：是从 b 点经 $R_1\longrightarrow$a 点$\longrightarrow E_1\longrightarrow$参考点。电位：$E_b=U_{ba}+U_{ad}=-I_1R_1+E_1$;

第二条：是从 b 点$\longrightarrow R_3\longrightarrow$参考点。电位：$E_b=U_{bd}=I_3R_3$;

第三条：是从 b 点 $\longrightarrow R_2\longrightarrow$c 点 $\longrightarrow E_2\longrightarrow$d 点。电位：$E_b=U_{bc}+U_{cd}=I_2R_2-E_2$。

显然，选取第二条路径最简捷。

【例 6-5】在图 6-112（d）中，已知 $E=16\text{V}$，$R_1=4\Omega$，$R_2=3\Omega$，$R_3=1\Omega$，$R_4=5\Omega$，求各点电位及 U_{AB}、U_{AF} 电压。

解：①分析电路，R_4 中无电流通过（没有构成通路），D 点与 F 点电压 $U_{DF}=0$。

电路由 $E\longrightarrow R_1\longrightarrow R_2\longrightarrow R_3\longrightarrow$D 可看成无分支电路，电流方向如图中所示，则全电路欧姆定律:

$$I=E/(R_1+R_2+R_3)=16/(4+3+1)=2\text{A}$$

② 图中已标出 C 点为参考点，则 $E_c=0\text{V}$，求各点电位:

$$E_B=IR_2=2\times3=6\text{V};$$

$$E_A=I(R_1+R_2)=2\times(4+3)=14\text{V};$$

$$E_D=-IR_3=-2\times1=-2\text{V}$$

③ 求电压

$$U_{AB}=E_A-E_B=14-6=8\text{V};$$

$$U_{AF}=U_{AD}=E_A-E_D=14-(-2)=16\text{V}$$

(2) 电路中两点间电压计算

计算电路中任意两点间电压的方法通常有两种。

① 电位求电压（虽然各点电位值会发生变化，但两点间电压不变）

【例 6-6】在图 6-112（e）中，已知 $E_1=6\text{V}$，$E_2=16\text{V}$，$E_3=14\text{V}$，$R_3=8\Omega$，求流过电阻 R_3 电流。

解：先求 a、b 两点间的电位。设 d 点为参考点，则：

$U_a=-E_1=-6\text{V}$；

$U_b=-E_2-E_3=-16-14=-30\text{V}$；

$U_{ab}=U_a-U_b=-6-(-30)=24\text{V}$

设流过 R_3 的电流为 I_{ab}：$I_{ab}=U_{ab}/R_3=24/8=3\text{A}$

② 分段法。即把两点间电压分为若干个小段进行计算，各小段电压代数和即为所求电压。如图 6-112（f）中：

$U_{ac}=U_{af}+U_{fb}+U_{bh}+U_{hc}=0+E_2+IR_1-E_1$

通常在分析和计算电路中各点电位大小及变化时，应掌握下列规律：

① 零电位点的选取是任意的，通常选取接地点或电源负极为零电位点。但要注意，电路中某点电位的高低与零电位点的选择有关，而电路中任意两点间的电位差与零电位点的选择无关。

② 外电路中电流的方向总是从高电位点流向低电位点，且顺着电流方向每通过一个电阻 R 时，电位要降低 IR；逆着电流方向每通过一个电阻时，电位就要升高 IR。当外电路断开时，电源正极总比负极的电位高，即 $\Psi_+-\Psi_-=E$。

③ 凡电流正向通过一个电源（电流负极流入，正极流出，暂不计内阻），电位升高，其大小等于 E。从能量观点看，电源工作时向外输出能量，是储存在内部的其他形式的能量转换成电能。

④ 电流反向流过电源（电流从正极流入，由负极流出，暂不计内阻），电位降低，其大小也等于 E。从能量观点看，此时电流接受外界能量，电能将转换成其他形式的能量。如蓄电池充电时，把电能转换成化学能，储存在电源内部。

⑤ 电流在电源中流过时（无论是正向还是反向），可以把电源内阻 r 看成串接在正极（或负极）上的一个电阻。因此顺着电流方向总有一个电压降 I_r。

(3) 计算电位的基本规则

① 选定电位计算的基准——零电位点；

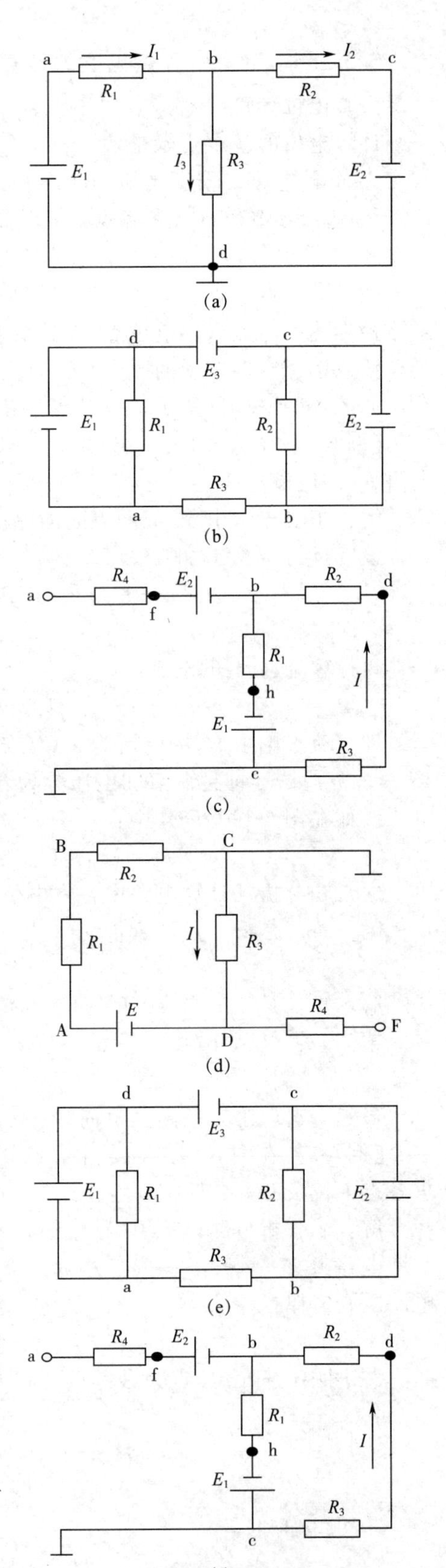

图 6-112 电路图

② 选择路径（虽是必要的，也比较简单，但要强调电位的计算与路径的选择无关）；

③ 确定绕行路径上电压和电动势的正负。

6.5.2 电气基本元件与应用

6.5.2.1 电气元件的分类

电器是接通和断开电路或调节、控制和保护电路及电器设备用的电工器具。

(1) 按工作电压等级分

① 高压电器。用于交流电压 1200V、直流电压 1500V 及以上的电器。如高压断器、高压隔离开关、高压熔断器等。

② 低压电器。用于交流 50Hz（或 60Hz）、额定电压为 1200V 以下，直流额定电压及以下的电路中的电器。如接触器、继电器等。

(2) 按动作原理分类

① 手动电器。用手或依靠机械力进行操作的电器。如手动开关、控制按钮、行程开关等主令电器。

② 自动电器。借助电磁力或某个物理量变化自动进行操作的电器。如接触器、各种类型继电器、电磁阀等。

(3) 按用途分类

① 控制电器。用于各种控制电路或控制系统电器，如接触器、继电器、电动机启动器等。

② 主令电器。用于自动控制系统中发送动作指令的电器。

6.5.2.2 基本电气元件的型号、原理及应用

(1) 断路器

低压断路器（图 6-113），又称自动空气开关。有手动开关，能分配电能、不频繁启动异步电机；具有电源线、电机等实行保护，当发生严重过载、短路或欠压等故障时，可自动切断电路。断路器用 QF 符号表示。

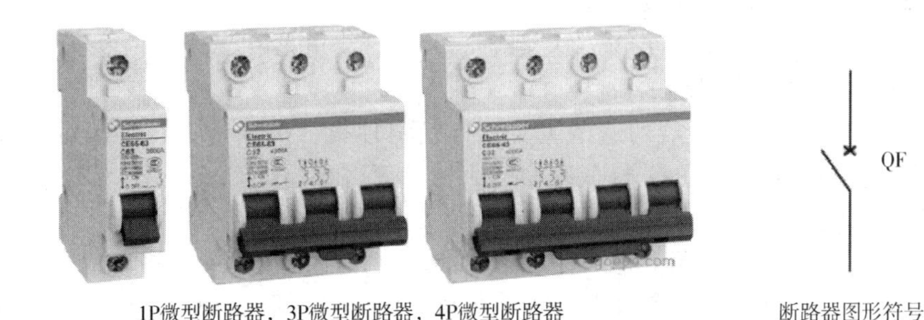

图 6-113 低压断路器（或称自动空气开关）图及符号

(2) 接触器

① 接触器工作原理。接触器是一种在电磁力的作用下，能够自动地接通或断开带有负载的主电路（如电动机）的自动控制电器。

在电工学上，因为可快速切断交流与直流主回路和可频繁地接通与大电流控制（达 800A）电路的装置，所以经常运用于电动机作为控制对象，也可用作控制工厂设备/电热器/工作母机和各种电力机组等电力负载，接触器不仅能接通和切断电路，而且还具有低电

压释放保护作用。接触器控制容量大，适用于频繁操作和远距离控制，是自动控制系统中的重要元件之一。

工作原理是：当按钮按下时，线通电，静铁芯被磁化，并把动铁芯（衔铁）吸上，带动转轴使触头闭合，从而接通电路。当放开按钮时，过程与上述相反，使电路断开。

接触器的参数主要有额定电压、额定电流、常开主辅触头个数、额定操作功率等。

② 接触器的种类。按主触头所接回路的电流种类分为：交流接触器，直流接触器，真空接触器，半导体式接触器，电磁闭锁接触器，电容接触器，可逆交流接触器，星三角起动组合接触器等。

a. 交流接触器。主要用以控制交流电路（主电路、控制电路、激磁电路）。主回路接通和分断交流负载。控制线圈可以有交、直流。典型结构分为双断点直动式（LC1-D/F *）和单断点转动式（LC1-B *）。前者结构紧凑、体积小、质量轻；后者维护方便、易于配置成单极、二级和多极结构，但体积和安装面积大。

b. 直流接触器。主要用以控制直流电路（主电路、控制电路、激磁电路）。主回路接通和分断直流负载。控制线圈可以有交、直流。其动作原理与交流接触器相似，但直流分断时感性负载存储磁场能量瞬时释放，断点处产生高能电弧，因此要求直流接触器具有较好的灭弧功能。中/大容量直流接触器常采用单断点平面布置整体结构，其特点是分断时电弧距离长，灭弧罩内含灭弧栅。小容量直流接触器采用双断点立体布置结构。

c. 真空接触器。真空接触器（LC1-V *）的组成部分与一般空气式接触器相似，不同的是真空接触器的触头密封在真空灭弧室中。其特点是接通/分断电流大，额定操作电压较高。

d. 半导体式接触器。主要产品如双向晶闸管，其特点是无可动部分、寿命长、动作快、不受爆炸、粉尘、有害气体影响，耐冲击震动。

e. 电磁闭锁接触器。模块安装与母线安装的电磁闭锁接触器都安装特殊电磁铁，当线圈失电时，可以将其保持在接通位置。

f. 电容接触器。专门应用于低压无功补偿设备中投入或者切除并联电容，以调整用电系统的功率因数。

g. 可逆交流接触器。由两个相同规格的交流接触器加机械互锁（和电气互锁）构成。应用于双电源切换和电机设备正反转控制。

h. 星三角起动组合接触器。由 3 个接触器、1 个热继电器和 1 个延时头及辅助触点块等组成的专门应用于星三角起动的设备。

③ 接触器选型原则。接触器的选型主要需要确定种类、负载类型、主回路参数、控制回路参数辅助触点以及电气寿命、机械寿命、工作制等多种情况。

选型原则：

a. 根据使用目的和要求按照上述系列选择种类。注意严格区分主回路负载类型是直流还是交流。交流接触器不同于直流接触器，用于直流负载时只适用于 DC-1 至 DC-5 负载，对于 DC-5 以上的直流负载建议使用直流接触器。另外，电容接触器不能用普通交流接触器替代。

b. 负载类型和主回路参数确定。主回路参数主要是额定工作电压、额定电流、极数、通断能力、绝缘电压和耐受过载能力等。尤其要注意负载类型，接触器可以运行在不同的负载类型下，但是对应的型号不同，不能完全依靠主极电压和功率选型。配电类负载（阻性负载）按照 AC-1 选型；普通电机负载按照 AC-3 选型；绕线电机按照 AC-2 选型；对于频繁起停的负载应按照 AC-4 负载选型，因为此类负载在频繁通断时会发生触头熔焊现象，例如频繁正反转、行车、频繁点动行业。

c. 控制回路及辅助触点。接触器的线圈电压按照控制回路电压确定。目前，国产 D2

系列接触器只有交流线圈。如果需要直流线圈，需要选择进口 TeSys D，TeSys F 的产品。另外直流线圈接触器还有低功耗的进口 TeSys D 和 TeSys K 产品，请客户注意选择。对于辅助触点，不同接触器所允许安装辅助触点的位置和个数均不同，需要查表确定。

d. 电气寿命和机械寿命（图 6-114）。电气寿命则是指触头带负载后的动作次数，因为触头吸合断开会有火花烧蚀磨损现象，所以触头材质在一定程度上决定了继电器的电气寿命。另外线圈质量也影响电气寿命，动触头行程大小（超程）也会影响电气寿命。一般机械寿命在 1000 万次左右，电气寿命在 10 万次左右。

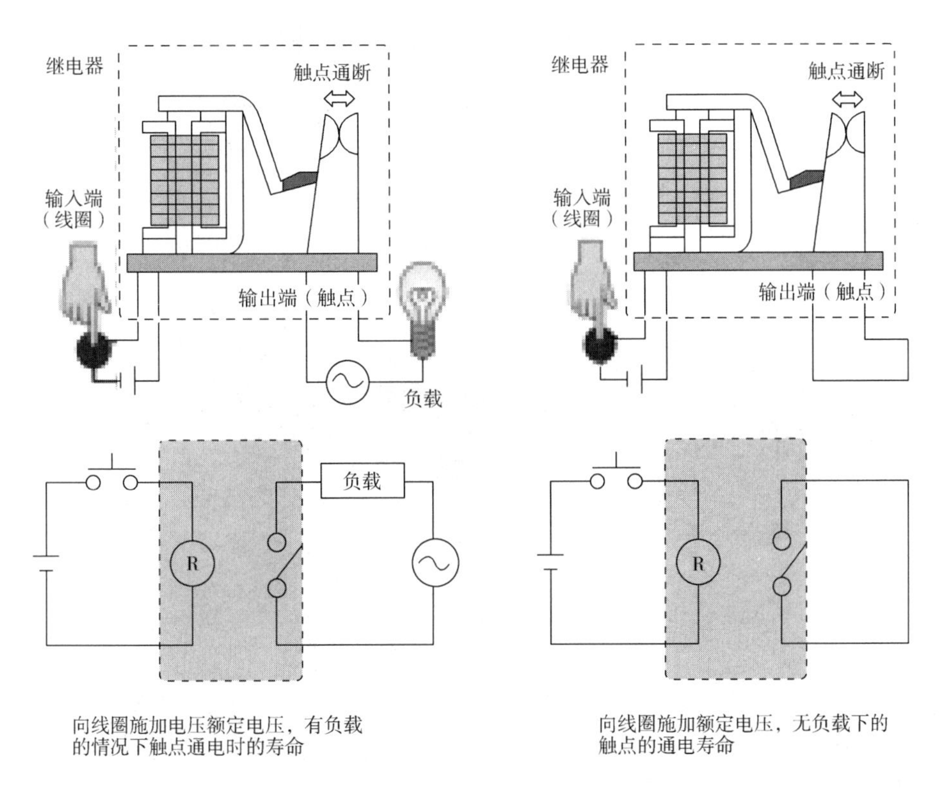

图 6-114　接触器电气寿命和机械寿命

（3）继电器

继电器是一种利用电流、电压、时间、温度等信号的变化来接通或断开所控制的电路，以实现自动控制或完成保护任务的自动电器。继电器和接触器的工作原理一样。主要区别在于，接触器的主触头可以通过大电流，而继电器的触头只能通过小电流。所以，继电器只能用于控制电路中。

继电器的类型有中间继电器、电压继电器、电流继电器、时间继电器、速度继电器等。

输入信号：①电量含电流、电压、功率等；②非电量含热、光、声、速度等。

无主辅之分，一般较小（5A 以下），用于控制回路。

继电器的分类：

① 按反映信号的种类分，电流、电压、速度、压力、热继电器等；

② 按动作时间分，瞬时动作和延时动作继电器等；

③ 按作用原理分，电磁式、感应式、电动式、电子式、机械式等（电磁式应用最广，90%以上继电器为电磁式）。

(4) 热继电器

① 热继电器的外形见图 6-115。

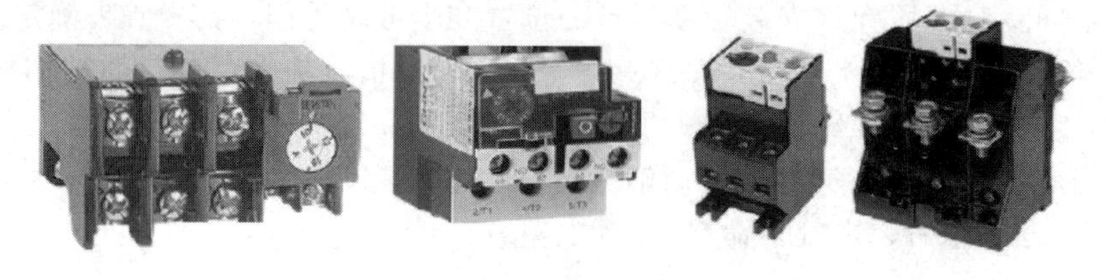

图 6-115 热继电器

② 热继电器的作用。热继电器是一种利用电流的热效应来切断电路的保护电路。专门用来对连续运转的电动机进行过载及断电保护，以防电动机过热而烧毁。热继电器的电气符号为 FR。

外形结构见图 6-116。

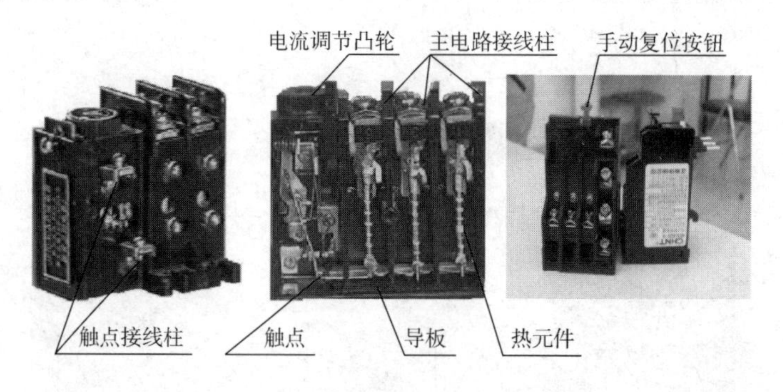

图 6-116 热继电器的功能说明图

工作原理：

发热元件接入电机主电路，若长时间过载，双金属片被烤热。因双金属片的下层膨胀系数大，使其向上弯曲，扣板被弹簧拉回，常闭触头断开。

(5) 中间继电器

中间继电器（图 6-117）和接触器的结构和工作原理大致相同。

二者主要区别：接触器的主触点可以通过大电流；继电器体积和触点容量小，触点数目多，且只能通过小电流。所以，继电器一般用于机床的控制电路中。

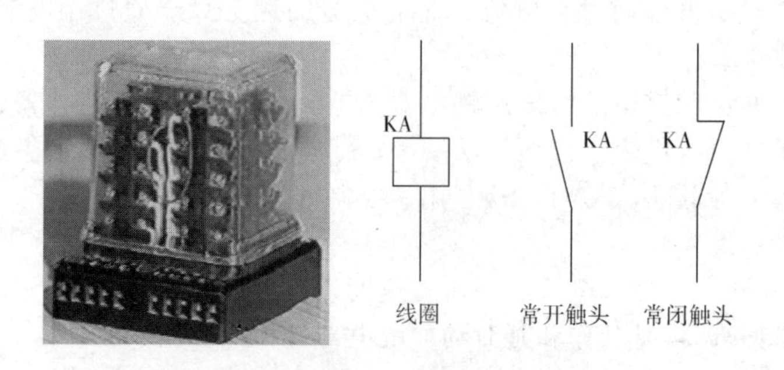

图 6-117 中间继电器实物和符号表示

(6) 时间继电器

时间继电器是从得到输入信号（线圈通电或断电）起，经过一段时间延时后触头才动作的继电器。适用于定时控制。

按工作原理分为空气阻尼式、电磁式、电动式、电子式等。

按延时方式分为通电延时型、断电延时型。

时间继电器的文字符号和图形符号（图 6-118）：

①一般线圈符号；

② 通电延时线圈；

③ 断电延时线圈；

④ 延时闭合的动断触点；

⑤ 延时断开的动断触点；

⑥ 延时断开的动合触点；

⑦ 延时闭合的动断触点；

⑧ 瞬时动合触点；

⑨ 瞬时动断触点。

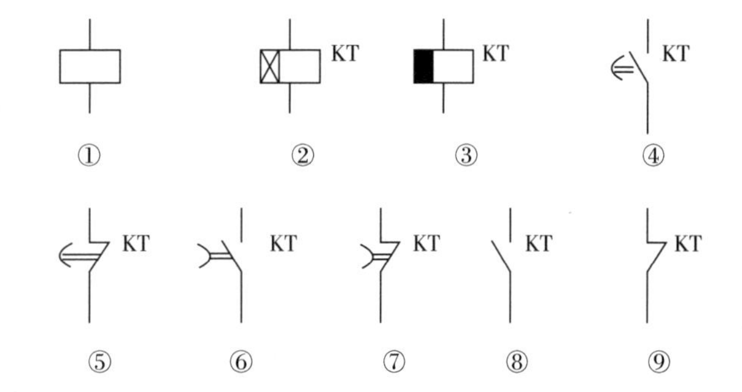

图 6-118　时间继电器的图形符号

(7) 按钮

① 按钮外形见图 6-119。

② 按钮的结构和工作原理：

文字符号：SB。

图形符号见图 6-120。

按钮

图 6-119　按钮

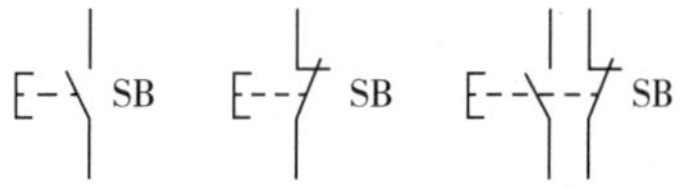

SB　SB　SB

常开按钮　常闭按钮　复合按钮

图 6-120　按钮图形符号

按钮的使用：选择时应根据所需的触头数、使用的场所及颜色来确定。

按钮的颜色要求：

a. 停止和急停按钮是红色；

b. 启动按钮的颜色是绿色；

c. 启动与停止交替动作的按钮必须是黑色、白色或灰色，不得用红色和绿色；

d. 点动按钮是黑色；

e. 复位按钮（如保护继电器复位按钮）是蓝色。当复位按钮还有停止的作用时，则是红色。

(8) 指示灯

① 指示灯外形见图 6-121。

② 指示灯的作用

a. 指示电器设备的运行与停止状态；

b. 监视控制电路的电源是否正常；

c. 利用红灯监视跳闸回路是否正常，用绿灯监视合闸回路是否正常。

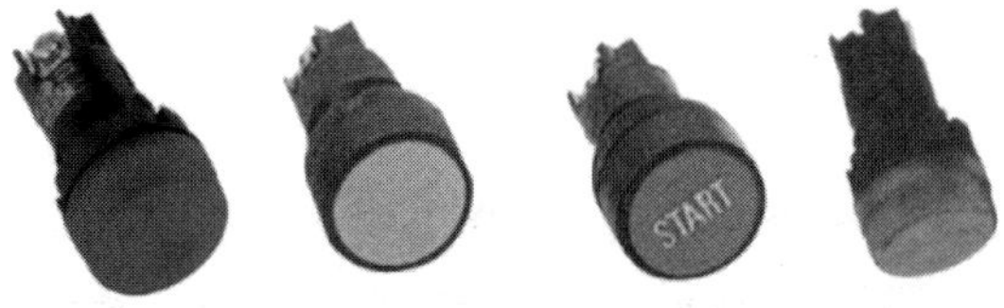

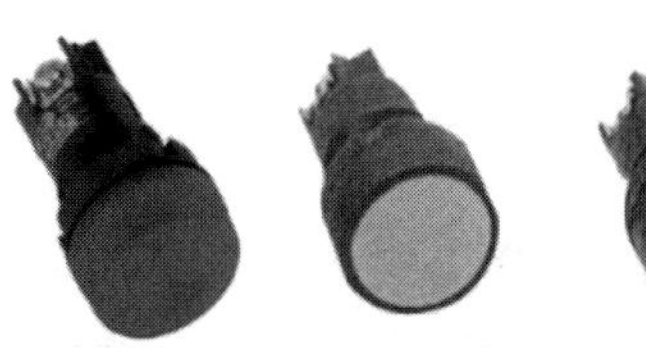

图 6-121　指示灯外形

(9) 熔断器

作用：短路和严重过载保护。

应用：串接于被保护电路的首端。

优点：结构简单，维护方便，价格便宜，体积小、质量轻。

分类：瓷插式 RC、螺旋式 RL、有填料式 RT、无填料密封式 RM、快速熔断器 RS、自恢复熔断器。

熔断器外形见图 6-122。

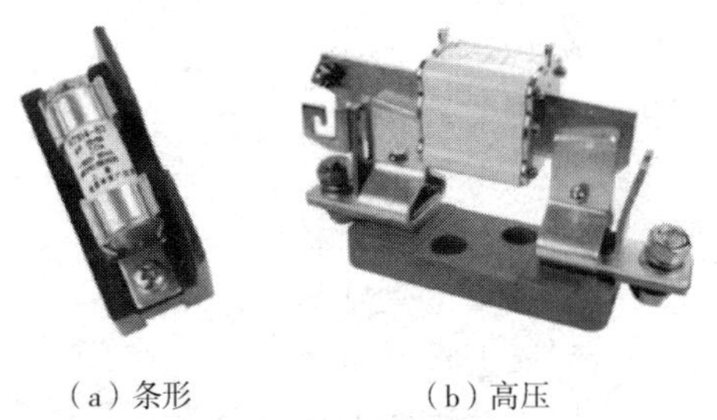

(a) 条形　　(b) 高压

图 6-122　熔断器外形

熔断器的常见分类：

① 熔断器根据使用电压可分为：高压熔断器、低压熔断器；

② 根据结构可分为：敞开式熔断器、半封闭式熔断器、管式熔断器、喷射式熔断器。

a. 敞开式熔断器。敞开式熔断器结构简单，熔体完全暴露于空气中，由瓷柱作支撑，没有支座，适于低压户外使用。分断电流时在大气中产生较大的声光。

b. 管式熔断器。管式熔断器的熔体装在熔断体内。插在支座或直接连在电路上使用。熔断体是两端套有金属帽或带有触刀的完全密封的绝缘管。

c. 半封闭式熔断器。半封闭式熔断器的熔体装在瓷架上，插入两端带有金属插座的瓷盒中，适于低压户内使用。分断电流时，所产生的声光被瓷盒挡住。

d. 喷射式熔断器。喷射式熔断器是将熔体装在由固体产气材料制成的绝缘管内。固体产气材料可采用电工反白纸板或有机玻璃材料等。当短路电流通过熔体时，熔体随即熔断产生电弧，高温电弧使固体产气材料迅速分解产生大量高压气体，从而将电离的气体带电弧在管子两端喷出，发出极大的声光，并在交流电流过零时熄火电弧而分断电流。绝缘管通常是装在一个绝缘支架上，组成熔断器整体。有时绝缘管上端做成可活动式，在分断电流后随即脱开而跌落，此种喷射式熔断器俗称跌落熔断器。一般适用于电压高于 6kV 的户外场合。

熔断器的基础结构见图 6-123。

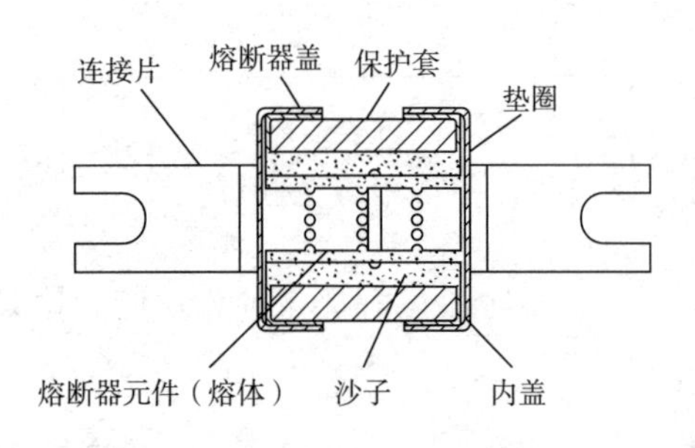

图 6-123　熔断器的基础结构

熔断器的工作：熔丝管两端的动触头依靠熔丝（熔体）系紧，将上动触头推入“鸭嘴”凸出部分后，磷铜片等制成的上静触头顶着上动触头，故而熔丝管牢固地卡在“鸭嘴”里。当短路电流通过熔丝熔断时，由于熔丝熔断，熔丝管的上下动触头失去熔丝的系紧力，在熔丝管自身重力和上、下静触头弹簧片的作用下，熔丝管迅速跌落，使电路断开，切除故障段线路或者故障设备。

(10) 行程开关

日常生活中行程开关应用方面很多。它主要是起连锁保护作用，最常见的例子莫过于其在洗衣机和录音机中的应用了。在洗衣机的脱水过程中转速很高，如果此时有人由于疏忽打开了洗衣机的门或盖后，再把手伸进去，很容易对人造成伤害，为了避免这种事故的发生，在洗衣机的门或盖上装了个电接点，一旦有人开启洗衣机的门或盖时，就自动把电机断电，甚至还要靠机械办法联动，使门或盖一打开就立刻“刹车”，强迫转动着的部件停下来，免得伤人。在录音机中，我们常常使用到快进或倒带，磁带急速转动，但当达到磁带的端点时，会自动停下来。在这里行程开关又一次发挥作用，不过它是靠碰撞，靠磁带张力的突然增大引起动作。

工业中行程开关主要用于将机械位移，使电动机的运行状态得以改变，从而控制机械动作或用作程序控制。行程开关真正的用武之地是在工业，与其他设备配合，可组成更复杂的自动规化设备。机床上有很多的行程开关，用它控制工件运动或自动进刀的行程，避免发生碰撞事故。有时利用行程开关使被控制物体在规定的两个位置质检自动换向，从而得到不断的往复运动。比如自动运料的小车到达终点碰着行程开关，接通了翻车结构，就把车里的物料翻倒出来，并且退回到终点。到达起点之后又碰着起点的行程开关，把装料结构的电路接通，开始自动装车。总是这样下去，就成了一套自动生产线，不需要人员，夜以继日地工作，节省了人力。

6.5.3 PLC 工作原理

6.5.3.1 PLC 概述

可编程逻辑控制器（programmable logical controller），简称 PLC，是在继电器控制系统上发展而来的，其具有使用方便，编程简单，可实现功能强大，性能价格比值高，需求硬件配套齐全，可适应性极强，可靠性较高，而且抗干扰能力强，适应较为恶劣环境，系统的设计、安装、调试工作量少，同时故障维修方便等特点，使得其应用领域越来越普遍，从早期适用于继电器的配套产品，到现如今广泛出现于各类控制系统存在的地方。可编程逻辑控制器的出现来源于 20 世纪 70 年代初出现的微处理器。人们将微处理器和可编程逻辑控制器联系在一起，把微处理器能实现的种种功能，例如数字运算，信息传送，逻辑处理等与可编程逻辑控制器联系在了一起，使得可编程逻辑控制器变得更加智能，功能愈加多样，极大地提高了工业发展。

1987 年，国际电工委员会（IEC）定义：可编程控制器是一种数字运算操作的电子系统，专为在工业环境下应用而设计。它采用可编程的存储器，用来在其内部存储执行逻辑运算、顺序控制、定时、计数和算术运算等操作的指令，并通过数字式和模拟式的输入和输出，控制各种类型的机械或生产过程。

可编程控制器的特点：① 可靠性高，抗干扰强；② 功能强大，性价比高；③ 编程简易，现场可修改；④ 配套齐全，使用方便；⑤ 寿命长，体积小，能耗低；⑥ 系统的设计、安装、调试、维修工作量少，维修方便。

6.5.3.2 PLC 的分类

(1) 按输入/输出点数分

根据 PLC 的输入/输出（I/O）点数的多少，一般可将 PLC 分为以下 3 类。

① 小型机。小型 PLC I/O 总点数一般在 256 点以下，程序存储器容量在 4KB。

② 中型机。中型 PLC I/O 总点数在 256～2048 点之间，程序存储器容量 8KB。

③ 大型机。大型 PLC I/O 总点数在 2048 点以上，程序存储器容量达 16KB 以上。

(2) 按结构形式分

① 整体式。整体式 PLC 是将电源、CPU、I/O 接口等部件都集中装在一个机箱内，具有结构紧凑、体积小、价格低、安装方便的特点。小型 PLC 一般采用这种结构。基本单元内有 CPU、I/O 接口，与 I/O 扩展单元相连的扩展口以及与编程器或 EPROM 写入器相连的接口等。

② 模块式。模块式 PLC 是将 PLC 各组成部分，分别做成若干个单独的模块，如 CPU 模块、I/O 模块、电源模块（有的含在 CPU 模块中）以及各种功能模块。模块式 PLC 由框架或基板和各种模块组成。模块装在框架或基板的插座上。这种模块式 PLC 各模块功能比较单一，模块的种类却日趋丰富。模块式 PLC 是当前在工业控制中广泛应用的 PLC 类型，可以根据工业生产过程的实际需要灵活配置。

③ 叠装式。整体紧凑、体积小、安装方便和模块式的搭配灵活、安装整齐的优点相结合，构成叠装式 PLC。其 CPU、电源、I/O 接口等是各自独立的模块，各单元模块等高等宽，但长度不同，在安装时不用基板，它们之间仅靠电缆进行连接，并且各模块可以一层一层地叠装。这样，系统不但可以灵活配置，而且体积小巧。

(3) 按生产厂家分

美国：美国 Rockwell 自动化公司所属的 A-B（Allen&Bradly）公司、GE 公司。

德国：西门子（SIEMENS）公司（根据 2016 年中国 PLC 主要供应商统计数据，西门子 PLC 市场占有率排名第一，超过 40%）。

法国：施耐德（SCHNEIDER）自动化公司。

日本：欧姆龙、松下、三菱公司（本教材提及的 PLC 均以三菱为例）等。

中国：台湾的台达，永宏等，江苏的信捷、湖北的科威等。（国产 PLC 兼容三菱的编程语言）。

不同厂家生产的 PLC 见图 6-124。

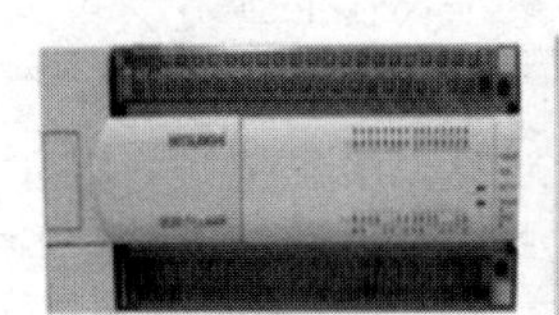

（a）三菱FX2N系列PLC　（b）西门子S7-1200PLC

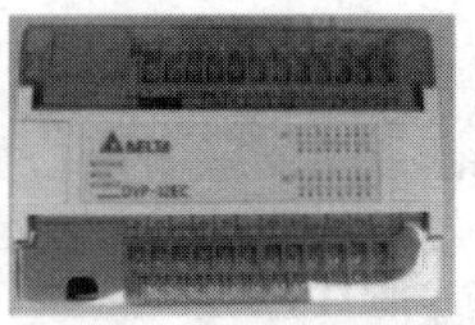

（c）台达DVP-32EC系列PLC

（d）GE公司PLC

图 6-124　不同厂家生产的 PLC

6.5.3.3　PLC 的结构及功能

PLC 硬件主要由中央处理单元、存储器、输入单元、输出单元、电源单元、编程器、扩展接口、编程器接口和存储器接口组成，其结构框图如图 6-125 所示。

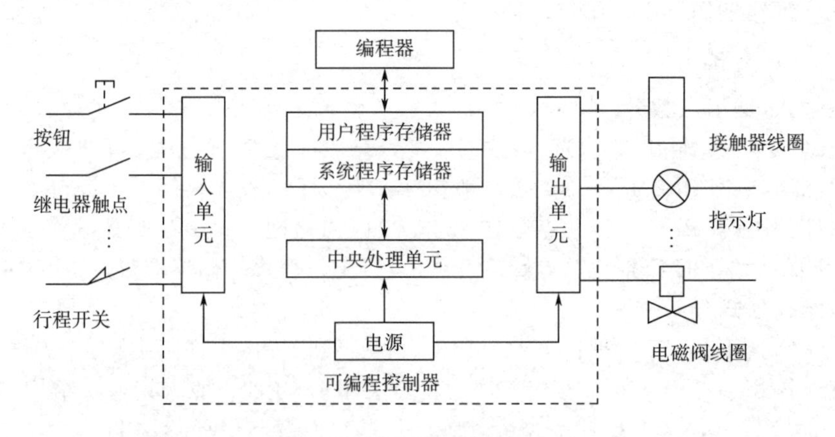

图 6-125　PLC 结构框图

各部分功能如下：

（1）中央处理单元（CPU）

a. 诊断 PLC 电源、内部电路的工作状态及编制程序中的语法错误。

b. 采集现场的状态或数据，并送入 PLC 的寄存器中。

c. 逐条读取指令，完成各种运算和操作。

d. 将处理结果送至输出端。

e. 响应各种外部设备的工作请求。

（2）存储器

a. 系统程序存储器（ROM）。用以存放系统管理程序、监控程序及系统内部数据，PLC 出厂前已将其固化在只读存储器 ROM 或 PROM 中，用户不能更改。

b. 用户存储器（RAM）。包括用户程序存储区和工作数据存储区。这类存储器一般由低功耗 CMOS-RAM 构成，其中存储内容可读出并更改。掉电会丢失存储内容。

（3）电源

PLC 电源是指将外部输入的交流电，处理后转换成满足 PLC 中 CPU、存储器、输入输出接口等内部电路工作需要的直流电源电路或电源模块。许多 PLC 直流电源采用直流开关稳压电源，不仅提供多路独立的电压供内部电路使用，还可为输入设备（传感器）提供标准电源。

（4）输入输出模块

① 输入模块。接收和采集输入信号。

开关量输入部件：各种按钮、数字拨码开关、限位开关、接近开关、光电开关、压力继电器。模拟量输入部件：电位器、测速发电机、各种变送器。

② 输出模块。输出控制信号。

开关量输出部件：电磁阀、接触器、电磁铁器、指示灯、数字显示装置和报警装置等。模拟量输出部件：调节阀、变频器。

6.5.3.4 PLC 的工作原理

三菱 PLC 有运行（RUN）与停止（STOP）两种基本的工作模式。在这两个不同的工作状态中，扫描过程所要完成的任务是不尽相同的。

（1）工作模式

① 运行（RUN）模式。运行状态是执行应用程序的状态，此时不能向 PLC 写入程序。PLC 置于运行状态时，加电后，PLC 自动运行，反复执行反映控制要求的用户程序来实现控制功能，直至 PLC 停机或切换到停止（STOP）工作状态。PLC 处于运行（RUN）状态时，共完成 PLC 一个工作过程的 5 个阶段的操作，如图 6-126 所示。

② 停止（STOP）模式。停止状态使 PLC 处于用户程序运行停止状态，此时 PLC 仍将进行内部处理和通信处理两个阶段内容，PLC 检查 CPU 模块内部的硬件是否正常，将监控定时器复位，以及完成一些其他内部工作，同时处理各种编程器的通信请求并显示相关内容。此状态一般用于程序的编制与修改。

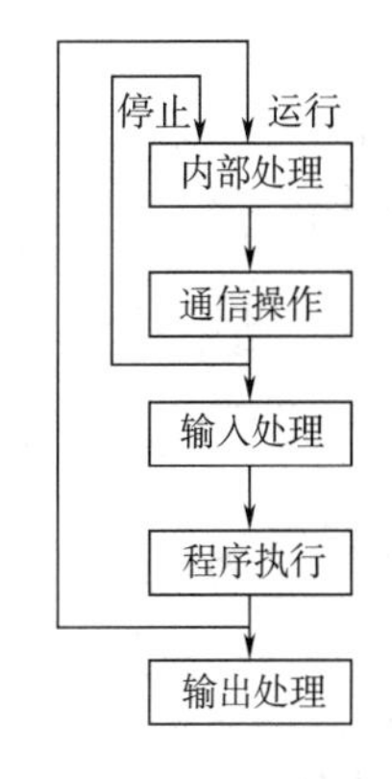

图 6-126 PLC 两种工作模式

（2）扫描工作方式

PLC 的运行模式采用循环扫描工作方式。其工作过程大致分为

5个阶段：内部处理、通信服务、输入采样、程序执行和输出刷新。

① 内部处理阶段。在内部处理阶段，PLC检查CPU内部的硬件是否正常，将监控定时器复位，以及完成一些其他内部工作。

② 通信服务阶段。在通信服务阶段，PLC与其他的智能装置通信，响应编程器键入的命令，更新编程器的显示内容。当PLC处于停止模式时，只执行以上两个操作；当PLC处于运行模式时，还要完成另外3个阶段的操作。

③ 输入采样处理。在输入采样阶段，PLC的CPU读取每个输入端口的状态，采样结束后，存入输入映像寄存器中，作为程序执行的条件。在程序执行阶段和输出刷新阶段，输入映像寄存器与外界隔离，无论输入信号如何变化其内容保持不变，直到下一个扫描周期的输入采样阶段才重新写入输入端的新内容。这种输入工作方式称为集中输入方式。

④ 程序执行处理。根据PLC梯形图程序扫描原则，PLC按先左后右，先上后下步序逐句扫描程序。当指令中涉及输入、输出状态时，PLC就从输入映像寄存器“读入”上一阶段采入的对应输入端子状态，从元件映像寄存器“读入”对应元件（软件继电器）当前状态。然后进行相应运算，并将运算结果存入输出映像寄存器中。

⑤ 输出刷新处理。在所有指令执行完毕且已进入到输出刷新阶段时，PLC才将输出映像寄存器中所有输出继电器的状态（接通、断开）转存到输出锁存器中，然后通过一定方式输出以驱动外部负载。这种输出工作方式称为集中输出方式。

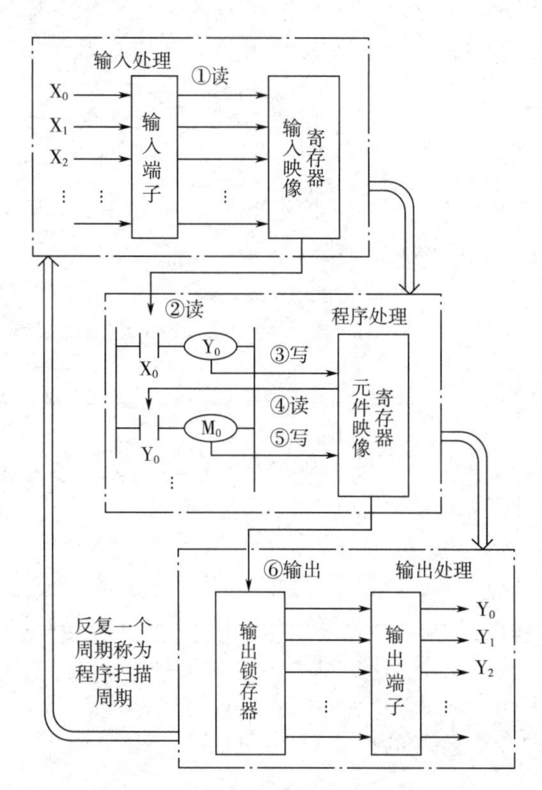

图6-127 PLC循环扫描工作过程

PLC的输入处理、程序处理和输出处理的工作过程如图6-127所示。PLC的扫描既可以按固定的顺序执行，也可按用户程序所指定的可变顺序进行。这不仅因为程序不需每个扫描周期都执行一次，而且也因为在一些大系统中需要处理的I/O点数多，通过安排不同的组织模块，采用分时分批扫描的执行方法，可缩短循环扫描的周期和提高控制的实时响应性。

循环扫描的工作方式是PLC的一大特点，也可以说PLC是“串行”工作的，这和传统的继电器控制系统“并行”工作有质的区别，PLC的串行工作方式避免了继电器控制系统中触点竞争和时序失配的问题。

由于PLC是循环扫描工作的，在程序处理阶段，即使输入信号的状态发生了变化，输入映像寄存器的内容也不会变化，要等到下一周期的输入处理阶段才能改变。暂存在输出映像寄存器中的输出信号要等到一个循环周期结束，CPU集中将这些输出信号全部输送给输出锁存器。由此可以看出，全部输入输出状态的改变，需要一个扫描周期。换言之，输入、输出的状态保持一个扫描周期。

⑥ 扫描周期。PLC在RUN工作模式时，执行一次扫描操作所需的时间称为扫描周期，其典型值约为1～100ms。扫描周期与用户程序的长短、指令的种类和CPU执行指令的速

度有很大的关系。当用户程序较长时，指令执行时间在扫描周期中占相当大的比例。有的编程软件或编程器可以提供扫描周期的当前值，有的还可以提供扫描周期的最大值和最小值。

6.5.3.5 PLC的应用领域

（1）开关量逻辑控制

开关量逻辑控制功能是PLC最基本的功能之一，是PLC最基本、最广泛的应用领域，可取代传统的继电器控制系统，实现逻辑控制和顺序控制。PLC可用于单机、多机群控制以及生产线的自动化控制。

如机床电气控制，起重机、皮带运输机和包装机械的控制，注塑机控制，电梯控制，饮料灌装生产线、家用电器（电视机、冰箱、洗衣机等）自动装配线控制，汽车、化工、造纸、轧钢自动生产线控制等。

（2）模拟量过程控制

PLC配上特殊模块后，可对温度、压力、流量、液面高度等连续变化的模拟量进行闭环过程控制。

（3）运动控制

PLC可采用专用的运动控制模块对伺服电机和步进电机的速度与位置进行控制，从而实现对各种机械的运动控制，如金属切削机床、工业机器人等。

（4）现场数据采集处理

目前PLC都具有数据处理指令、数据传送指令、算术与逻辑运算指令和循环移位与移位指令，所以由PLC构成的监控系统，可以方便地对生产现场数据进行采集、分析和加工处理。数据处理常用于柔性制造系统、机器人和机械手的大、中型控制系统中。

（5）通信联网、多级控制

PLC有通信接口与相应的指令能实现分散集中控制、计算机集中管理的集散控制，还能实现PLC与上位计算机以及其他智能设备（如触摸屏、变频器等）之间交换信息，形成一个统一的整体，使PLC具有通信联网的功能。现在几乎所有的PLC新产品都有通信联网功能，它可以使PLC与其他设备之间，在几千米甚至几十千米的范围内交换信息，甚至可以使整个工厂实现生产自动化。

6.5.4 FX2N系列可编程控制器的主要编程元件

（1）FX2N系列PLC编程元件的分类及编号

FX2N系列PLC编程元件的编号分为两个部分：第一部分是代表功能的字母。如输入继电器用“X”表示、输出继电器用“Y”表示。第二部分为数字，数字为该类器件的序号。FX2N系列PLC中输入继电器及输出继电器的序号为八进制，其余器件的序号为十进制。

（2）编程元件的基本特征

一般地可认为编程元件和继电接触器的元件类似，具有线圈和常开常闭触点，而且触点的状态随着线圈的状态而变化，即当线圈被选中（通电）时，常开触点闭合，常闭触点断开，当线圈失去选中条件时，常闭接通，常开断开。从实质上来说，某个元件被选中，只是代表这个元件的存储单元置1，失去选中条件只是这个存储单元置0，由于元件只不过是存储单元，可以无限次地访问。

（3）编程元件的功能和作用

① 数值的处理。FX2N系列PLC根据不同的用途和目的，使用5种类型的数值，分别为：十进制数（K）、十六进制数（H）、二进制数（B）、八进制数（O）、BCD码、其他数

值（浮点数）。

② 输入输出继电器。输入端子是PLC从外部开关接收信号的窗口。在PLC内部，与PLC输入端子相连的输入继电器是一种光电隔离的电子继电器，有无数的电子常开触点和常闭触点，可在PLC内随意使用。这种输入继电器不能用程序驱动。

输出端子是PLC向外部负载发送信号的窗口。输出继电器的外部输出用触点（继电器触点，晶闸管、晶体管等输出元件）在PLC内与该输出端子相连，有无数的电子常开触点和常闭触点，可在PLC内随意使用。PLC外部输出用触点，按照输出用软元件的响应滞后时间动作。

③ 辅助继电器。PLC内有许多辅助继电器，这类辅助继电器线圈与输出继电器一样，由PLC内各种软元件的触点驱动。

④ 状态器。状态器是对工序步进控制简易编程的重要软元件，经常与步进梯形指令结合使用。

⑤ 定时器。定时器相当于继电器系统中的时间继电器，可在程序中用于延时控制。

⑥ 计数器。计数器在程序中用作计数控制。计数器分为内部信号计数器和外部信号计数器两类。

⑦ 数据寄存器。数据寄存器是存储数值数据的软元件，可以处理各种数值数据，利用它还可以进行各种控制。

⑧ 指针。FX2N系列PLC的指针包括分支用指针（P）和中断用指针（I）。

（4）FX2N系列可编程控制器的基本指令

FX2N系列PLC有基本指令27条；步进梯形指令2条；应用指令128种，298条。本节介绍其基本顺控指令。

① LD、LDI、OUT指令。LD、LDI指令分别用于将常开、常闭触点连接到母线上，或者与后述ANB或ORB指令组合，在分支回路的起点使用常开、常闭触点。OUT指令是对输出继电器、辅助继电器、状态器、定时器、计数器的线圈驱动指令，对输入继电器不能使用。

② AND、ANI指令。AND、ANI指令分别用于单个常开、常闭触点的串联，串联触点的数量不受限制，该指令可以连续多次使用。

③ OR、ORI指令。OR、ORI指令分别用于单个常开、常闭触点的并联，并联触点的数量不受限制，该指令可以连续多次使用。

④ ORB、ANB指令。ORB、ANB指令都是不带软元件的独立指令。由两个以上触点串联连接的回路称为串联回路块，将串联回路块并列连接时，分支开始用LD或LDI指令，分支结束用ORB指令。

⑤ LDP、LDF、ANDP、ANDF、ORP、ORF指令。LDP、ANDP、ORP指令是进行上升沿检出的触点指令，仅在指定位元件的上升沿时（OFF ⟶ON变化时）接通一个扫描周期。LDF、ANDF、ORF指令是进行下降沿检出的触点指令，仅在指定位元件的下降沿时（ON ⟶OFF变化时）接通一个扫描周期。

⑥ MPS、MRD、MPP指令。FX2N系列PLC中有11个被称为堆栈的记忆运算中间结果的存储器。使用一次MPS指令，就将此时刻的运算结果送入堆栈的第一段存储。再使用MPS指令，又将中间结果送入第一段存储，而将先前送入存储的数据依次移到堆栈的下一段。

⑦ MC、MCR指令。MC为主控指令，用于公共串联触点的连接，MCR为主控复位指令，即MC的复位指令。

⑧ INV指令。INV指令的功能是将INV指令执行之前的运算结果取反，不需要指定

软元件号。

⑨ PLS、PLF 指令。使用 PLS 指令时，仅在驱动输入为 ON 的一个扫描周期内，软元件 Y、M 动作。使用 PLF 指令时，仅在驱动输入为 OFF 的一个扫描周期内，软元件 Y、M 动作。

⑩ SET、RST 指令。SET 为置位指令，使操作保持；RST 为复位指令，使操作保持复位。

⑪ NOP、END 指令。NOP 为空操作指令。将程序全部清除时，全部指令成为 NOP。若在普通的指令之间加入 NOP 指令，则 PLC 无视其存在，继续工作。

(5) 编程注意事项

① 梯形图编程规则。梯形图作为一种编程语言，绘制时应当有一定的规则。

a. 梯形图的各种符号，要以左母线为起点，右母线为终点（有时可以省略右母线），从左向右分行绘出。

b. 触点应画在水平线上，不能画在垂直分支线上。

c. 几个串联回路并联时，应该将串联触点多的回路写在上方；几个并联回路串联时，应该将并联触点多的回路写在左方。

② 语句表编程规则。指令表的表达顺序为：先写出参与因素的内容，再表达参与因素间的关系。

③ 双线圈输出问题。在梯形图中，线圈前边的触点代表线圈输出的条件，线圈代表输出。如果在同一程序中同一元件的线圈使用两次或多次，称为双线圈输出。PLC 程序顺序扫描执行的原则规定，这种情况出现时，前面的输出无效，最后一次输出才有效。

(6) 应用实例：电动机正反转控制

按下正转起动按钮 SB1，KM1 线圈得电，电动机正转运行；按下反转起动按钮 SB2，KM1 线圈失电，KM2 线圈得电，电动机反转运行；按下 SB3，KM1 或 KM2 线圈失电，电动机停止正转或反转（图 6-128，图 6-129）。

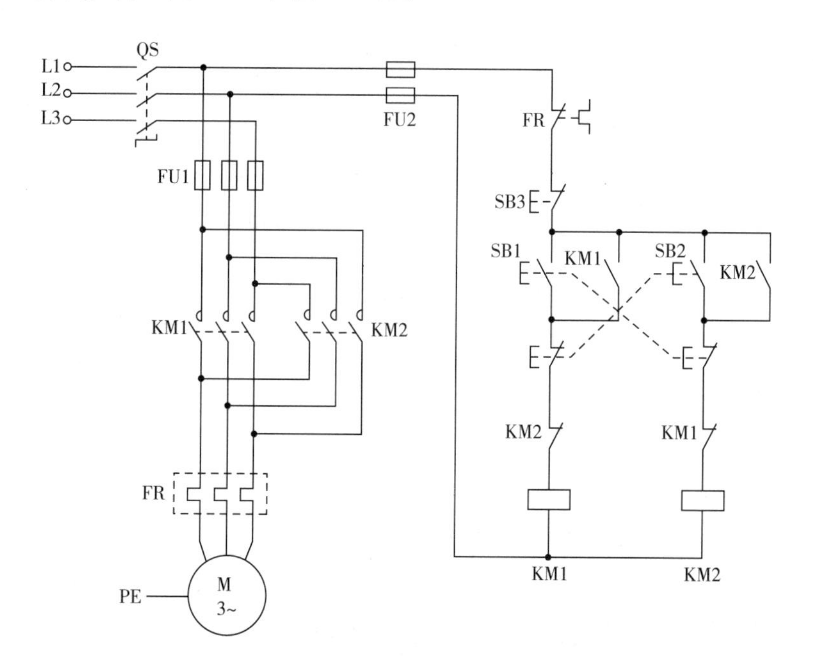

图 6-128 电机控制电路

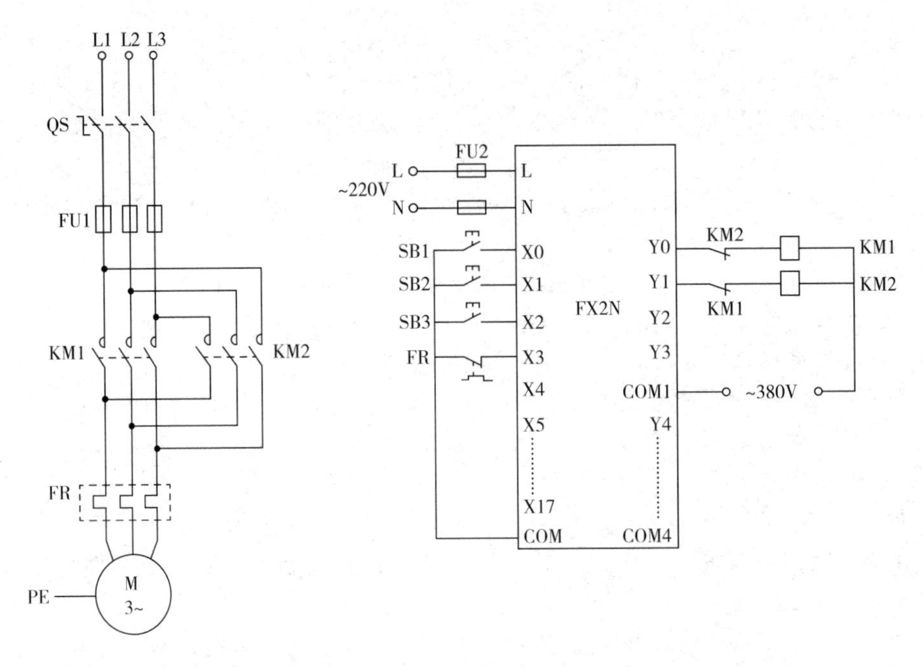

图 6-129 根据 I/O 分配绘制出电机 PLC 正反转控制线路接线

改用 PLC 进行控制，设定 I/O 分配表如表 6-24 所示。

表 6-24 I/O 分配表

输入信号		输出信号	
元件名称	输入编号	元件名称	输出编号
正转起动按钮 SB1	X000	正转控制接触器 KM1	Y000
反转起动按钮 SB2	X001	反转控制接触器 KM2	Y001
停止按钮 SB3	X002		
热继电器触点 FR	X003		

根据 I/O 分配表绘制出 PLC 控制正反转控制线路接线原理图。

控制方法一：继电控制线路翻写梯形图如图 6-130 所示。

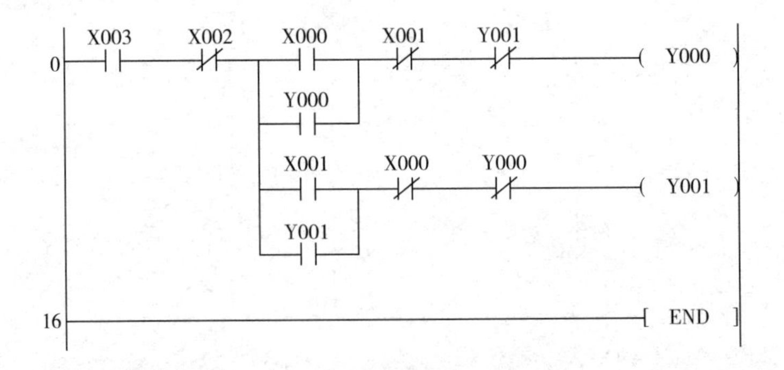

图 6-130 继电控制线路翻写梯形图

控制方法二：主控方式控制正反转电路，如图 6-131 所示。

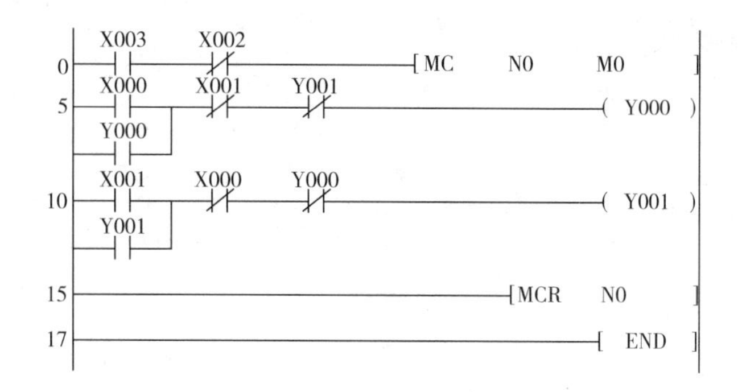

图 6-131　主控方式控制正反转电路图

6.5.5　常用仪表及工作原理

6.5.5.1　常用电工仪表的分类、标志

电工测量就是将被测电量、磁量或电参数与同类标准量进行比较，从而确定出被测量大小的过程。

在电工测量中，除了应根据测量对象正确选择和使用电工仪表外，还必须采取合理的测量方法，掌握正确的操作技能，才能尽可能地减小测量误差。

(1) 常用电工仪表的分类

在电工测量中，测量各种电量、磁量及电路参数的仪器仪表统称为电工仪表。

电工仪表种类很多，按结构和用途不同，主要分为指示仪表、比较仪表、数字仪表和智能仪表四大类。

① 指示仪表

a. 特点是能将被测量转换为仪表可动部分的机械偏转角，并通过指示器直接指示出被测量的大小，故又称为直读式仪表。

b. 按工作原理分类，主要有磁电系仪表、电磁系仪表、电动系仪表和感应系仪表。此外，还有整流系仪表、铁磁电动系仪表等。

c. 典型仪表是安装式仪表（图 6-132）、便携式仪表。

② 数字仪表

a. 特点是采用数字测量技术，并以数码的形式直接显示出被测量的大小。

b. 按工作原理分类，常用的有数字式电压表、数字式万用表、数字式频率表等。

c. 典型仪表是数字式万用表（图 6-133）。

图 6-132　常见的安装式仪表

图 6-133　常见的数字式万用表

(2) 电工仪表的标志

不同的电工仪表具有不同的技术特性，为方便选择和使用仪表，规定用不同的符号来表示这些技术特性，并标注在仪表的面板上，这些图形符号叫做仪表的标志（表 6-25）。

表 6-25 常用测量单位符号

物理量	名称	符号	物理量	名称	符号
电流	千安	kA	频率	兆赫	MHz
	安培	A		千赫	kHz
	毫安	mA		赫兹	Hz
	微安	μA	电阻	兆欧	MΩ
电压	千伏	kV		千欧	kΩ
	伏	V		欧姆	Ω
	毫伏	mV		毫欧	mΩ
	微伏	μV	相位	度	°
功率	兆瓦	MW	功率因数	（无单位）	—
	千瓦	kW	无功功率因数	（无单位）	—
	瓦特	W	电容	法拉	F
无功功率	兆乏	MVar		微法	μF
	千乏	kVar		皮法	pF
	乏尔	Var	电感	亨	H
				毫亨	mH
				微亨	μH

6.5.5.2 电工指示仪表的技术要求

要满足以下 8 方面：①要有足够的准确度；②要有合适的灵敏度；③要有良好的读数装置；④要有良好的阻尼装置；⑤仪表本身消耗功率小；⑥要有足够的绝缘强度；⑦要有足够的过载能力；⑧仪表的变差要小。重点介绍前三项。

(1) 要有足够的准确度

标准表或精密测量时可选用 0.1 级或 0.2 级的仪表。实验室一般选用 0.5 级或 1.0 级的仪表。一般的工程测量可选用 1.5 级以下的仪表。

(2) 要有合适的灵敏度

在实际测量中，要根据被测量的要求选择合适的灵敏度。例如万用表的测量结构就要选用灵敏度较高的仪表，而一般工程测量就不需要选用灵敏度较高的仪表，以降低成本。

(3) 要有良好的读数装置

良好的读数装置是指仪表的标度尺刻度应尽量均匀，以便于准确读数。对刻度不均匀的标度尺，应标明读数的起点，并用符号“•”表示（图 6-134）。

6.5.5.3 常用电工测量方法

实践证明，测量结果准确与否，除了与所使用的电工仪表有关之外，还与所选择的测量方法有关。所谓电工测量就是把被测的电量、磁量或电参数与同类标准量（即度量器）

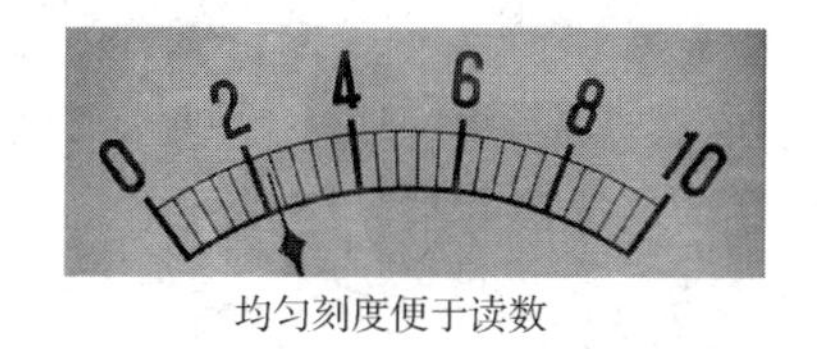

均匀刻度便于读数

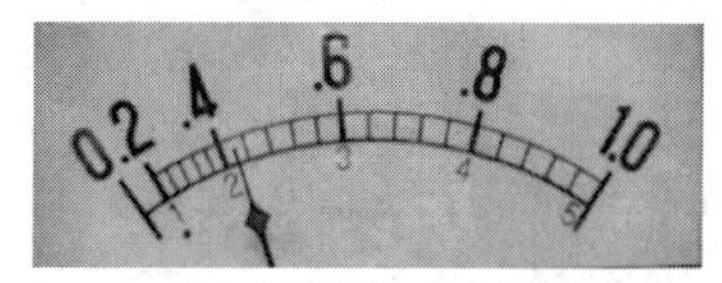

不均匀刻度易出现读数误差

图 6-134　均匀刻度和不均匀刻度的标度尺

进行比较，从而确定被测量大小的过程。

(1) 直接测量法

① 特点。凡能用直接指示的仪器仪表读取被测量数值，而无需度量器直接参与的测量方法，叫做直接测量法。

② 适用范围。适用于准确度要求不太高的场合。

③ 直接测量法的优缺点

a. 优点。方法简便，读数迅速。

b. 缺点。由于仪表接入被测电路后，会使电路工作状态发生变化，因而该方法的准确度较低。

c. 举例。电流表测量电流，电压表测量电压，功率表测量功率等。

(2) 间接测量法

① 特点。测量时先测出与被测量有关的电量，然后通过计算求得被测量数值的方法，叫做间接测量法。

② 适用范围。在准确度要求不高的特殊场合。

③ 间接测量法的优缺点

a. 优点。在准确度要求不高的一些特殊场合应用十分方便。

b. 缺点。误差较大。

c. 举例。伏安法测量电阻；通过测量晶体三极管发射极电压求得放大器静态工作点 IC 的方法。

6.5.5.4　常用仪表介绍、使用

万用表是电力电子等部门不可缺少的测量仪表，一般以测量电压、电流和电阻为主要目的。万用表按显示方式分为指针万用表和数字万用表。是一种多功能、多量程的测量仪表，一般万用表可测量直流电流、直流电压、交流电流、交流电压、电阻和音频电平等，有的还可以测交流电流、电容量、电感量及半导体的一些参数（如 β）等。

① 数字式万用表的使用。数字式万用表是以数字来显示参量数值的。数字万用表显示清晰直观，性能稳定，并具有很高的灵敏度和准确度。使用方法如图 6-135。

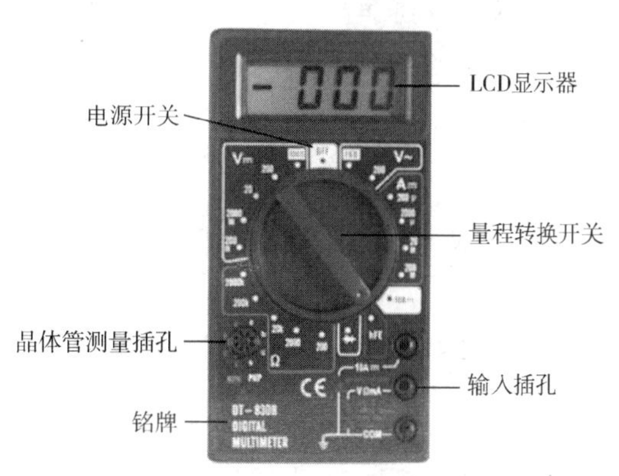

图 6-135　DT-830B 型数字式万用表面板图

② 电压的测量。直流电压的测量，如电池（图 6-136）、电源等。首先将黑表笔插进“COM”孔，红表笔插进“VΩ”孔。把旋钮旋到比估计值大的量程（注意：表盘上的数值均为最大量程，“V－”表示直流电压档，“V～”表示交流电压档，“A”

是电流档)，接着把表笔接电源或电池两端；保持接触稳定。数值可以直接从显示屏上读取，若显示为“1.”，则表明量程太小，那么就要加大量程后再测量。如果在数值左边出现“—”，则表明表笔极性与实际电源极性相反，此时红表笔接的是负极。

交流电压的测量（图6-137)。表笔插孔与直流电压的测量一样，不过应该将旋钮打到交流档“V～”处所需的量程即可。交流电压无正负之分，测量方法跟前面相同。无论测交流还是直流电压，都要注意人身安全，不要随便用手触摸表笔的金属部分。

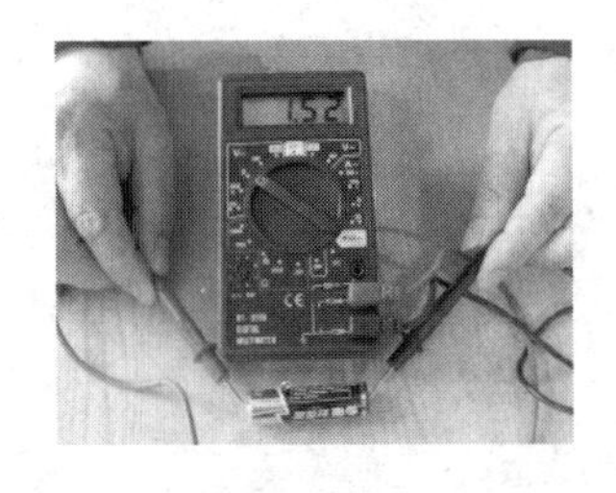

图6-136　测量电池电动势

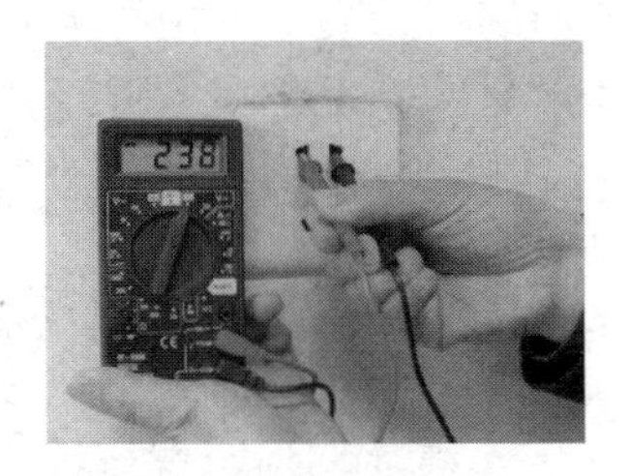

图6-137　测量交流电压

③ 电流的测量。直流电流的测量（图6-138)。先将黑表笔插入“COM”孔。若测量大于200mA电流，则要将红表笔插入“10A”插孔并将旋钮打到直流“10A”档；若测量小于200mA电流，则将红表笔插入“200mA”插孔，将旋钮打到直流200mA以内的合适量程。调整好后，就可以测量了。将万用表串进电路中，保持稳定，即可读数。若显示为“1.”，那么就要加大量程；如果在数值左边出现“—”，则表明电流从黑表笔流进万用表。

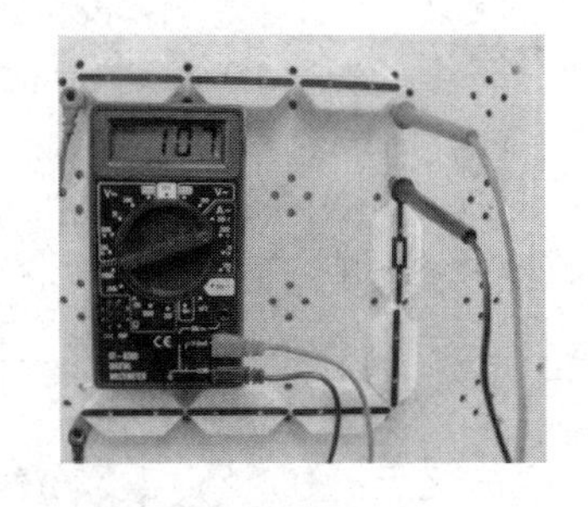

图6-138　测量直流电流

交流电流的测量。测量方法与直流电流的测量相同，不过档位应该打到交流档位，电流测量完毕后应将红笔插回“VΩ”孔，若忘记这一步而直接测电压，则会烧毁万用表。

图6-139　测量电阻

④ 电阻的测量（图6-139)。将表笔插进“COM”和“VΩ”孔中，把旋钮旋到“Ω”中所需的量程，用表笔接在电阻两端金属部位，测量中可以用手接触电阻，但不要把手同时接触电阻两端，这样会影响测量精确度——人体是电阻很大但是有限大的导体。读数时，要保持表笔和电阻有良好的接触；注意单位：在“200”档时单位是“Ω”，在“2k”到“200k”档时单位为“kΩ”，“2M”以上的单位是“MΩ”。

6.6　虚拟仿真基础

6.6.1　虚拟仿真

(1) 定义

虚拟仿真技术是20世纪80年代出现的一种新的综合集成技术，即用虚拟电子信息系统对真实场景系统的一种模拟仿真技术，是由人机交互技术、人工智能、传感技术等多种现代三维技术构成的系统的人工环境建设，通过多媒体放映对人体的视觉、触觉、听觉等感官进行逼真呈现，使人和相关虚拟环境有一定的交互性，并适时做出相应的反应。随着相关技术领域的不断发展，仿真技术逐渐形成运用于自身的自成系统，从以前的某个物理现象、设备和系统的简单模拟，发展为能运用其原理对不同系统组成的系统结构体系进行更高级的仿真，使相关用户在符合人们客观意识环境下，贴近物体相关运动学定律的基础上，充分满足现代虚拟仿真技术的发展需要。

(2) 发展史

虚拟仿真技术是以相似原理、信息技术、系统技术及其应用领域中有关专业技术为基础，以计算机和各种物理效应设备为工具，利用好系统模拟对实际的或设想的系统进行试验研究的一门综合技术，它综合集成了计算机技术、网络技术、图形图像技术、多媒体技术、软件工程技术、信息处理技术、自动控制技术等多个高新技术领域的知识。

仿真的应用已经有很长的历史了，它的发展大致经历了四个阶段：

① 物理仿真阶段。20 世纪 20～30 年代：在此期间，虚拟仿真技术是实物仿真和物理效应仿真方法。仿真技术在航天领域中得到了很好的应用。在此期间，一般是以航天飞行器运行情况为研究对象的、面向浮渣系统的仿真，并取得了一定的效益，如 1930 年左右，美国陆、海军航空队采用了林克仪表飞行模拟训练器。据说当时其经济效益相当于每年节约 1.3 亿美元而且少牺牲了 524 名飞行员。以后，固定基座及三自由度飞行模拟座舱陆续投入使用。

② 模拟仿真阶段。20 世纪 40～50 年代：虚拟仿真技术采用模拟计算机仿真技术，到 50 年代末期采用模拟、数字混合仿真方法。模拟计算机仿真是根据仿真对象的数字模型将一系列运算器（如放大器、加法器、乘法器、积分器和函数发生器等）以及无源器件（如电阻器件、电容器、电位器等）相互连接而形成的仿真电路。通过调节输入端的信号来观察输出端的响应结果，进行分析和把握仿真对象的性能。模拟计算机仿真对分析和研究飞行器制导系统及星上设备的性能起着重要的作用。在 1950—1953 年美国首先利用计算机来模拟战争，防空兵力或地空作战被认为是具有最大训练潜力的应用范畴。

③ 数字仿真阶段。20 世纪 60～80 年代：在这 20 年间，虚拟仿真技术大踏步地向前进了一步。进入 60 年代，数字计算机的迅速发展和广泛应用使仿真技术由模拟计算机仿真转向数字计算机仿真。数字计算机仿真首先在航天航空中得到了应用。

④ 虚拟仿真阶段。20 世纪 80 年代到今天：在这段时间，虚拟仿真技术得到了质的飞跃，虚拟技术诞生了。虚拟技术的出现并没有意味着仿真技术趋向淘汰，而恰恰有力地说明仿真和虚拟技术都随着计算机图形技术而迅速发展，系统仿真、方法论和计算机仿真软件设计技术在交互性、生动性、直观性等方面取得了比较大的进步。先后出现了动画仿真、可视交互仿真、多媒体仿真和虚拟环境仿真、虚拟现实仿真等一系列新的仿真思想、仿真理论及仿真技术和虚拟技术。

虚拟技术和仿真技术不仅在军事上而且在国民经济各个领域，如交通、动力、化工、制造以及农业、工业、社会科学等领域得到了广泛应用，获得了巨大的经济效益，从而达到“多、快、好、省”的目标。

(3) 虚拟现实的分类

虚拟现实按照系统功能和实现方式分为：沉浸式虚拟现实、桌面式虚拟现实、分布式虚拟现实和增强式虚拟现实。

① 沉浸式虚拟现实系统（“可穿戴”VR 系统）。沉浸式虚拟现实系统提供完全沉浸的体验。它利用头盔式显示器或其他设备，把参与者的视觉、听觉和其他感觉封闭起来，提

供一个新的、虚拟的感觉空间，并利用位置跟踪器、数据手套、其他手控输入设备、声音等使得参与者产生一种身临其境、全心投入的感觉。

② 桌面式虚拟现实系统（桌面 VR 系统）。桌面式虚拟现实利用个人计算机和低级工作站进行仿真，将计算机的屏幕作为用户设备实现与虚拟现实世界的充分交互，这些外部设备包括立体眼镜、3D 控制器式监视器或鼠标、追踪球、力矩球等。它要求参与者使用输入设备，通过计算机屏幕观察 360°范围内的虚拟世界，并操作其中的物体，但这时参与者缺少完全的沉浸，因为它仍然会收到周围现实环境的干扰。

③ 共享型虚拟现实系统（网络虚拟现实，又称分布式虚拟环境）。是一种基于网络连接的虚拟现实系统，它是多个用户通过计算机网络连接在一起，同时参加一个虚拟环境空间，共同体验虚拟经历，使虚拟现实提升到一个更高的境界。

在分布式虚拟现实系统中，多个用户可通过网络对同一虚拟世界进行观察和操作，以达到协同工作的目的。例如，异地的医学生，可以通过网络，对虚拟手术室中的病人进行外科手术。又如风靡因特网的网络游戏，其实就是一个共享型虚拟现实系统，众多玩家可以在同一虚拟环境中交互式地进行交流、打斗、组织甚至生存，让虚拟的情节持续发展。

④ 增强型虚拟现实系统（增强现实 VR）：增强现实型的虚拟现实不仅是利用虚拟现实技术来模拟现实世界、仿真现实世界，而且要利用它来增强参与者对真实环境的感受，也就是增强现实中无法感知或不方便的感受。

(4) 虚拟仿真技术的应用

① 虚拟现实技术在安全生产中的主要应用。对出现的危险情况进行模拟：在实际生产系统中，引发事故的原因多种多样，人、机械、环境三要素中任何一个发生的随机事件都可能引发严重的事故，有很强的不可预见性。利用 VR 技术，可以事先模拟事件的发生过程及可能造成的严重后果。

通过虚拟现实针对模拟的情况进行必要的改进；可以对现场有更多的了解，采取措施进行改进，如隔离、设置安全通道，设置警示牌，改进设计或改进现场布置等。

通过 VR 重现事故现场，分析事故原因：对已经发生的事故，根据现场的情况进行模拟分析，再现事故现场，清楚了解事故发生的原因，杜绝同类事故再次发生。

用 VR 技术的现场模拟来进行安全教育：让工作人员在虚拟环境中熟悉了解工作现场、工作程序及安全注意事项，直观生动，效果好。

② 虚拟现实技术在矿山安全中的应用。目前，VR 技术在矿山安全中的应用主要包括以下几个方面：应用 VR 技术进行矿山生产环境的风险分析、应用 VR 技术进行矿山工作人员的技术培训、应用 VR 技术进行事故调查和应用 VR 技术进行矿井火灾和瓦斯爆炸的研究。

③ 虚拟现实技术在公共安全中的应用。虚拟现实技术应用于反恐、紧急突发事件等公共安全问题中，在国外已经开始广泛应用，但在我国基本还是空白。虚拟现实用在反恐、突发紧急事件中，具有明显的社会价值和经济价值。主要表现在：降低了演练成本；数字化技术提供了丰富、多变的内容；提供了长期、便利的训练方法；可以反复分析、评估；强化了关键技能；培养了公众在危难时刻救护和自保的能力。

④ 虚拟现实技术在建筑施工安全中的应用。虚拟现实技术用于建筑施工安全管理（图 6-140）。在虚拟环境中，建立施工场景、结构构件即机械设备等的三维模型（虚拟模型），形成基于计算机的仿真系统。让系统中的模型具有动态性能，并对系统中的模型进行虚拟施工，根据虚拟施工结果验证其是否正确，在人机交互的可视化环境中对施工方案进行设计和修改，找出安全隐患，制订安全防范措施，得到优化设计方案，使“预防

为主”的标准化安全管理体系有了实现的基础。

⑤ 虚拟现实技术在航空安全领域的应用。在虚拟现实技术发展之初，一个主要的研究方向就是应用于航空航天，其发展较早而且较为成熟。美国航空航天局（NASA）和欧洲航空局（ESA）都积极地应用VR技术，引起全球科技界的瞩目，它不仅节省了大量经费，也缩短了研制周期。

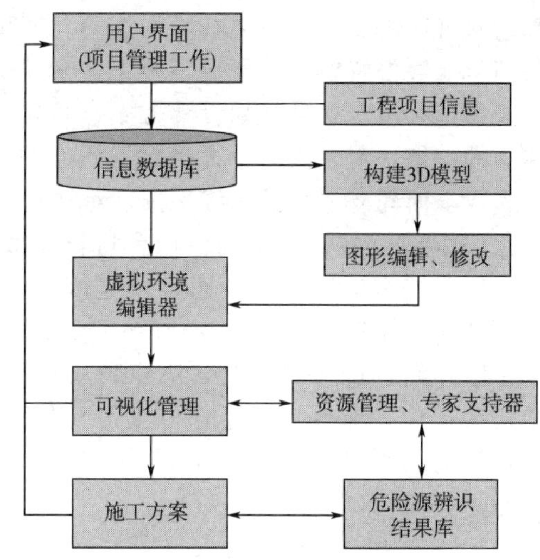

图6-140　虚拟现实施工方案设计模式

(5) 虚拟现实技术在化工生产方面的应用

① 仿真技术的工业应用。仿真系统依所服务的对象可划分为不同的行业，如航空航天、核能发电、火力发电、石油化工、冶金、轻工等。石化仿真系统是在航空航天、电站仿真系统之后，从20世纪60年代末由国外开始开发应用的，它是建立在化学工程、计算机技术、控制工程和系统工程等学科基础上的综合性实用技术。石化仿真系统是以计算机软硬件技术为基础，在深入了解石油化工各种工艺过程、设备、控制系统及其生产操作的条件下，开发出的石油化工各种工艺过程与设备的动态数学模型，并将其软件化，同时设计出易于在计算机上实现而在传统教学与实践中无法实现的各种培训功能，创造出与现实生产操作十分相似的培训环境，从而让从事石油化工生产过程操作的各类人员在这样的仿真系统上操作与试验。

大量统计数字表明，学员通过数周内的系统仿真培训，可以取得实际现场2～5年的工作经验。系统仿真多优势使其成为当前众多企业新员工和人员培训的必要技术手段。

② 仿真技术的专业教学应用。近年来，由于仿真技术不断进步，其在职业教育领域的应用呈星火燎原之势，仿真技术已经渗透到教学的各个领域。无论是理论教学、实验教学，还是实习教学，与传统的教学手段相比无不显示强大的优势。当前仿真技术在化工类职业院校主要起如下作用：

a. 帮助学生深入了解化工过程系统的操作原理，提高学生对典型化工过程的开车、运行、停车操作及事故处理的能力。

b. 掌握调节器的基本操作技能，初步熟悉P、I、D参数的在线设定。

c. 掌握复杂控制系统的投运和调整技术。

d. 提高对复杂化工过程动态运行的分析和决策能力，通过仿真实习训练能够提出最优开车方案。

e. 在熟悉了开、停车和复杂控制系统的操作基础上，训练分析、判断和处理事故的能力。

f. 科学地、严格地考核与评价学生经过训练后所达到的操作水平以及理论联系实际的能力。

g. 安全性。在教学过程中，学生在仿真器上进行事故训练不会发生人身危险，不会造成设备破坏和环境污染等经济损失。因此，仿真实习是一种最安全的实习方法。

(6) 虚拟现实技术在其他方面的应用

① 虚拟现实在城市规划和建筑方面的应用。城市规划一直是对全新的可视化技术需求最为迫切的领域之一，虚拟现实技术可以广泛地应用在城市规划的各个方面，并带来切实且客观的利益：展现规划方案虚拟现实系统的沉浸感和互动性，不但能够给用户带来强烈、

逼真的感官冲击，获得身临其境的体验，还可以通过其数据接口在实时的虚拟环境中随时获得项目的数据资料，方便大型复杂工程项目的规划、设计、投标、报批、管理，有利于设计与管理人员对各种规划设计方案进行辅助设计与方案评审，规避设计风险。虚拟现实所建立的虚拟环境是由基于真实数据建立的数字模型组合而成，严格遵循工程项目设计的标准和要求而建立逼真的三维场景，对规划项目进行真实的“再现”。

② 虚拟现实在医学上的应用。随着虚拟现实和仿真技术广泛应用于医疗保健培训和教育领域（图6-141、图6-142）。手术模拟器始终是医师培训的重要工具，愿意投入大量资金购买这种专业设备。随着视觉仿真与力反馈技术的结合，外科医生在做手术时，可以同时具有视觉和物理反馈。

图 6-141 虚拟现实在医学上的应用

除了外科手术，虚拟现实还是一种用于医疗保健专业人员（比如护士、医师、外科医生、医疗顾问、牙医、护理人员）临床教学与培训的划算、安全和有效的手段。执业医师能在身临其境和远比传统视频与文件学习手段更加真实的环境下，接受有关手术、技术、设备以及患者互动等方面的培训。

在虚拟现实环境下接受培训，可以给医师们提供一个没有风险的环境，使操作者在没有心理负担的情况下，完成全部程序，这对于医生的成长尤为重要。

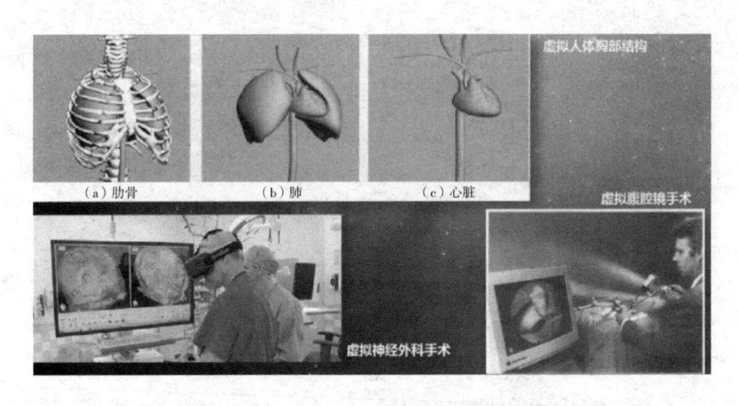

图 6-142 VR的应用领域——医疗领域

③ 虚拟现实技术在教育上的应用。主要用来解释一些复杂的系统抽象概念如量子物理方面，VR是非常有力的工具，Lofin等在1993年建立了一个“虚拟的物理实验室”，用于解释某些物理概念，如位置与速度，力量与位移等（图6-143）。

④ 虚拟现实在军事与航空工业上的应用。应用于坦克训练网络simnet、虚拟毒刺导弹训练系统、反潜艇作战ASW及在航空航天上的NASA虚拟现实训练系统、EVA训练系统及虚拟座舱等系统（图6-144）。

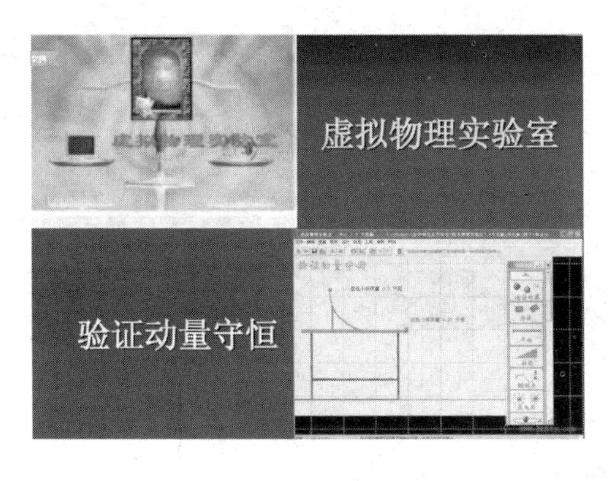

图 6-143　虚拟现实技术在教育上的应用

图 6-144　虚拟现实在军事与航空工业上的应用

⑤ 虚拟现实在室内设计中的应用。虚拟现实不仅仅是一个演示媒体，而且还是一个设计工具。它以视觉形式反映了设计者的思想，比如装修房屋之前，首先要做的事是对房屋的结构、外形做细致的构思，为了使之定量化，还需要设计许多图，当年这些图只能内行人读懂，而虚拟现实可以把这些图构思编程成看得见的虚拟物体和环境（图 6-145）。使以往只能应用传统设计模式设计的作品，提升到数字化既可看又可得的完美境界，大大提高了设计和规划的质量与效率。运用虚拟现实技术，设计者可以完全按照自己的构思去构建、装饰“虚拟”的房间，并可以任意变换自己在房间中的位置，去观察设计的效果，直到满意为止。既节约了时间，又节省了做模型的费用。

⑥ 虚拟现实在产品展示上的应用。企业将他们的产品以三维的形式发布到网上，能够展示出产品外形的方方面面，加上互动模式，演示产品的功能和使用操作，充分利用互联网高速迅捷的传播优势来推广公司的产品。

图 6-145　虚拟现实在室内设计中的应用

⑦ 虚拟现实技术在游戏中的应用。电脑游戏自产生以来，一直都在朝着虚拟现实的方向发展，虚拟现实技术发展的最终目标已经成为三维游戏工作者的崇高追求。3D 游戏在保持其实时性和交互性的同时，逼真度和沉浸感在一步步地提高和加强。

6.6.2　仿真实训形式

6.6.2.1　课堂教学

(1) AR 素材微课

AR 移动端立体课堂系统，是东方仿真最新研发的一款移动端 APP 软件。为辅助课堂理论教学，增强课堂教学趣味性和生动性，利用教学使用的各种教材课本，课堂教学过程中涉及到相应内容时，使用手机 APP 对教材上的图片进行扫描，则可以通过移动设备观看该图片对应的动画介绍，将死板的 2D 图片转换成灵活的动态画面，更加直观、形象、生动地学习，使教学环节达到虚实结合、动静相宜、移动设备进课堂的目的。APP 一次下载可长久离线使用，无需持续使用手机流量，并且支持从服务器上下载更新动画素材包，以满足教学内容的更新和拓展。

东方仿真 ESST 目前已拥有部分用户，在实际教学环节中开始推广使用，目前常见的应用场景见图 6-146。

使用模式

浮头式换热器

浮头式换热器如图所示，两端管板之一不与外壳固定连接，该端称为浮头。当管子受热（或受冷）时，管束连同浮头可以自由伸缩，而与外壳的膨胀无关。浮头式换热器这种结构不但可以补偿热膨胀，而且易清洗和检修。故浮头式换热器应用较为普遍。但该种换热器结构较复杂，金属耗量较多，造价也较高。

以上几种类型的列管换热器都有系列标准，其规格型号参见附录。

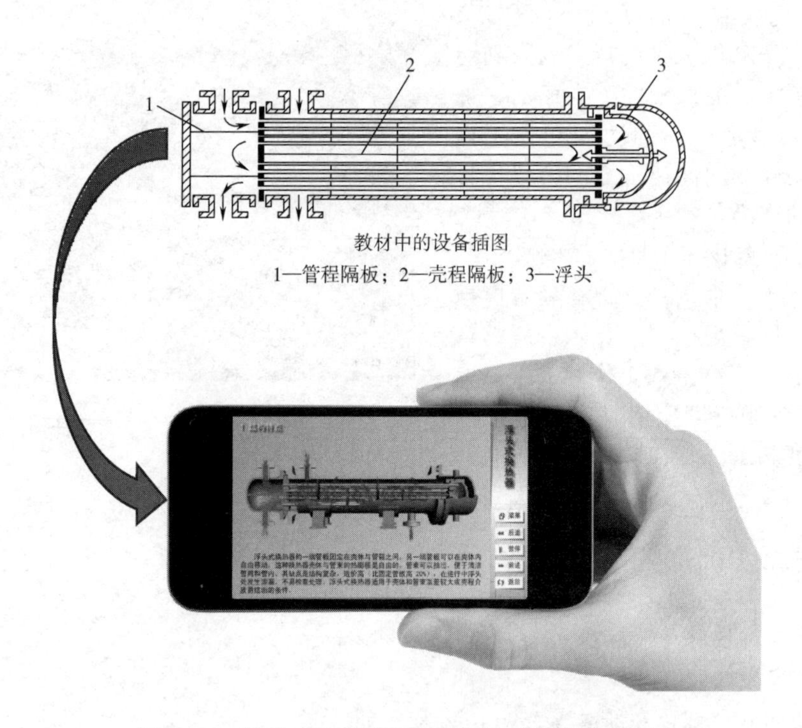

图 6-146 使用 APP 扫描插图后播放对应的讲解动画

（2）典型单元设备 3D 动画

通过 3D 动画、视频、图片等多媒体技术，基于丰富的表现力和良好的交互性，将抽象的、无法直接观察的工艺和设备技术形象化、具体化、声情并茂，有效提高学员学习兴趣和学习效果，使学员能深刻掌握相关知识。沉沙池 3D 动画见图 6-147。

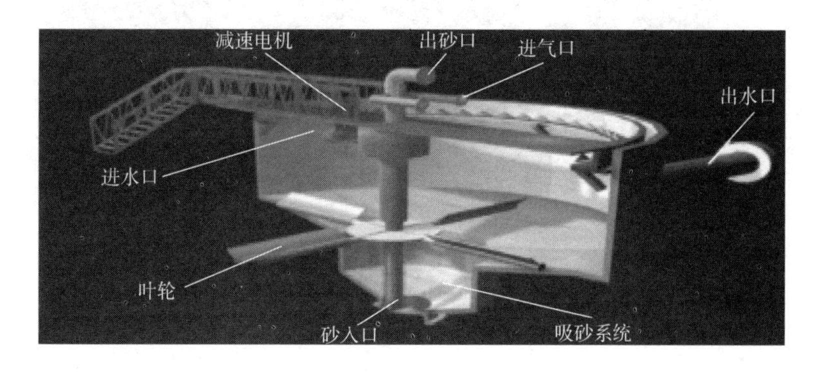

图 6-147　沉沙池 3D 动画

（3）实验教学

为配合《环境工程原理》的专业教学与实验教学，东方仿真开发了环境工程水处理 3D 实验仿真软件、环境工程大气 3D 实验仿真软件、环境工程固废 3D 实验仿真软件。

6.6.2.2　工程实验软硬结合

该方向系列实验是以真实装置为原型，操作真实的实验设备，利用动态模型实时模拟真实实验现象和过程，通过对仿真实验装置进行交互式操作，产生和真实实验一致的现象和结果。采用软件和硬件相结合的方式，解决因设备或环境等因素的限制，有效地提高了动手操作水平，而且加强了学生对理论知识的理解。解决了学校因实验危险大、周期长、环境污染严重等原因导致实验难以开展的难题。有机废气催化净化实验半实物装置见图 6-148。

图 6-148　有机废气催化净化实验半实物装置示意图

6.6.2.3　实验室安全

东方仿真运用科技前沿的 VR 技术，以实验室存在的主要安全问题为着眼点开发。软件设置了安全防护用品的选用和安全设施的使用、灭火逃生、隐患识别与处理三大模块，通过虚拟现实技术让体验者沉浸于接近真实的实验室场景中，另设置考核评分环节检测学生的安全知识学习情况（图 6-149～图 6-151）。

图 6-149　VR 学习模式

图 6-150　实验室着火处理预案

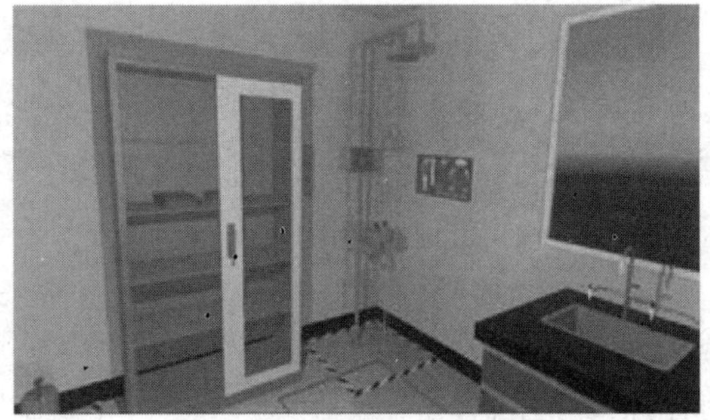

图 6-151　消防设备处理预案

7

模拟培训操作

前面介绍了与水处理相关的知识，本部分就国内水处理技术训练方面，提供一些培训内容，供学习借鉴。

在2019年第45届世赛“水处理技术项目”比赛中，以任务引领，将“水处理技术”用工作流程这一主线进行串联，这在前三届展示中，没有表现出来，这是国内所有参加此项目的队伍需要关注与深入研究的课题。本部分的项目编排，我想尽可能以水处理工艺流程为主线，将几个模块进行串联编写，有利于大家学习与讨论。

7.1 Festo水处理设备技能与知识实例

费斯托（Festo）在水处理技术方面，提高了多种设备的性能，如EduKit PA模块、EDS模块、泵管阀模块和VR模块等。然而目前国内大家掌握比较好的是“EduKit PA”模块，同时也具备较多的设备，在此，仅对该设备进行介绍。

7.1.1 EduKit PA设备的基本功能

从图7-1中看出，EduKit PA设备实际上是一个流体输送装置，以泵将低位槽中液体输送至高位槽，由配置的液位传感器、压力表、流量计、电磁阀及手动阀门等，实现液体自动化输送。

Edukit PA是一款学习过程自动化技术的入门级产品，分基础版和高级版（提高版）。基础版是Edukit PA的基础套件，由铝合金底座、支架、泵、水箱、控制板、管路等组成。高级版是由一组扩展元件组成，含接线I/O板，电容传感器、超声波传感器、压力传感器、流量传感器、两通电磁阀等。

在该部分训练、考核中，包括：安全规范、物料核对、机械安装、电器接线、控制连接、测量与控制等环节。下面对六个环节的内容进行介绍。

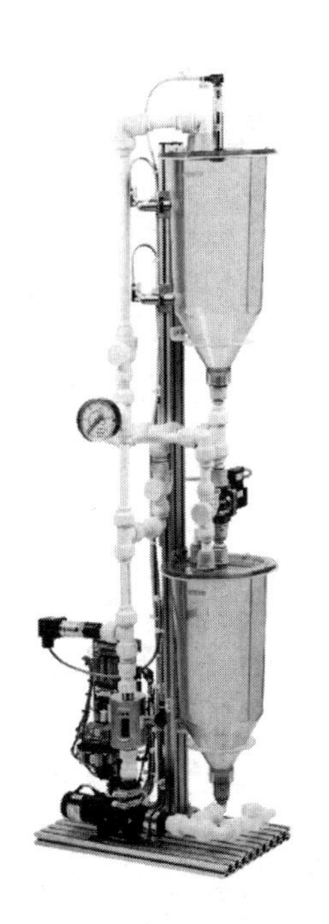

图7-1 EduKit PA设备

7.1.1.1 安全规范

操作安全与规范是每位操作者必须首先遵守的基本原则。它包括个人操作安全和设备操作安全。

费斯托操作中的个人安全包括：穿防护工作服、穿工作鞋、戴防护眼镜和戴工作手套。

费斯托操作中的设备安全包括：在运行软件后，当发现存在问题，必须要进行检查，在这之前一定要先断电源，再进行检查操作。

若参赛选手没有按相关要求操作，裁判有权在扣分的基础上，停止选手操作，甚至终止选手比赛。

7.1.1.2 物料核对

物料核对操作，一般是在操作开始初期需要完成的一项工作，它是指“在费斯托各模块操作前，需要确认‘设备、工具、备品备件’的完整/齐全”情况，一般的考核方法是“对照任务单、实物及工具箱”对物品进行核对，并将需要的物品，从工具箱内取出，规范摆放后，操作完成。

但与国内不同的是，一般此模块的结束时间是在开始操作的15min内，既在开赛10min后，发现缺少“工具、备品、备件”时，还可以向技术支持方提出需求，技术支持方需要完成应答需求。但超过15min后，如再发现物品短缺，则只能自负其责。

7.1.2 机械安装

Edukit PA设备操作的第一步是把相关的基础版部件按图7-1连接到“铝合金底座”工作台上。相关备件见表7-1。

表7-1 “Edukit PA设备”备件表

序号	物品名称	数量	序号	物品名称	数量	序号	物品名称	数量
1	泵	1个	4	压力表（机械指针式）	1个	7	铝合金底座	1个
2	水箱及架	2个	5	控制板	1个	8	型材支架（包括固定螺丝）	3个
3	流量计	1个	6	手动阀（有方向性）	4个	9	管路和接头	若干

(1) 装置图介绍

装置图见图7-2的备件和组合好的装置。

(2) 装配任务要求

依据图7-1及图7-2，按图7-3设备装置图的要求，分4大步进行机械安装和管路连接。

要求：

① 底座与立柱的安装，要准确定位，合理安排和固定位置；

② 两个水箱的安装，要规范连接，牢固可靠，做好整体布局；

③ 泵的安装，要连接规范，做到横平竖直程度；

④ 阀门的安装，要连接规范，注意阀门的方向；

⑤ 由于管件间的连接是“插-拔”式操作，内有不锈钢弹簧及密封圈，要注意水平插入；拔出时，首先要将弹簧与锁扣垫水平下压到底，即可将管拔出；

⑥ 必须将管插到接头的底部，否则会出现漏水、渗水现象；

⑦ 传感器的安装，要求连接规范，便于评价；

⑧ IO接线板的安装，要求数据电缆接口朝向规范，固定可靠。

(3) 图解装配步骤

装配步骤见图7-3。

(4) 训练方法

该部分的训练点是：

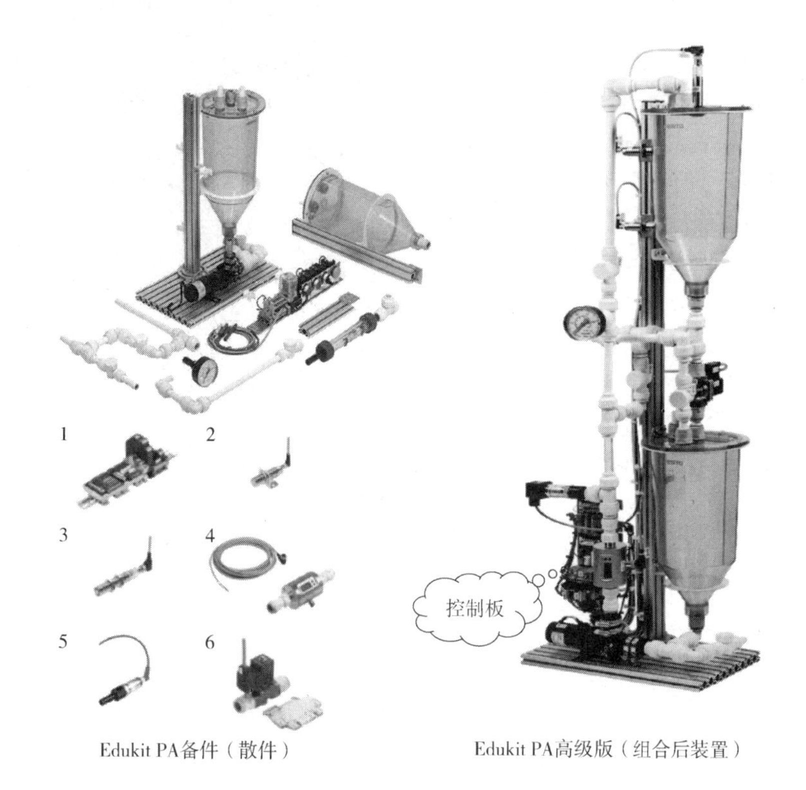

Edukit PA备件（散件）　　Edukit PA高级版（组合后装置）

图 7-2　Edukit PA 装置图

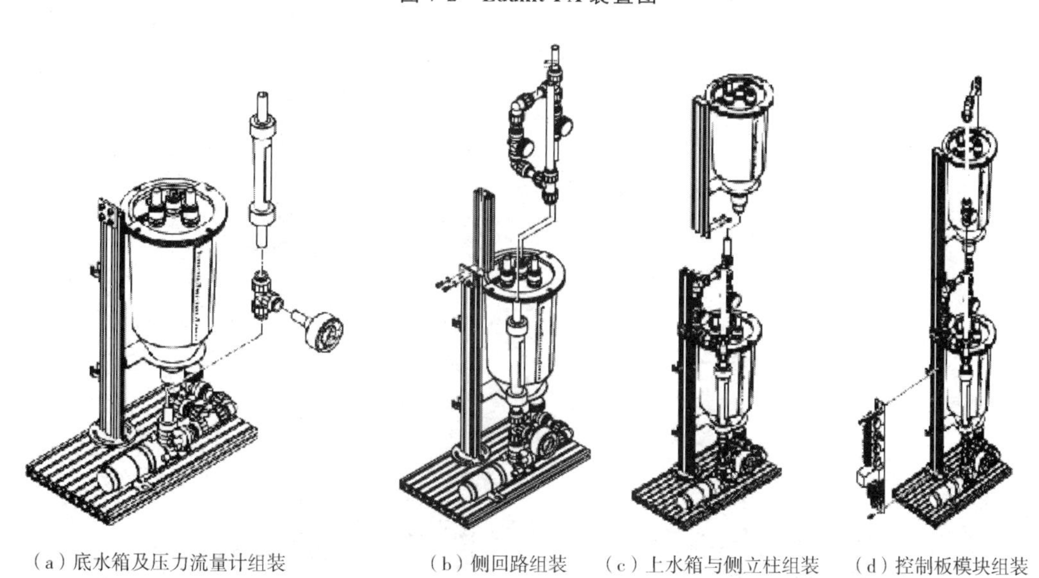

（a）底水箱及压力流量计组装　（b）侧回路组装　（c）上水箱与侧立柱组装　（d）控制板模块组装

图 7-3　设备装配图

① 选手必须按程序操作，不许跳步；
② 先进行管件的插拔操作，掌握动作技巧；
③ 记忆管路流程与各管件的相对位置；
④ 内六角螺钉的拧紧速度与手法；
⑤ 立杆与固定螺钉间的衔接与调整；
⑥ 整体装调的美观与速度；

⑦ 手的协调性与速度；
⑧ 电磁阀、电容传感器、超声波传感器、流量传感器、压力传感器等安装到位；
⑨ IO 接线板安装到位；
⑩ 分阶段训练与整体装调训练相结合。

(5) 机械安装评分点

① 底座与立柱已按照要求安装；
② 泵已按照要求安装；
③ 两个水箱已按照要求安装；
④ 管路已按照要求安装；
⑤ 电磁阀、3 个手动阀已安装；
⑥ 电容传感器 1 已按照要求安装，与桶壁距离为 0.5cm；
⑦ 电容传感器 2 已按照要求安装，与桶壁距离为 0.5cm；
⑧ 两电容传感器相对位置已按照要求安装；
⑨ 超声波传感器已按照要求安装，外漏螺纹长度为 4.5cm；
⑩ 流量传感器已按照要求安装；
⑪ 压力传感器已按照要求安装；
⑫ IO 接线板已按照要求安装。

7.1.3 电气接线

电气接线示意图见图 7-4。

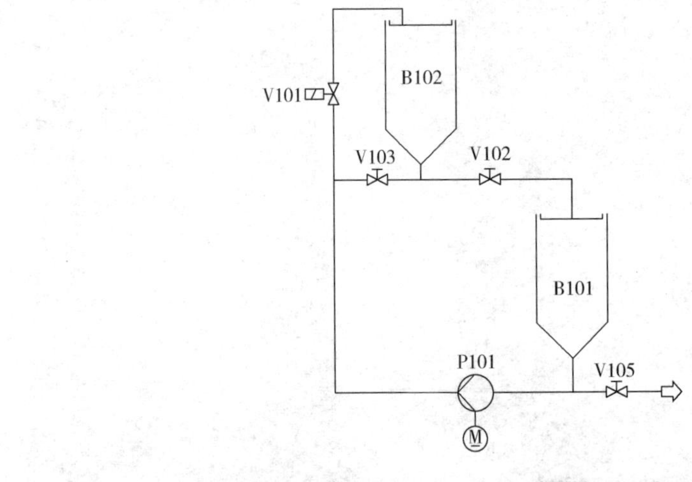

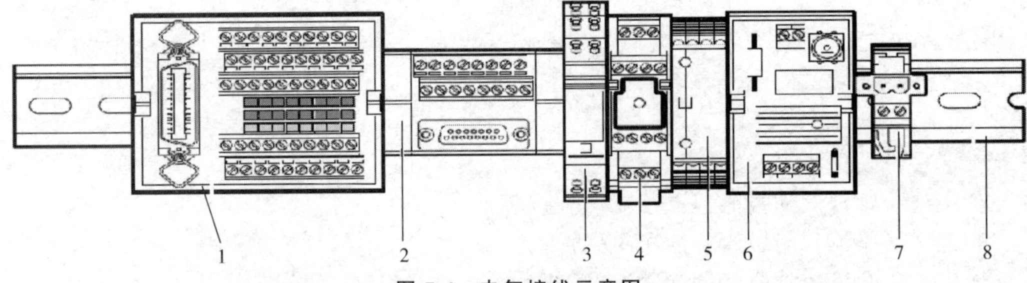

图 7-4 电气接线示意图

1—数字输入输出终端；2—模拟量输入输出终端；3—继电器；4—泵的调节器；
5—测量转换器（f/U）；6—启动电流限流器；7—泵的电源插座；8—支撑轨道

7.1.4 电气接线技术规范

电气接线技术规范考核表见表 7-2。

表 7-2 电气接线技术规范考核表

考核点	规范操作现场	违规现象
(1) 工作场所和工作站的清洁		
不得将工具留在工作站、座椅或工作场所的地板上		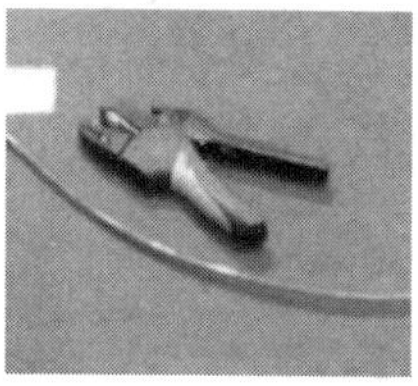
工位上必须无液体、废物、边角料和任何其他碎屑		
必须将未使用的零件集中一起放在工作台上或箱子内 必须将未使用的零件与工具、废物以及大赛工作组提供的耗材分开存放		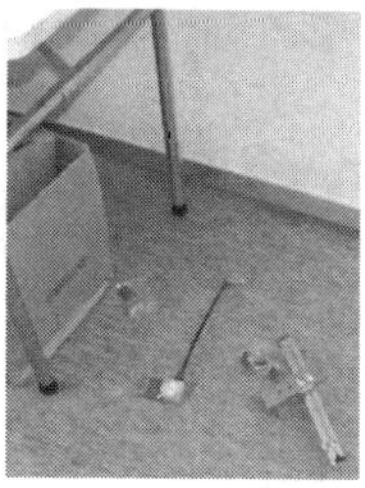
工作场所的地面必须清洁，没有参赛者工作中产生的废物及液体		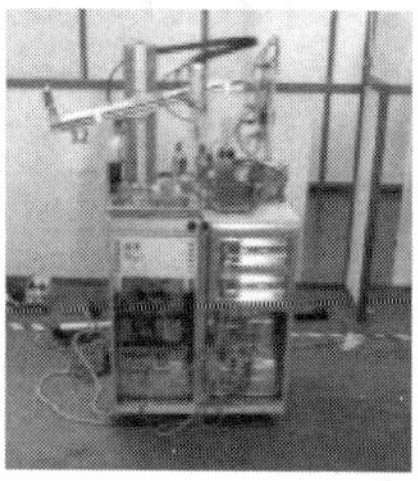
(2) 水管和线缆的布置		
必须将线缆、气管和水管分开进行布置；可将光纤绑扎到电缆上；当线缆和气管连接到移动的模块时本规则不适用；在这种情况下，最好将所有线缆和气管一起进行绑扎		

续表

考核点	规范操作现场	违规现象
扎带剪切后剩余长度 A： A<= 1mm	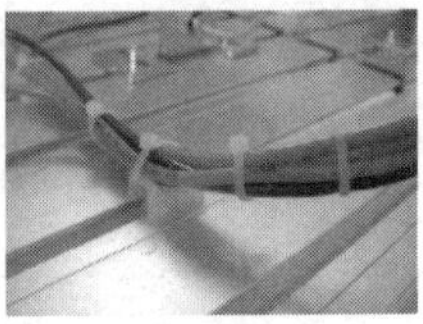	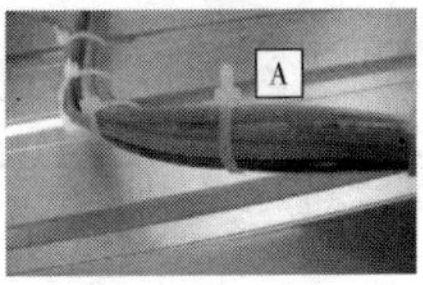
管道必须垂直安装	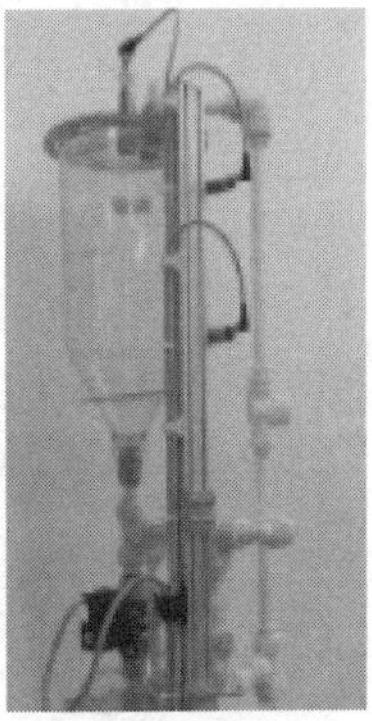	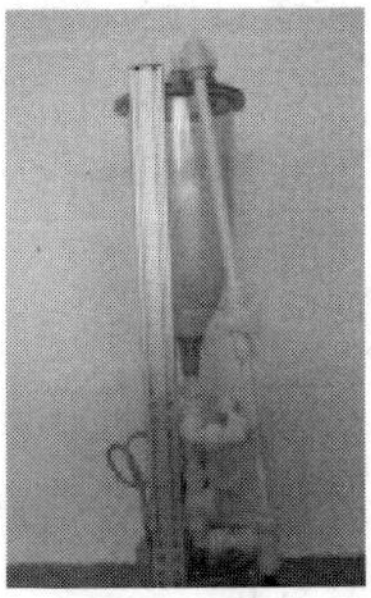
所有沿着型材往下走的线缆和气管必须使用线夹子固定，每到 13.5cm 处使用一个线夹子	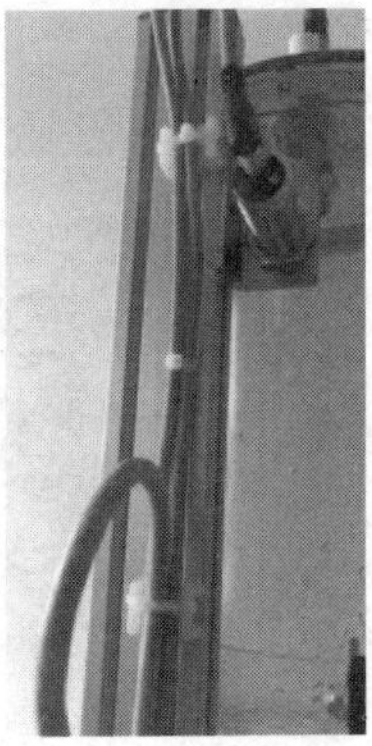	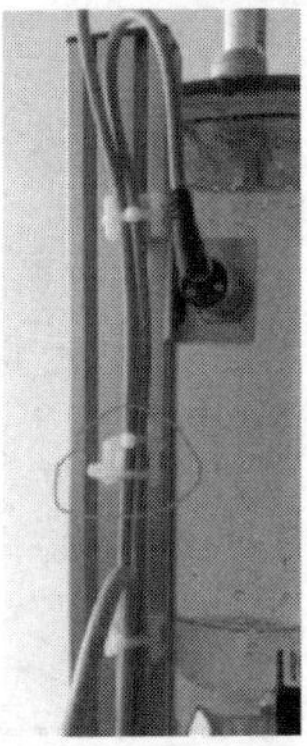
扎带的间距在 70～80mm（75mm）；这一间距要求同样适用于型材台面下方线缆的绑扎	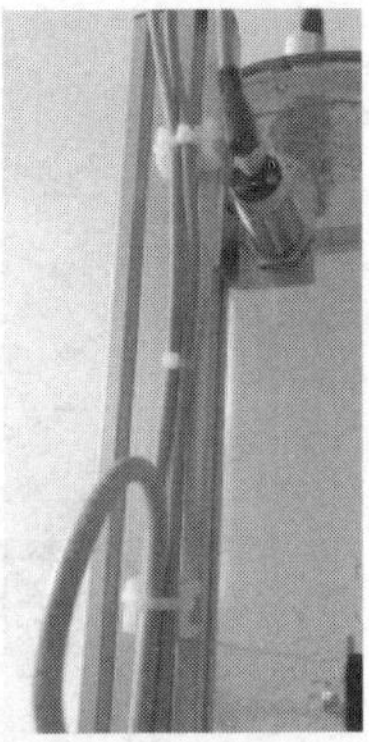	

续表

考核点	规范操作现场	违规现象
电气连接处，把连接到端子排上的电缆整齐地绑扎好，扎带间距≤50mm；接地线和24V需要与信号线分开绑扎		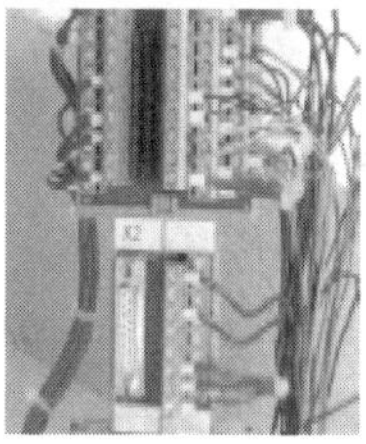
唯一可以接受的绑扎固定线缆、电线、光纤、气管的方式就是使用线夹子。线缆和气管必须紧固在线夹子上。扎带应穿过线夹子两侧。对于单根电线，允许仅使用一侧	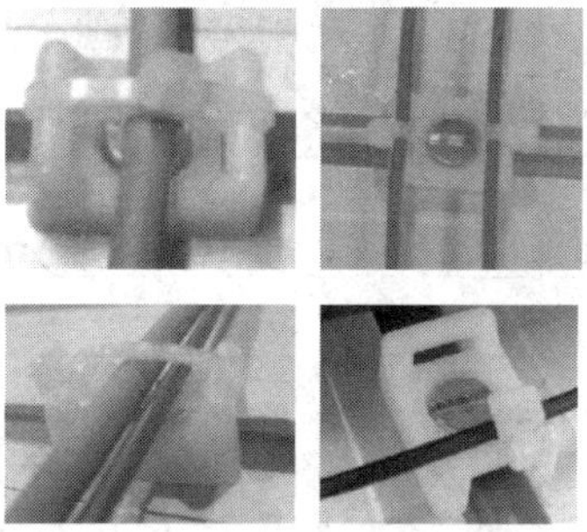	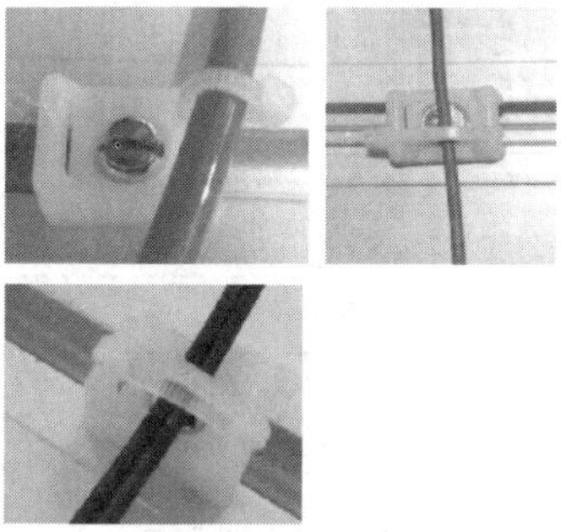
线缆不得折弯或者拉紧受力，要留有一定的余量并保持美观		
若非必要，捆扎在一起的线缆和气管不得相互交叉	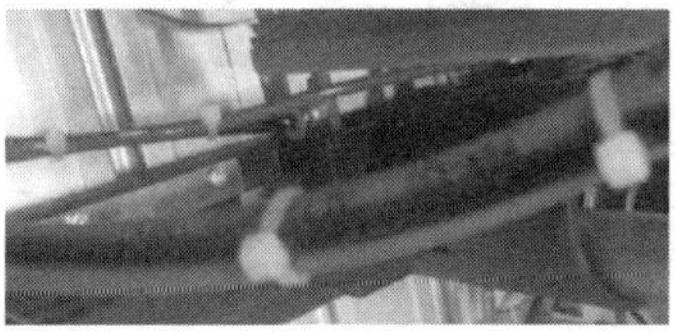	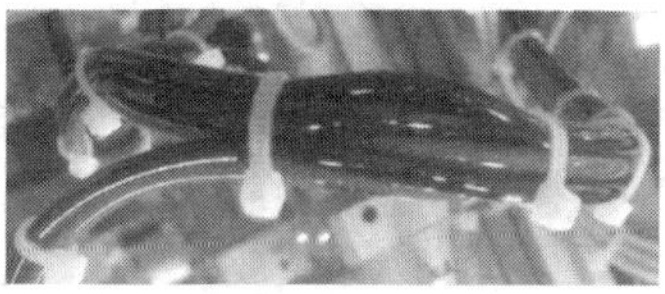
必须保证所有系统部件和电缆是紧固的。由专家用手检查		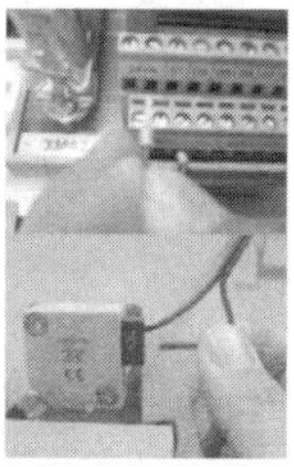

续表

考核点	规范操作现场	违规现象
传感器安装固定；电容传感器离容器壁的距离为5mm	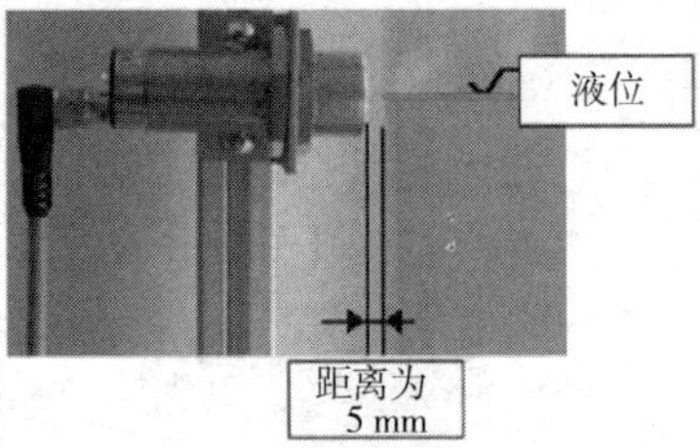	
管子剪切时边缘需齐整。管子必须推到位并且四周应与连接头接触。管夹需牢固夹紧	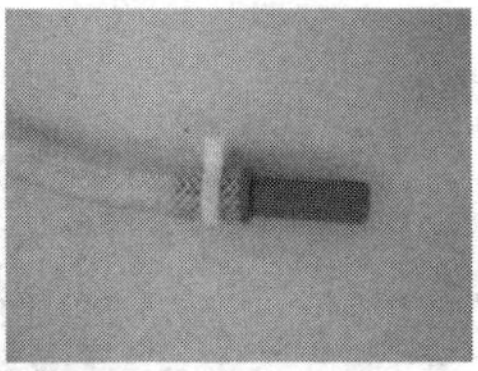	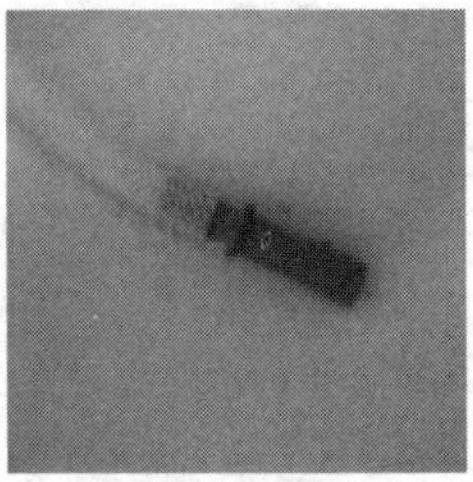
(3) 机械安装		
所有型材末端必须安装盖子		
型材接口缝隙不应过大	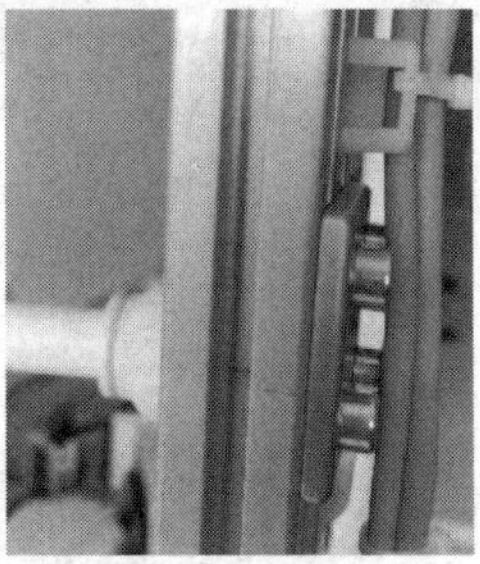	
安装的零部件和组件不得超出型材台面；如有例外，专家组将另行通知		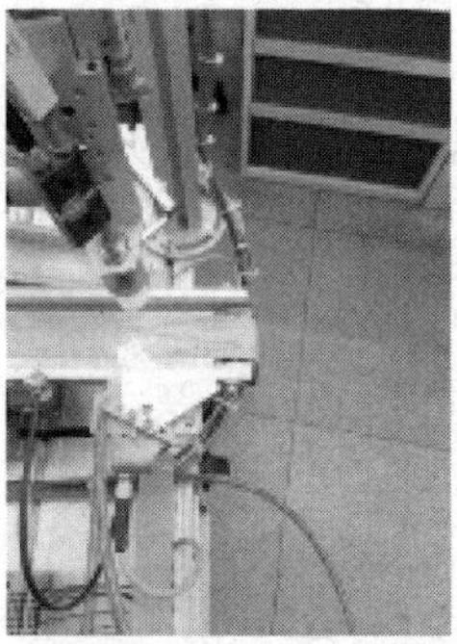

续表

考核点	规范操作现场	违规现象
(4) 电气安装和器件的接线		
所有信号终端必须固定好；由专家用手检查		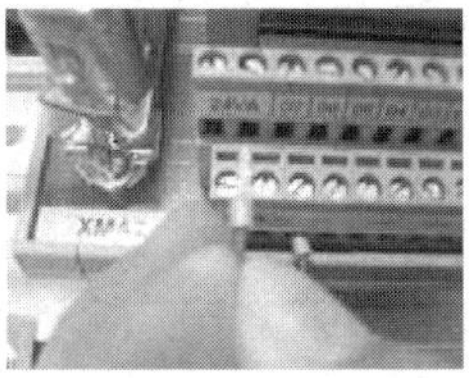
螺钉不能被拧坏，拧坏的工具不能留在螺钉里		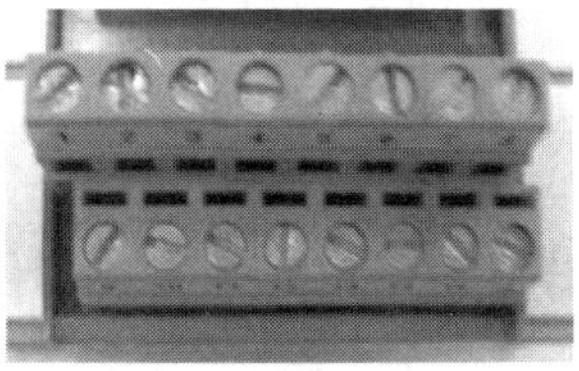
冷压端子处不能看到裸露的导线		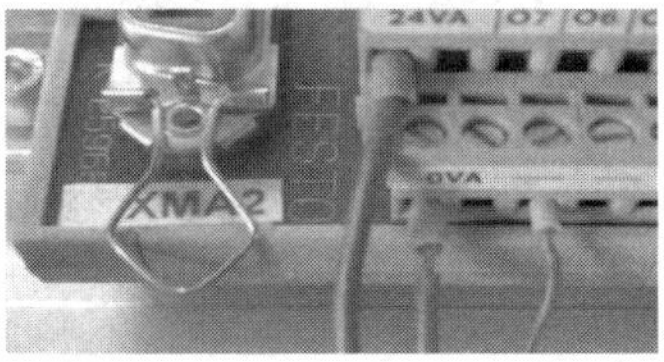
将冷压端子插入到接线端子座	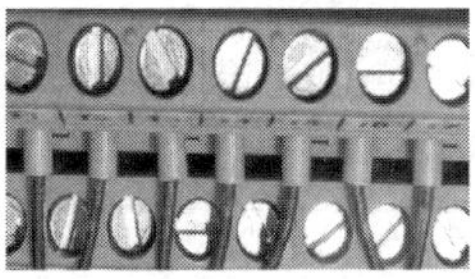	
所有螺钉紧固式终端处接入的线缆必须使用正确尺寸的绝缘冷压端子；可用的尺寸为 $0.25mm^2$、$0.5mm^2$、$0.75mm^2$，夹钳式连接方式除外（冷压端子只用于螺钉紧固式）		
使用夹钳连接时可以不使用冷压端子	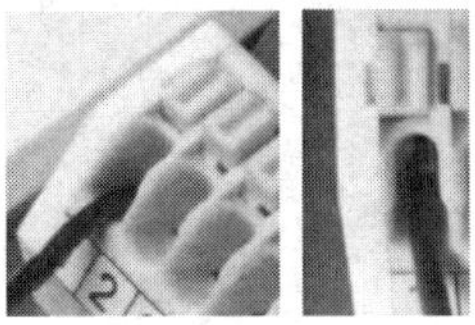	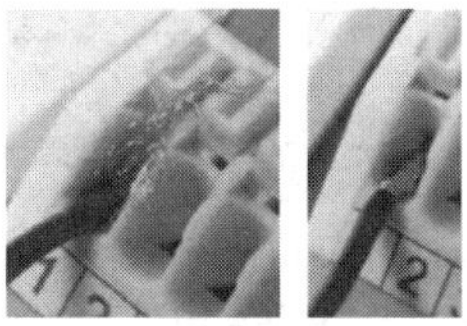

续表

考核点	规范操作现场	违规现象
不得损伤线缆绝缘层，或不得使导线裸露；由专家用手检查	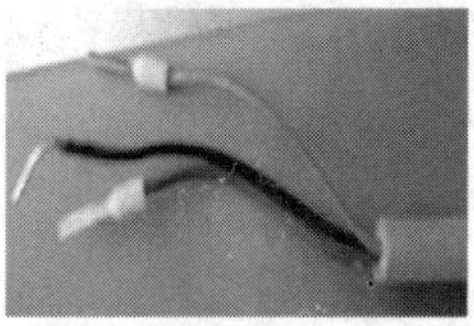	 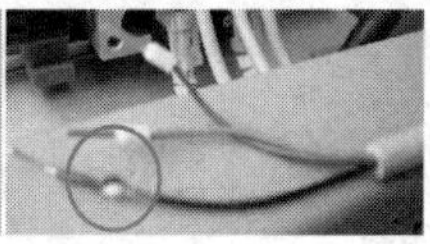
线槽和接线终端之间的导线不能交叉；每个电缆槽只允许一个传感器/执行器的连接走线；线缆不得在部件上跨过		
不使用的松线必须绑到电缆上，并且长度必须剪到和使用的线一样；必须保留绝缘层，以防止发生任何接触；该要求适用于线槽内外的所有线缆	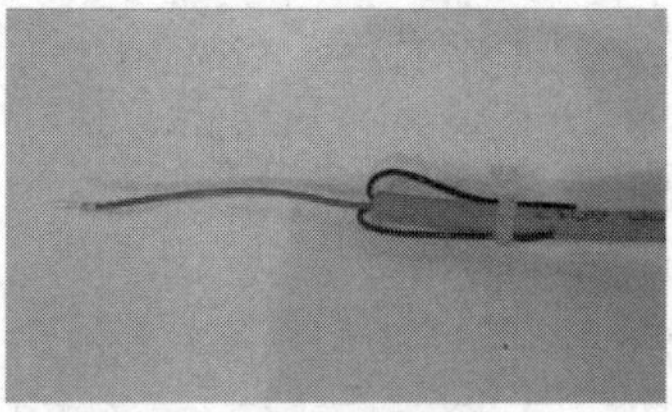	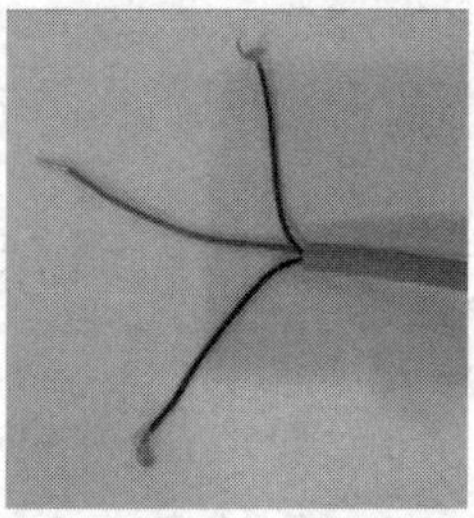

7.1.5 任务单

(1) 操作任务

① 布线要合理、规范；

② 用粘扣带和线卡保护电线，每到 13.5cm 处安装一个线卡；

③ 布线时用已存在的线决定走向；

④ 由于比赛设备反复使用，所以请选手不要减掉 IO 接线板上原有的扎带；

⑤ 不准剪线，如果线缆太长，请盘成一卷固定在立柱旁边，但要注意盘线直径；

⑥ 作好线弊，将各电气元件按任务要求与 IO 接线板相连。

a. 泵的接线；

b. 电磁阀的接线（数字量输出 Q_0，需要继电器配合使用）；

c. 电容传感器 1（上水箱）和电容传感器 2（下水箱）接线；

d. 超声波传感器接线；

e. 流量传感器接线；

f. 压力传感器及接线；

g. 地线的连接。

(2) 选手训练

① 按图将传感器、电容传感器、超声波传感器、流量传感器和压力传感器等安装在装

置固定位置上；

② 将电容传感器1和电容传感器2安装在上、下水箱相关位置，并与箱壁间距达（0.5±0.1）mm；

③ 将各传感器线进行整体规范绑扎，粘扣带和线卡保护电线，每到13.5cm处安装一个线卡；

④ 作好线弊，将各电气元件按任务要求与IO接线板相连；

⑤ 将太长的电缆线，盘成一卷后固定在立柱旁边；

⑥ 上述所有操作，需要遵照规范进行操作；

⑦ 准确、快速地完成相关操作，不应有过多的多余动作，如穿线、绑扎、拉紧、剪头等动作要在5s内完成。

7.1.6 电路连接

要求用两个电容传感器来使上水箱液位控制在1L和2.5L之间，当液位低于1L时，泵自动启动，从下水箱往上水箱打水；当液位高于2.5L时，泵自动停止打水。通过电容传感器与继电器配合以实现自动控制，此自动过程的启动信号可通过一个按钮或用电脑FluidLab软件输出一个开关量来作为启动信号。

电路图如图7-5所示：A和B为IO板上的两个继电器，其他为继电器触点。

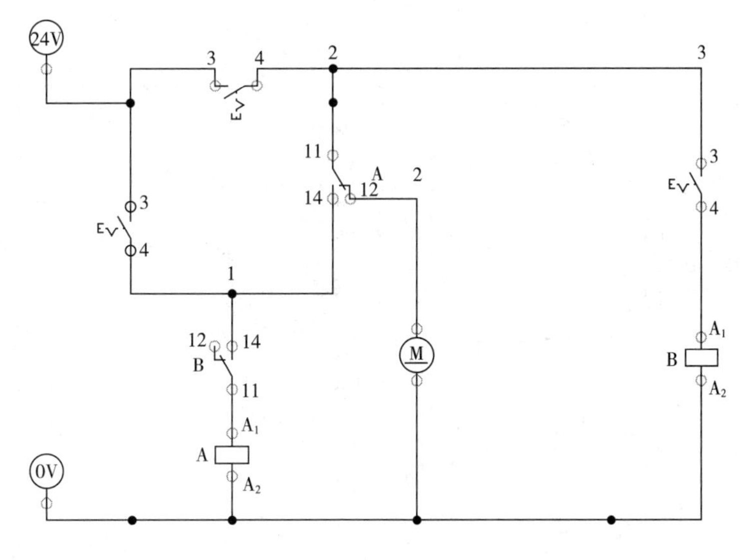

图7-5 电路图

当按下按钮（或FluidLab软件有输出时），而且当液位低于低电容时（图7-6），泵启动。

当液位高于低电容时（图7-7），泵继续运行。

当液位高于高电容时（图7-8），泵停止。

当按钮释放，或FluidLab软件无输出时（图7-9），系统停止运行。

以上是通过两个电容与继电器的配合来实现液位的自动控制的实例。

7.1.7 测量与控制等环节

(1) 简单端口连接

选手要完成：

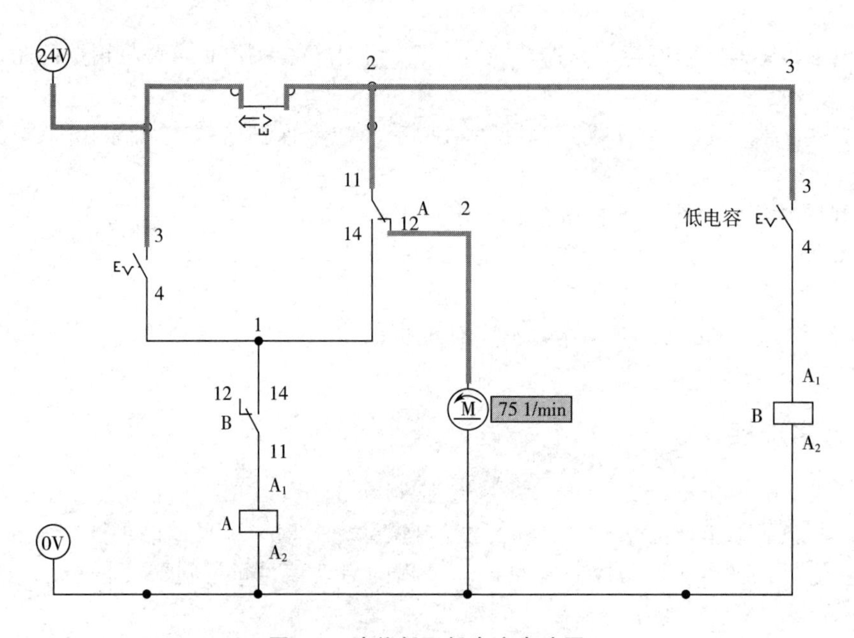

图 7-6　液位低于低电容电路图

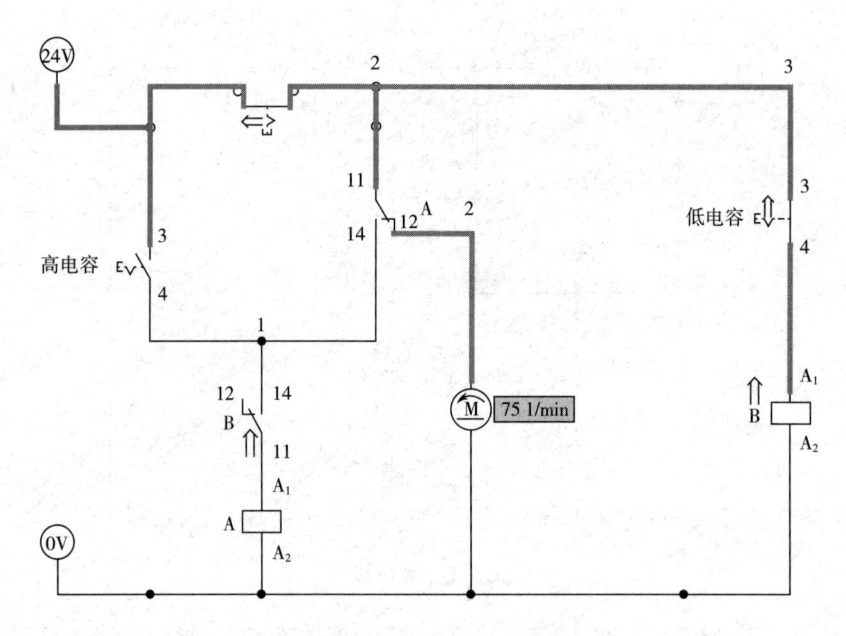

图 7-7　液位高于低电容电路图

① 将 EasyPort 的端口 1 和 XMA1 上 SysLink 端口 2 相连，如图 7-10 中的 3 号线；

② 将 EasyPort 的端口 3 和模拟量端口 X2 上端口 4 相连，如图 7-10 中的 5 号线；

③ 将 EasyPort 的 USB 端口连到 PC 上，如图 7-10 中的 8 号线；

④ 将 EasyPort 的 24VDC/0VDC 接到 4.5A 电源箱 6 的电源输入端口，如图 7-10 中的 7 号线。

在开启“测量与控制等环节”前，要首先给电磁泵通电，然后启动 PC。

要测量的数据：

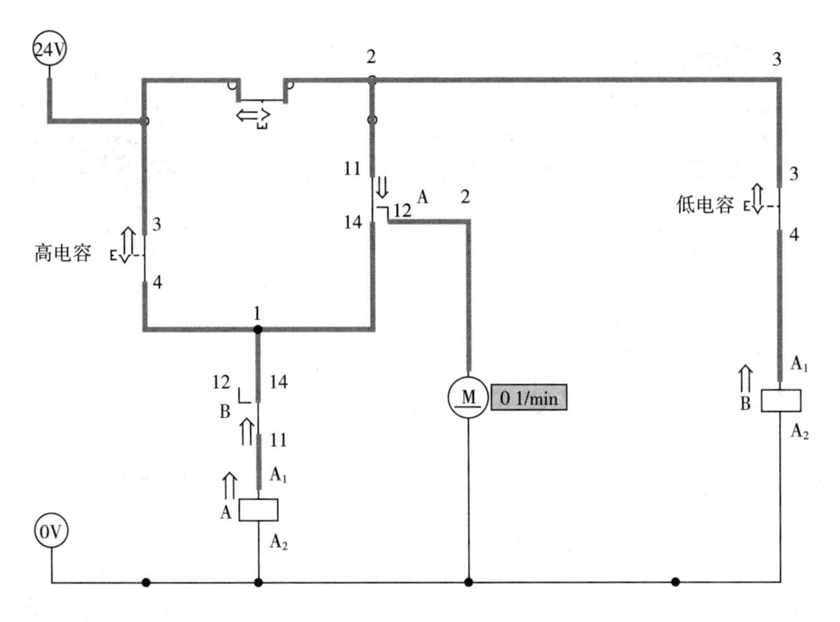

图 7-8　液位高于高电容电路图

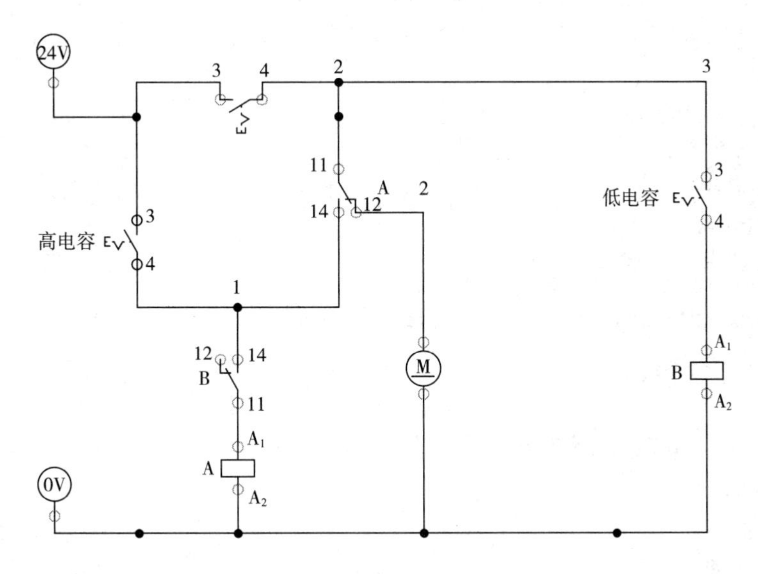

图 7-9　按钮释放时的电路图

① 当设定目标值为 2L 时，实际水量是__________。

② 在 Fluid Lab ® PA Closed Loop 中输入具体数据。观察目标值与实际值是否一致。显示读出结果__________。

此外需要完成的任务有：

① 读取液面在 2L 时的电压值（超声波传感器的值显示在 EasyPort 上）；电压值（V_1）= __________mV。

② 液面在 0.6L 时读取的电压值；电压值（V_2）= __________mV。

③ 流量为 1.5L/min 时读取的电压值；电压值（V_3）= __________mV。

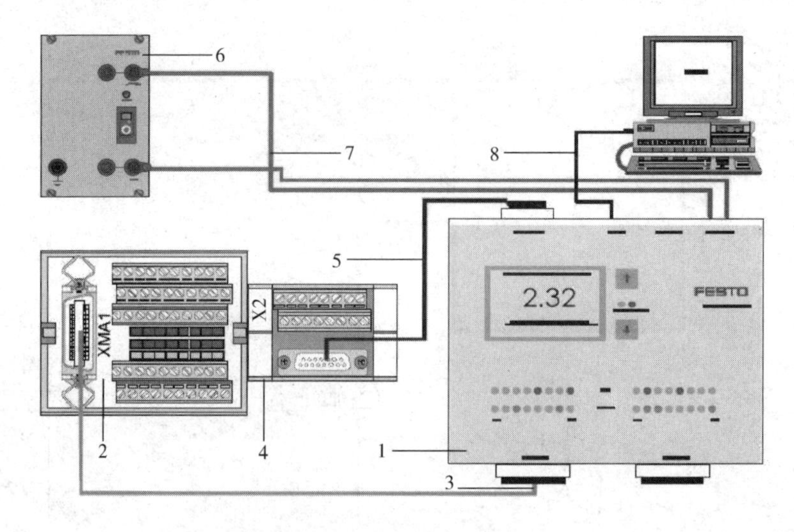

图 7-10　电路连接示意图

④ 确定最大管路流量，并读取相对应的电压值；Q_{max} = ______ L/min；电压值（V_4）= ________ mV。

⑤ 压力为 2×10^4 Pa 时读取的电压值；电压值（V_5）= ________ mV。

⑥ 确定最大管路压力，并读取相对应的电压值；P_{max} = ______ bar；电压值（V_6）= ________ mV。

(2) 选手训练要求

① 正确读懂电路图，并规范连接；

② 给电机通电，运行软件，测试相关参数，并进行整体控制元件的调整（必须在断电条件下操作）；

③ 运行软件，读取并记录相关参数；

④ 举手示意裁判，展示任务成果（此时不能再做任何调整工作，只作展示）。

7.1.8　模拟训练试题

7.1.8.1　2017 年第 44 届世界技能选拔赛 Festo 水处理设备技能比赛参考训练题

(1) 初始状态

① 水塔中的液位需要被检测，为此需要在上方的水罐上安装超声波传感器。

② 水管中的液体流量需要被检测，为此需要在水管上安装流量传感器。

③ 水管中的液体压力需要被检测，为此需要在水管上安装压力传感器。

④ 传感器的正确安装以及功能正常是非常重要的。

⑤ 任务包括组装 EduKit 高级版并正确安装各个传感器。

⑥ 借助两个锥形容器刻度可以准确盛装 3L 的水。

(2) 操作步骤

① 阅读比赛试题（比赛试题即比赛答题纸，请勿损坏拆解）。

② 领取所需物料及工具。

③ 将 PVC 管切至正确长度（按表 7-3 要求对 PVC 管进行剪裁，需剪裁三根）。

表 7-3　**EduKit 高级版备件、尺寸及图片清单**

序号	名称	备注	图片	备件数量
1	铝合金底座			1
2	圆底座和型材 1	44cm	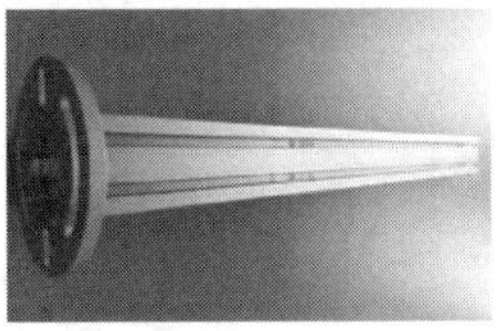	1
3	型材 2	40cm	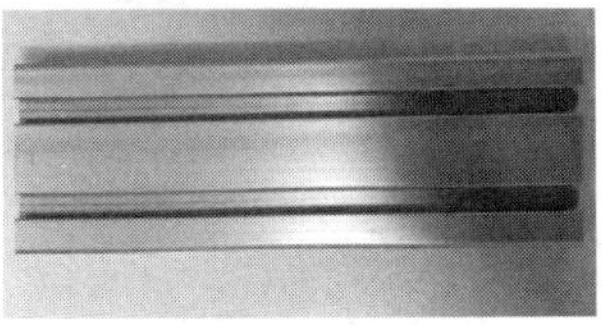	1
4	型材 3	18cm	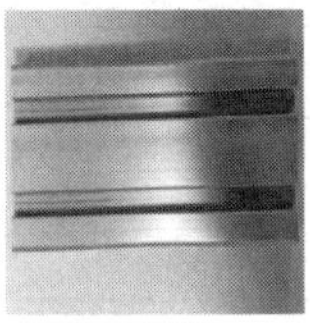	1
5	型材连接件			2
6	型材端盖			1
7	泵		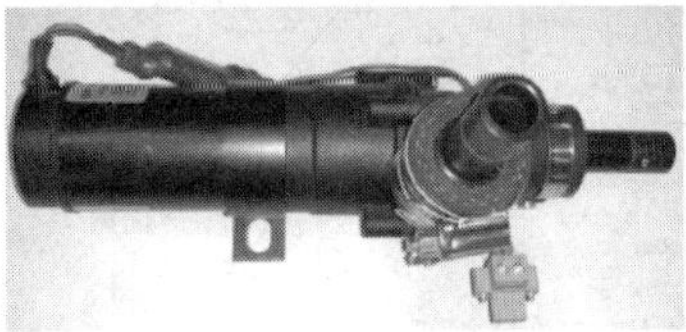	1
8	上容器带托盘		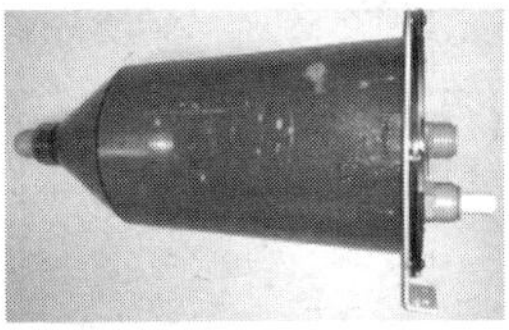	1

续表

序号	名称	备注	图片	备件数量
9	下容器带托盘			1
10	容器托盘			2
11	水管 1	27cm		1
12	水管 2	24cm		1
13	水管 3	10cm		1
14	水管 4	9cm		2
15	水管 5	8.5cm		1
16	水管 6	8cm		1
17	水管 7	7.5cm		1
18	水管 8	7cm		2
19	水管 9	6.5cm		1
20	水管 10	6cm		2
21	水管 11	55cm		1
22	堵头	5cm		2
23	三通			5
24	手动阀		注：有方向性	5
25	弯两通			2

续表

序号	名称	备注	图片	备件数量
26	弯接头		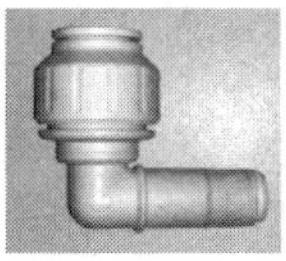	6
27	直两通		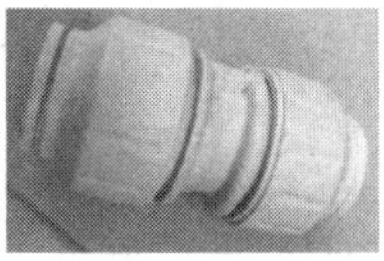	1
28	电磁阀和继电器		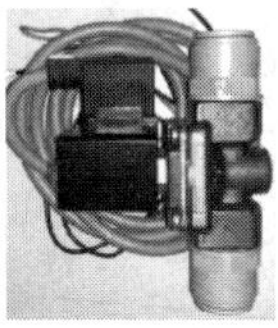 	各 1 个
29	电容传感器		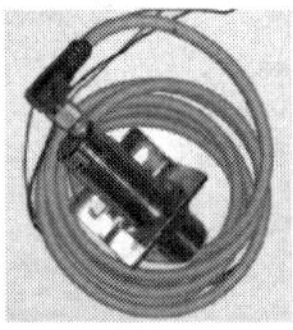	2
30	超声波传感器		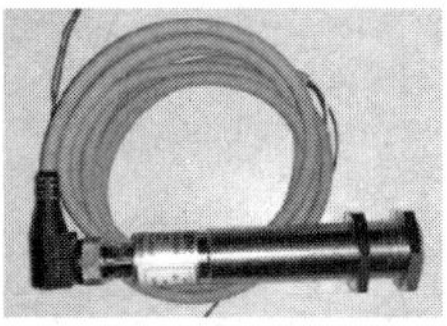	1
31	流量传感器		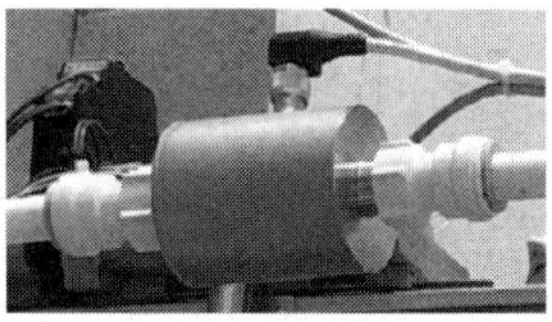	1
32	压力传感器		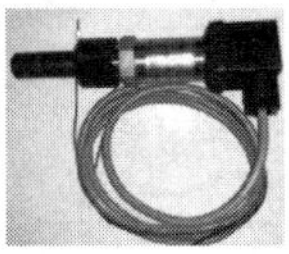	1
33	输入输出模块		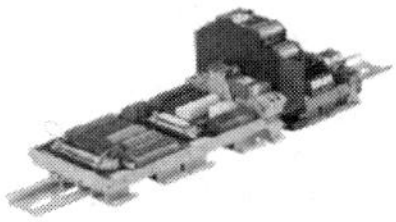	1

续表

序号	名称	备注	图片	备件数量
34	M5×12 螺钉		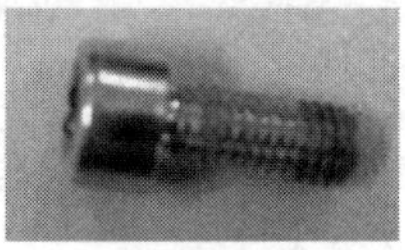	2
35	M5×8 螺钉			1
36	小 M5 垫片			2
37	大 M5 垫片			3
38	M5×10 螺钉		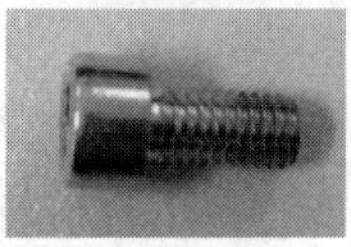	8
39	M5×8 螺钉		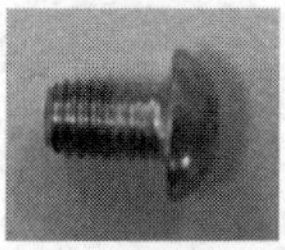	12
40	M5 半圆形螺母			23
41	扎线固定座		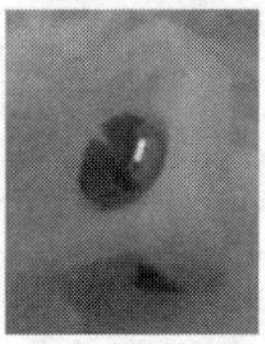	10
42	扎线带			足量

④连接管路和水罐。

⑤ 安装电容式传感器并上电。

⑥ 调试电容传感器。

⑦ 测试电容式传感器的动作反应。

⑧ 安装并调试超声波传感器。

⑨ 安装并调试流量传感器。

⑩ 安装并调试压力传感器。

⑪ 比赛结束后将设备恢复到比赛开始状态。

(3) 选手在总规定时间内，完成控制要求。

当上水箱液面达到1.8L±0.1L时，电机瞬间停止。

7.1.8.2 Festo水处理设备技能比赛训练参考题

(1) 初始状态

① 水塔中的液位需要被检测，为此需要在上方的水罐上安装超声波传感器。

② 水管中的液体流量需要被检测，为此需要在水管上安装流量传感器。

③ 水管中的液体压力需要被检测，为此需要在水管上安装压力传感器。

④ 传感器的正确安装以及功能正常是非常重要的。

⑤ 任务包括组装EduKit高级版并正确安装各个传感器。

⑥ 借助两个锥形容器刻度可以准确盛装3L的水。

(2) 操作步骤

① 阅读比赛试题（比赛试题即比赛答题纸，请勿损坏拆解）。

② 领取所需物料及工具。

③ 连接管路和水罐。

④ 安装电容式传感器并上电。

⑤ 调试电容传感器。

⑥ 测试电容式传感器的动作反应。

⑦ 安装并调试超声波传感器。

⑧ 安装并调试流量传感器。

⑨ 安装并调试压力传感器。

比赛结束后将设备恢复到比赛开始状态。

(3) 选手在总规定时间内，完成控制要求

当上水箱液面达到2.0L±0.1L时，电机瞬间停止；打开两水箱间阀门，使上水箱水以0.8L/min的速度下泄1min后，泵开启，上水箱液面控制在2.0L±0.1L之间。

7.2 泵系统技能与知识实例

7.2.1 离心泵的典型非正常工况分析

7.2.1.1 离心泵的汽蚀

泵内液体在流动过程中，当某一局部压力等于或低于液体的汽化压力时，液体会在该处发生汽化，汽化后逸出大量气体，形成很多小气泡。气泡随同液体从低压区流向高压区，在高压的作用下，气泡破裂，产生瞬间局部空穴，液体以极高流速冲向空穴（原气泡占有的空间），并继续前进，造成极大的冲击力。如此反复，在冲击力的作用下，泵壳内表面及叶轮会出现蜂窝状破坏，此现象称为“汽蚀”。

(1) 造成离心泵汽蚀的原因

① 叶轮吸入口压力过低；

② 介质温度过高；

③ 泵安装高度不当。

汽蚀发生后，离心泵会产生剧烈振动并发出噪声，泵长时间汽蚀会造成叶轮的破坏，使泵工作性能下降，严重时离心泵将无法工作。

(2) 解决离心泵汽蚀的方法

① 提高泵入口压力，提高介质压力；

② 降低泵入口温度，降低介质温度；

③ 采用合适的泵安装高度，并采用提高储液罐液面高度的方法。

7.2.1.2 离心泵的汽缚(泵流量达不到额定量)

泵内进入了空气，由于空气的密度比液体密度小得多，导致叶轮旋转时对空气产生的离心力很小，很难将空气排出，泵入口不能形成足够的真空，这时尽管叶轮在转动，却不能输送液体。

解决离心泵气缚的方法：

① 灌泵。在启动泵之前，将泵内充满介质，依靠介质挤出空气。此法简单易行，被广泛采用。

② 点动泵。在正常运行泵之前，点动电机启动按钮，使离心泵轴瞬间转动后急停，利用突然施加的转动惯性强制甩出空气。通常点动3～5次，屏蔽泵启动时也常用此法排气。

③ 采用真空泵抽气。此方法适用于大功率离心泵的排气。

7.2.1.3 离心泵的运行

(1) 离心泵的流量调节

离心泵的流量调节有以下四种方法：

① 改变泵出口阀开度。此方法简单易行，被广泛采用。

② 旁路调节。在泵出、入口管线之间连接一条旁路线，通过控制旁路线上的阀门开度，调节泵输出介质流量大小。

③ 改变电机转速。采用变速电机，调节泵轴转速，改变液体获得的动能，间接改变介质输出量。

④ 切割叶轮外径。此方法常用于技术改造闲置泵。若离心泵流量需要永久调节时，常用此方法。

在切割叶轮外径时，需计算切割量，以保证叶轮被切割后离心泵流量满足工艺设计要求。

(2) 离心泵的启动和停车

泵的操作方法随其型式和用途不同而有差异，具体应按产品使用说明书中的规定进行。

① 启动前的准备工作

a. 检查地脚螺栓有无松动（检查固定情况）；

b. 检查润滑油是否合格，油面高度是否达标（检查油路情况）；

c. 检查冷却水供应情况（检查水路情况）；

d. 检查压力表、电流表情况（检查仪表情况）；

e. 检查过滤器是否清洁（检查管内情况）；

f. 手动盘车数圈（检查泵内情况，是否有锈蚀、卡泵等现象）；

g. 检查防护罩是否完好（检查泵外部情况）。

② 启动步骤

a. 仔细完成上述各检查步骤；

b. 开泵入口阀、出口排凝阀（或泵出口阀），灌泵，直至泵内完全充满液体；
c. 关出口排凝阀（或泵出口阀）；
d. 开启各辅助阀门（如冷却水阀、预热阀、液封系统阀门等）；
e. 盘车；
f. 点动电机 2～3 次，启动电机；
g. 缓慢开泵出口阀，同时观察压力表的变化；
h. 检查油温，泵振动情况。
③ 停车
a. 关泵出口阀；
b. 停电机；
c. 关闭各冷却水阀；
d. 若需保持泵的工作温度，则打开预热阀门；
e. 若要停机后打开泵进行检查，则关闭泵入口阀，打开放气孔和各排凝阀；
f. 注意定期盘车；
g. 注意做好泵的防冻凝工作。

7.2.2 离心泵的维护操作

7.2.2.1 运行泵的维护

(1) 保证润滑

润滑良好是保证机泵正常运行的关键。润滑剂主要起到润滑轴承和带走热量的作用。因此，必须经常检查润滑油的质量和油位。可以透过看窗（也被称为视镜）用肉眼观察润滑油的颜色的方法初步判断润滑油的质量，并定期采样分析。规定油位在看窗 1/2～2/3 处，如果油位不足，必须加入同样型号的润滑油，油位不可以过高，过高会造成泵轴运行负荷的增加，油温会上升，也会增大润滑油沿轴承及轴承压盖外泄的可能性。

新轴承和泵轴跑合运行时会有较多机械磨损产生的杂质进入油内，因此新泵在运行一周后或检修时更换了轴承都应更换润滑油。以后每季换油一次，换油时离心泵处于停运状态。泵所用的润滑脂和润滑油必须符合质量要求。表 7-4 和表 7-5 为离心泵常用润滑脂和润滑油。

表 7-4　离心泵常用润滑脂

法国脂号	壳牌脂号	国产脂号	主要特点	润滑部位
G_4 (B)	ALVANIA EP_2	2#极压锂基脂	平均滴点 180℃，在 25℃时工作后的锥入度为 265～295（单位为 0.1mm）	轴承、联轴器
G_4 (C)	ALVANIA R_3	锁道脂	平均滴点 180℃，在 25℃时工作后的锥入度为 220～250（单位为 0.1mm）	轴承

表 7-5　离心泵常用润滑油

法国油号	壳牌油号	国产油号	主要特点	润滑部位
OL_1 (A)	壳牌透平油 T25 (A)	22#抗氢透平油或 22#透平油	50℃时 20～22cSt，开杯闪点 210～220℃，倾点－6℃	轴承

续表

法国油号	壳牌油号	国产油号	主要特点	润滑部位
OL_1（B）	壳牌透平油 T29（B）	30＃船用透平油或 30＃透平油	50℃时 27～30cSt，开杯闪点 213～225℃，倾点－6℃	轴承
OL_1（D）	壳牌透平油 T33（D）	40＃防锈透平油或 40＃透平油	50℃时 36～40cSt，开杯闪点 224～230℃，倾点－6℃	轴承
OL_6	壳牌 SPIRAX 90EP	18＃双曲线齿轮油或 120＃极压齿轮油	50℃时 115～125cSt，开杯闪点 190～195℃，倾点－18℃	齿轮箱
OL_7（B）	壳牌 MACOMA R75（B）	120＃极压工业齿轮油或 120＃工业齿轮油	50℃时 111.5～114.5cSt，开杯闪点 175～179℃，倾点－21℃	齿轮箱 联轴器
OL_7（C）	壳牌 MACOMA R75（C）	150＃极压工业齿轮油或 150＃工业齿轮油	50℃时 158.5～165cSt，开杯闪点 175～179℃，倾点－18℃	齿轮箱 密封油装置
OL_8（B）	壳牌 TELLUS 油 33（B）	40＃液压油	50℃时 38～42cSt，开杯闪点 250～255℃，倾点－29℃	轴承 密封油装置
OL_9（A）	壳牌 TALPA 油 30（A）	13＃压缩机油或 15＃汽轮机油	50℃时 70～75cSt，开杯闪点 225～230℃，倾点－26℃	轴承
OL_9（B）	壳牌 TALPA 油 50（B）	90＃工业齿轮油	50℃时 90～105cSt，开杯闪点 275～280℃，倾点－9℃	齿轮箱

注：$1cSt = 10^{-6} m^2/s$。

(2) 监控振动

由于零件质量、检修质量、操作不当或管道振动等因素的影响，离心泵在运行过程中会产生振动，如果振动超过允许范围，必须停车检修，避免机泵及电机损坏。表 7-6 列出了离心泵振动值的允许范围。

表 7-6　离心泵振动值允许范围

转速 v/（r/min）	双峰值振幅	
	采用滚动轴承测量部位：轴承座	采用滑动轴承测量部位：轴
$1800 \leqslant v$	<0.0762	<0.0762
$1800 < v \leqslant 4500$	<0.0508	<0.0635
$4500 < v \leqslant 6000$		<0.0508
$6000 < v$		<0.0381

(3) 监控声响

泵在运行过程中发出的声响，应有一定的噪声。不正常的声响预示泵组某些部位或某个零件出现了故障，必须及时查明原因，消除故障。引起离心泵非正常声响大致有以下原因。

① 介质问题。常见介质问题是介质流量减少，入口压力过低，造成汽蚀、液体介质管线内夹带过量气体，引起水击等。

② 机械问题。常见机械问题是轴承损坏、装配间隙不合适、零件松动脱落、泵轴发生弯曲、泵内存在异物等。

(4) 控制轴承温升

泵在启动后半小时至一小时内（受环境温度影响，温升时间不同），温度基本稳定在某一范围内。如果轴承温度过高（初步判断方法是用手背接触轴承箱，若手背无法靠在轴承箱上，则初步判断温度过高）表明轴承质量、安装质量或者润滑有问题。必须停泵并及时对泵组零部件进行检查、更换或修理。离心泵轴承温度允许值：滚动轴承＜70℃；滑动轴承＜65℃。

(5) 控制运行性能

泵在运行中，若介质成分没变、泵进出口阀门开度没变，泵流量或进出口压力却发生变化，则说明泵内或管道内有故障。必须查明故障原因，及时排除，否则将造成不良后果。图 7-11 为离心泵在额定转速下运行性能曲线。分析图线如图 7-11 所示。

① 离心泵流量 Q 和扬程 H（即泵出口压力）之间存在着一定的依赖关系，它们随曲线 ab 线变化。

② 对应某一系统阻力，便有一组确定的流量与扬程。如对应系统阻力 R_1 线流量为 Q_1，扬程为 H_1。系统阻力越大，则泵扬程越大，而泵流量会相应变小。再如 R_2 线阻力大于 R_1 线阻力，则 $H_2>H_1$，$Q_2<Q_1$。由于系统内摩擦阻力随液体的流速减小而减小，因此，流量的减小又延缓了系统阻力减小。

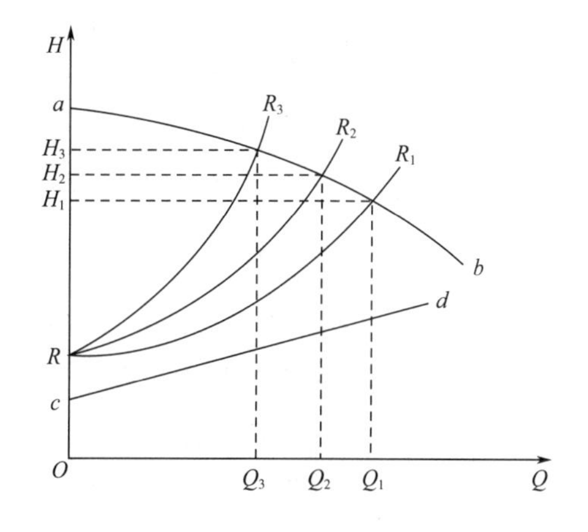

图 7-11 离心泵的性能曲线

ab—扬程流量曲线；cd—功率曲线；

R_1、R_2、R_3—系统中不同的管路阻力曲线

系统阻力的大小，可以通过调节泵进出口阀门的开度来实现。对于确定的系统来说，当出口阀门全开时，系统的阻力最小，而对应的流量最大，扬程最小，功率最大。

由此可以归纳出在进行离心泵的操作时，需要注意以下 3 点。

① 在启动离心泵过程中，为避免电机超载，在启动电机前，检查离心泵出口阀处于关闭状态（多级泵允许微开出口阀），待启动后，再缓慢打开出口阀。

② 只要泵内充满介质，在出口阀关闭情况下，离心泵可以在短时间内运行。这时泵腔内液体在叶轮转动作用下，温度会上升，而给泵带来一些不良影响，但电机负荷最小。

③ 泵运行中，可以通过调节泵出口阀开度而得到离心泵性能范围内的任意一组流量与扬程值，但泵在设计工况点运行时效率最高，离开设计工况点越远，泵工作效率越低。

7.2.2.2 备用离心泵的维护

① 泵内充满介质。

② 定期盘车，通常规定每天要盘车。

③ 检查油量和油质，定期采样化验。

④ 如果有环境温度或介质凝点的限制，对泵采取适当保温措施，防止冻凝现象发生（非常重要）。

7.2.3 离心泵常见故障分析及处理方法

7.2.3.1 单级泵常见故障及处理方法

离心泵经过一段时间的运转，零件会产生磨损，原有的间隙可能会增大，紧固件可能会松动，密封件可能被介质腐蚀及磨损而产生介质的泄漏，转动部件可能会出现偏摩擦而破坏了原有的平衡，以及一些不可预见的人为因素均会影响离心泵的正常运转。离心泵在运转过程中出现了故障，必须及时查找原因，必要时应该立即停车，消除故障，避免造成更大的损失。单级离心泵在运转过程中的常见故障、故障原因及处理方法见表 7-7。

表 7-7 单级离心泵运转过程中的常见故障、故障原因及处理方法

常见故障	故障原因	处理方法
无液体排出	启动泵时，泵内没有灌满液体 泵入口过滤器严重堵塞 叶轮严重堵塞 泵内漏入较多空气 介质温度过高，严重汽化 吸液高度过大 阀门故障，严重堵塞 操作失误，忘记打开阀门	重新灌泵 拆下过滤器清除异物 清除异物 拧紧螺栓或更换密封垫片 降低介质温度 降低吸液高度 更换阀门 打开阀门，完成正确操作
流量不足	叶轮反转 叶轮腐蚀，磨损严重 口环磨损 启动泵时，泵内没有灌满液体 泵入口过滤器部分堵塞 叶轮部分堵塞 泵内漏入少量空气 介质温度较高，少量介质汽化 吸液高度较大 阀门故障，部分堵塞 操作不当，阀门开度较小	停机，改变电机转向 更换或修理叶轮 更换口环 重新灌泵 拆下过滤器清除异物 清除异物 拧紧螺栓或更换密封垫片 降低介质温度 降低吸液高度 更换阀门 打开阀门，完成正确操作
运转声音异常	异物进入泵腔 轴承损坏 叶轮与泵壳摩擦 叶轮螺母脱落 填料压盖与泵轴或轴套摩擦	清除异物 更换轴承 检修，调整垫片厚度 检修，重新拧紧或更换叶轮螺母 对称均匀拧紧填料压盖
泵振动	联轴器找正不良 空气入泵 轴承间隙过大 泵轴弯曲 叶轮腐蚀磨损后转子不平衡 介质温度过高 叶轮歪斜 地脚螺栓松动 电机振动	重新找正联轴器 紧固螺栓、更换密封垫片或轴封 更换或调整轴承 校直泵轴 更换叶轮 降低介质温度 重新安装、调整 紧固地脚螺栓 消除电机振动

续表

常见故障	故障原因	处理方法
轴承过热	轴承与轴不对中 缺油或油中杂质过多 轴承损坏 轴承外圈固定不良，泵体轴承孔磨损 轴承压盖过紧	校正轴承轴心线 清洗轴承，加油或换油 更换轴承 更换泵体或修复轴承孔 调整垫片厚度
泵壳过热	泵出口阀未开 叶轮被异物堵塞 设计流量大，实际用量小	打开泵出口阀 清除异物 更换流量小的泵或增大用量
填料密封泄漏过大	填料圈数量不够 填料装填方法不正确 填料类型或规格不正确 填料压盖未压紧 填料箱和泵轴的径向间隙不正确	加装填料 按正确方法加装填料 更换适宜填料 拧紧填料压盖上的螺母 减小径向间隙
机械密封泄漏	冷却器中的冷却水不足或堵塞 弹簧弹力不足 密封面损坏 密封元件材质选用不当	清洗冷却水管，加大冷却水量 调整或更换 更换机械密封 选用合适材料的密封元件
密封垫片泄漏	紧固螺栓没有拧紧 密封垫片损坏 密封面损坏	拧紧紧固螺栓 更换密封垫 修复密封面或更换
电机超载	填料压盖压入过紧 泵轴向窜量过大，叶轮和口环接触摩擦 轴中心线偏移 零件卡住	调节填料压盖松紧度 调整轴向窜量 找正轴中心线 检查，处理

遇到以下情况之一，为保证设备及人身安全，应果断采取紧急停车处理措施。

① 泵内发生明显异常声响。

② 泵突然发生剧烈振动。

③ 电机电流超过额定值只升不降。

④ 泵突然不输出介质。

7.2.3.2 多级离心泵常见故障及处理方法

多级离心泵零部件多，结构较复杂，出口压力较高，出现故障的可能性更大。相比单级离心泵，对多级离心泵零部件的质量、强度要求及安装精度更高。多级离心泵在运转过程中的常见故障、故障原因及处理方法见表7-8。

表 7-8 多级离心泵在工作过程中的常见故障、故障原因及处理方法

常见故障	故障原因	处理方法
流量不足	启动泵时，泵内没有灌满液体 泵入口过滤器堵塞 吸入管路、泵或机械密封处有漏气 发生汽蚀 口环磨损 叶轮堵塞或腐蚀、磨损严重 叶轮反转 阀门故障 操作失误，忘记打开阀门	重新灌泵 拆下过滤器清除异物 紧固螺栓、更换垫片或机械密封 降低介质温度、提高入口压力、降低吸液高度 更换口环 清除异物、更换叶轮 停机，改变电机转向 停泵更换阀门 打开阀门，完成正确操作
振动	吸入管路、泵或轴封处有漏气 发生汽蚀 叶轮堵塞或腐蚀、磨损 联轴器同轴度误差超过允许值 泵轴弯曲或转子不平衡 轴承间隙过大 地脚螺栓松动 电机振动 设计流量大，实际用量小	紧固螺栓、更换垫片或轴封 降低介质温度、提高入口压力、降低吸液高度 清除异物、更换叶轮 重新找正 校直泵轴、转子进行动、静平衡 更换、调整 紧固地脚螺栓 消除电机振动 调整用量或换泵
机械密封泄漏	动静环密封面磨损 冷却器中的冷却水不足或堵塞 弹簧弹力不足 操作不稳，密封腔内压力波动 轴套磨损 密封垫片腐蚀，密封失效 转子振动 密封内有异物 设置的轴向窜量不合适 密封端面比压过小 密封元件材质选用不当	研磨或更换机械密封 加大冷却水量或清洗冷却水管 调整或更换弹簧 平稳操作 更换轴套 更换密封垫片 找转子平衡，消除振动 清除异物 调整 调整端面比压 选用合适材料的密封元件
电机超载	轴向窜量过大，平衡盘、口环磨损 联轴器同轴度误差超过允许值 叶轮中有异物 填料压盖压入过紧	调整、修理、更换 重新找正 检查、清除 调节填料压盖松紧度

7.2.4 选手训练实例

7.2.4.1 操作技能训练

① 选手对分段式多级离心泵拆卸操作的熟练程度；

② 选手对分段式多级离心泵清洗操作的熟练程度；

③ 选手对分段式多级离心泵检查操作的熟练程度；

④ 选手对分段式多级离心泵安装操作的熟练程度；

⑤ 选手对分段式多级离心泵调试操作的熟练程度；

⑥ 选手对分段式多级离心泵的开、停车操作熟练程度。

7.2.4.2 选手需要在规定时间内独立完成的任务

① 拆卸与检查；

② 装配与调整；

③ 联轴器调整；

④ 试车运行；

⑤ 安全文明操作。

7.2.4.3 具体要求

① 裁判宣布比赛规则，选手根据竞赛项目内容，检查机泵装置状况，结合已配备的工量器具，合理分工并准备场地，比赛开始后裁判示意选手开始检修，裁判同意后方可进行下一项工作。

② 多级泵拆卸、清洗与检查。拆卸电机和联轴器，拆卸轴承组件，拆卸机械密封组件，拆卸平衡盘，拆卸中间段组件，拆卸泵全部转子组件；清洗相应的零部件（轴承不清洗）。本项完成后示意裁判，待检查确认后方可进行下一项工作。

③ 做好检查测量记录。如在检查测量中发现零部件有缺陷会影响整机装配质量时应简单写出处理方法，并告知项目裁判，裁判裁定是否领取备用零件（不必进行缺陷的处理）。

④ 多级泵安装。执行离心泵检修规范安装；测量转子总窜量、平衡盘定位量、机械密封压量；测量方法自选，推荐用百分表测量法；有关计算步骤和结果填写在记录表中。

⑤ 安装完成后开始灌泵试漏。

⑥ 泵联轴器的中心对正。使用百分表找正卡或磁性表座，在电机基础无垫片的情况下记录数据，找正操作完成后，举手示意，将记录表交给裁判，裁判安装校验仪表，将数据录入电脑后，方可进行下一项工作（此项目计算结果和垫片数值偏差应小于0.1mm）。

⑦ 设备在运行时的状态检测。严格按照工艺操作规程实施开车操作。开车前由裁判组判断是否可以开车，如果不具备条件，不许开车。记录设备在运行状态下的流量、压力、真空度、振动等数据，运行时间为4～5min。整理工位。

7.2.5 螺杆泵(单螺杆、双螺杆)的工况及相关操作

7.2.5.1 螺杆泵的运行

(1) 螺杆泵的启动

① 检查泵、泵出入口管路、仪表连接及密封情况；

② 稍开泵入口阀、全开出口阀，保证泵内介质畅通，必要时排气；

③ 盘车检查各内件是否互相干涉，避免造成启动力矩过大，使泵无法启动或泵吸入性能降低，甚至造成泵或电机的严重损坏；

④ 保证泵内有介质，防止启动时内件干摩擦；

⑤ 如果泵体设计有加热介质的隔套层，则在启动前应对泵进行加热，降低介质的黏度，便于启动；

⑥ 点动电机，检查泵的转向，防止逆转；

⑦ 启动电机，及时全开入口阀；

⑧ 观察入口真空表、出口压力表的指示值是否稳定在正常范围内；

⑨ 检查泵体密封情况，如用机械密封泵应无泄漏，如用填料密封的泵，泄漏量应在规

定范围内；

⑩ 应倾听泵的声音，观察泵的振动情况，发现异常情况时，应立即停车检查；

⑪ 大约半小时后（考虑环境温度情况），应检查轴承温度是否正常。

(2) 螺杆泵的停机

① 稍关入口阀；

② 停电机；

③ 定期盘车；

④ 若需要检修泵，应切断电机电源，将泵与系统完全隔离（如加网板）；

⑤ 冬季注意防冻凝。

(3) 螺杆泵的日常维护

① 定时检查泵出口压力，切断电源后，应关闭吸入阀门和排出阀门；

② 定时检查泵轴承温度情况；

③ 检查泵密封情况；

④ 检查泵振动及螺栓紧固情况；

⑤ 如果密封部件采用封油，应保证封油压力比密封腔压力高 0.05～0.1MPa；

⑥ 有不正常响声或过热时，应及时停泵检查。

7.2.5.2 螺杆泵常见故障分析及处理方法

螺杆泵常见故障分析及处理方法见表 7-9。

表 7-9 螺杆泵常见故障分析及处理方法

常见故障	故障原因	处理方法
压力表指针波动大	吸入管路漏气 安全阀故障 系统工况不稳定，背压波动大	检查、排除漏气 调整安全阀 稳定工况
无流量或流量不足	过滤器堵塞 吸入管路堵塞或漏气 入口阀堵塞或未全开 吸入高度超过允许吸入高度 介质黏度过大 电机反转 泵密封泄漏 泵螺杆与衬套磨损 电机转速不够 安全阀内漏	清洁过滤器 检查吸入管路 检查入口阀 降低吸入高度 介质升温 改变电机转向 调整、更换 修理、更换螺杆、衬套 修理、更换电机 调整弹簧，研磨阀座
运转声音异常、振动	泵和电机同心度不好 轴承损坏或间隙过大 螺杆与衬套不同心或间隙大、偏摩擦 泵内有气体 汽蚀	重新找正 更换轴承 检修、调整 检修吸入管路，排除漏气 降低安装高度或降低转速
轴功率急剧增大	排出管路堵塞 螺杆与衬套严重摩擦 介质黏度过大	清洗管路 检修更换零件 介质升温

续表

常见故障	故障原因	处理方法
机械密封泄漏	装配故障 动、静环密封面损伤 动、静环密封圈失效	重新安装，调整各零部件正确位置 研磨或更换 更换
泵发热	螺杆与衬套严重摩擦 机械密封回油孔堵塞 介质温度超高	调节螺杆与衬套间隙、更换 疏通回油孔 介质降温

7.2.6 仪表及管道工作特性

7.2.6.1 仪表相关知识

7.2.6.1.1 仪表的分类

① 按测量参数不同，检测仪表分：压力检测仪表、流量检测仪表、液位检测仪表、温度检测仪表；

② 按精度等级不同，分为：实用仪表、范型仪表和标准仪表；

③ 按使用场合不同，分为：现场用表、实验室用表和标定用表。

④ 按电子技术发展阶段的不同分为：

a. 单元组合仪表。组合仪表分为Ⅰ型、Ⅱ型、Ⅲ型三种仪表。中国在20世纪60年代前后研制的电动单元组合仪表采用电子管和磁放大器为主要放大元件，称为DDZ-Ⅰ型仪表，20世纪60年代采用晶体管作为主要放大元件，称为DDZ-Ⅱ型仪表。20世纪70年代逐渐采用集成电路，称为DDZ-Ⅲ型仪表。从Ⅰ型、Ⅱ型到Ⅲ型，仪表功能扩大了很多，性能也显著提高。

b. 控制系统。现在主要有DCS集散控制系统、FCS现场总线控制系统。

DCS集散控制系统是以微型计算机为基础，将分散型控制装置、通信系统、集中操作与信息管理系统综合在一起的过程控制系统。

DCS集散控制系统是一个由过程控制级和过程监控级组成的以通信网络为纽带的多级计算机系统，综合了计算机（computer）、通讯（communication）、显示（CRT）和控制（control）等4C技术。其基本思想是分散控制、集中操作、分级管理、配置灵活、组态方便，采用了多层分级的结构，适用于现代化生产的控制与管理需求，目前已成为工业过程控制的主流系统。

DCS集散控制系统把计算机、仪表和电控技术融合在一起，结合应用软件，实现数据自动采集、处理、工艺画面显示、参数超限报警、设备故障报警和报表打印等功能，并对主要工艺参数形成了历史趋势记录，随时查看，并设置了安全操作级别，既方便了管理，又使系统运行更加安全可靠。

20世纪90年代出现的总线控制系统（FCS），最显著的特征是：开放性、分散性和数字自动通讯。

7.2.6.1.2 仪表的应用与相关操作

(1) 压力检测仪表

压力（p）。是指均匀垂直地作用在单位面积上的力。

$p=F/S$，国际单位：帕斯卡，简称帕（Pa），1 Pa = 1N/m^2；1MPa = 1.0×10^{6}Pa。工程中常用压力单位为兆帕（MPa），压力单位间的换算关系见表 7-10。

表 7-10　压力单位间的换算

1kgf /cm^2≈ 0.1MPa
1atm≈1kgf/cm^2≈ 0.1MPa
1bar（德）=0.1MPa
1psi（英）≈0.007MPa

① 各种压力关系。各种工艺设备和检测仪表通常是处于大气之中，本身就承受大气压力，所以工程上通常用表压或真空度表示压力的大小，它们统一到绝对压力，换算关系见表 7-10。

除特别说明外，监测的压力大小均指表压或真空度大小，表压和绝对压力之间的关系如图 7-12 所示。

换算关系为：表压=绝对压力－大气压；真空度=大气压－绝对压力

【例 7-1】某一真空表示值为 0.06MPa，则真空度为 0.06MPa，

真实压力为 $p_{绝}=0.1-0.06=0.04$MPa。

又如，某一压力表示值为 0.6MPa，则表压为 0.6MPa，

真实压力为 $p_{绝}=0.6+0.1=0.7$MPa。

图 7-12　表压和绝对压力之间的关系

② 常用压力仪表。仅介绍常用的普通弹簧管压力表（图 7-13）和电容式压力变送器。

a. 普通弹簧管压力表。

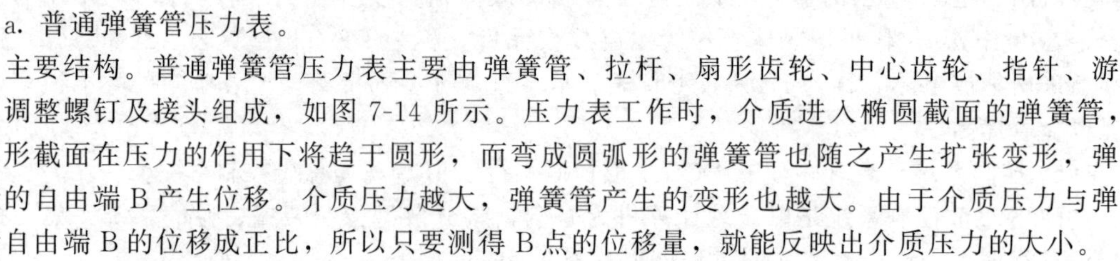

主要结构。普通弹簧管压力表主要由弹簧管、拉杆、扇形齿轮、中心齿轮、指针、游丝、调整螺钉及接头组成，如图 7-14 所示。压力表工作时，介质进入椭圆截面的弹簧管，椭圆形截面在压力的作用下将趋于圆形，而弯成圆弧形的弹簧管也随之产生扩张变形，弹簧管的自由端 B 产生位移。介质压力越大，弹簧管产生的变形也越大。由于介质压力与弹簧管自由端 B 的位移成正比，所以只要测得 B 点的位移量，就能反映出介质压力的大小。

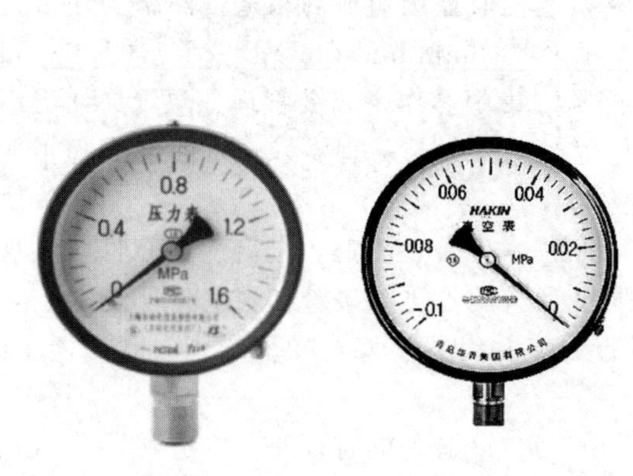

图 7-13　压力表

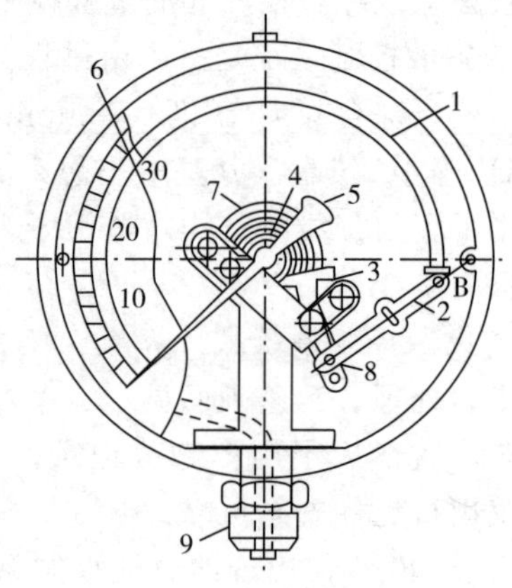

图 7-14　普通弹簧管压力表

1—弹簧管；2—拉杆；3—扇形齿轮；4—中心齿轮；5—指针；6—面板；7—游丝；8—调整螺丝；9—接头

工作原理及特点。将压力的变化转换成弹性元件变形后位移的变化，通过传动机构传动给指针指示压力。普通弹簧管压力表结构简单，价格低廉，测量范围广，可测量负压～160MPa范围内较干净的气体、液体介质压力。

b. 电容式压力变送器。

主要结构。电容式压力变送器主要由中心感应膜片（可动电极）、固定电极、隔离膜片、填充液（常用硅油）、绝缘体等组成。可动电极和两侧弧形固定电极分别形成电容 C_1 和 C_2，当被测压力加在隔离膜片上后，通过腔内填充液的液压传递，将被测压力引入到可动电极，使它产生位移。因而，可动电极和两侧固定电极的电容间距发生改变，从而使 C_1 和 C_2 的电容量不再相等。通过转换部分的检测和放大，转换为标准的 4～20mA 的直流电信号输出。

工作原理及特点。将压力的变化转换为电容量的变化，通过转换部分的检测和放大，转换为标准电信号进行测量，如图 7-15 所示。电容式压力变送器不但可以测量介质压力，当与其他设备结合时还可以测量流量、液位。具有结构简单、可靠性好、测量精度高等优点，测量精度可达 0.2 级，测量范围广。

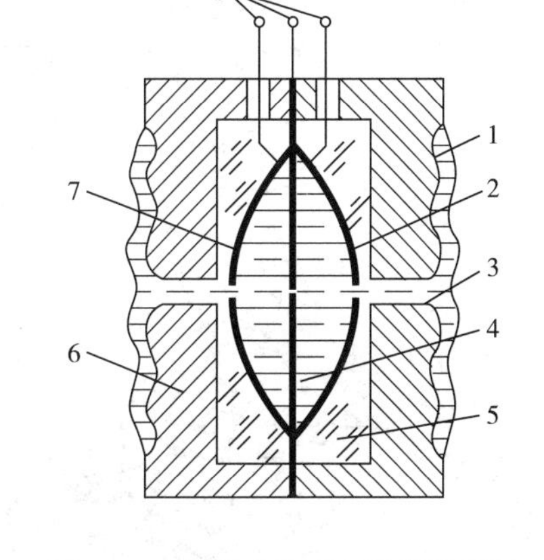

图 7-15 电容式差压变送器原理图

1—隔离膜片；2，7—固定电极；
3—硅油；4—中心感应膜片（可动电极）；
5—玻璃层；6—底座；8—引线

③ 压力表的选用。根据工艺的要求选用，重点考虑如下 5 个方面。

a. 类型的选用。重点考虑被测介质物性、环境条件，是否需要远传、报警、自动记录等。例如，普通压力表的弹簧管多采用铜合金，氨用压力计不允许采用铜合金，氧用压力计严格禁油。

b. 测量范围的确定。生产操作平稳，压力波动不大，被测压力的变化范围选压力表 1/3～3/4 量程范围内适宜，生产操作压力波动大，被测压力的变化范围选压力表 1/3～2/3（或 1/2）量程范围内较适宜。

c. 仪表精度级别的选取。运用下面公式计算：

$$仪表精度\approx(\Delta_{max}/量程)\times100$$

式中，Δ_{max}是仪表允许的最大绝对误差。

用上面公式算出的数值与仪表精度等级对比，在精度等级里就近取小。

常用的精度等级有：0.005，0.02，0.05，0.1，0.2，0.5，1.0，1.5，2.5，4.0。

精度等级数值越小，测量精度越高。仪表精度等级标记在仪表盘面中间位置圆圈内或三角内。

d. 仪表型号的选取。由介质类型、测量范围和精度等级查表选取仪表型号（表 7-11）。

表 7-11 常用压力表型号中字母的含义

字母	含义	字母	含义
Y	压力	Z	真空
B	标准	A	氨用表
X	信号电接点		

e. 压力表型号中数字的含义。表示表盘外壳直径（mm）。

如 Y-150 表示普通弹簧管压力表，外壳直径为 150mm；YA-100 表示氨用压力表，外壳直径为 100mm。

(2) 流量检测仪表

流量，表示单位时间内流过管道某一截面流体的数量，也称瞬时流量。

流量有两种表示：质量流量（M），单位 t/h、kg/s、kg/h；体积流量（Q），单位 m^3/h，m^3/min，L/min。

$$Q=vA$$

式中，v 为流体流速，m/s；A 为流通面积，m^2。

换算关系：

$$M=Q\rho$$

式中，ρ 为流体密度，kg/m^3。

① 流量仪表分为：流量计和计量表。

流量计用于测量流体流量；计量表是测量流体总量。其单位有 kg 和 t 等（质量）；m^3 和 L 等（体积）。

在流量计上配以累积功能可以读出总量，所以有些流量表同时具备两个功能。

② 常用流量仪表。这里仅介绍常用的差压式流量计和转子流量计。

a. 差压式流量计。

主要结构：由节流装置、导压管、差压变送器及显示仪表组成，见图 7-16，是一种体积流量测量仪表。节流装置将被测流量转换成差压信号。

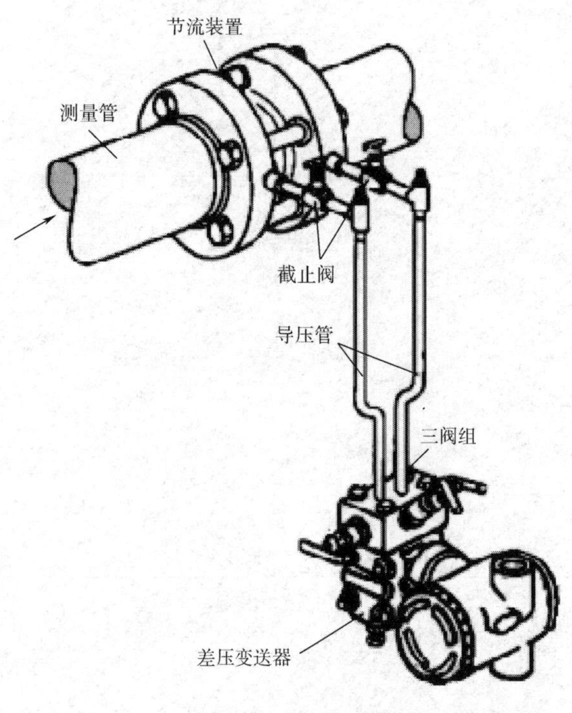

图 7-16　差压式流量计

工作原理及特点：将流体流经节流装置时产生的压力差转换成标准信号，实现流量的测量。有现场流量显示，并且可以远传，便于制造、可靠性高、寿命长，能测量各种工况下的介质流量，更适用于中、大流量的测量。

b. 转子流量计。

主要结构：由转子截面积向上逐渐扩大的锥管和在锥形管内可自由上下运动的转子（也称为浮子）组成（图 7-17）。

工作原理及特点：流体自下而上流动，转子受到流体的冲击向上运动，当转子上移，转子和锥管间的环流通面积增大，当流体作用在转子上推力与转子自身的重力相平衡时，转子停留在锥管的某一高度，高度刻度值指示即流量值。转子流量计结构简单，直观。用于较小流量的气、液介质的流量测量。

③ 流量计的应用。转子流量计使用时，必须缓慢开启阀门，防止转子因流体的突然冲击卡在上部，甚至损坏锥形管。注意转子流量计不能水平安装。

(3) 液位检测仪表

常用液位仪表：玻璃板液位计和磁翻板液位计。

① 玻璃板液位计。工作原理：用连通器原理测量容器中的液位。见图 7-18。

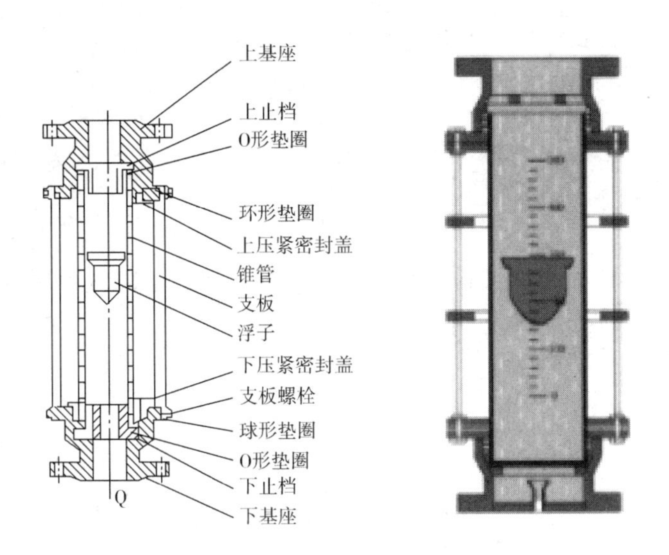

图 7-17　转子流量计结构示意图

特点：结构简单，价格低廉，广泛应用。长期使用时玻璃板易脏，液面位置不易观测，应定期清洗。

② 磁翻板液位计。工作原理：外套管体内有一磁性浮子，浮子浮于液面处，随液面升降而上下浮动。浮子通过磁力驱动。液体介质高度内，翻板红色面朝外；液体介质高度外，翻板白色面朝外。红白交界处即液位高度。

特点：指示醒目，便于观察。特别适用于危险介质液位测量及报警用。见图 7-19。

③ 液位计的应用。玻璃板液位计使用时必须保证上、下取压阀均打开，否则测量的液位不准。若选用差压式液位计，可能会出现零点漂移现象。

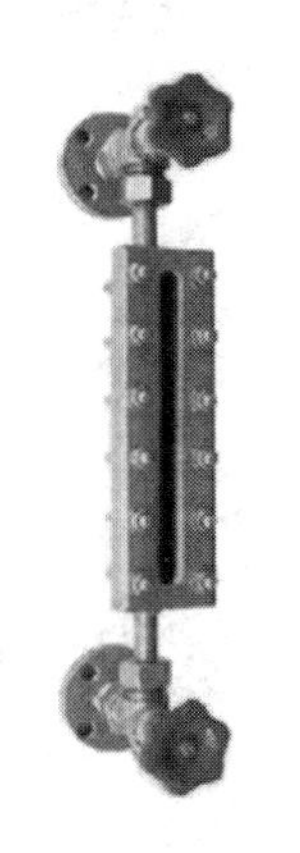

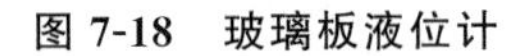

图 7-18　玻璃板液位计

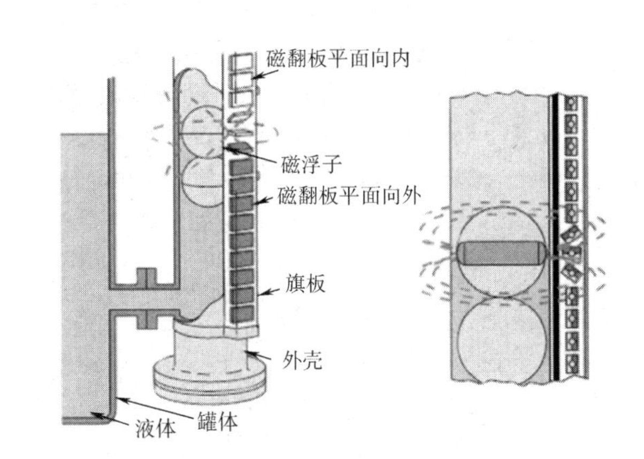

图 7-19　磁翻板液位计

(4) 温度检测仪表

仅介绍常用的双金属温度计和热电偶温度计。

在温度标注方面，目前有 3 种方法：摄氏度、热力学温度（绝对温度）和华氏度。它们之间的换算关系为：

$$F(\text{华氏度})=(1.8t+32);T(\text{热力学温度})=t+273.16$$

a. 双金属片温度计。

工作原理：用两片热膨胀系数不同的金属片，将一端叠焊在一起，当双金属片受热膨胀后，由于两金属片膨胀长度不同而产生弯曲，温度越高，弯曲角度越大，指示温度数据值也越大。

特点：结构简单，价格低，能报警和自控，测量精度低，不能离开测量点测量，见图 7-20。

b. 热电偶温度计。

主要结构：由热电偶、测量仪表、导线组成。热电偶是不同材料两种导体焊接而成。焊接的一端插入被测介质中，称为工作端（热端），另一端和导线连接，称为自由端（冷端），见图 7-21。

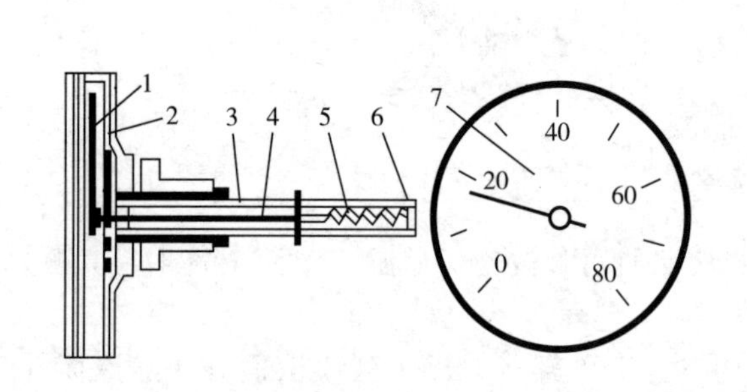

图 7-20　双金属片温度计

1—指针；2—表壳；3—金属保护管；4—指针轴；5—双金属感温元件；6—固定端；7—刻度盘

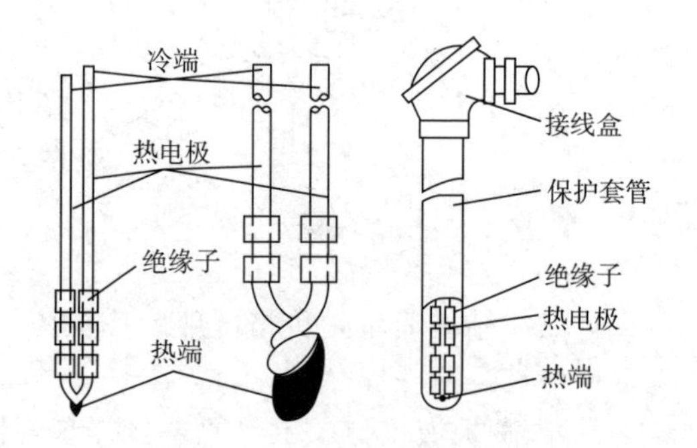

图 7-21　热电偶温度计

工作原理及特点：当热电偶两端温度不同时，热电偶产生热电势，称为热电效应。通过测量热电势的大小确定介质温度。热电偶温度计应用广泛，测量温度范围宽（－200～1600℃），性能稳定，测量精度高，便于多点测量、集中测量和自动控制。

c. 温度计的应用。最高测量值不大于仪表测量范围上限值的 90%。测温元件应有足够的插入深度，以减小测量误差。根据温度测量范围，选用相应分度号的热电偶。热电偶的接线盒盖面应向上，以避免雨水或其他液体、脏物进入接线盒影响测量。

热电偶的正、负极与补偿导线的正、负极相连接，注意不要接错。

7.2.6.2　压力管道

(1) 压力管道相关知识

压力管道是指在一定压力下，用于输送气体或液体的管状设备。其最大工作压力≥0.1MPa（表压）的气体、液化气体、蒸汽介质或者可燃、易爆、有毒、有腐蚀性等物料；最高工作温度≥标准沸点的液体介质；且直径＞25mm 的管道。

(2) 压力管道的分类与分级

① 压力管道分类。通常将压力管道分为长输管道、公用管道和工业管道三大类。

② 压力管道分级。根据危害程度实施分级安全监察。一般将压力管道按安全等级分为 GC1、GC2、GC3 三级。危害性最大的是 GC1，适用于极毒、高毒介质及苛刻工况条件。

(3) 压力管道选材原则

① 满足工艺条件（如温度、压力）的要求。

② 针对不同介质物性的适应性（如耐腐蚀性）。

③ 良好的力学性能（如强度、韧性、塑性、抗冲击性）等。

④ 良好的制造性、可焊性、热处理性等。

⑤ 较好的经济性。

(4) 管路连接规范

管路连接常用螺纹连接、法兰连接、焊接、承插式连接等。

a. 螺纹连接。又称丝扣连接，是一种可拆连接。适用于管径<2in（1in=25.4mm）以下的水管、水煤气管、压缩空气管路及低压蒸汽管。将需要连接的管端铰制成外螺纹，与具有内螺纹的管件或阀门连接。为了保证连接处密封完好，连接前，在外螺纹上加填料，如聚四氟乙烯带。需方便拆卸，可采用活接头进行连接，可以不转动两端的直管而能将连接处分开。见图7-22。

b. 法兰连接。也称凸缘连接，是应用最多的可拆连接，见图7-23。法兰连接强度高、拆卸方便，用于各种压力和温度条件下的管路连接。

图7-22 活接头

图7-23 法兰连接

通常法兰盘和管路的管端通过焊接固定，两个管端配对法兰盘，密封端面放入垫片，用螺栓紧固法兰盘，起到连接及密封作用。法兰盘为标准件，按管子要求考虑直径和压力，可查表选用标准法兰件。

c. 焊接法连接。不可拆卸法连接。连接密封性好、结构简单、连接强度高，多用于有压力、高温条件下的管路连接，应用广泛。常用的焊接方式有：电焊、气焊、钎焊等。

d. 承插式连接。常用于管端不易加工的铸铁管、陶瓷管和水泥管等连接。连接时将一管路管端插口插入另一管路管端的承口内，在连接处的环状间隙内填入麻丝或石棉绳，最后塞入胶合剂密封。如水泥、铅等，达到良好的密封效果。

安装较方便，允许各管段中心有少许偏差，但难以拆卸，适用于压力不高、密封性要求不高的场合。多用于地下给排水管路的连接。

7.2.6.3 实训实例

(1) 装置图

装置图见图7-24。

(2) 待拆卸和连接部位的实物照片

待拆卸和连接部位的实物照片如图7-25所示。

(3) 任务单

① 识图，对照实物确认工作任务和操作点；

② 依据装置流程图，确认开车（装置打循环）前的准备工作；

③ 开车打循环，待装置运行稳定后，记录装置相关数据；

④ 停车后，做好拆装操作前的准备工作；

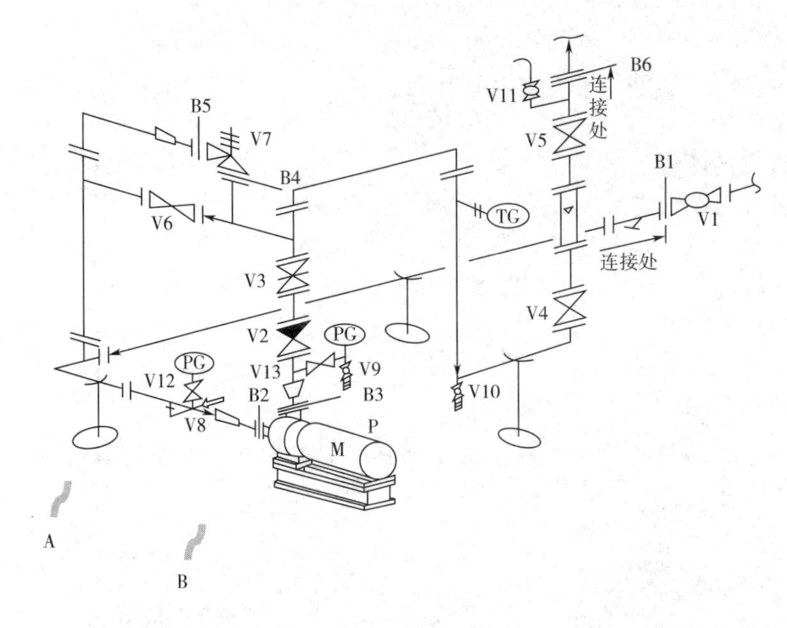

图 7-24 装置图

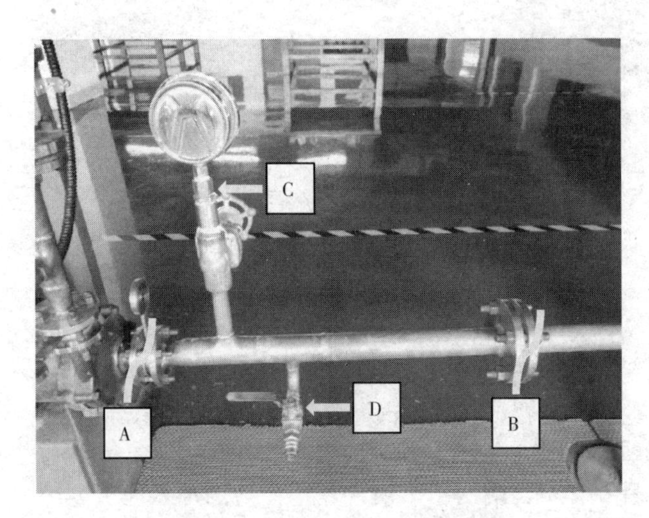

图 7-25 待拆卸和连接部位的实物照片

⑤ 进行 A、B、C、D 点的拆装操作；

⑥ 待 A、B、C、D 点拆卸完毕后，举手示意，待裁判评议后，再进行连接操作；

⑦ 复原装置后，选手举手示意，裁判观察打压过程；

⑧ 检漏完成后，再进行开车、打循环操作和记录、复合装置参数；

⑨ 停车，结束操作。

7.2.7 泵、管、阀连接操作要点

7.2.7.1 人身安全与设备安全

(1) 人身安全

① 穿好劳保鞋；

② 穿好工作服；

③ 戴好安全帽；
④ 操作必须始终戴好护目镜；
⑤ 操作必须始终戴线手套；
⑥ 在进行拆装操作前，必须先断电、加锁、挂警示牌盘（否决项，扣大分，罚时）；
⑦ 确认进出口部与水源断开，并将管内存水排净（扣大分）。

(2) 设备安全

① 泵启动前要检查出口阀门是否处于关闭状态；
② 泵启动前要盘车；
③ 启动泵时，要点进操作 2～3 次（没有此操作应扣一主要分）；
④ 待泵运转正常后，缓慢开启出口阀门，并认真观察流量计变化（快开阀门扣分）。

7.2.7.2 拆卸操作规范

(1) 物品摆放规范操作

① 使用工具摆放规范（含种类分开、长短摆放有规律、工具拿取 10min 后停止）；
② 拆卸操作规范（含卸表操作规范、拆卸顺序规范、摆放规范）；
③ 生料带拆除净（没有残留，若有残留，除罚时外，还要扣分）；
④ 螺丝、螺母摆放规范；
⑤ 螺丝、螺母在拆卸过程中无掉落的情况发生；
⑥ 工具在拆卸过程中无掉落的情况发生。

(2) 文明操作规范

① 完成拆卸操作后，物品摆放规范才能举手请裁判；
② 地面不得有异物，若存在异物，除扣分外，还要罚时；
③ 裁判扣分后，选手要及时确认签字，如存在异议，应正确沟通。

7.2.7.3 组装操作规范

① 按组装流程规范连接（原则是：先拆后装）；
② 螺钉、螺母组装方向一致（若存在问题，需要重新调整装置，同时作相应扣分）；
③ 法兰盘装置平行；
④ 螺钉伸出螺母外的长度一致（一个法兰盘上的四个螺钉完全一致）；
⑤ 阀门安装规范（垂直于水平管路）；
⑥ 各类表安装规范（安装平行于整体）。

7.2.7.4 打压检漏操作

① 压力泵连接操作规范；
② 打压操作规范（主次间要分清）；
③ 不能有漏点；
④ 压力要保持稳定（规定压力±0.01MPa，保证时间）；
⑤ 泄压操作规范；
⑥ 打压泵收整规范；
⑦ “8”字片方向变更（抽换盲板）操作规范。

7.2.7.5 状态恢复检查操作

① 通电操作规范（撤牌、开锁、通电）；
② 检查泵后阀门状态（关闭）；

③ 开启泵，打循环操作规范［点进（通电）2～3 次］；

④ 开启泵后阀门操作规范；

⑤ 认真倾听泵的声音（没有杂声）。

7.2.7.6 规范记录

① 制订工作计划规范（含工作内容、预计时间及完成标准）；

② 操作开始检查时，应及时记录实验参数（含泵前压、泵后压、流量等）；

③ 记录打压数据规范［含打压（有效数字）值、保压值及相关时间］；

④ 绘制打压曲线规范（含压力、时间等坐标信息）；

⑤ 及时记录系统恢复操作后的信息（含泵前压、泵后压、流量等）；

⑥ 会处理不能恢复系统原状态的异常现象，至所有数据恢复到原状态止（所有数据必须不小于原状态）。

7.2.7.7 终结操作

① 工具放回到工具箱内；

② 操作台面恢复到初始状态；

③ 杂物清扫干净；

④ 安全帽、护目镜、打压泵等所有物品均放回到原处。

7.3 实验室絮凝实验技能与知识实例

絮凝实验是将浑浊溶液，通过化学方法，使之从浑浊溶液变成具有一定澄清度的溶液的过程。

絮凝实验一般要通过“化学沉降和助凝沉降”两步完成。该实验过程在化学实验室内，通常使用“自动搅拌测试仪”完成条件性实验研究。

实验室内絮凝实验条件性实验研究一般采用“单因素研究”“单因素-正交设计研究”和“正交设计研究”三种研究手段。

由于“六联独立控制自动搅拌测试仪”可在搅拌速度、搅拌时间、化学沉降剂和助凝沉降剂投入量和投入方式等方面进行条件选择。因此，此类实验多用“六联独立控制自动搅拌测试仪”进行实验。

工业水体中含有有机物、无机物及微生物等污染物质，在它的协同作用，会造成水体的“动力学”不稳定现象，形成“浑浊”体系。

在化学实验室内进行絮凝最佳条件优化实验中，一般需要在 5～7h 内，才能完成全部实验，为使实际溶液的浊度保持基本不变（即 6h 内，浊度值变化≤±1.0%），一般采用“胶体”保护的方法，保护污水的浊度。

7.3.1 沉淀剂或絮凝剂

工业废水浊度去除用沉淀剂一般分为小分子无机沉淀剂、高分子无机沉淀剂、高分子有机沉淀剂、微生物沉淀剂等。

7.3.1.1 小分子无机沉淀剂或絮凝剂

小分子无机沉淀剂又分单一无机盐沉淀剂和复盐沉淀剂两类。其中，单一无机盐沉淀剂有：镁基盐、钙基盐、铝基盐、铁基盐等。复盐沉淀剂有：硫酸铝钾、硫酸铁钾、硫酸铁铝等。

7.3.1.2 高分子无机沉淀剂或絮凝剂

高分子无机沉淀剂最常使用的是：聚硫酸铁和聚羟基氯化铝两大类。还有聚活性硅胶及其改性品，如聚硅铝（铁）、聚磷铝（铁）。改性的目的是引入某些高电荷离子以提高电荷的中和能力，引入羟基、磷酸根等以增加配位络合能力，从而改变絮凝效果，其可能的原因是：某些阴离子或阳离子可以改变聚合物的形态结构及分布，或者是两种以上聚合物之间具有协同增效作用。

（1）聚硅酸絮凝剂（PSAA）

由于制备方法简便，原料来源广泛，成本低，PSAA是一种新型的无机高分子絮凝剂，故具有极大的开发价值及广泛的应用前景。

（2）聚硅酸硫酸铁（PFSS）絮凝剂

发现高度聚合的硅酸与金属离子一起可产生良好的混凝效果。将金属离子引到聚硅酸中，得到的混凝剂其平均分子量高达 2×10^5，有可能在水处理中部分取代有机物合成高分子絮凝剂。

（3）聚磷氯化铁（PPFC）

PO_4^{3-} 高价阴离子与 Fe^{3+} 有较强的亲和力，对 Fe^{3+} 的水解溶液有较大的影响，能够参与 Fe^{3+} 的络合反应并能在铁原子之间架桥，形成多核络合物；对水中带负电的硅藻土胶体的电中和吸附架桥作用增强，同时由于 PO_4^{3-} 的参与使矾花的体积、密度增加，絮凝效果提高。

（4）聚磷氯化铝（PPAC）

也是基于磷酸根对聚合铝（PAC）的强增聚作用，在聚合铝中引入适量的磷酸盐，通过磷酸根的增聚作用，使得PPAC产生了新一类高电荷的带磷酸根的多核中间络合物。

（5）聚硅酸铁（PSF）

它不仅能很好地处理低温低浊水，而且与硫酸铁的絮凝效果相比有明显的优越性，如用量少、投料范围宽，矾花形成时间短且形态粗大易于沉降，可缩短水样在处理系统中的停留时间等，因而提高了系统的处理能力，对处理水的pH值基本无影响。

7.3.1.3 高分子有机沉淀剂或絮凝剂

无机絮凝剂的优点是比较经济、用法简单；但用量大、絮凝效果低，而且存在成本高、腐蚀性强的缺点。有机高分子絮凝剂是20世纪60年代后期才发展起来的一类新型废水处理剂。与传统絮凝剂相比，它能成倍地提高效能，且价格较低，因而有逐步成为主流药剂的趋势。加上产品质量稳定，有机聚合类絮凝剂的生产已占絮凝剂总产量的30%～60%。

某些天然的高分子有机物，例如含羧基较多的多聚糖和含磷酸基较多的淀粉都有絮凝性能。用化学方法在大分子中引入活性基团可提高这种性能，如将一种天然多糖进行醚化反应引入羧基、酰胺基等活性基团后，絮凝性能较好，可加速蔗汁沉降。

将天然的高分子物质如淀粉、纤维素、壳聚糖等与丙烯酰胺进行接枝共聚，聚合物有良好的絮凝性能，或兼有某些特殊的性能。国内研制的一些产品，主要应用于污水处理和污泥脱水。

由于大多数有机高分子絮凝剂本身或其水解、降解产物有毒，且合成用丙烯酰胺单体有毒，能麻醉人的中枢神经，应用领域受到一定限制，迫使絮凝剂向廉价实用、无毒高效的方向发展。

7.3.1.4 品种分类

有机絮凝剂有不少品种。它们都是含有大量活性基团的高分子有机物，主要有三大类。

① 以天然高分子有机物为基础，经过化学处理增加它的活性基团含量而制成。

② 用现代的有机化工方法合成的聚丙烯酰胺系列产品。

③ 用天然原料和聚丙烯酰胺接枝（或共聚）制成。

有机高分子絮凝剂有天然高分子和合成高分子两大类。从化学结构上可以分为以下三种类型。

① 聚胺型：低分子量阳离子型电解质。

② 季铵型：分子量变化范围大，并具有较高的阳离子性。

③ 丙烯酰胺的共聚物：分子量较高，可以达几十万到几百万、几千万，均以乳状或粉状的剂型出售，使用上较不方便，但絮凝性能好。

根据含有不同的官能团解离后粒子的带电情况可以分为阳离子型、阴离子型、非离子型三大类。有机高分子絮凝剂大分子中可以带—COO—、—NH—、$—SO_3$、—OH 等亲水基团，具有链状、环状等多种结构。因其活性基团多，分子量高，具有用量少，浮渣产量少，絮凝能力强，絮体容易分离，除油及除悬浮物效果好等特点，在处理炼油废水上有不错的效果。

7.3.1.4.1　聚丙烯酰胺

在国内水处理中使用最广泛的絮凝剂，是合成的聚丙烯酰胺系列产品，主要分为阴离子型、阳离子型、非离子型和两性离子型。聚丙烯酰胺（polyacrylamide），常简写为 PAM（过去亦有简写为 PHP）。水处理使用的各种 PAM，实质上是一定比例的丙烯酰胺和丙烯酸钠经过共聚反应生成的高分子产物，有一系列的产品。

聚丙烯酰胺属于高分子聚合物。专门针对各种难以处理的废水的处理以及污泥脱水的处理（污泥脱水一般采用阳离子聚丙烯酰胺）。在市政污水以及造纸印染行业的污泥处理中，应用广泛。

丙烯酰胺的化学式为：$CH_2=CH—CONH_2$。丙烯酸钠的化学式为：$CH_2=CH—COONa$。

(1) 非离子型有机高分子絮凝剂

非离子型有机高分子絮凝剂主要是聚丙烯酰胺，它由丙烯酰胺聚合而得。

(2) 阴离子型有机高分子絮凝剂

聚丙烯酸、聚丙烯酸钠、聚丙烯酸钙以及聚丙烯酰胺的加碱水解物等聚合物。由苯乙烯磺酸盐、木质磺酸盐、丙烯酸、甲基丙烯酸等共聚而成。

(3) 阳离子型有机高分子絮凝剂——季铵化的聚丙烯酰胺

季铵化的聚丙烯酰胺阳离子均是将$—NH_2$经过羟甲基化和季铵化而得，可以分为聚丙烯酰胺阳离子化和阳离子化丙烯酰胺聚合。

聚丙烯酰胺（PAM）先与甲醛水溶液反应，酰胺基部分羟甲基化，其次与仲胺反应进行烷胺基化，然后与盐酸或胺基化试剂反应使叔胺季铵化。

在碱性条件下，先由丙烯酰胺与甲醛水溶液反应，然后与二甲胺反应，冷却后加盐酸季铵化。产物经蒸发浓缩、过滤，得到季铵化丙烯酰胺单体。

7.3.1.4.2　聚丙烯酰胺的阳离子衍生物

这类产品多是由丙烯酰胺与阳离子单体共聚得到的。

① 两性聚丙烯酰胺聚合物。以部分水解聚丙烯酰胺加入适量甲醛和二甲胺，通过曼尼兹反应合成出具有羧基和胺甲基的两性聚丙烯酰胺絮凝剂。

② 丙烯酰胺接枝共聚物。因为淀粉价廉且来源丰富，其本身也是高分子化合物，其具有亲水的刚性链，以这种刚性链为骨架，接上柔性的聚丙烯酰胺支链，这种刚柔相济的网

状大分子除了能保持原聚丙烯酰胺的功能之外，还具有某些更为优异的性能。

7.3.1.4.3 微生物絮凝剂

国外微生物絮凝剂的商业化生产始于20世纪90年代，因不存在二次污染，使用方便，应用前景诱人。如红平红球菌及由此制成的NOC-1是目前发现的最佳微生物絮凝剂，具有很强的絮凝活性，广泛用于畜产废水、膨化污泥、有色废水的处理。我国微生物絮凝剂的制品尚未见报道。

微生物絮凝剂主要包括利用微生物细胞壁提取物的絮凝剂，利用微生物细胞壁代谢产物的絮凝剂、直接利用微生物细胞的絮凝剂和克隆技术所获得的絮凝剂。微生物产生的絮凝剂物质为糖蛋白、糖胺聚糖、蛋白质、纤维素、DNA等高分子化合物，分子量在105以上。

微生物絮凝剂是利用生物技术，从微生物体或其分泌物中提取、纯化而获得的一种安全、高效，且能自然降解的新型水处理剂。由于微生物絮凝剂可以克服无机高分子和合成有机高分子絮凝剂本身固有缺陷，最终实现无污染排放，因此微生物絮凝剂研究正成为当今世界絮凝剂方面研究的重要课题。

微生物絮凝剂的研究者早就发现，一些微生物如酵母、细菌等有细胞絮凝现象，但一直未对其产生重视，仅是作为细胞富集的一种方法。近十几年来，细胞絮凝技术才作为一种简单、经济的生物产品分离技术在连续发酵及产品分离中得到广泛的应用。

微生物絮凝剂是一类由微生物产生的具有絮凝功能的高分子有机物。主要有糖蛋白、糖胺聚糖、纤维素和核酸等。从其来源看，也属于天然有机高分子絮凝剂，因此它具有天然有机高分子絮凝剂的一切优点。同时，微生物絮凝剂的研究工作已由提纯、改性进入到利用生物技术培育、筛选优良的菌种，以较低的成本获得高效的絮凝剂的研究，因此其研究范围已超越了传统的天然有机高分子絮凝剂的研究范畴。具有分泌絮凝剂能力的微生物称为絮凝剂产生菌。

最早的絮凝剂产生菌是Butterfield从活性污泥中筛选得到的。1976年，J. Nakamura等从霉菌、细菌、放线菌、酵母菌等菌种中，筛选出19种具有絮凝能力的微生物，其中以酱油曲霉（aspergillus souae）AJ7002产生的絮凝剂效果最好。

1985年，H. Takagi等研究了拟青霉素（paecilomyces sp. l-1）微生物产生的絮凝剂PF101。PF101对枯草杆菌、大肠杆菌、啤酒酵母、血红细胞、活性污泥、纤维素粉、活性炭、硅藻土、氧化铝等有良好的絮凝效果。

1986年，Kurane等利用红平红球菌（rhodococcuserythropolis）研制成功了微生物絮凝剂NOC-1，对大肠杆菌、酵母、泥浆水、河水、粉煤灰水、活性炭粉水、膨胀污泥、纸浆废水等均有极好的絮凝和脱色效果，是目前发现的最好的微生物絮凝剂。

絮凝剂的分子量、分子结构与形状及其所带基团对絮凝剂的活性都有影响。一般来讲，分子量越大，絮凝活性越高；线性分子絮凝活性高，分子带支链或交联越多，絮凝性越差；絮凝剂产生菌处于培养后期，细胞表面疏水性增强，产生的絮凝剂活性也越高。处理水体中胶体离子的表面结构与电荷对絮凝效果也有影响。一些报道指出，水体中的阳离子，特别是Ca^{2+}、Mg^{2+}的存在能有效降低胶体表面负电荷，促进“架桥”形成。另外，高浓度Ca^{2+}的存在还能保护絮凝剂使其不受降解酶的作用。微生物絮凝剂具有高效、安全、不污染环境的优点，在医药、食品加工、生物产品分离等领域也有巨大的潜在应用价值。

7.3.2 沉淀、絮凝工作原理

絮凝沉淀法是选用加入一定量的无机沉淀剂（如聚合氯化铝），在适宜的pH溶液条件下，由于铝离子发生水解，形成带电胶体离子，带电胶体离子再吸附污染物，在快速搅拌的条件下（一般为1500r/min的条件），聚沉形成大颗粒沉淀物，实现胶体溶液的“破乳”现象，开始形成“矾花”。

为使“矾花”增大，形成沉淀，在化学反应中，有一条定律——“加重效应”，即当沉淀物引入疏水性基团时，由于沉淀物体分子量增加，疏水性改变，致使沉淀颗粒增大，沉淀趋于完全效应，被称为“加重效应”。为此，在条件实验中，需研究聚丙烯酰胺（PAM）投入量与投入时转速等条件。

7.3.3 影响絮凝效果因素

影响絮凝效果的因素是多方面的，主要有絮凝剂的种类、浓度、用量、混凝处理时的搅拌状况、pH值、温度及其变化等，应该根据具体情况采用不同的对策。

(1) 絮凝剂种类和用量

对不同的废水应该选用不同的絮凝剂。絮凝剂的用量在很大程度上影响絮凝的效果，过量与不足都将导致溶胶粒子的分散和稳定，因此都应该通过实验确定最佳投加量。

(2) 搅拌与反应时间的影响

把一定的絮凝剂投加到废水中后，首先要使絮凝剂迅速、均匀地扩散到水中。絮凝剂充分溶解后，所产生的胶体与水中原有的胶体及悬浮物接触后，会形成许许多多微小的矾花，这个过程又称混合。混合过程要求水流产生激烈的湍流，在较快的时间内使药剂与水充分混合，混合时间一般要求几秒到2min。

(3) pH值、碱度的影响

pH值对絮凝剂操作具有很大的影响，所以废水进行絮凝处理时，必须充分注意其有效的pH值范围。有机高分子絮凝剂对pH值的限制不太严格，但pH值偏小时对絮凝剂的絮凝效果有较大的影响。无机絮凝剂对废水的pH值比较敏感，由于絮凝剂水解反应不断产生氢离子，因此要保持水解反应充分进行。

(4) 温度的影响

水温对絮凝效果也有影响，无机絮凝剂的水解反应是吸热反应，水温低时不利于絮凝剂的水解，水的黏度也与水温有关，如果水温低时水的黏度大，致使水分子的布朗运动减弱，不利于水中污染物质胶体的脱稳与絮凝，因而絮凝体形成不易。因此冬天絮凝剂使用量要比夏天多。温度升高有利于胶体间的碰撞而产生凝聚，但温度超过90℃易使絮凝剂老化或分解产生不溶性物质，反而降低絮凝效果。

7.3.4 条件性实验

完成污水浊度去除率条件性实验，一般需要从以下7个方面入手。

① 沉淀剂种类的确定；

② 沉淀剂最佳投入量条件性的研究；

③ 沉淀最佳pH值条件的研究；

④ 沉淀剂最佳投入量搅拌速度的研究；

⑤ 助凝剂最佳投入量条件性的研究；

⑥ 助凝剂最佳投入量搅拌速度的研究；

⑦ 最佳去除率条件的确认。

然而，在条件实验操作中，沉淀剂种类和pH条件一般在预实验过程中解决，因此条件性实验需要确定的是：“沉淀剂最佳投入量”“沉淀剂最佳搅拌速度”“助凝剂最佳投入量”和“助凝剂最佳搅拌速度”四个条件。当条件实验确定后，要通过“最佳去除率条件的确认”后，才能清楚条件性实验的条件确认是否正确。

常用“正交设计”实验方法，简称“正交实验”以加快研究速度，在得到规律性结论后，指导下一阶段的研究路径。

“正交实验”方法的特点是：用数学手段，将多种因素综合考虑，以“因素”（即影响因素）和“水平”（即变化规律）列表统计，按数学方法填入正交实验表。然后用实验结果加以说明，在一定的数学方法处理基础上，找到“主要影响因素”后，再进行“最佳条件确认”。是快速实验解决复杂问题的一种有效手段。表 7-12～表 7-15 列举了几种常用的正交实验表。

表 7-12　L_9（3^3）正交实验表

因素水平	A	B	C	结果统计
1	1	1	1	
2	1	2	2	
3	1	3	3	
4	2	1	2	
5	2	2	3	
6	2	3	1	
7	3	1	3	
8	3	2	1	
9	3	3	2	

表 7-13　L_9（3^4）正交实验表

因素水平	A	B	C	D	结果统计
1	1	1	1	1	
2	1	2	2	2	
3	1	3	3	3	
4	2	1	2	3	
5	2	2	3	1	
6	2	3	1	2	
7	3	1	3	2	
8	3	2	1	3	
9	3	3	2	1	

表 7-14 L_{16}（4^4）正交实验表

因素水平	A	B	C	D	结果统计
1	1	1	1	1	
2	1	2	2	2	
3	1	3	3	3	
4	1	4	4	4	
5	2	1	2	3	
6	2	2	1	4	
7	2	3	4	1	
8	2	4	3	2	
9	3	1	3	4	
10	3	2	4	3	
11	3	3	1	2	
12	3	4	2	1	
13	4	1	4	2	
14	4	2	3	1	
15	4	3	2	4	
16	4	4	1	3	

表 7-15 L_{12}（4^3）正交实验表

因素水平	A	B	C	结果统计
1	1	1	1	
2	1	2	2	
3	1	3	3	
4	1	4	4	
5	2	1	2	
6	2	2	1	
7	2	3	4	
8	2	4	3	
9	3	1	3	
10	3	2	4	
11	3	3	1	

续表

因素水平	A	B	C	结果统计
12	3	4	2	

7.3.5 ZR4-6 搅拌机

7.3.5.1 搅拌机直视图及主要部件图

搅拌机直视图见图 7-26，搅拌机主要部件图见图 7-27。

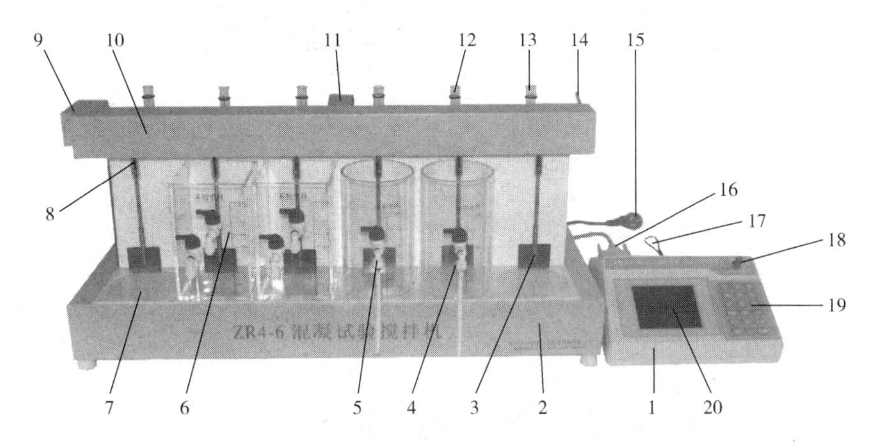

图 7-26 搅拌机直视图

1—控制器；2—主机；3—搅拌桨；4—圆形烧杯；5—取水样阀门；6—方形烧杯；7—灯箱（塑料板下面）；8—桨固定螺丝（上面一颗）；9—加药电机；10—搅拌头（内含六个搅拌电机）；11—信号电缆；12—试管定位胶圈；13—加药试管；14—加药手柄；15—电源线；16—连接电缆；17—温度传感器；18—亮度旋钮；19—按键开关；20—液晶显示器

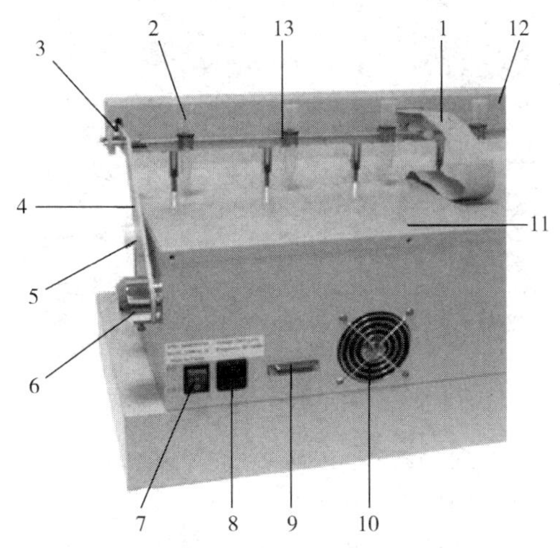

图 7-27 搅拌机主要部件图

1—信号电缆；2—加药试管；3—加药手柄；4—升降臂；5—塑料支撑；6—锁紧帽；7—电源开关；8—电源插座；9—连接电缆插座；10—散热风扇；11—主机盖板；12—搅拌头盖板；13—试管夹

7.3.5.2 搅拌机主要的内部结构

搅拌机主要的内部结构见图 7-28。

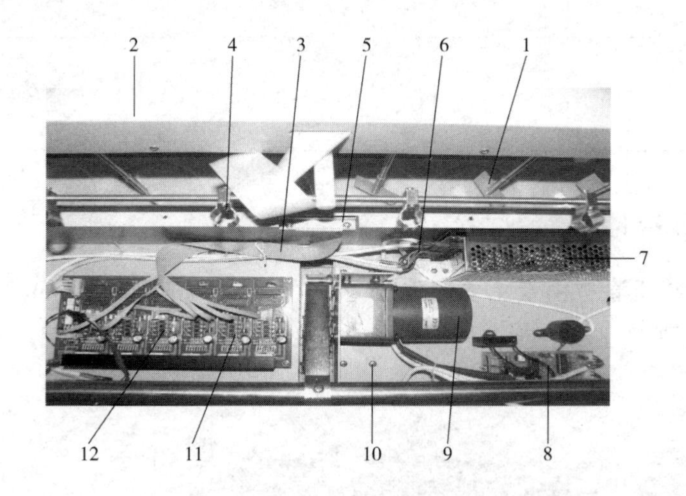

图 7-28 搅拌机主要的内部结构

1—搅拌桨；2—搅拌头；3—信号电缆；4—试管夹；5—信号电缆的固定螺钉；6—开关电源的接线端；7—开关电源；8—提升电路板；9—提升电机；10—提升电机固定螺钉（4 个）；11—驱动电路板；12—1A 保险丝（驱动电路板上 6 个）

烧杯上阀门安装操作见图 7-29。

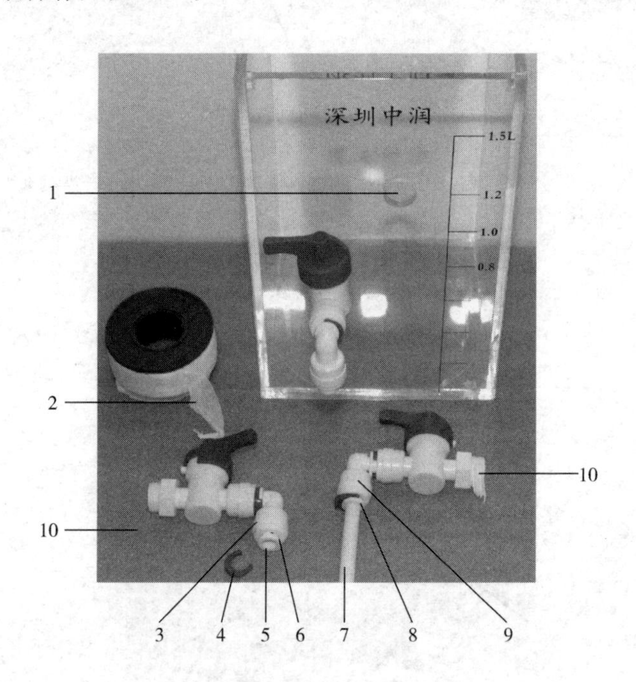

图 7-29 烧杯上阀门安装操作图

1—取样口；2—生料带；3—蓝色环；4—阀门上的环；5—阀门出口；6—弯头；7—塑料管；8—阀门上的环；9—弯头；10—螺纹

① 用随机配送的生料带 2，在阀门的螺纹 10 上缠绕 1～2 圈，不用太厚，注意生料带

不要堵住旁边阀门的进口，在螺纹 10 上先用少许水打湿，对缠绕有帮助。

② 将缠绕好生料带的阀门用手拧上烧杯正面的取样口 1，不用非常紧，若阀门最后定位不正确，则需要拿出阀门，调整角度重新拧上。

③ 阀门上的塑料管 7 可根据用户的需要随意拔插：

a. 拿出管道。用手用力将阀门上的环 8、4 拔出，将 6 朝阀门的方向靠紧，塑料管 7 可轻松拿出。

b. 装入管道。将管道插入阀门的出口 5，将 6 往下拉，露出间隙，用力将环 4 卡入间隙即可。

④ 若不需要阀门上的弯头 9，可以将整个弯头 9 完全拿掉，取掉弯头与阀门间的蓝色环 3 即可。

操作步骤：

① 打开电源，调节控制器右上角的灰度旋钮使屏幕上有清晰的文字显示。

② 点击控制器上“LIFT”键，使搅拌头抬起。

【注意】上升“LIFT”和下降“DOWN”只需点击一下即可，2s 后方会执行升降动作。不要按住不放。

③ 六个烧杯装好水样后放入灯箱上相应的定位孔，按下降键“DOWN”使搅拌头降下。另准备一烧杯放入相同水样，把温度传感器放入水样中，试验过程中传感器将所测的水样温度对应的黏度系数引入控制器芯片参与速度梯度 G 值计算。

④ 根据试验要求通过刻度吸管向试管中精确加入稀释好的混凝剂溶液和稀释用蒸馏水，总体积保持在 9mL。可通过药液浓度来控制体积。

⑤ 按控制器上的任意键，即转入主菜单，以后所有的操作均可根据屏幕提示进行。

⑥ 按数字键“1 或 2”选择同步运行或独立运行。

a. 同步运行。六个搅拌头运行相同程序。

b. 独立运行。可分别运行最多 6 组不同的程序。当遇到 6 组程序运行时间不同的情况时，为保证所有的搅拌头同时结束搅拌进入沉淀（此时搅拌头抬起），各头会不同时开始运行，运行时间长的先开始，而其他各头则要等待相应的时间以达到同时结束搅拌的目的，各头的等待时间是由控制器自动计算、自动执行的，不需试验者考虑。

⑦ 输入程序。同步运行时输入一个程序号；独立运行则需分别输入六个程序号（可相同也可不同）。注意输完一个程序号时，要按回车键才能输入下一个程序号。若输入内容为空的程序号，则这个桨不运行；若不输入程序号，直接按回车键，此桨也不运行。

⑧ 输完程序号后要核查一下，如有误可返回重输，如正确即可按回车键开始搅拌。

在搅拌或沉淀过程中，按“↓”键可终止程序运行，停止后根据提示选择返回主菜单或换水样后重新启动运行原程序。按“↓”键的时间要求稍长些，大概需要 1s。

运行时液晶屏上显示程序号、总段数、目前运行的段号、倒计时、转速、运行状态、水样温度、G 值和 GT 值等（独立运行时不显示 GT 值）。

⑨ 搅拌过程中，如要多次加药，必须在前次加药结束后，即准备好新的药液，注入试管等待。

为了减少试管中残留药液造成的实验误差，可在第一次加药后，用等量蒸馏水洗涤试管，然后用手动或自动加药将蒸馏水加入烧杯。

⑩ 当各段搅拌完成后，搅拌头自动抬起，并报警提示开始进入沉淀。

【注意】若程序未设置沉淀段，则搅拌头搅拌结束后不会抬起。

⑪ 沉淀结束后，蜂鸣器报警（按除 1、2 号键外的任意键解除），此时可取水样测试浊

度或COD等水质指标。控制器自动转入另一菜单，可选择返回主菜单或继续运行原程序。在搅拌头重新降下前，必须先解除报警。

控制器上的复位键用于控制器的重新启动，常用于编程、输入程序号、程序查阅等步骤，对搅拌头不起作用，因而在各搅拌桨运行时不要按动。

若发现搅拌桨运行出现异常情况（搅拌桨超高速旋转，水花四绽），而且按“↓”键终止也不起作用时则需关掉总电源开关。

搅拌头运动到最高或最低点时，若蜂鸣器仍响个不停，则说明电机仍在工作（可能是控制线路有故障）此时必须关电停机进行维修，考虑更换提升电路板。

7.3.5.3 编写程序

本控制器可编写存储多达12组程序，每个程序最多可设10段不同的转速和时间。编程方法如下：主菜单中选择编程操作，输入程序号，按回车键，显示屏上出现程序表格。光标在待输入处闪动，按数字键即可依次输入各项内容，光标自动右移、换行，请注意分钟和秒都是两位数，转速为四位数，高位若为零，也应输入“0”或按“→”跳过（例如需以650r/min的速度转9分8秒则需输入：09/08/0650）。如在该段程序开始时要自动加药，即在加药栏输数字“1”，不加药则输“0”；最后沉淀程序需把转速设为“0000”。对原有的程序进行修改时，可用四个箭头键将光标移到相应位置，再输入新的数字。当输入沉淀程序后，以后的各段程序就全部自动删除。程序编写或修改完后，按回车键结束，根据屏幕上的提示选择存储或者继续编程等功能。

在主菜单可按“4”键进入程序查阅，可查看各程序内容，按“↓”键向后翻页。在查阅时不能修改程序。

在主菜单按“5”键可删除所有程序。本机不能单独删除某一段程序。

7.3.5.4 温度的标定

在主菜单按“7”键可显示温度传感器当前测定的温度。

本机出厂时温度已经标定好，若遇到测温误差较大、温度显示乱码（G值也不能显示）、更换新温度传感器和控制器的情况时，可通过下面两点法重新标定温度。

进入主菜单，按“6”，此时屏幕上显示一个数值A，将温度传感器和标准水银温度计同时放入冰水中（10℃左右），数值A将下降，待数值稳定后（数值B），按回车键，然后将水银温度计上的温度值通过键盘输入进去，再按回车键，将传感器和水银温度计同时放入温水中（40～48℃），数值B将上升，待数值稳定后，按回车键，将温度计上的温度值输入进去，再按两次回车键，在“输入温度”提示后输入“99”（默认结束标定代码），回车，标定即结束。

可按“7”键，看屏幕显示的温度是否准确。

7.3.5.5 操作注意事项及简单的故障处理

① 本搅拌机虽然已考虑了防水问题，但试验者仍需注意避免将水溅到机箱或控制器上，溅上后要立即擦干。

② 当工作头处于升起状态时，避免将手放在搅拌桨下，以防工作头突然掉下来伤手。

③ 搅拌头在工作时，不能升降出入水，若叶片一边高速旋转一边进入水中，可能会损坏电路，此点必须注意，若不慎操作错误，须立即关掉电源，五分钟后再开机检查。

④ 某一搅拌头不转动：打开主机盖板，查看右侧驱动电路板上对应保险管（1.0A）是否完好（可换备用件），特别注意：电机在驱动电路板上对应的插头位置为从右至左顺序，若不是保险管问题，则把该不转电机对应在驱动板上的插头插到另一电路运行（为插拔方

便，可先拔掉所有其他插头），若原不转的搅拌桨可转动，则是驱动电路板有问题，需把整个电路板拆下更换维修；若电机仍然不转，则说明电路板没问题，而是电路板之后到电机之间有问题——电机本身或者是信号电缆连接线及插头。先查信号电缆末端的接头接触是否有问题，先目测，再用万用表测试，也可重新拔插一次试试，若还不正常则需要换信号电缆。若换电缆仍然不行，则需打开搅拌电机的罩，拆下电机更换。

⑤ 若液晶显示器亮，但是转动亮度旋钮不能调出文字，可考虑更换电位器，打开控制器（松开底部四螺丝），更换与亮度开关相连接的电位器，若还无字则要更换液晶，安装在控制器内的控制电路板与窗口间，只需松开相应插头和螺钉即可更换。

⑥ 控制器上按键一个或多个不动作。打开控制器，将按键后面引出的透明排线从控制电路板上拔掉，再插紧，看是否是接触不良造成，若不行，则要更换整个按键薄膜，松开排线插头，从控制器外面撕扯掉整个蓝色按键，贴上新的，再插紧插头即可。

⑦ 控制器液晶和主机内日光灯都不亮。有可能是主机右后侧的电源插座内的保险丝（2A）烧掉，可检查更换。电源插座内有两根保险管，一用一备。若更换后仍然不亮，则可能是主机箱内的开关电源故障，用万用表测量确定后更换，开关电源更换需要专业人员。

⑧ 若机箱内蜂鸣器持续鸣叫、搅拌头不提升或提升不到位，则需要更换主机内左侧的提升电路板或提升电机。

强烈建议本机单独使用一个电源插座，若与别的电器共用插座，有可能受到干扰，在搅拌过程中，工作头会突然升起。

⑨ 搅拌机刚开箱使用时，若出现灯箱内亮度不均匀的情况，这可能是由灯管在运输过程中松动造成的，先关闭电源开关，拔掉电源线，将搅拌机向后侧翻转 90°，露出底部，松开灯箱底部螺丝，拿出灯箱，旋转灯管到位即可，若灯管损坏，则更换同型号日光灯管。

7.3.5.6 保障平行试验结果准确的措施

① 保证桨离底座的高度一致。细微差距可调整搅拌桨插入电机轴的长度，差距较大时可调整搅拌头左右的高低（打开主机盖板，旋转机器左右两边白色的塑料偏心支撑）。

② 确保搅拌桨叶片和桨杆是松动连接。握紧桨杆，用手可轻松摇动桨叶（约 30°左右），防止矾花或别的渣滓塞住桨叶片和桨杆间隙，非常重要。

定期检查，若桨叶的套筒和桨杆间变成固定连接，则立即采取措施。

③ 保障搅拌桨在杯子的正中央，可通过调节提升臂控制。

④ 调整好加药试管的高低位置和加完药后试管的角度，确保所有药液都加入烧杯，此点非常重要。

⑤ 为减少试管中残留药液造成实验误差，可在第一次加药后，用蒸馏水洗涤试管，然后用手动（快速翻转加药手柄）或自动加药将洗水加入烧杯。

7.3.5.7 选手训练的污水絮凝实验

本实验是利用六联独立控制自动搅拌测试仪，对给定水质通过絮凝最佳效果实验条件探索的实验探索性项目，其水浊度（NTU）不大于 300，pH 近中性，且能稳定超过 5h。

通过实验，需要完成以下几项任务：

① 根据给定污水，通过实验，确认实验研究方向和条件性实验的步骤；

② 对确认实验研究方向和条件性实验的步骤进行操作，通过修改与完善实验步骤，以实验结果确定实验最佳方案；

③ 完成最佳实验方案的确定；

④ PAC 2500 元/t、PFS 1100 元/t、PAM 2.25 万元/t、37%盐酸 450 元/t、固体氢氧

化钠 1000 元/t；若按最佳实验条件处理，进水的浊度和 pH 值不变，处理 3 万 t 废水，成本应为多少？若以用 1t 沉淀剂生成 1.8t 泥（含水率约 60%），1t 泥的处理费为 400 元，则处理 3 万 t 废水需要多少钱？（不计人工、水电及设备折旧等费用）

说明：单因素法、正交设计法、混合法均可，但要求实验数据能够说明问题。

7.3.5.8 絮凝操作考核点

(1) 实验准备工作规范

① 个人安全操作规范；

② 设备准备规范；

③ 浊水溶液参数测定规范；

④ 实验溶液准备规范（三种溶液准备、溶液标注规范）。

(2) 条件性实验规范

① 实验方案设计规范（有方案设计、可操作、记录设计规范）；

② 条件实验操作，测量数据规范（数据能充分说明问题、数据及时记录、能说明问题）；

③ 条件实验过程中数据计算正确。

(3) 结果说明问题

① 溶液残留浊度测定规范（残留浊度适中）；

② 浊度去除率计算正确（有计算过程、结果保留位数正确）；

③ 沉淀剂用量合理（如实记录用量、使用量合理）；

④ 沉淀量测定正确（操作规范、在 8min 内能测定出结果）；

⑤ 沉淀剂种类讨论规范（浓度、用量）；

⑥ 平行实验操作规范（实验平行度高；结论规范，能用数据支撑）；

⑦ 成本核算规范（有记录、有计算过程、记录合理）。

(4) 文明实验

① 物品摆放规范（齐整、始终摆放有规律）；

② 废弃物处理规范（分类放置、残物规范处置）；

③ 及时、规范处理台面（台面始终清洁、及时清洗设备、无物品损坏）。

7.4 实验室分析检测技能与知识实例

7.4.1 化学需氧量测定技能训练

COD 为化学需氧量测定，是利用强氧化剂以加快氧化的方法，进行水质还原性物质含量测定。目前化学需氧量的测定有两种方法，即 COD_{Cr} 法和 COD_{Mn} 法［海水（高氯含量）中还原物质含量］。必须掌握重铬酸钾法测定水样中 COD 的原理和方法，只要是污水处理，COD_{Cr} 法就一定要检测。

在水样中加入已知量的重铬酸钾溶液，并在强酸介质下以银盐作催化剂，经沸腾回流后，以试亚铁灵为指示剂，用硫酸亚铁铵滴定水样中未被还原的重铬酸钾，由消耗的重铬酸钾的量计算出消耗氧的质量浓度。

【注意】在酸性重铬酸钾条件下，芳烃和吡啶难以被氧化，其氧化率较低。在硫酸银催化作用下，直链脂肪族化合物可有效地被氧化；无机还原性物质如亚硝酸盐、硫化物和二价铁盐等将使测定结果增大，也是 COD_{Cr} 的一部分。

7.4.1.1 实验部分

(1) $c(1/6K_2Cr_2O_7)$ =0.25mol/L 标准滴定溶液的制备

重铬酸钾标准溶液：0.2500mol/L。称取预先在120℃烘干2h后的基准或优级纯重铬酸钾1.2258g于100mL烧杯中，加蒸馏水溶解，转入100mL容量瓶中，稀释至标线，摇匀。

(2) 硫酸亚铁铵标准滴定溶液的标定

① 操作步骤。用10mL大肚移液管移取10mL [$c(1/6K_2Cr_2O_7)$ =0.250mol/L] 重铬酸钾标准滴定溶液置于250mL锥形瓶中，加水稀释至约100mL，缓慢加入30mL浓硫酸，混合均匀，冷却到室温后，加3滴（约0.15mL）试亚铁灵指示液，用硫酸亚铁铵标准滴定溶液滴定，溶液颜色由黄色经蓝绿色变为红褐色，即为终点，记录下硫酸亚铁铵消耗体积，并按下式计算硫酸亚铁铵标准滴定溶液的浓度。平行4次。

② 计算公式：

$$c[(NH_4)_2Fe(SO_4)_2 \cdot 6H_2O]=2.50/V$$

式中 $c[(NH_4)_2Fe(SO_4)_2 \cdot 6H_2O]$——硫酸亚铁铵标准滴定溶液浓度，mol/L；

V——滴定时消耗硫酸亚铁溶液的体积，mL。

(3) 水样 COD_{Cr} 测定

① 操作步骤。用20mL大肚移液管移取水样20mL（水样不干扰，50mg/L＜COD_{Cr}＜700mg/L），置于250mL磨口锥形瓶内，准确移入10.00mL重铬酸钾标准溶液（[c (1/6$K_2Cr_2O_7$) =0.25mol/L]），加入数粒防爆沸玻璃珠和0.2g硫酸汞（固体），摇匀，并与回流管连接，从冷凝管上端慢慢倒入30mL硫酸银-硫酸溶液，轻轻摇动锥形瓶使溶液混匀，回流2h。用80mL蒸馏水冲洗冷凝管，使溶液体积在140mL左右，取下锥形瓶。溶液冷却至室温后，加3滴试亚铁灵指示液溶液，用硫酸亚铁铵标准滴定溶液滴定，溶液的颜色由黄色经蓝绿色变为红褐色为终点。记录硫酸亚铁铵标准滴定溶液的消耗体积。

平行测定2个水样，同时做2个空白试验。

② 计算公式：

$$COD_{Cr}(mg/L) = c[(NH_4)_2Fe(SO_4)_2]\times(V_1-V_2)\times 8000/V_{水样}$$

式中 $c[(NH_4)_2Fe(SO_4)_2]$——硫酸亚铁铵标准滴定溶液浓度，mol/L；

V_1——空白试验消耗的硫酸亚铁铵标准滴定溶液体积，mL；

V_2——水样测定所消耗的硫酸亚铁铵标准滴定溶液体积，mL；

$V_{水样}$——水样的体积，mL；

8000——$1/4O_2$的摩尔质量，以mg/L为单位的换算值。

7.4.1.2 滴定分析操作考核点

(1) 安全操作规范

① 工作计划制订规范（含时间安排、工作内容、完成标准）；

② 个人安全规范。

(2) 实验准备规范

① 溶液制备；

② 设备搭建（含设备准备、润洗等）；

③ 含量测定过程中的测定前准备（含水样处理、水样移取、滴定前准备等）。

(3) 含量测定

① 指示剂的滴加；

② 滴定速度控制；

③ 摇瓶操作；

④ 滴定近终点的确认；

⑤ 半滴操作；

⑥ 读数规范操作；

⑦ 补加溶液操作；

⑧"零"点的调节（1次还是多次）；

⑨ 调节是否有等待；

⑩ 终点的平行性（终点颜色基本一致）。

(4) 记录与计算

① 及时记录数据；

② 记录数据规范（数字有效数字位数正确）；

③ 进行必要的校正；

④ 计算过程正确；

⑤ 记录数据更改规范（原始数据显现，不乱）；

⑥ 计算数据显示出测量精度。

(5) 文明实验

① 废液处理规范；

② 及时清洗实验过程用设备；

③ 无设备损坏；

④ 需要回收的物品归还到原位。

【注意】1. 读取数据有明显错误按伪造数据处理，扣除总成绩一定分数。

2. 计算数据错误，按最大极差扣分。

3. 补作数据时，如没有进行结果计算，可按重作处理；若进行计算后再重做，则按最大极差算。

7.4.2 酸碱电位滴定分析训练模块

由于在实际检测中，存在对滴定终点确认的异议、滴定终点由于有色物质的干扰、共存物的影响等问题，需要用其他方法确定滴定终点，从而产生了电化学法确定滴定终点。

前面已经介绍过几种电化学法确定滴定终点的方法，此处训练选手用酸碱电化学法确定滴定终点的实验——水质中磷酸盐含量测定。

(1) 总体情况

水或废水的碱度是其酸中和能力。因此，它是所有可滴定碱基的总和。氢氧化物碱度通常用酚酞测量，表示pH值为8.3的滴定终点。在pH为8.29和4.5之间，碱度是由碳酸盐物质引起的，并且最终达到pH=4.50，在样品中滴定总碱度。

通过在连续少量添加滴定剂之后记录样品pH来构建滴定曲线，允许由于缓冲能力（形成S形曲线）识别拐点，因此允许在任何感兴趣的pH值中确定碱度。

(2) 滴定协议

① 根据制造商的程序校准pH计；

② 在金属支架上安装一个滴定管；

③ 用滴定剂0.1mol硫酸填充滴定管并设定其体积零点；

④ 设置搅拌装置进行滴定；

⑤ 为样品瓶提供均质化；

⑥ 将100mL样品转移到Erlenmeyer烧瓶（V_s）中；

⑦ 将pH探针与样品一起插入Erlemeyer中；

⑧ 如果起始pH值低于5.0，请向专家提出建议，这样他们就可以为您的样品添加合适的化学品；

⑨ 在恒定搅拌下，以0.5mL或更少的增量缓慢且不断地将滴定剂滴入样品中；

⑩ 将样品滴定至pH=4.5，这是滴定的终点；

⑪ 记下pH=4.5（V_t）时的滴定体积；

⑫ 为了构建滴定曲线，将滴定延长至pH=3.0。

(3) 滴定曲线协议

根据仪器说明书，先进行仪器校正和样品预滴定操作。

【注意】① 在恒定搅拌下，以0.5mL或更少的增量缓慢且不断地将滴定剂滴入样品中；

② 对于每个滴定体积增量，记下添加的体积和获得的pH；

③ 使用Excel工作表记下滴定值；

④ 虽然滴定的终点是pH=4.5，但将滴定体积记录至pH=3.0；

⑤ 使用Excel工作表构建滴定曲线，该曲线应具有S形曲线。

(4) 计算

碱度浓度（c_i）：
$$c_i=[V_t\times c(\mathrm{HCl})\times 50000]/V_s$$

式中 c_i——碱度浓度，mg/L；

V_t——滴定体积，mL；

c（HCl）——标准酸溶液的浓度（mol/L）；

V_s——样品体积，mL。

(5) 平均值计算

$$c_a=(c_1+c_2+c_3)/3$$

式中 c_a——平均浓度，mg/L；

c_1——1号平行重复实验碱度浓度，mg/L；

c_2——2号平行重复实验碱度浓度，mg/L；

c_3——3号平行重复实验碱度浓度，mg/L。

(6) 最低任务要求

a. 根据给定的方案，一式三份进行样品的碱度分析；

b. 记下每个滴定体积x（mL）添加pH数值，以建立滴定曲线；

c. 在Excel工作表中构建其中一个重复项的滴定曲线；

d. 计算每个重复的碱度浓度，一式三份的平均浓度及其标准偏差；

e. 使用正确的值完成任务表单结果。

7.5 微生物检测训练

活性污泥的微生物镜检结果，与化验室SV、MLSS、SV_{30}等检测结果相结合，可让工艺控制人员综合判断系统中活性污泥的变化情况，为工艺调整提供参考依据。

7.5.1 活性污泥镜检样品采集

样品采集对镜检结果影响比较明显，采样不当，得出的镜检结果会误导对活性污泥进行参数的调控。为避免这类情况的发生，遵循规范的采样方法、明晰采样点显得更为重要。

7.5.1.1 样品采集位置

采集的活性污泥样本位置和监测活性污泥沉降比一样都是来自曝气池末端的混合液，此位置的活性污泥混合液不论从活性污泥的稳定性、絮凝性、种群数量还是原生动物代表性来讲都是最佳的。

(1) 稳定性方面

在曝气末端，活性污泥处于减速增长期，活性污泥活性降低，稳定性就变得更加可靠了。

(2) 絮凝性方面

因为活性污泥处于减速增长期，表现的活性污泥沉降性就更明显，自然絮凝性就更佳。

(3) 微生物种群方面

这里指的还是原后生动物种群，微生物的主体细菌种群不在讨论之列。

活性污泥中原后生动物种群在曝气池前端是非活性污泥类原生动物占优势，在曝气池中段是中间性活性污泥原生动物占优势，而曝气池末端占优势的原生动物种类决定了活性污泥生物相所处的功能性状。在此位置采集的活性污泥混合液进行生物相显微镜观察，其结果更具代表性。

7.5.1.2 检测液采集的方法

在曝气池末端采集到待测的混合液后，需要选取一滴到载玻片上，以备检测。就这一过程需要注意以下几点：

① 所取活性污泥混合液在检测前，要不停地缓慢摇动来避免发生絮凝沉淀。活性污泥发生絮凝沉淀后，如再次被搅匀，其随后发生的絮凝效果将会略有减弱，上清液的细小絮体悬浮物将会增多，对观察会造成一定的误导（如观察到的活性污泥结构松散、细小、不密实、颜色偏淡等）。

② 通常采集活性污泥样本到载玻片上所用的工具是胶头滴管。胶头滴管伸入到被采集的活性污泥混合液前需要进行充分搅拌，使活性污泥悬浮于混合液中，同时胶头滴管伸入到混合液中的深度也要控制好，一般到混合液的中部为宜。采集后，再将活性污泥混合液移动到载玻片前，可以将胶头滴管内的混合液挤掉几滴，然后将一滴活性污泥混合液置于载玻片上。

载玻片上所取的一滴混合液，在实际使用过程中是过量的，在盖上盖玻片时会有部分溢出而需要擦拭掉，否则，盖玻片容易在载玻片上移动，同时被采集的这一滴活性功能的污泥混合液也会在高差、温度等作用下发生内部流动或移动。为此擦拭掉这多余部分的活性污泥混合液是有必要的，我们可以按照 1/4 活性污泥混合液比例来确定被擦拭掉的这一滴活性污泥混合液，也就是说在被擦拭掉后的待检测样品中，其实际采样量为 3/4 滴活性污泥混合液。

7.5.2 进行活性污泥镜检需要注意的问题

(1) 避免高温镜检

因为高温情况下载玻片上的水样本身数量较少，样品水体会出现膨胀，富含的细小气泡会析出来影响观测效果。

(2) 避免阳光直射

这样可以有效防止被检样品中的气泡析出膨胀的发生，更可避免存在的气泡因为阳光直射发生反光、折射等现象而影响观测效果。同时也可以防止对眼睛的伤害。

(3) 避免振动

确保观测的稳定性和本身的安全性，显微镜放置的场所需要保证安全。

(4) 避免光线不足

显微镜没有自带补充光源的情况下，如果环境照度低于 300lx，观察的时候显微镜就比较暗，为此需要显微镜自带的补充光源来满足对观测光照度的需求。

(5) 避免光线异常

如果周围的光线是彩色光线，那么在显微镜内观察到的视野色彩通常也是彩色的，这对观察活性污泥性状有干扰作用。

7.5.3 污水处理微生物图谱

在活性污泥系统中，根据对活性污泥是否有利将原生动物分为非活性污泥类原生动物、中间性活性污泥类原生动物和活性污泥类原生动物。此外还有后生动物。

(1) 非活性污泥类原生动物

非活性污泥类原生动物见表 7-16。

表 7-16 非活性污泥类原生动物

名称	形态	形态特点	指示意义
变形虫		体形不固定，伪足和收缩泡 800 倍可见，以其体型可变为主要特征，观察整体透明性较好。移动极其缓慢，常深入菌胶团捕食	变形虫食性广，单细胞藻类、细菌、小原生动物、真菌、有机碎片等皆是它们的食物 变形虫生命力强，在条件不好时，可以形成一个包囊（休眠体）渡过难关
草履虫		草履虫体形较大，身体圆筒形，后半中间部分最宽阔，前半部腹面有一下凹的沟，中沟底部有一椭圆形的胞口。身体周围均匀地布满着纤毛。表膜下面外质比较透明，内质充满着颗粒状物质，食物泡比较多，伸缩泡两个	其主要以细菌为食料，最适宜的生态环境是中污性和多污性。大量出现在几乎测不出溶解氧浓度的环境中，在活性污泥中每当净化程度较差的时候它会较多地出现
喇叭虫		虫体呈喇叭状（少数圆筒形），身体上布满了纤毛，体前端小膜口缘区长有按顺时针排列的许多小膜结构。大多数喇叭虫就是通过小膜的运动，捕食细菌、藻类、原生动物等	属于原生动物中的游泳型纤毛虫，在活性污泥培养中期或处理效果差时出现

续表

名称	形态	形态特点	指示意义
太阳虫		身体呈球形，有许多尖针状的伪足，放射状排列在身体四周，用来捕捉食物。太阳虫有许多种，几乎全部生活在淡水中	属于原生动物中的肉足虫类，一般在污泥培养中后期出现
跳侧滴虫		身体很小，一般呈肾形，两端浑圆，具有2根鞭毛．短一些的一根鞭毛无休止地摆动，对溶解氧缺乏敏感，在显微镜下观察时作很快的旋转行动	以游离细菌为主要食料，适合中污性和多污性的水体。它的大量出现往往是高污泥负荷，污泥解体，菌胶团分解，处理水质透明度降低，COD、BOD指标上升
波豆虫		身体很小，呈卵圆形，前端有一少许弯转的突出“尖角”，后端浑圆。两根鞭毛起源于前端从胞口内伸出。鞭毛是活动器官同时也是食物收集器官，因此其活动性很强	主要以细菌为食料，属于中污性和多污性的种类，经常出现在BOD负荷高并且溶解氧低的时候，它若数量上占优势则处理水浑浊，多半BOD在30mg/L以上
肾形虫		身体呈肾形，右缘是半圆形均匀弯曲，后端比较圆，在饥饿时后端比较细，口位于身体中间偏前的左缘中部，口前庭成一个较浅的洼窝：在口全身纤毛均匀，分布较稀，体内有分散的食物泡	食物的来源以细菌为主，肾形虫喜好食大肠杆菌、锯杆菌最常出现在BOD负荷在0.7kg左右的高负荷条件下，系统正常运行情况下出现较少
表壳虫		壳的背腹面呈圆形，而似表盖：侧面看则腹部扁平，整个壳呈半圆形：壳的高度约为它直径的二分之一，壳通常呈褐色也有黄色的，偶尔也有无色透明的壳，有指状伪足，从壳孔伸出，数目不会超过5个或6个；内质含有不少食泡和贮藏粒体	表壳虫以鞭毛虫和藻类为主要食物。寡污性水体是它最适宜的生存环境，经常大量地出现在活性污泥低BOD负荷，污泥停留时间过长的情况下，同时也是硝化反应出现的标志
尾丝虫		身体呈细长的卵圆形，长度和宽度比约为2：1，通常前半部较后半部窄；前端平截面常有少许下陷，是全身最狭处，后端宽阔较浑圆；外质表膜具有纵长的条纹，全身纤毛行列，在后端有一根很长的尾毛	以细菌为主要食物来源，具有较高的生态耐性，在自然界中属于中污性种类；在活性污泥中经常出现在溶解氧低与高负荷的情况下，一般处理水BOD也较高

续表

名称	形态	形态特点	指示意义
豆形虫		身体呈长卵圆形或近似长的豆形，后半部往往比前半部要宽阔，前端的腹面弯转并使腹面前部三分之一处略形成一凹陷，后端浑圆；分布在全身的纤毛相当密而均匀；内质比较透明	以细菌为主要食物，也兼食微型鞭毛虫；存在于中污性水体，在寡污性水体中很少发现；在活性污泥中经常在高 BOD 负荷且低溶解氧的情况下出现，与此同时也能观察到波动虫，滴虫等
扭头虫		体形呈纺锤状，中间腹部较膨大，口缘从前端背面开始，以对角线方向向腹面扭转；周身纤毛稀疏，排列宽而明显，有一个伸缩泡位于末端	以细菌为食物来源，经常出现在只能检测出微量溶解氧的活性污泥，对活性污泥系统而言，如果扭头虫数量优势的情况下则处理水质大多浑浊，BOD 增高

(2) 中间性活性污泥类原生动物

中间性活性污泥类原生动物见表 7-17。

表 7-17 中间性活性污泥类原生动物

名称	形态	形态特点	指示意义
漫游虫		身体细长的片状，或柳叶刀状，最宽处位于中部，从中部向前后两端瘦削；“颈部”相当长，在全长的三分之一到二分之一之间，前端朝着腹面弯转，胞口在“颈部”的腹面；纤毛分布在身体单侧，内质相当透明	是一种肉食性的纤毛虫，以鞭毛虫和其它小纤毛虫为食；在自然环境中最适宜是在中污性或多污性水体，在活性污泥中经常出现在活性污泥系统恢复期间
卑怯管叶虫		身体纵长，长度约宽度的 4 倍，呈矛头状或形似针叶片，高度扁平，柔韧易变，经常作滑翔式的游泳；三分之一的前部突出的细削，形成一“颈部”，后端少许瘦削而钝圆；纤毛分布全身，内质含有不少贮藏粒体	以细菌为主要食物，亦掠食小的原生动物；它在活性污泥中出现的环境条件比较广泛，主要出现在活性污泥处于非最佳状态阶段，是判断活性污泥从坏转好或是转向恶化发展的重要参考
裂口虫		体形侧扁呈烧瓶状，前端有一微向侧弯的长“颈”，胞口在“颈”的腹缘，裂缝状；全身纤毛分布均匀，沿裂缝状的胞口处有较长的纤毛；体质较透明，伸缩泡分布不规则	以固着类纤毛虫为食物来源的肉食性原生动物；经常出现在水质 BOD 比较低的时候，是判断水质是否良好的指示生物。但会消耗对水质有澄清促进作用的固着类纤毛虫

续表

名称	形态	形态特点	指示意义
斜管虫		身体较透明，呈不规则椭圆形，后半部比前半部要宽阔；背面或多或少凸出，少许向左弯转形成一个不十分突出的尖角；胞口圆形位于腹面靠近前端，在取食时胞口能少许突出到体外；伸缩泡比较多，不规则地分布在身体周围	以藻类和细菌为食物，环境适应能力很强，主要出现在活性污泥由恶化到恢复期间
沟内管虫		身体呈宽阔的卵圆形，前端平直或少许下陷，后端浑圆，背腹面扁平，表膜比较坚硬；具有7或8根纵长的沟；胞口位于前端下陷处，有管状的胞口，两根细长的鞭毛从靠近胞口处伸出，一根总是在前方划动，另一根拖在后面，可能有滑翔作用	沟内管虫很可能是依靠植物式腐生性营养进行生活的，它是否能吞食细菌尚未有定论；它的适宜处理水BOD多半较低，沟内管虫已接近活性污泥类原生动物
粗袋鞭虫		身体静止时变动较大，行动时总是纵长，后端比较宽阔而呈截断状或浑圆；身体自后端渐细削；一根粗壮鞭毛从前端伸出，和本体几乎是等长度，行动时笔直地指向前方，另一根细而短的鞭毛伸出后即向后弯转，附在本体的表膜上，不容易看出	食物来源比较广泛，摄食细菌，藻类，原生动物等，生态环境也比较广；在BOD负荷低，溶解氧浓度高的处理水质中出现。接近活性污泥类原生动物
吸管虫		属于原生动物中的吸管虫属，有体、柄，其身体可呈圆形和三角形，柄的形态具刚性，以独居为主要存在特征，属附着类原生动物	污泥处于不利状态会出现，也就是出水水质变差，例如：污泥培养中期，污泥发生老化或解体或污泥膨胀等时出现
尖毛虫		身体呈长的卵形，比较柔软而容易变动，体长约为体宽的2.5倍，前端三分之一细狭，从此向后逐渐膨大，腹面扁平背面或多或少凸出；口缘区较大，前触角8根，5根在前，另3根倾斜排列成行；腹触毛5根，臀触毛5根；内质含有少量食泡	以细菌、绿藻及小型鞭毛虫为食；生态耐性较强，对寡污性或中污性水均能忍受；一般较少出现，与游仆虫相比尖毛虫出现在处理水BOD较高的时候，是中间性活性污泥类原生动物

(3) 活性污泥类原生动物

活性污泥类原生动物见表7-18。

表 7-18 活性污泥类原生动物

名称	形态	形态特点	指示意义
钟虫	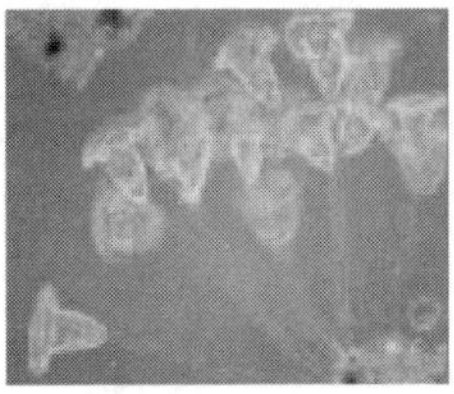	前端口围边缘较本体更宽阔，后端则向着柄逐渐细削，具有纤毛的口围盘大小和口围内缘相适应。内质含有不少卵圆形的食泡，往往带一些黄色。柄粗细适中，但相当长，钟虫喜欢在一起丛生	以细菌为食料，有时亦兼食单细胞藻类，大量出现在处理水质良好的时候，处理水BOD在15mg/L以下
累枝虫	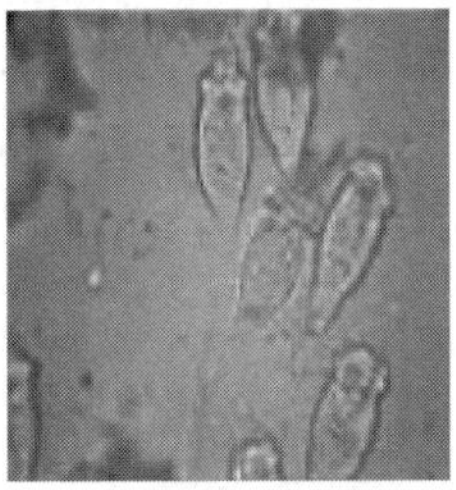	个体呈细长或近似圆筒形，其柄不能收缩，体宽约在体长的1/2～1/3，前端口围较大，具有纤毛的口围盘小于口围，能显著地突出在口围边缘之外，内质呈乳白色，含有少量食泡，有一个伸缩泡相当大，位于前端，柄粗细适中，比较光滑	以细菌为食物来源，特别喜好摄食大肠杆菌、假单胞杆菌等；在生物处理系统中，存在于生物膜中比存在于活性污泥中更多。一般说来，当累枝虫出现时，处理后水质BOD相当低
楯纤虫	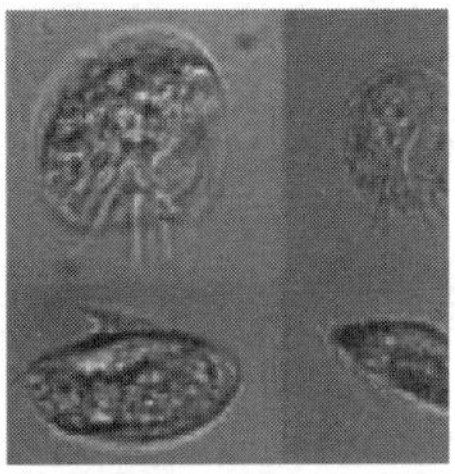	体形小，甲呈三边的圆形，前端最狭小，后端最宽阔而平直，少许钝圆，背面凸出，前触毛4根，倾斜地列成一行，腹触毛3根，列在前半部，臀触毛5根，相当长而细，倾斜地排列在后部	以细菌为食，对化学物质敏感，可作为有毒物质判定的指标。是水质处理好的指示生物，大量出现时，处理水BOD多在15mg/L以下。但2000个/mL以上时，也会影响污泥的沉降效果
板壳虫	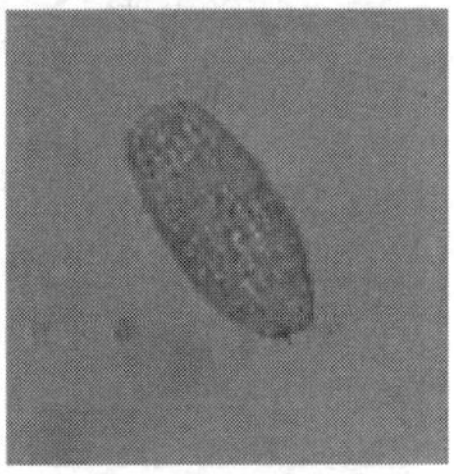	身体呈圆桶状榴弹形，中间少许膨大，体长和体宽的比例约为2∶1。常呈棕褐色；由外质形成的板壳有15～20行，板壳由横沟分成六段，每段形成一定形式和数量的“窗格”。纤毛均匀地分布在全身	板壳虫能捕食藻类，小型鞭毛虫，以及小的纤毛虫，也吸食已经死亡的轮虫。经常出现在BOD负荷较低，溶解氧浓度高，处理水BOD低的时候
棘尾虫	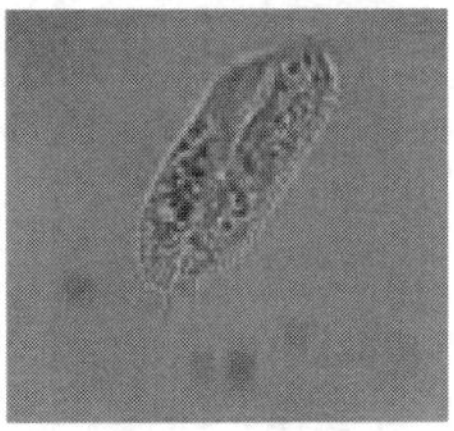	呈长椭圆形，但两侧差不多平行，口缘处有凹陷，有8根前触毛，5根腹触毛和臀触毛，臀触毛的两根明显的突出在体外，身体强直，后面3根尾触毛长而坚硬不动，背有短的刚毛。体内充满吸进的藻类	主要以摄食藻类、鞭毛虫为食物来源，有时也吃轮虫，在活性污泥中不常见，出现时处理水BOD通常较低
游仆虫	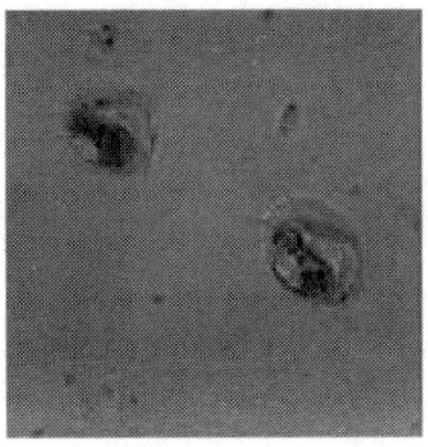	身体坚实，系宽阔的椭圆形，背面或多或少凸出，腹面扁平，后半部比前半部少许狭一些，后部浑圆，口缘区相当大而长，前触毛有7根，臀触毛5根，尾触毛4根，伸缩泡位于后半部右侧，大核呈很长的带形	主要以鞭毛虫和纤毛虫为食料，有时也吞食单细胞藻类。经常出现在较低BOD负荷的时候，此时，处理后出水质BOD通常在10mg/L左右，是活性污泥类原生动物

续表

名称	形态	形态特点	指示意义
独缩虫		形体和钟虫相似，不同之处在于它已形成群体。由于分枝的柄肌丝轴鞘不是连续而是中断的，因此每一枝只能单独伸缩。本体呈较长的钟形，前段最宽阔，一般长度和宽度比为2∶1；虫体首柄或多或少向下弯转而倒悬	以细菌为主要食料，在废水生物处理过程中普通常见，对污水具有澄清促进作用。独缩虫优势是繁殖时处理水质良好，出水透明、清晰
集盖虫		口围边缘平直，不会膨大形成"缘唇"。通常口围边缘还呈锯齿状，本体近似梨形或卵圆形。中部明显膨大而最宽阔。外质的表膜很光滑，看不见有膜纹的存在，内质呈乳白色，含有少量的食泡，柄细而柔弱，分枝系不规则的叉形；集盖虫群体不大	以摄食细菌为食物来源，特别喜欢食链球菌、假单胞杆菌、枯草杆菌等，常在0.2～0.4kg BOD/(kg MLSS·天)的负荷，处理水质良好下出现

(4) 后生动物

后生动物见表7-19。

表7-19 后生动物

名称	形态	形态特点	指示意义
轮虫		废水生物处理中的轮虫为自由生活的。身体为长形，分头部、躯干及尾部。头部有一个由1～2圈纤组成的、能转动的轮盘，形如车轮故叫轮虫。大多数轮虫以细菌、霉菌、酵母菌、藻类、原生动物及有机颗粒为食	轮虫在pH值中性、偏碱性、偏酸性的环境中均有生长，然而喜在pH=6.8左右生活的种类较多，轮虫要求较高的溶解氧，是寡污带和污水处理效果好的指示生物
寡毛虫		比轮虫和线虫高级，身体细长分节，每节两侧长有刚毛，靠刚毛爬行运动。营杂食性，主要以污泥中的有机碎片和细菌为食	包括颤蚓及水丝蚓等，往往在水体缺氧时大量繁殖，是污水净化程度差的指示生物
线虫		其体形较细，身体可见食物微粒，体呈细长条形，周身不具纤毛，依靠虫体两侧的纵肌交替收缩，做蛇形状的扭曲运动	线虫有好氧和兼性厌氧型，兼性厌氧的在缺氧时大量繁殖，线虫是污水净化程度差的指示生物

续表

名称	形态	形态特点	指示意义
桡足虫		属于浮游甲壳动物，身体由头和胸组成，触角发达，以肉食性为主	属于水体自净程度好的指示生物

7.5.4 微生物指示作用概述

(1) 活性污泥组成

① 具有代谢功能的活性微生物群体；

② 微生物内源呼吸自身氧化的残留物；

③ 被污泥絮体吸附的难降解有机物；

④ 被污泥絮体吸附的无机物。

具有代谢功能的活性微生物群体包括细菌、真菌、原生动物、后生动物等，而其中细菌承担了降解污染物的主要作用。

活性污泥中的细菌以异养型的原核细菌为主，对正常成熟的活性污泥，每毫升活性污泥中的细菌数大致为 10^7～10^9 个。细菌是以溶解性物质为食物的单细胞微生物。在活性污泥中形成优势的细菌与污水中的污染物性质和活性污泥法运行操作条件有关。活性污泥中常见的优势苗种有：产碱杆菌属、芽孢杆菌属、黄杆菌属、动胶杆菌属、假单胞菌属、丛毛单胞菌属、大肠埃氏杆菌属等。活性污泥中一些细菌，如枝状动胶杆菌、蜡状芽孢杆菌、黄杆菌、放线形诺卡亚氏菌、假单胞苗等细菌具有分泌黏着性物质的能力，这些黏着性的物质提供了使细菌互相黏结、形成菌胶团的条件。菌胶团对污水中微小颗粒和可溶性有机物有一定的吸附和黏结作用，促进形成活性污泥絮体。

真菌是多细胞的异养型微生物，属于专性好氧微生物，以分裂、芽殖及形成孢子等方式生存。真菌对氮的需求仅为细菌的一半。活性污泥法中常见的真菌是微小的腐生或寄生的丝状菌，它们具有分解碳水化合物、脂肪、蛋白质及其他含氮化合物的功能。如果大量出现，会产生污泥膨胀现象，严重影响活性污泥系统的正常工作。真菌在活性污泥法中出现往往与水质有关。

肉足类、鞭毛类、纤毛类是活性污泥中常见的三类原生动物。原生动物为单细胞生物，以二分裂法繁殖，大多为好氧化能异养型菌，它们的主要食物对象是细菌。因此，处理水的水质和活性污泥中细菌的变化直接影响原生 动物的种类和数量的变化。在活性污泥法的运行初期，以肉足虫类、鞭毛虫类为主，然后是自由游泳的纤毛虫类，当活性污泥成熟，处理效果良好时，匍匐型或附着型的纤毛虫类占优势。原生动物个体较大，通过显微镜能够观察到，可作为指示生物，在活性污泥法的应用中，常通过观察原生动物的种类和数量，间接地判断污水处理的效果。因此，活性污泥原生动物生物相的观察，是活性污泥质量评价的重要手段之一。此外，原生动物捕食细菌的作用也确保活性污泥系统出水水质的进一步提高，是仅次于细菌的污水净化功能的承担者。

在活性污泥中常出现的后生动物是轮虫、线虫和寡毛类，它们通常以细菌、原生动物以及活性污泥碎片为食。轮虫通常出现在处理水质有机物含量低且水质好的系统中，如延时曝气活性污泥系统，因此适量轮虫是出水水质好且稳定的标志。

（2）微生物指示作用

微生物在调试过程中、后期稳定运行和工艺调整中，起着很重要的指示作用，通过镜检根据活性污泥中的微生物情况可以发现该活性污泥的各项状况，其指示作用有：

① 着生的缘毛目（如小口钟虫、八钟虫、沟钟虫、褶钟虫、累枝虫、微盘盖虫、独缩虫）较多时，处理效果好，出水 BOD_5 和浊度低。这些缘毛目的 种类都固定在絮状物上，并随之而翻动，如果其中还夹杂一些爬行类微生物如栖纤虫、游仆虫、尖毛虫、卑气管叶虫等，就可以被称作优质而成熟的活性污泥。

② 小口钟虫在生活污水和工业废水处理效果很好时往往就是整个微生物系统中的优势菌种。

③ 如果出现大量鞭毛虫，而着生的缘毛目又很少时，表明净化能力较差。

④ 出现大量自由活动的纤毛虫时，指示系统净化能力不强，出水浊度可能上升。

⑤ 如出现有柄纤毛虫，如钟虫、累枝虫、盖虫、轮虫、寡毛类微生物时，则表明生物系统状态良好，出水清澈，酚类去除率在 90%以上。

⑥ 根足虫的大量出现，往往是污泥中毒的表现。

⑦ 如在生活污水处理中出现大量累枝虫，则很有可能是污泥膨胀、解絮的征兆。

⑧ 在印染废水处理中，累枝虫则作为污泥正常或状态改善的指示生物。

⑨ 在石油废水处理中出现钟虫则说明处理效果理想。

⑩ 过量的轮虫出现，是污泥即将膨胀的预兆。

7.5.5 实例分析

（1）调试过程中的微生物指示作用

调试过程中随着水量的不断增加和各种外界条件的变化，好氧生物池中的微生物种类和数量也随之发生变化。通过观测水中微生物的这些变化就可以判断出工程调试的效果，也可以根据观测结果来对工程调试给出指导。

（2）生化系统培菌初期

调试初期生物相和培菌方式有关，采用直接培菌法，则活性污泥镜检过程中，微生物中的原生动物和后生动物基本观测不到，主要微生物为各种菌类和少量的纤毛虫类；采用接种培菌法，镜检生物相与接种污泥有关，若采用活性较好的菌源，将能够看到累枝虫、钟虫等指标性微生物。

（3）生化系统培菌中期

随着水量的不断增加和微生物菌群对废水水质的不断适应，好氧池中开始出现大量原生动物。此时仍有细菌存在，随着原生动物量的增加，细菌数量有所减少。此时主要的原生动物为各种变形虫、纤毛虫、钟虫和吸管虫。

微生物较活跃，生物量较稳定，有大量纤毛虫出现，如树状聚缩虫、圆筒盖纤虫和小盖纤虫等。池中污泥量较第一阶段增长 3 倍以上。

（4）生化系统培菌末期

此阶段主要原生动物为细长扭头虫和大、小口钟虫等，此外大量的微型后生动物开始出现。主要有轮虫类，有猪吻轮虫、无甲腔轮虫、小粗颈轮虫和旋轮虫等。在一般的淡水水体中可以发现旋轮虫属、轮虫属微生物。轮虫是水体寡污带和污水生物处理效果好的指示生物。后生微生物大量出现，同时第二阶段的纤毛虫类数量减少。生化系统培菌末期，微生物种类和系统负荷有关。

① 系统处于高负荷的条件下，将大量出现的微生物为草履虫、波豆虫、肾型虫、滴虫；

② 系统处于适当负荷的条件下大量出现的微生物为钟虫、累枝虫、轮虫；

③ 系统处于低负荷的条件下大量出现的微生物为鳞壳虫，纤毛虫类大量减少，大量硝化细菌出现。

(5) 污泥膨胀实例

活性污泥膨胀是活性污泥处理系统在运行过程中出现的异常情况之一，其表观现象是活性污泥絮凝体的结构与正常絮凝体相比要松散一些，体积膨胀，含水率上升，不利于污泥底物对污水中营养物质的吸收降解，并且影响后续工序的沉淀效果。

污泥膨胀主要是由于活性污泥中丝状菌异常增殖造成的，而丝状菌的增殖需要一个过程。下面就以某污水处理厂一次污泥膨胀事件为例，给大家展示镜检微生物的变化情况。

膨胀初期微生物种类及数量呈减少趋势，但活性较好。活性污泥结构也逐渐变差，颜色逐渐发深灰色并有少量菌丝伸出，说明污泥活性及结构正在变差，已有发生丝状菌膨胀趋势。

膨胀中期所有絮凝体上都有菌丝，密度中度，并且菌丝之间有较多相互交织，菌丝较长为 50～200μm，菌丝上附着物较多，并有较多游离的菌丝，并且其他类型指示微生物极少，仅观察到轮虫、楯纤虫，偶尔有少量的钟虫（图 7-30），污泥结构较差。

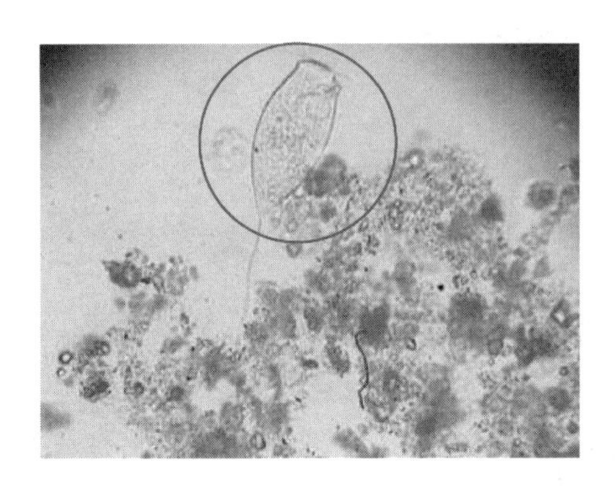

图 7-30 钟虫

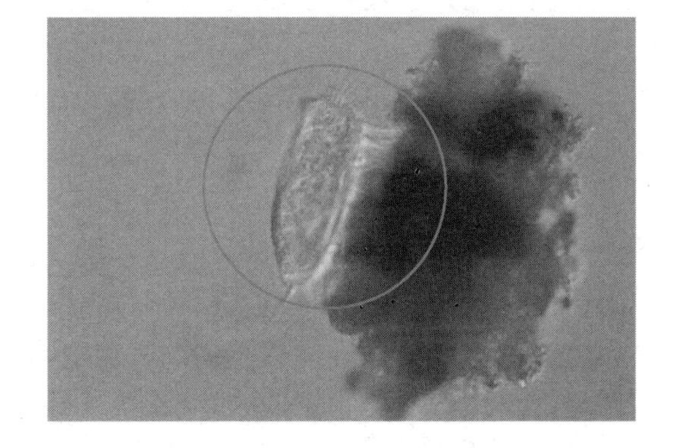

图 7-31 游仆虫图

膨胀后期丝状菌丰度逐步下降，结构一般，有较多的毛虫类微生物（图 7-31）出现，最后絮体上的菌丝变短，且密度极低基本上恢复正常，钟虫类微生物增多，结构较好，污泥的沉降性能好。至此污泥膨胀已基本结束，生化系统恢复正常。

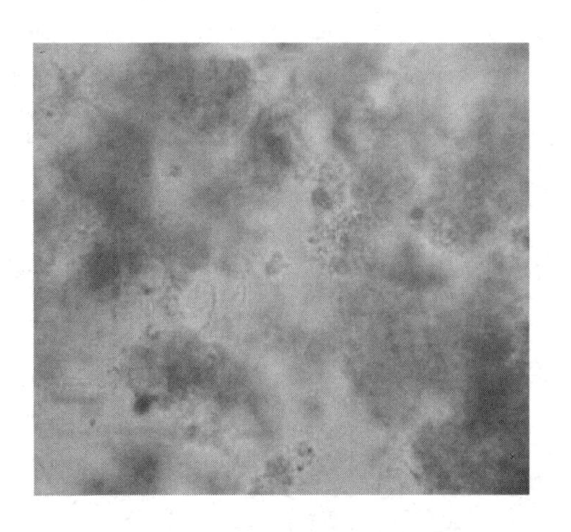

图 7-32 需要再调整焦距或选择观测面

7.5.6 微生物镜检操作训练

(1) 工作任务

① 从样品池中采集检测样品；

② 借助载玻片和显微镜观察，先进行 40 倍镜观察，再进行 100 倍镜观察（图 7-32），记录

观察结果；

③ 目镜（或屏幕）下观测出污泥中不少于 6 种原生动物或后生动物及全镜内数量；并记录下观察到的现象（截屏和录像）。

(2) 记录

① 采样。活性污泥镜检操作时，一般要在______入口处，采集具有______混合液。取混合液量不少于______。

② 观察记录表见表 7-20。

表 7-20 观察记录表

序号	观察到的原生动物或后生动物名称	数量/个数	备注
1			
2			
3			
4			
5			
6			
7			
8			

7.6 水处理工艺操作训练

7.6.1 仿真工艺教学训练

该方向软件采用三维虚拟工厂的形式展现，主要针对水处理厂厂区（图 7-33）、中控室和设备进行三维建模。将实际生产的流程操作以三维虚拟现实的形式进行逼真地表现。通过互动操作及学习，学生熟悉生产过程，掌握操作要点，理解理论知识，提高职业素养，辅助了解环境相关专业学员的工艺理论、实际操作培训。

图 7-33 污水处理厂厂区鸟瞰图

7.6.1.1 环境工程——大气

主要针对各院校环境工程专业的教学对象，用于辅助解决大气污染控制方向、环境工程等学员的大气污染控制设备（图 7-34）单元应知理论学习、实际操作培训。

以各种工艺事故的处理为切入点，加深对工艺的理解，让学员掌握对大气污染控制工艺的理解，提高实际生产中的事故处理能力。

图 7-34 烟气脱硝

7.6.1.2 环境工程——固废

该方向系列软件主要包含固废处理常用的三种工艺：焚烧、堆肥和填埋，用于辅助解决固废处理、大气污染控制等学科在实习实训环节的教学需要。依托一个真实的垃圾焚烧处理厂，学习和掌握与该厂相关的工艺、设备、自控、安全等必备知识，完成该环节的大纲要求。

7.6.2 系统简介

综合实训仿真工厂（ASTP）是北京东方仿真公司为高端客户打造的软硬件结合的实现“情景化教学”的实训产品。ASTP 采用具代表性的处理工艺，由静设备、动设备、各种阀门以及相关仪表（流量、液位、压力表等）组成高度逼真的仿真工厂环境（图 7-35），结合声光特效、联锁 ESD、仿真 DCS 操作等，模拟真实生产的操作过程与各种训练。

7.6.2.1 实训目标

① 作为新型、高技术培训手段，增强培训效果，节省培训费用，缩短培训时间。

② 针对新装置开停工进行预培训，使操作人员快速掌握开工操作技能。

③ 使操作工熟悉 DCS 操作，将工艺培训和自动化培训整合在一起。

④ 满足在线技能考核的需要。比单纯的理论考试和人为打分的实物操作考试更有优势。

⑤ 使操作人员深刻理解工艺机理，掌握复杂装置操作调控技能，熟悉事故和突发事件的处理方法。

⑥ 解决人人动手的问题。没有风险操作，没有损耗，可以模拟真实的操作环境。

(1) 中控室仿 DCS 操作界面

中控室仿 DCS 界面如图 7-36 所示。

图 7-35　AAO 污水处理仿真工厂

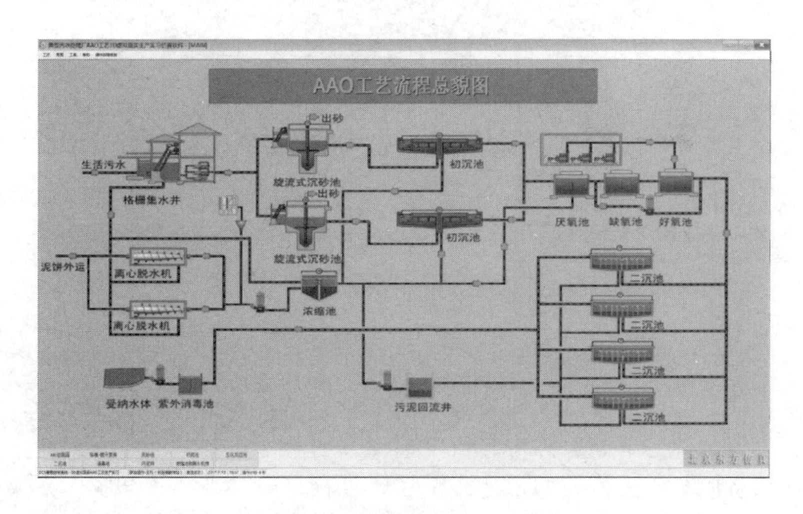

图 7-36　中控室仿 DCS 界面

① 装置总体介绍。数字化虚拟工厂装置是基于多媒体互动沙盘技术（图 7-37），与东方仿真三维虚拟仿真软件进行通讯互动的新型实物化微缩工厂装置。数字化虚拟工厂装置与传统沙盘相比，功能更加丰富，拓展性更强。功能更丰富是指运用高科技元素，包括声的技术、光电技术、影像技术、三维仿真等；拓展性更强是指硬件实物装置可以和三维仿真软件进行互动，当学员在软件上进行装置操作时，沙盘上的主要阀门、管路会有相应的变化。

数字化虚拟工厂既可以冷模运行，也可以以仿真软件为核心驱动，再现真实工厂的生产过程。其优点在于装置本身无真实物料，实训环境环保、安全；并且冷模运行，技术成熟，系统故障率低，低耗电，开展教学运行成本低。

② 装置教学应用功能

a. 工厂认识实习。仿真装置采用不锈钢精密制造的缩小型全流程设备、精致的设备框架系统、管路、手动阀门、控制阀门等，具有实际装置的全部空间几何三维分布实体概念，可以让学员对真实工厂有一个比较贴近的认识实习环境。

b. 工艺绘图实训。学员在教师组织下在仿真装置上可以进行环境经典工艺流程图及设备的平面、立面等布置图的相关绘图实训。

c. 生产操作安全实习。学员在三维软件上进行内操、外操联合操作，模拟工厂真实生

图 7-37 数字化智慧沙盘效果图

产过程的冷态开车、正常操作、正常停车以及各种事故情况下的处理。

d. 单体设备认知。实物并结合知识点管理系统（MATIRX）中的单体设备知识点（素材动画、视频微课）掌握塔设备、换热器、泵、压缩机等典型设备的控制原理与方案。

e. 工厂生产事故安全预案演练。在沙盘上模拟工厂发生事故的逃生、应急处理等方面的演练，训练学员的事故处理及应急逃生能力。

（2）仿真培训系统的使用

学员站启动、培训参数选择、画面及菜单功能、质量评价系统、退出。本部分主要介绍仿真培训系统学员站的使用方法。

① 程序启动。学员站软件安装完毕之后，软件自动在“桌面”和“开始菜单”生成快捷图标。

软件启动有两种方式。

a. 双击桌面快捷图标“CSTS2007”：

b. 通过“开始菜单——→所有程序——→东方仿真——→化工单元操作”启动软件（图 7-38）。

软件启动之后，弹出运行界面。

② 运行方式选择。系统启动界面出现之后会出现主界面，输入“姓名、学号、机器号”，设置正确的教师指令站地址（教师站 IP 或者教师计算机名），同时根据教师要求选择“单机练习”或者“局域网模式”，进入软件操作界面（图 7-39）。

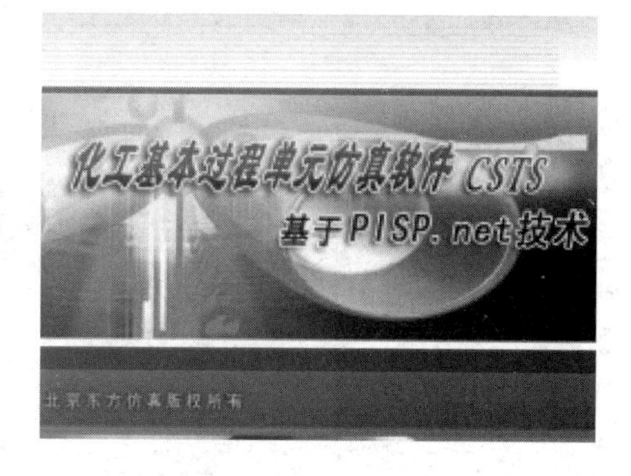

图 7-38 系统启动界面

【单机练习】是指学生站不连接教师机，独立运行，不受教师站软件的监控。

【局域网模式】是指学生站与教师站连接，老师可以通过教师站软件实时监控学员的成绩，规定学员的培训内容，组织考试，汇总学生成绩等。

③ 工艺选择。选择软件运行模式之后，进入软件“培训参数选择”页面。

【启动项目】按钮的作用是在设置好培训项目和 DCS 风格后启动软件，进入软件操作界面。

【退出】按钮的作用是退出仿真软件。

点击“培训工艺”按钮列出所有的培训单元。根据需要选择相应的培训单元（图7-40）。

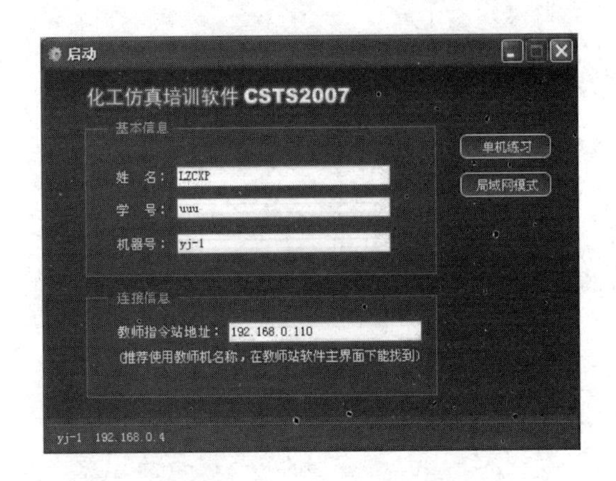

图 7-39 PISP. net 主界面

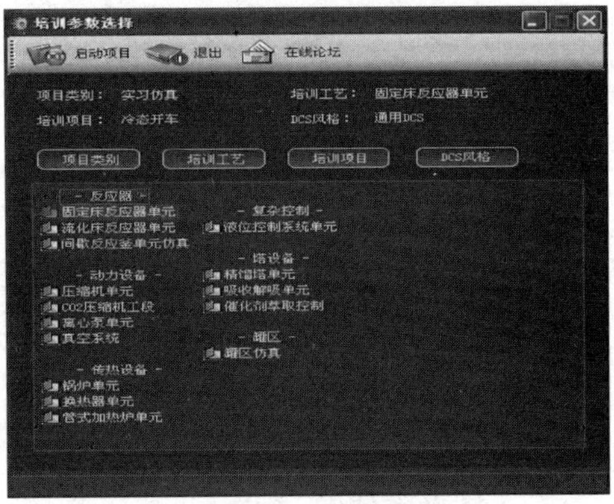

图 7-40 工艺选择

④ 培训项目选择。选择“培训工艺”后，进入“培训项目”列表里面选择所要运行的项目，如冷态开车、正常停车、事故处理。每个培训单元包括多个培训项目（图 7-41）。

7. 6. 2. 2 DCS 类型选择

ESST 提供仿真软件，包括四种 DCS 风格，有“通用 DCS 风格、TDC3000、IA 系统、CS3000”（图 7-42）。根据需要选择所要运行的 DCS 类型，单击确定，然后单击“启动项目”进入仿真软件操作画面。

【通用 DCS】仿国内大多数 DCS 厂商界面。

【TDC3000】仿美国 Honywell 公司的操作界面。

【IA 系统】仿 foxboro 公司的操作界面。

【CS3000】仿日本横河公司的操作界面。

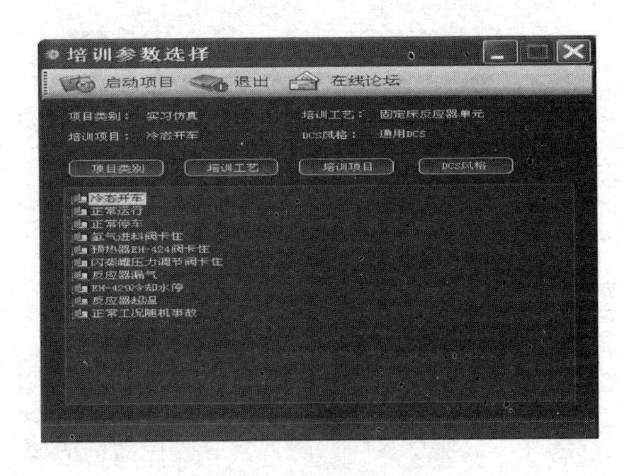

图 7-41 培训项目选择

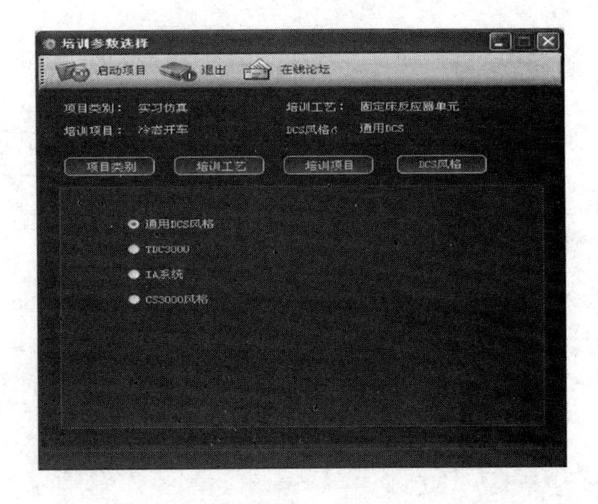

图 7-42 DCS 类型选择

程序主界面介绍如下：

① 菜单介绍——工艺菜单。仿真系统启动之后，启动两个窗口，一个是流程图操作窗口，一个是智能评价系统。首先进入流程图操作窗口，进行软件操作。在流程图操作界面

的上部是“菜单栏”，下部是“功能按钮栏”。

“工艺”菜单包括当前信息总览，重做当前任务，培训项目选择，切换工艺内容，进度存盘，进度重演，冻结/解冻，系统退出（图 7-43）。

【当前信息总览】显示当前培训内容的信息（图 7-44）。

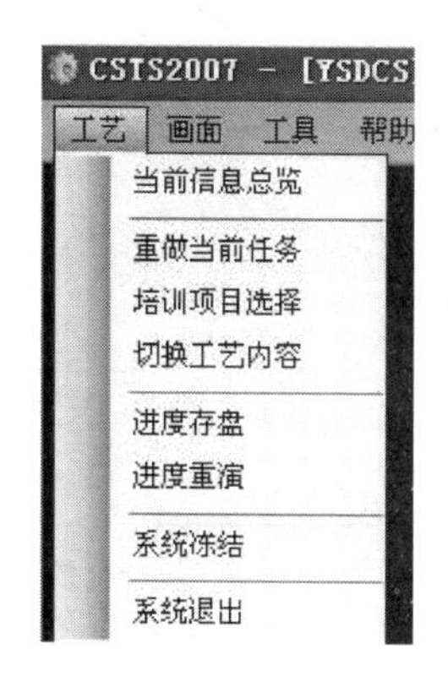

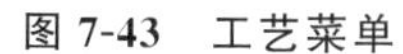

图 7-43　工艺菜单

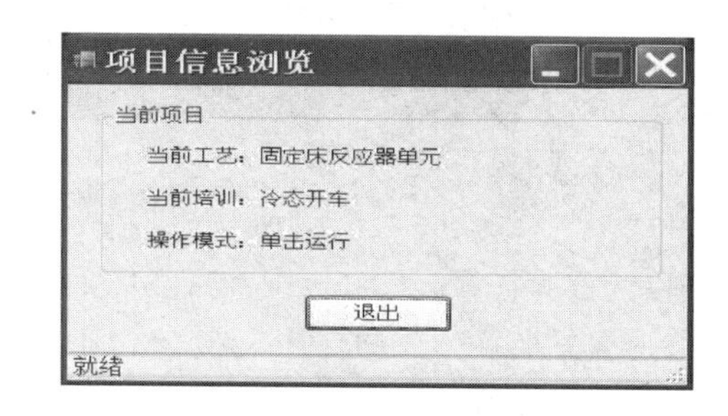

图 7-44　信息总览

【重做当前任务】系统进行初始化，重新启动当前培训项目。

【切换工艺内容】退出当前培训工艺，重新选择培训工艺。

【培训项目选择】退出当前培训项目，重新选择培训项目。

【进度存盘】进度存档，保存当前数据。以便下次调用时可直接进入当前工艺状态。

【进度重演】读取所保存的快门文件（图 7-45）（*.sav），恢复以前所存储的工艺状态。

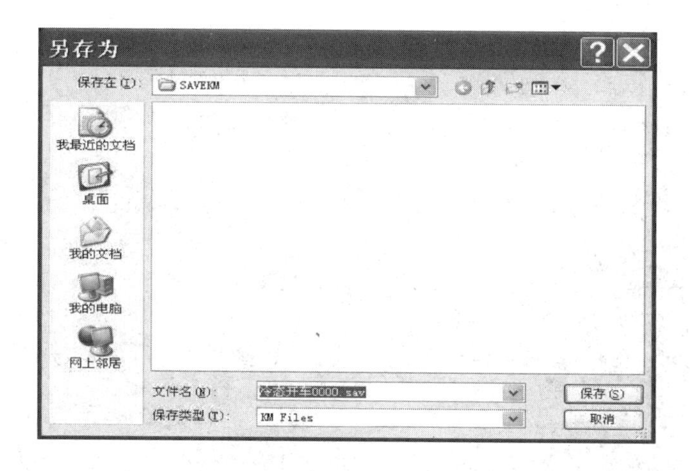

图 7-45　保存快门

【系统冻结】类似于暂停键。系统“冻结”后，DCS 软件不接受任何操作，后台数学模型停止运算。

【系统退出】退出仿真系统（图 7-46）。

图 7-46　退出仿真系统

② 画面菜单。“画面”菜单包括对程序中的所有画面进行切换（图 7-47），有流程图画面、控制组画面、趋势画面、报警画面、辅助画面。选择菜单项

（或按相应的快捷键）可以切换到相应的画面。

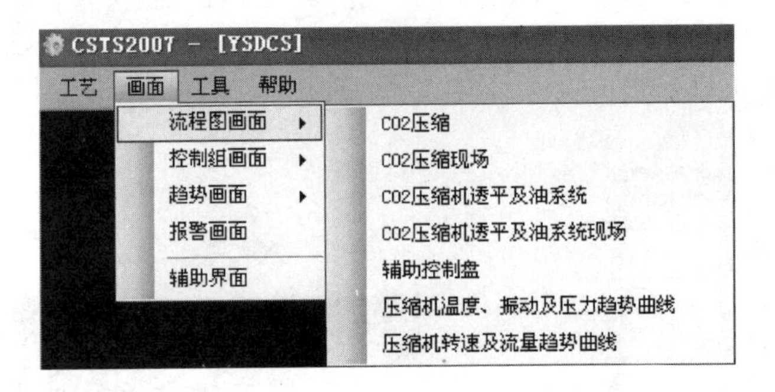

图 7-47　画面菜单

【流程图画面】用于各个 DCS 图和现场图的切换。

【控制组画面】把各个控制点集中在一个画面，便于工艺控制。

【趋势画面】保存各个工艺控制点的历史数据。

【报警画面】将出现报警的控制点，集中在同一个界面。一般情况下，在冷态开车过程中容易出现低报，此时可以不予理睬。

7.6.2.3　工具菜单

设置菜单可以用来对变量监视、仿真时钟进行设置（图 7-48）。

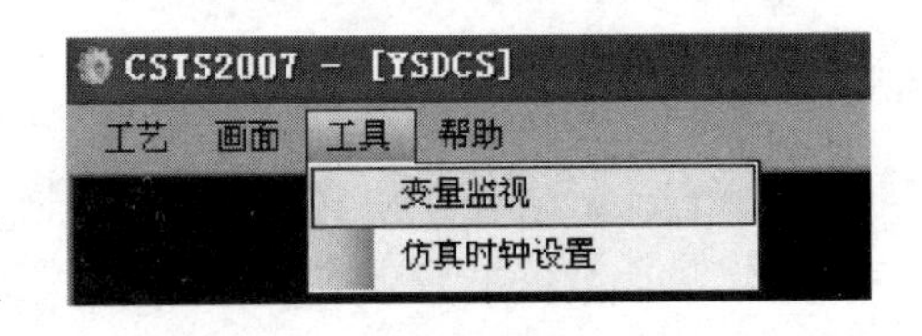

图 7-48　设置菜单

【变量监视】监视变量。可实时监视变量的当前值，察看变量所对应的流程图中的数据点以及对数据点的描述和数据点的上下限（图 7-49）。

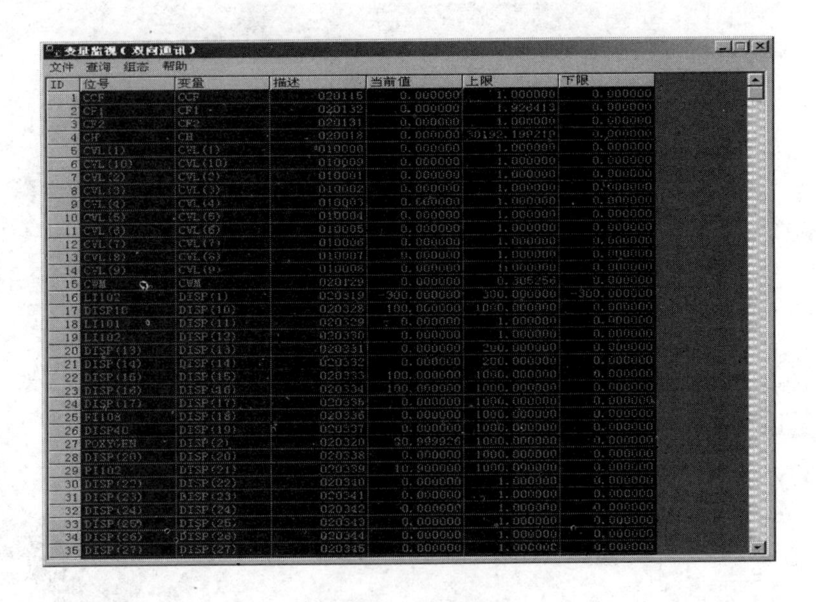

图 7-49　变量监视

【仿真时钟设置】即时标设置，设置仿真程序运行的时标。选择该项会弹出设置时标对话框（图 7-50）。时标以百分制表示，默认为 100%，选择不同的时标可加快或减慢系统运行的速度。系统运行的速度与时标成正比。

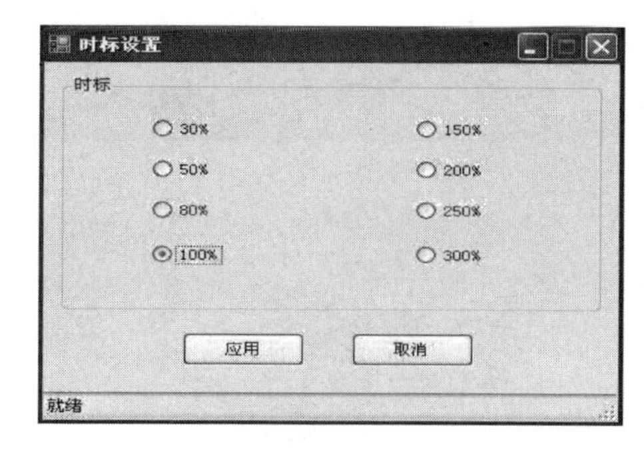

图 7-50 仿真时钟设置窗口

(1) 帮助菜单

帮助菜单（图 7-51）包括帮助主题、产品反馈、关于三个选项。

【帮助主题】打开仿真系统平台操作手册。

【产品反馈】可以将对产品的一些意见或建议，利用 E-mail 进行反馈，会及时跟进，修改完善后，再通过试用的方法，确认产品的“适应度”。即实现持续化改进的理念。

【关于】显示软件的版本信息、用户名称和激活信息（图 7-52）。

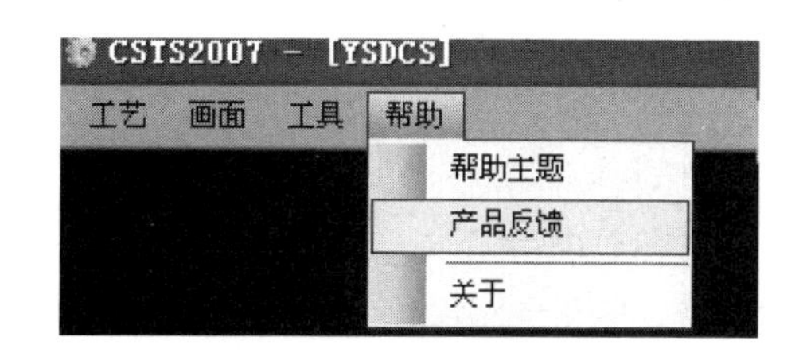

图 7-51 帮助菜单

(2) 画面介绍及操作方式

流程图画面有 DCS 图和现场图两种。

【DCS 图】DCS 图画面和工厂 DCS 控制室中的实际操作画面一致。在 DCS 图中显示所有工艺参数，包括温度、压力、流量和液位，同时在 DCS 图中只能操作自控阀门，而不能操作手动阀门。

【现场图】现场图是仿真软件独有的，是把在现场操作的设备虚拟在一张流程图上。在现场图中只可以操作手动阀门，而不能操作自控阀门。

图 7-52 关于内容

流程图画面是主要的操作界面，包括流程图，显示区域和可操作区域。在流程图操作画面中当鼠标光标移到可操作的区域上面时会变成一个手的形状，表示可以操作。鼠标单击时会根据所操作的区域，弹出相应的对话框。如点击按钮 TO DCS 可以切换到 DCS 图，但是对于不同风格的操作系统弹出的对话框也不同。

(3) 通用 DCS 风格

① 现场图。现场图中的阀门主要有开关阀和手动调节阀两种（图 7-53），在阀门调节对话框的左上角标有阀门的位号和说明：

【开关阀】此类阀门只有“开和关”两种状态。直接点击“打开”和“关闭”即可实现阀门开关闭合。

【手动操作阀】此类阀门手动输入 0～100 的数字调节阀门开度，即可实现阀门开关大小的调节。或者点击“开大和关小”按钮以 5%的进度调节。

② DCS 图。在 DCS 图中通过 PID 控制器调整气动阀、电动阀和电磁阀等自动阀门的开关闭合。在 PID 控制器中可以实现自动/AUT、手动/MAN、串级/CAS 三种控制模式的切换（图 7-54）。

【AUT】计算机自动控制。

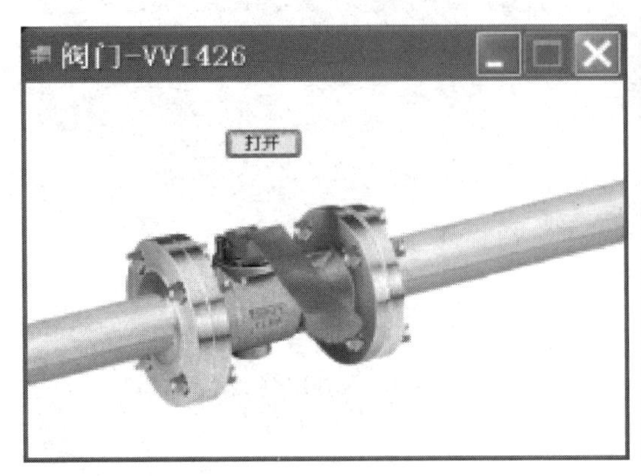

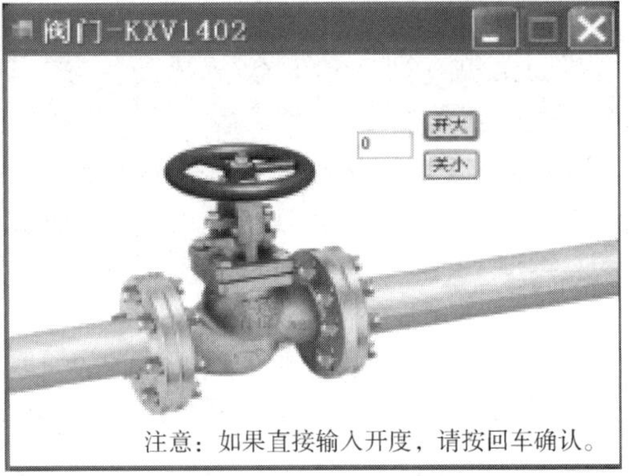

图 7-53　现场图中的阀门

【MAN】计算机手动控制。

【CAS】串级控制。两只调节器串联起来工作，其中一个调节器的输出作为另一个调节器的给定值。

【PV 值】实际测量值，由传感器测得。

【SP 值】设定值，计算机根据 SP 值和 PV 值之间的偏差，自动调节阀门的开度；在自动/AUT 模式下可以调节此参数。（调节方式同 OP 值）

【OP 值】计算机手动设定值，输入 0～100 的数据调节阀门的开度；在手动/MAN 模式下调节此参数（图 7-55）。

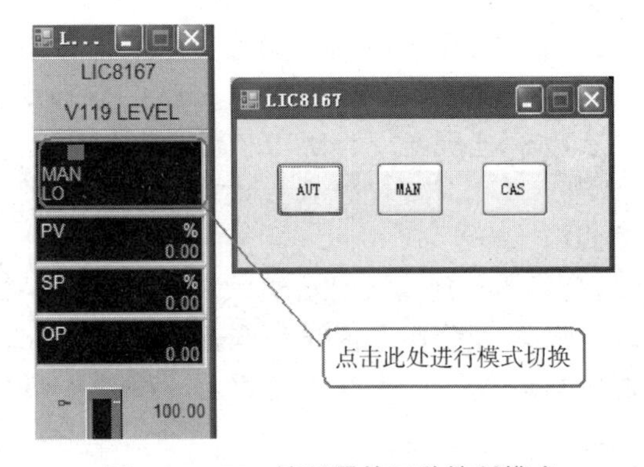

图 7-54　PID 控制器的三种控制模式

（4）TDC3000 风格

在 TDC3000 风格的现场流程图中，有如下操作模式。操作区内包括所操作区域的工位号及描述。操作区有下面两种形式。

该操作区一般用来设置泵的开关、阀门开关等一些开关形式（即只有是与否两个值）的量。点击 OP 会出现“OFF”和“ON”两个框，执行完开或关的操作后点击“ENTER”，OP 下面会显示操作后的新的信息，点击“CLR”将会清除操作区（图 7-56）。

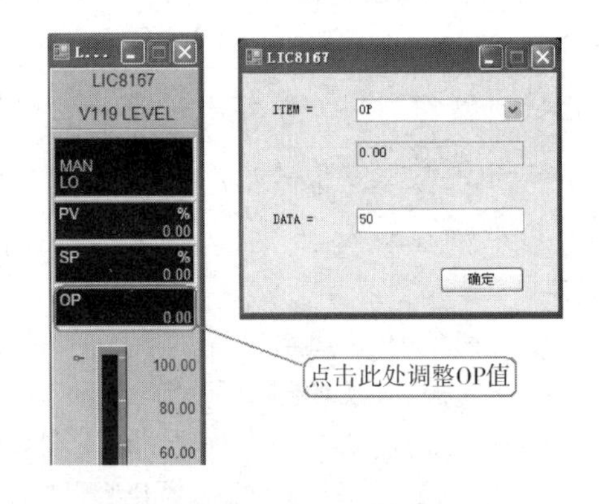

图 7-55　OP 值调节

图 7-56　TDC3000 操作界面显示图

该操作区一般用来设置阀门开度或其他非开关形式的量。OP 下面显示该变量的当前值。点击 OP 则会出现一个文本框，在下面的文本框内输入想要设置的值，然后按回车键即可完成设置，点击“CLR”将会清除操作区（图 7-57）。

图 7-57　TDC 阀门流量调节显示

7.6.2.4　控制组画面

控制组画面包括流程中所有的控制仪表和显示仪表，不管是通用的 DCS（图 7-58）还是 TDC3000（图 7-59）都与它们在流程画面里所介绍的功能和操作方式相同。

图 7-58　DCS 控制组显示界面

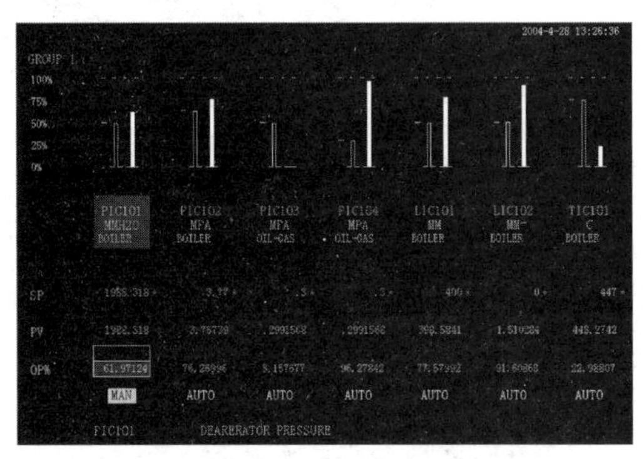

图 7-59　TDC3000 控制组显示界面

7.6.2.5　报警画面

选择“报警”菜单中的“显示报警列表”，将弹出报警列表窗口。报警列表显示了报警的时间、报警的点名、报警点的描述、报警的级别、报警点的当前值及其他信息(图 7-60)。

CSTS2007 － [报警]

工艺　画面　工具　帮助

09-1-19	16:13:03	PIC8241	PVLO	15.00
09-1-19	16:13:03	PIC8241	PVLL	14.50
09-1-19	16:13:03	TIC8111	PVLO	50.00
09-1-19	16:13:03	TIC8111	PVLL	45.00
09-1-19	16:13:03	LIC8101	PVLO	10.00
09-1-19	16:13:03	LIC8101	PVLL	5.00

图 7-60　报警画面

7.6.2.6　趋势画面

通用 DCS：在“趋势”菜单中选择某一菜单项，会弹出趋势图（图 7-61），该画面一共可同时显示 8 个点的当前值和历史趋势。

在趋势画面中可以用鼠标点击相应的变量的位号，查看该变量趋势曲线，同时有一个绿色箭头进行指示。也可以通过上部的快捷图标栏调节横纵坐标的比例；还可以用鼠标拖动白色的标尺，查看详细历史数据。

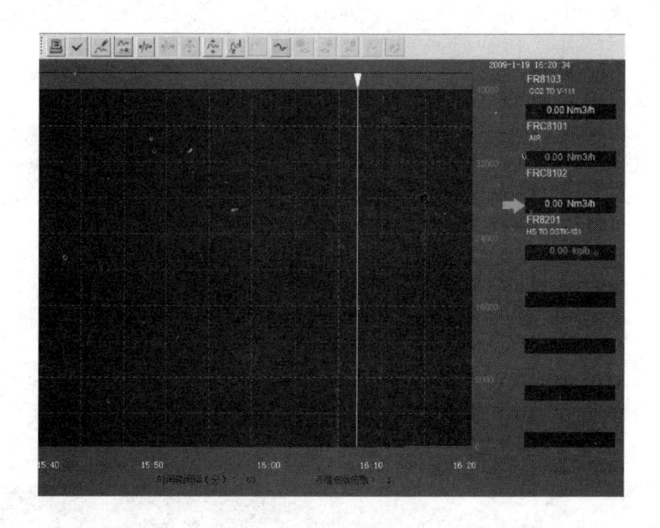

图 7-61 趋势画面

7.6.2.7 退出系统

直接关闭流程图窗口和评分文件窗口，弹出关闭确认对话框（图 7-62），都会退出系统。另外，还可在菜单中点击“系统退出”退出系统。

图 7-62 关闭确认对话框

评分系统介绍如下：

启动软件系统进入操作平台，同时也启动了过程仿真系统平台 PISP 操作质量评分系统，评分系统界面见图 7-63。

过程仿真系统平台 PISP. NET 评分系统是智能操作指导、诊断、评测软件（以下简称智能软件），它通过对用户的操作过程进行跟踪，在线为用户提供如下功能：

① 操作状态指示。对当前操作步骤和操作质量所进行的状态以不同的图标表示出来（图 7-64 所示为操作系统中所用的光标说明）。

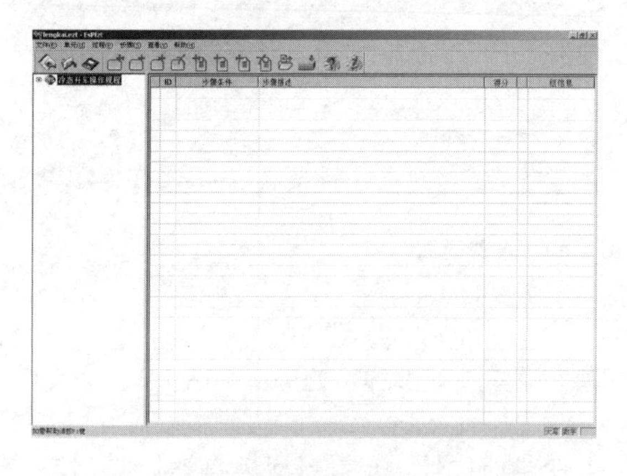

图 7-63 评分系统界面

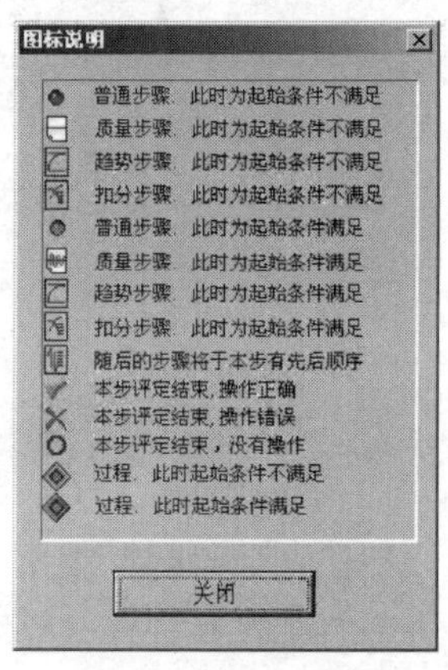

图 7-64 图标说明

a. 操作步骤状态图标及提示：

图标：表示此过程的起始条件没有满足，该过程不参与评分。

图标：表示此过程的起始条件满足，开始对过程中的步骤进行评分。

图标：为普通步骤，表示本步还没有开始操作，也就是说，还没有满足此步的起始条件。

图标：表示本步已经开始操作，但还没有操作完，也就是说，已满足此步的起始条件，但此操作步骤还没有完成。

图标：表示本步操作已经结束，并且操作完全正确（得分等于100%）。

图标：表示本步操作已经结束，但操作不正确（得分为0）。

图标：表示过程终止条件已满足，本步操作无论是否完成都被强迫结束。

b. 操作质量图标及提示：

图标：表示这条质量指标还没有开始评判，即起始条件未满足。

图标：表示起始条件满足，本步骤已经开始参与评分，若本步评分没有终止条件，则会一直处于评分状态。

图标：表示过程终止条件已满足，本步操作无论是否完成都被强迫结束。

图标：在PISP.NET的评分系统中包括了扣分步骤，主要是当操作严重不当，可能引起重大事故时，从已得分数中扣分，此图标表示起始条件不满足，即还没有出现失误操作。

图标：表示起始条件满足，已经出现严重失误的操作，开始扣分。

② 操作方法指导。在线给出操作步骤的指导说明，对操作步骤的具体实现方法给出详细的操作说明（图7-65）。

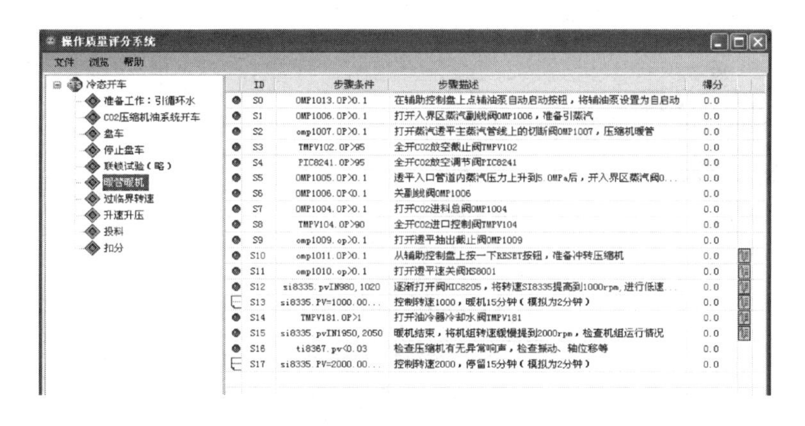

图7-65 操作步骤说明

对于操作质量可给出关于这条质量指标的目标值、上下允许范围、上下评定范围，当鼠标移到质量步骤一栏，所在栏都会变蓝，双击点击该步骤属性对话框（图7-66）。

（提示：质量评分从起始条件满足后，开始评分，如果没有终止条件，评分贯穿整个操作过程。控制指标接近标准值的时间越长，得分越高。）

③ 操作诊断及诊断结果指示。实时对操作过程进行跟踪检查，并对用户的操作进行实时评价，将操作错误的过程或动作一一说明，以便用户对这些错误操作查找原因及时纠正或在今后的训练中进行改正及重点训练。操作诊断结果见图7-67。

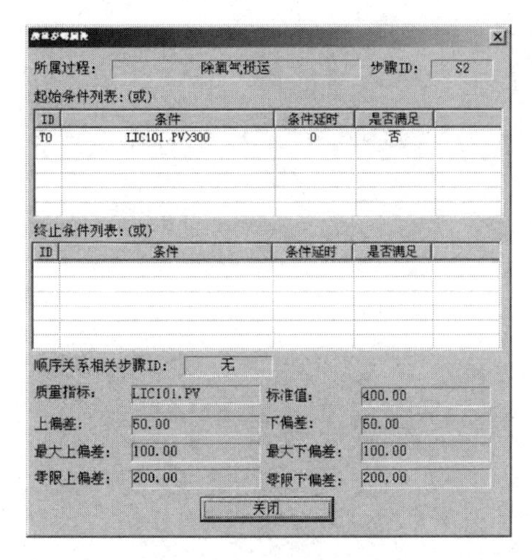

图 7-66　步骤属性对话框

图 7-67　操作诊断结果

④ 查看分数。实时对操作过程进行评定，对每一步进行评分，并给出整个操作过程的综合得分，可以实时查看用户所操作的总分，并生成评分文件。

“浏览——成绩”查看总分和每个步骤实时成绩（图 7-68）。

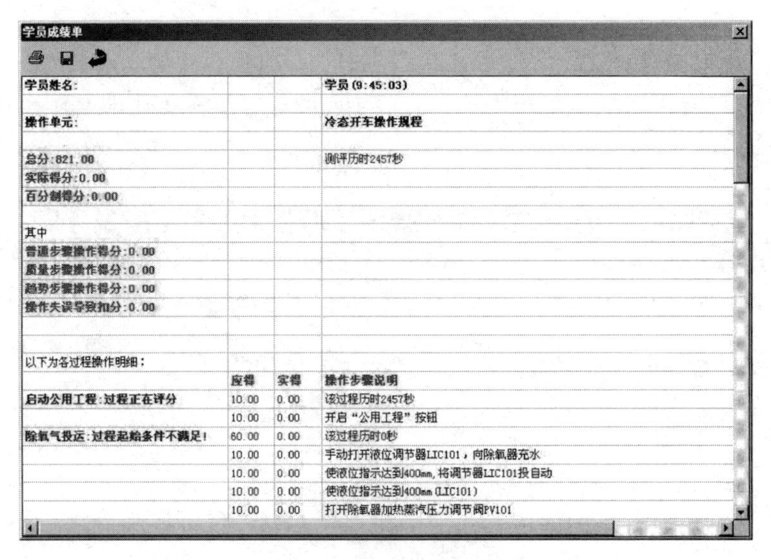

学员成绩单

学员姓名:			学员 (9:45:03)
操作单元:			冷态开车操作规程
总分:821.00			测评历时2457秒
实际得分:0.00			
百分制得分:0.00			
其中			
普通步骤操作得分:0.00			
质量步骤操作得分:0.00			
趋势步骤操作得分:0.00			
操作失误导致扣分:0.00			
以下为各过程操作明细:			
	应得	实得	操作步骤说明
启动公用工程:过程正在评分	10.00	0.00	该过程历时2457秒
	10.00	0.00	开启“公用工程”按钮
除氧气投送:过程起始条件不满足!	60.00	0.00	该过程历时0秒
	10.00	0.00	手动打开液位调节器LIC101，向除氧器充水
	10.00	0.00	使液位指示达到400mm, 将调节器LIC101投自动
	10.00	0.00	使液位指示达到400mm (LIC101)
	10.00	0.00	打开除氧器加热蒸汽压力调节阀PV101

图 7-68　学员成绩单

⑤ 其他辅助功能。PISP.NET 评分系统辅助功能：学员最后的成绩可以生成成绩列表，成绩列表可以保存也可以打印。点击“浏览”菜单中的“成绩”就会弹出对话框（图 7-69），此对话框包括学员资料、总成绩、各分项成绩（图 7-70）及操作步骤得分的详细说明。

7.6.3　仿真培训的线上学习

互联网技术和信息化技术的迅猛发展，互联网+计算机技术使得在线学习迎来新潮流。易思在线集成了东方仿真近 30 年不断更新的所有仿真软件产品，涵盖化工、环境、食品、安全、生物、制药、化学分析等多个专业领域。

图 7-69 打开成绩单

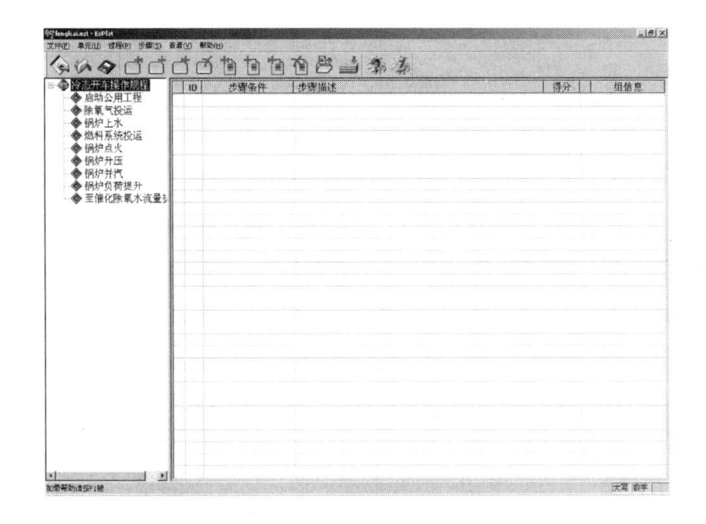

图 7-70 分项成绩汇总表

易思在线是东方仿真为用户提供在线服务的互联网平台，易思在线将东方的仿真软件与行业培训理念相结合，为用户提供一种全新的在线应用体验。易思在线自上线以来，相继推出仿真软件在线应用、大赛培训、共建虚拟实训中心、虚拟园区等业务和相关服务，易思在线可以一键启动仿真软件，在线操作仿真软件，自动智能评分，学习软件配套的工艺介绍、授课录像、操作手册等学习资源，为用户打造自由交流、轻松学习的综合培训平台。

7.6.3.1 登录及客户端安装

在浏览器中输入地址（http：//www.es-online.com.cn/）访问易思在线网络平台。

点击“大赛培训”进入易思页面。

① 进入大赛页面后，可以看到跟大赛有关的各项公告通知。
② 点击右上方“登录”按钮，并输入账号、密码、验证登录到专有练习页面。
③ 登录成功之后，将鼠标移动到页面右上方可以进行个人信息编辑。

④ 点击“开始学习”进入学习页面。

a. 第一次学习的时候需要先下载并安装客户端。

b. 客户端下载完成并解压后，打开文件夹里的“setup. exe”开始安装。安装之前关闭360安全卫士、360杀毒、金山卫士等所有杀毒软件，关闭Windows防火墙。

c. win7、8、10系统下使用“管理员”权限，按照步骤进行客户端安装。

d. 等待安装“系统驱动”。

e. “系统驱动”安装完成。

f. 系统驱动安装完成之后，勾选“全选、全不选”及“全部自动安装”选项后，点击“安装”按钮进行客户端安装，耐心等待文件安装（安装过程中不需要手动点击任何按钮）。

g. 点击“下一步”完成客户端程序安装。

h. 安装完成点击“完成”之后，点击“确定”即可。

i. 安装完成后，“PISPNet运行环境”及“东方仿真在线仿真客户端”默认为不勾选状态，点击“退出”按钮关闭安装程序。

7.6.3.2 课程学习

客户端安装完成后，返回课程学习界面点击“开始学习”进行软件练习。

点击“开始学习”按钮后，进入软件启动界面，如果是第一次学习，需要先进行软件包下载安装，软件包下载后会自动进行安装启动。

工艺包下载完成之后，接下来选择好【培训工艺】【培训项目】【DCS风格】之后就可以点击【启动项目】启动软件进行操作了。

(1) 系统功能

老师管理功能：

① 仿真课程管理。查看授权的仿真课程、查看课程授权的账号数、查看课程的学习次数和学习记录。

② 学员账号管理。按专业、班级设置组织机构，学员账号系统自动分配并按组织机构、账号、姓名等进行查询，可重置密码、重置机构等。

③ 仿真考试管理。创建仿真试卷，设置仿真题目，并对试卷进行编辑和管理；创建仿真考试，设置考试时间、考试试卷、考试人员和合格分数线等。

④ 学员成绩查询。查看学员学习仿真课程的学习记录，并对数据进行汇总统计，统计报表可以导出到Excel表；查看学员仿真考试的考试成绩并可导出到Excel表，还可以对不同分数段的学员进行统计，形成统计图表。

学员学习功能：

① 实训中心首页。首页主要包括功能导航、实训中心介绍、热门课程排行、行业动态，学员可以点击导航进入实训中心学习。

② 课程学习。学员可查看实训中心所有仿真课程，可按分类和名称搜索课程，点击课程进入课程详细页，在课程详细页，可下载客户端，查看操作手册，启动仿真软件学习，仿真软件需要登录以后才能正常启动学习。在学习仿真软件的同时，还可以查看仿真课程介绍，学习仿真课程相关的工业介绍、操作手册、操作演示、相关知识等课程配套理论学习内容。

③ 仿真考试。学员可查看管理员设置的考试，可按时间和名称搜索考试，学员可在线启动软件进行考试，软件系统自动评分，考试完成后，可查看考试成绩。

④ 通知公告。学员可查看系统发送的公告，可按名称搜索公告。

⑤ 学习记录。学员可查看自己的课程学习记录和考试成绩，学习记录主要记录学生学习课程的时间、时长、操作得分，还可以查看详细得分，可按时间和课程名称查询学习记

录；考试成绩记录学员每次考试的成绩，可按时间和考试名称查询考试成绩。

（2）题库自测

查看菜单栏，点击菜单栏上“理论学习”中的“自测练习”，即进入到自测练习界面中进行做题练习。

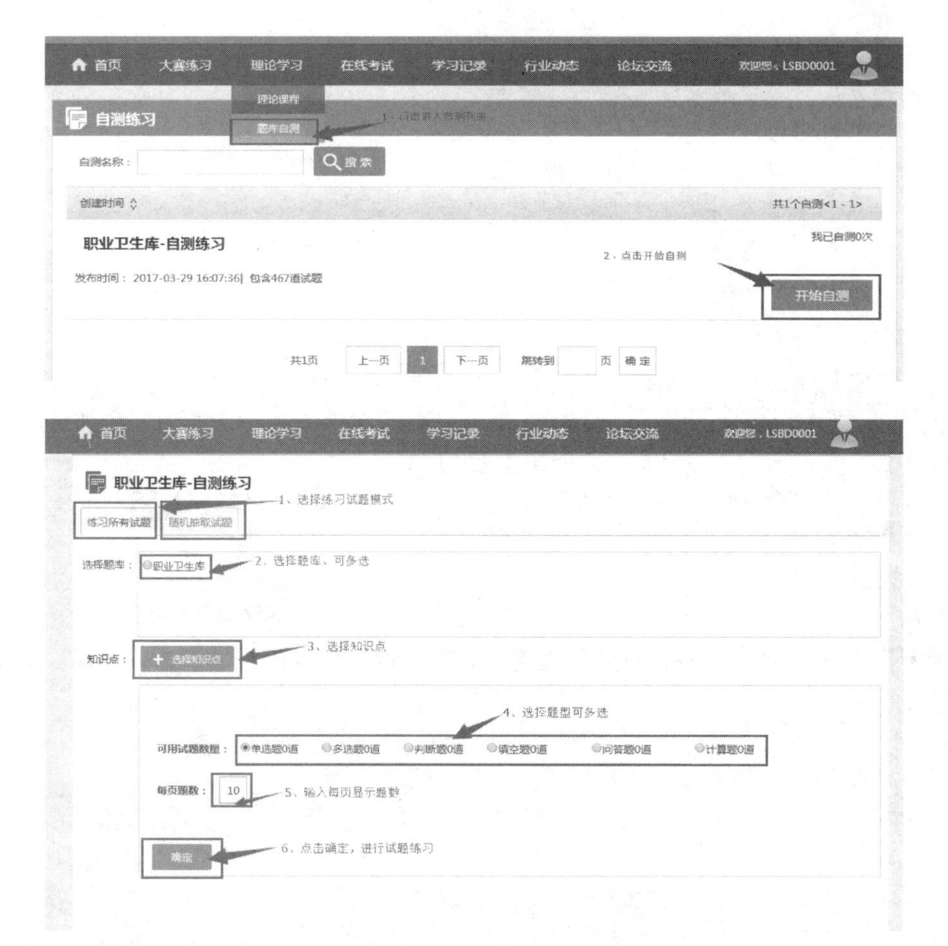

（3）在线考试

点击菜单栏“在线考试”按钮进入考试列表，点击“开始考试”按钮进行考试。

(4）学习记录

理论学习记录：理论课程学习后可查看学习记录。

仿真学习记录：仿真课程学习后可查看学习记录。

考试成绩记录：考试结束后可查看考试记录。

7.6.4 VR虚拟仿真

7.6.4.1 虚拟仿真软件的功能介绍

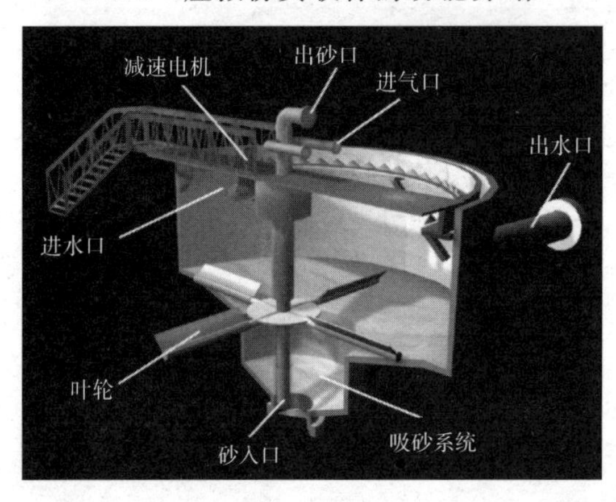

图 7-71 沉淀池

通过动画、视频、图片等多媒体技术，基于丰富的表现力和良好的交互性，将抽象的、无法直接观察的工艺和设备技术形象化、具体化、声情并茂，有效提高学员学习兴趣和学习效果，使学员能深刻掌握相关知识。例如沉淀池的原理图如图7-71所示。

7.6.4.2 工艺流程培训

2D虚拟仿真：利用2D的平面界面配合模型算法数据，进行过程工业的技能模拟仿真训练。可针对操作结果自动计算温度、压力等数据，并最终形成操作评价以便教学考核。

3D虚拟仿真：在2D平面仿真系统的基础上，融合3D虚拟现实技术，实现3D立体场景模式的，真实感更强、画面更美观的，具有交互式操作功能的仿真培训系统。

7.6.4.3 安全教育培训

在一个正常运行的厂区中设置一些危险点和干扰项，培养学生辨识风险能力。

7.6.4.4 虚拟仿真软件操作培训基础

(1) 工艺基础

① 污水简介。污水中的污染物质，按化学性质可分为有机物与无机物；按存在形式可分为悬浮状态与溶解状态。悬浮固体（英文缩写SS）或叫悬浮物，由有机物和无机物组成，故悬浮固体又可以分为挥发性悬浮固体（或叫灼烧减重）和非挥发性悬浮固体（或叫灰分）。把悬浮固体放在马弗炉中灼烧（温度为600℃），所失去的质量称为挥发性悬浮固体；残留的质量称为非挥发性悬浮固体。生活污水中，前者约占70%，后者约占30%。溶解固体（英文缩写DS）或叫溶解物，也是由有机物与无机物组成。生活污水中的溶解性有机物包括尿素、淀粉、蛋白质、洗涤剂等；溶解性无机物包括无机盐（铵盐、磷酸盐等）、氯化物等。溶解固体的浓度与成分对污水处理方法的选择（如生物处理法，物理-化学处理法等）及处理效果产生直接的影响。

由于城市生活污水中含有大量的漂浮物、悬浮物（SS）等有机和无机污染物质。因此，在排放前，必须对城市生活污水进行物理、化学和生物处理，使出水水质达到国家规定的排放标准。

污水的物理处理法的去除对象是漂浮物和悬浮物质。其处理方法可分为筛滤截留法（设备有筛网、格栅、微滤机等）、重力分离法（设备有沉砂池、沉淀池等）、离心分离法（设备有离心机、旋流分离器等）等。

② 栅格。栅格由一组平行的金属栅条或筛网制成，安装在污水渠道、泵房集水井的进口处或污水处理厂的端部，用以截留较大的悬浮物或漂浮物，如纤维、碎皮、毛发、木屑、塑料制品等，以便减轻后续处理构筑物的处理负荷，并使之正常运行。被截流的物质称为栅渣。

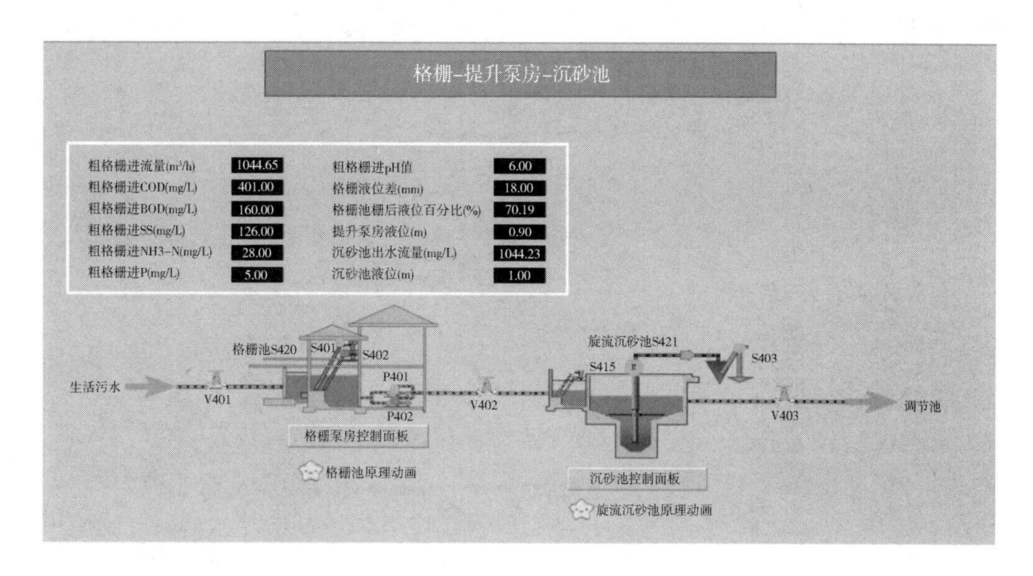

③ 沉淀。污水中的悬浮物质，可以在重力的作用下沉淀去除。这是一种物理过程，简便易行，效果良好，是污水处理的重要技术之一。

沉砂池的功能是去除密度较大的无机颗粒（如泥砂、煤渣等）。沉砂池一般设于泵站、倒虹管前，以便减轻无机颗粒对水泵、管道的磨损；也可设于初次沉淀池前，以减轻沉淀池负荷及改善污水处理构筑物的处理条件。常用的沉砂池有平流沉砂池、曝气沉砂池、多尔沉砂池等。

沉淀池按工艺布置的不同，可分为初次沉淀池和二次沉淀池。初次沉淀池是一级污水处理厂的主体处理构筑物，或作为二级污水处理厂的预处理构筑物设在生物处理构筑物的前面，处理对象是悬浮物质（约可除去40%～50%），同时可以去除部分BOD_5（约可除去20%～30%的BOD_5，主要是悬浮性BOD_5），可改善生物处理构筑物的运行条件并降低其BOD_5负荷。初次沉淀池中的沉淀物质称为初次沉淀污泥；二次沉淀池设在生物处理构筑物（活性污泥法或生物膜法）的后面，用于沉淀去除活性污泥或腐殖污泥（生物膜法脱落的生物膜），它是生物处理系统的重要组成部分。沉淀池按池内水流方向的不同可分为平流式沉淀池、辐流式沉淀池和竖流式沉淀池。

④ 初沉池。初沉池可除去废水中的可沉物和漂浮物。废水经初沉后，约可去除可沉物、油脂和漂浮物的50%、BOD的20%，按去除单位质量BOD或固体物计算，初沉池是经济上最为节省的净化步骤，对于生活污水和悬浮物较高的工业污水均易采用初沉池预处理。初沉池的主要作用如下。

a. 去除可沉物和漂浮物，减轻后续处理设施的负荷。

b. 使细小的固体絮凝成较大的颗粒，强化了固液分离效果。

c. 对胶体物质具有一定的吸附去除作用。

d. 一定程度上，初沉池可起到调节池的作用，对水质起到一定程度的均质效果。减缓水质变化对后续生化系统的冲击。

e. 有些废水处理工艺系统将部分二沉池污泥回流至初沉池，发挥二沉池污泥的生物絮凝作用，可吸附更多的溶解性和胶体态有机物，提高初沉池的去除效率。

另外，还可在初沉池前投加含铁混凝剂，强化除磷效果。含铁的初沉池污泥进入污泥消化系统后，还可提高产甲烷细菌的活性，降低沼气中硫化含量，从而既可增加沼气产量，又可节省沼气脱硫成本。

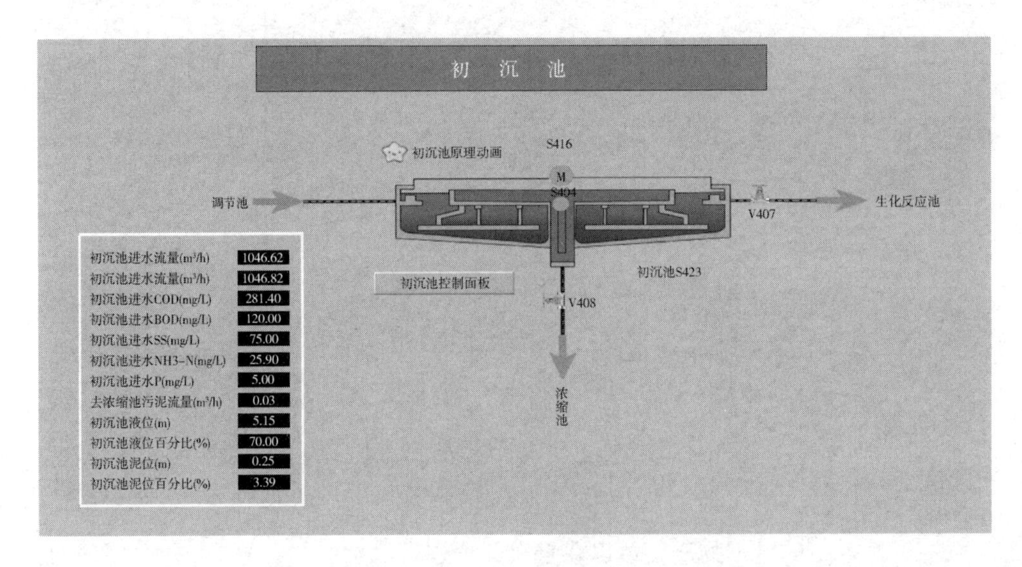

⑤ 二沉池。二沉池是活性污泥系统的重要组成部分，其作用主要是使污泥分离，使混合液澄清、浓缩和回流活性污泥。其工作效果能够直接影响活性污泥系统的出水水质和回流污泥浓度。

原则上，用于初次沉淀池的平流式沉淀池，辐流式沉淀池和竖流式沉淀池都可以作为二次沉淀池使用。大中型污水处理厂多采用机械吸泥的圆形辐流式沉淀池，中型也有采用多斗平流沉淀池的，小型多采用竖流式。

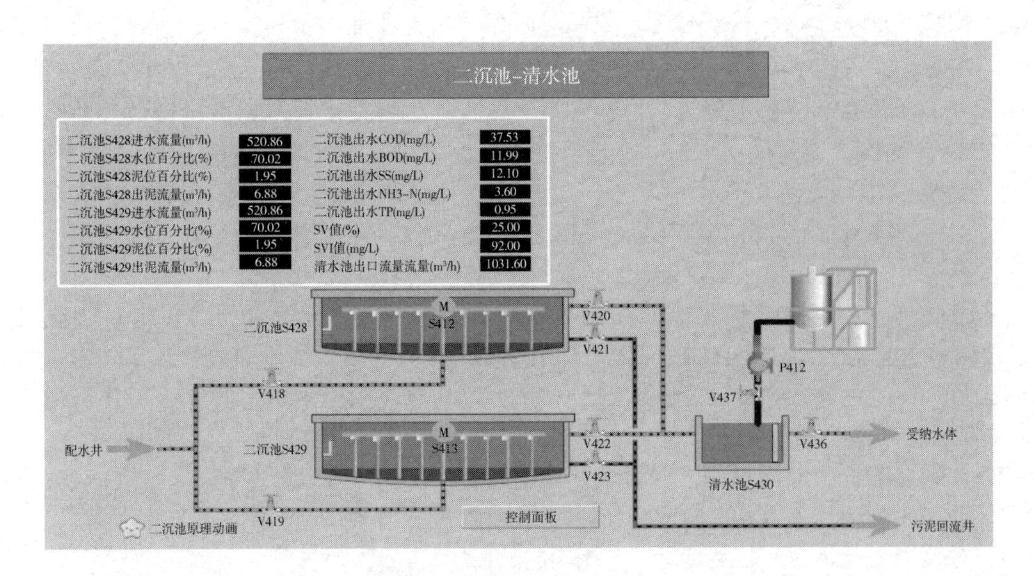

⑥ 曝气沉砂池。曝气沉砂池是一长形渠道，沿渠壁一侧的整个长度方向，距池底 60～90cm 处安设曝气装置，在其下部设集砂斗，池底有 i 为 0.01～0.05 的坡度，以保证砂粒滑入。由于曝气作用，废水中有机颗粒经常处于悬浮状态，砂粒互相摩擦并承受曝气的剪切力，砂粒上附着的有机污染物能够去除，有利于取得较为纯净的砂粒。在旋流的离心力作用下，这些密度较大的砂粒被甩向外部沉入集砂槽，而密度较小的有机物随水流向前流动被带到下一处理单元。另外，在水中曝气可脱臭，改善水质，有利于后续处理，还可起

到预曝气作用。

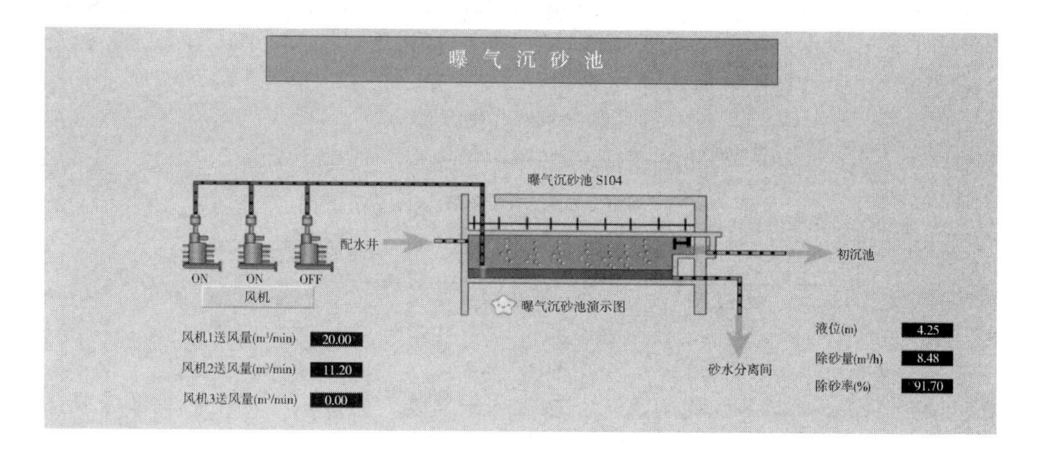

⑦ 曝气池。曝气池（aeration tank）利用活性污泥法进行污水处理的构筑物。池内提供一定污水停留时间，满足好氧微生物所需要的氧量以及污水与活性污泥充分接触的混合条件。曝气池主要由池体、曝气系统和进出水口三个部分组成。池体一般用钢筋混凝土筑成，平面形状有长方形、方形和圆形等。

曝气是使空气与水强烈接触的一种手段，其目的在于将空气中的氧溶解于水中，或者将水中不需要的气体和挥发性物质放逐到空气中。换言之，它是促进气体与液体之间物质交换的一种手段。它还有其他一些重要作用，如混合和搅拌。空气中的氧通过曝气传递到水中，氧由气相向液相进行传质转移，这种传质扩散的理论，目前应用较多的是刘易斯和惠特曼提出的双膜理论。

双膜理论认为，在“气-水”界面上存在着气膜和液膜，气膜外和液膜外有空气和液体流动，属紊流状态；气膜和液膜间属层流状态，不存在对流，在一定条件下会出现气压梯度和浓度梯度。如果液膜中氧的浓度低于水中氧的饱和浓度，空气中的氧继续向内扩散透过液膜进入水体，因而液膜和气膜将成为氧传递的障碍，这就是双膜理论。显然，克服液膜障碍最有效的方法是快速变换“气-液”界面。曝气搅拌正是如此，具体的做法就是：减少气泡的大小，增加气泡的数量，提高液体的紊流程度，加大曝气器的安装深度，延长气泡与液体的接触时间。曝气设备正是基于这种做法而在污水处理中被广泛采用的。

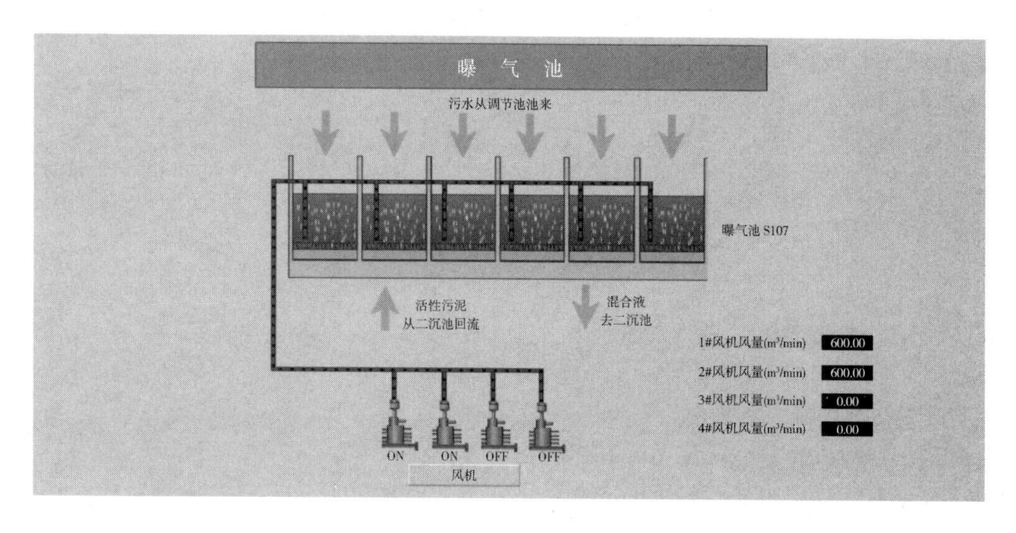

(2) A^2O 工艺

① 原理简介。A^2O 工艺是 anaerobic-anoxic-oxic 的英文缩写，它是厌氧-缺氧-好氧生物脱氮除磷工艺的简称，如图 7-72 所示。A^2O 工艺是在厌氧-好氧除磷工艺的基础上开发出来的，该工艺同时具有脱氮除磷的功能。

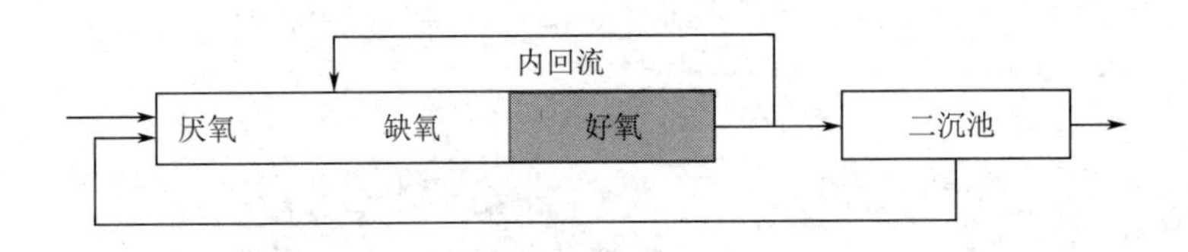

图 7-72 A^2O 工艺

该工艺在厌氧-好氧除磷工艺（A^2O）中加入缺氧池，将好氧池流出的一部分混合液回流至缺氧池前端，以达到脱氮的目的。

在厌氧池中，主要是原污水及同步进入的从二沉池的混合液回流的含磷污泥，本段主要功能为释放磷，使污水中 P 的浓度升高，溶解性有机物被微生物细胞吸收而使污水中 BOD 浓度下降；另外，NH_3—N 因细胞的合成而被去除一部分，使污水中 NH_3—N 浓度下降，但 NO_3—N 浓度没有变化。

在缺氧池中，反硝化菌以污水中有机物作碳源，将回流混合液中带入的大量 NO_3—N 和 NO_2—N 还原为 N_2 释放至空气中，因此 BOD_5 浓度下降，NO_3—N 浓度大幅度下降，而磷的变化很小。

在好氧池中，有机物被微生物生化降解，而继续下降，有机氮被硝化，使 NH_3—N 浓度显著下降，但随着硝化过程的进行，NO_3—N 浓度增加，P 随着聚磷菌的过量摄取，也以较快的速度下降。整个工艺的关键在于混合液回流，由于回流液中的大量硝酸盐回流到缺氧池后，可以从原污水中得到充足的有机物，使反硝化脱氮得以充分进行，有利于降低出水的硝酸氮，同时也可以解决利用微生物的内源代谢物质作为碳源的碳源不足问题，改善出水水质。

所以，A^2O 工艺由于不同环境条件，不同功能微生物群落的有机配合，加之厌氧、缺氧条件，可提高对 COD 去除效果。它可以同时具有有机物的去除、硝化反硝化脱氮、磷过量摄取而被去除等功能，脱氮的前提是 NH_3—N 应完全硝化，好氧池能完成这一功能，缺氧池则完成脱氮功能。厌氧池和好氧池联合完成除磷功能。

② A^2O 工艺的特点

a. 厌氧、缺氧、好氧三种不同的环境条件和不同种类的微生物菌群的有机配合，能同时具有去除有机物、脱氮除磷功能；

b. 同时脱氮除磷去除有机物的工艺流程最为简单，总的水力停留时间也少于同类其他工艺。

c. 在厌氧-缺氧-好氧交替运行下，丝状菌不会大量繁殖，SVI 一般小于 100，不会发生污泥膨胀。

d. 污泥中含磷量高，一般为 2.5%以上。

③ A^2O 工艺的优点。

具有较好的除 P 脱 N 功能；

具有改善污泥沉降性能的能力，减少污泥的排放量；

具有提高对难降解生物有机物的去除效率，运行效果稳定；

技术先进成熟，运行稳妥可靠；

管理维护简单，运行费用低；

沼气可回收利用；

国内工程实例多，容易获得工程设计和管理经验。

④ A^2O 工艺的缺点。

处理构筑物较多；

污泥回流量大，能耗高；

用于小型水厂费用偏高；

沼气利用经济效益差。

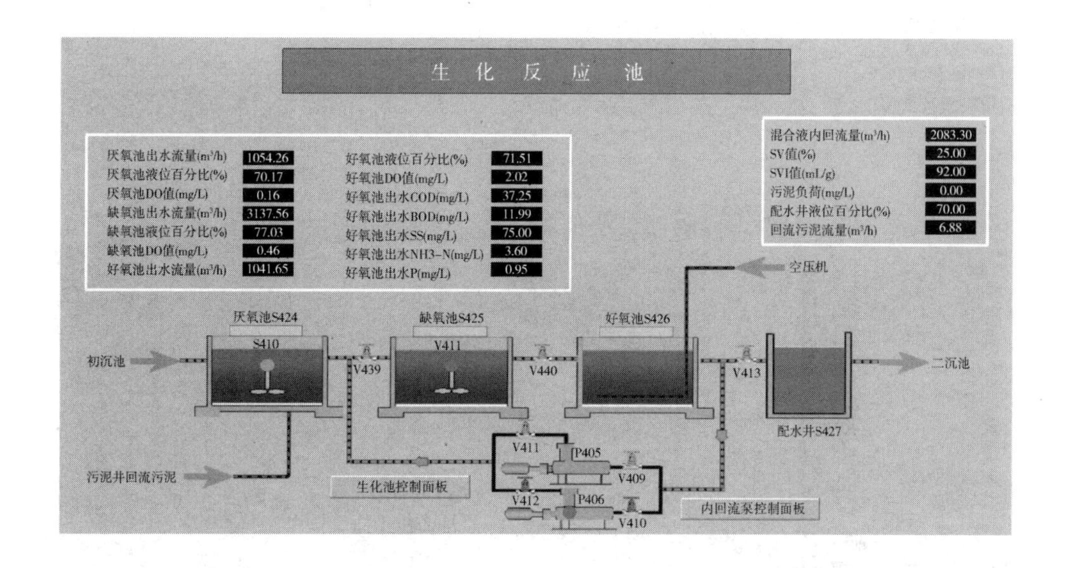

(3) AB 反应器

吸附-生物降解工艺，简称 AB 法。A 级以高负荷或超负荷运行（污泥负荷＞3.0kg BOD_7/kg MLSSd)，曝气池停留时间短，为 30～60min，污泥龄仅为 0.3～0.5d。较短的污泥龄，A 段对水质、水量、pH 值和有毒物质冲击负荷有极好的缓冲作用。A 段产生的污泥量较大，约占整个处理系统污泥产量的 80％左右，且剩余污泥中有机物含量高。B 级以低负荷运行（污泥负荷一般为 0.15～0.3 kg BOD_7/kgMLSSd)，B 级停留 2～4h，污泥龄较长，且一般为 15～20d。该系统不设初沉池，A 级是一个开放性的生物系统，以生物絮凝吸附作用为主，同时发生不完全氧化反应，生物主要为短世代的细菌群落，去除 BOD 达 50％以上，B 段与常规活性污泥相似。A、B 两级各自有独立污泥回流系统，两级的污泥互补相混。

AB 工艺中不设初沉池，从而使污水中的微生物在 A 段得到充分利用，并连续不断地更新，使 A 段形成一个开放性的、不断由原污水中生物补充的生物动态系统。B 段能够保证出水水质。AB 工艺包括以下优点，①对有机底物去除效率高；②系统运行稳定。主要表现在：出水水质波动小，有极强的耐冲击负荷能力，有良好的污泥沉降性能；③有较好的脱氮除磷效果；④节能，运行费用低，耗电量低。

AB 法处理胶体状态污染物浓度较高的污水工艺时，在性价比上有较好的优势。

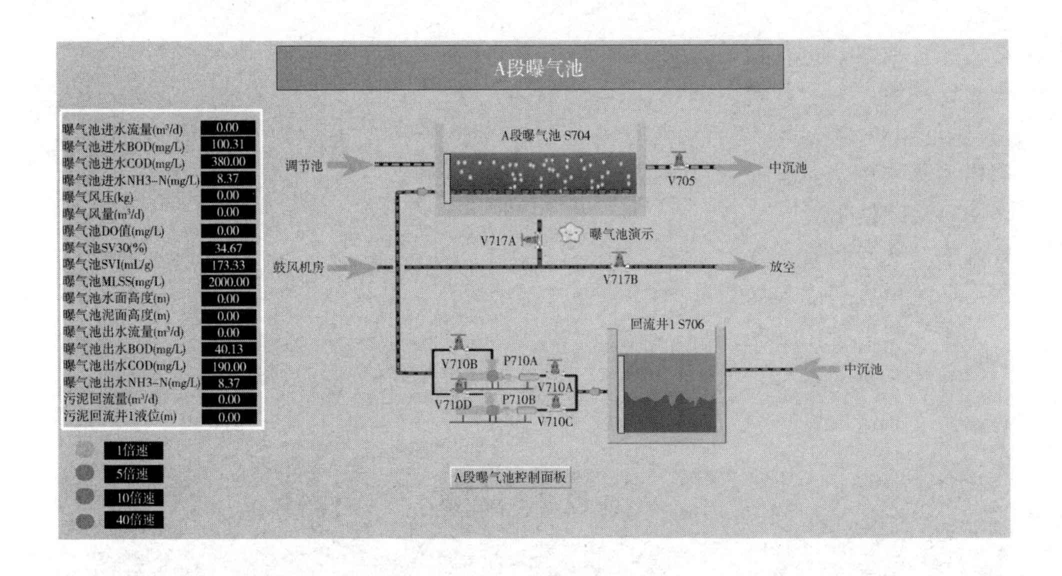

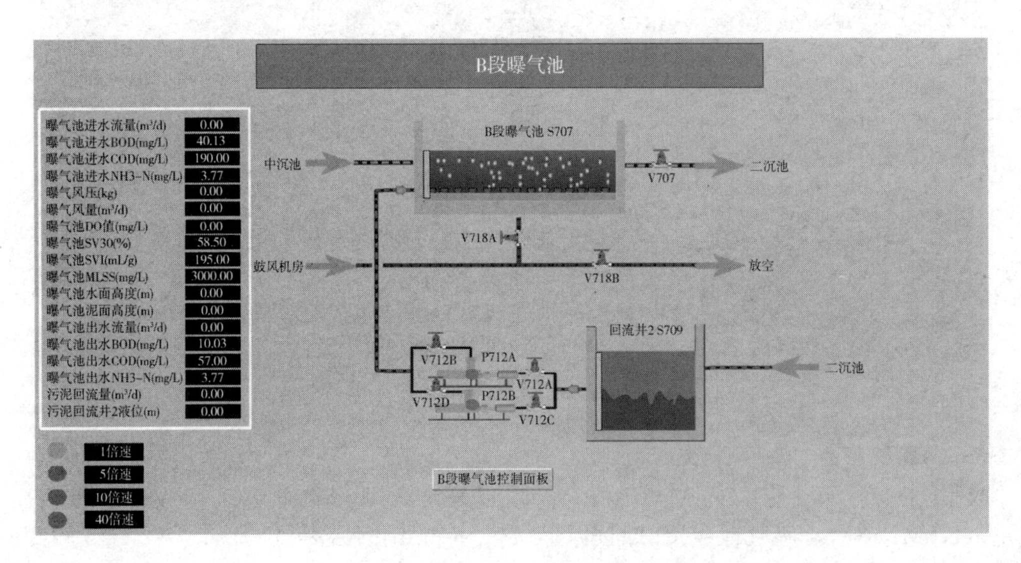

(4) SBR 工艺

间歇式活性污泥法又称为序批式活性污泥法，简称 SBR 法（sequencing batch reactor)。SBR 工艺是一种高效、经济、可靠、适合中小水量污水处理的工艺，尤其是 SBR 工艺对于污水中氮、磷的去除，有其独到的优势。

原则上，可以把间歇式活性污泥法系统作为活性污泥法的一种变法，一种新的运行方式。如果说，连续式推流曝气池是空间上的推流，则间歇式活性污泥曝气池，在流态上虽然属完全混合式，但在有机物降解方面则是时间上的推流。在连续式推流曝气池内，有机污染物是沿着空间降解的，而间歇式活性污泥处理系统，有机污染物则是沿着时间的推移而降解的。

SBR 工艺系统组成简单，运行工况以间隙操作为主要特征。所谓序列间歇式有两种含义：一是运行操作在空间上是按序列、间歇的方式进行的。由于废水大量连续排放且流量的波动很大，此时间歇反应器（SBR）至少为两个池。废水连续按序列进入每个反应器，它们运行时的相对关系是有次序的，也是间歇的。二是每个 SBR 反应器的运行操作在时间上也是按次序排列间歇运行的，一般可按运行次序分为 5 个阶段，其中自进水、反应、沉淀、排水排泥至闲置期结束为一个运行周期。在一个运行周期中，各个阶段的运行时间、反应器内混合液体积的变化及运行状态等，都可以根据具体的污水性质、出水质量与运行功能要求等灵活掌握。对于某个单一 SBR 来说，只在时间上进行有效的控制与变换，即能非常灵活地达到多种功能的要求。

① 进水工序。在污水注入之前，反应器处于 5 道工序中的最后的闲置段，处理后的废水已经排放，反应器内残存着高浓度的活性污泥混合溶液。污水注满后再进行反应，从这个意义来说，反应器起到调节池的作用，因此，反应器对水质、水量的变动有一定的适应性。

本工序所需要的时间，根据实际排水情况和设备条件确定，从工艺效果要求，注入时间以短时为宜，瞬间最好，但这在实际中有时是难以做到的。

② 反应工序。这是本工艺最主要的一道工序。污水注入达到预定的高度后，即开始反应操作，根据污水处理的目的，如 BOD 去除、硝化、磷的吸收以及反硝化等，采取相应的技术措施，如前三项为曝气，后一项则为缓速搅拌，并根据需要达到的程度决定反应延续时间。

在本道工序的后期，进入下一步沉淀之前，还要进行短暂的微量曝气，以吹脱污泥旁的气泡或氮，以保证沉淀过程的正常进行，如需要排泥，也在本工序后期进行。

③ 沉淀工序。本工序相当于活性污泥法连续系统二次沉淀池。停止曝气和搅拌，使混合液处于静止状态，活性污泥与水分离，由于本工序是静止沉淀，沉淀效果一般良好。沉淀工序采取的时间基本同二次沉淀池，一般为 1.5～2.0h。

④ 排放工序。经过沉淀后产生的上清液，作为处理水排放。一直到最低水位，在反应器内残留一部分活性污泥，作为种泥。

⑤ 待机工序（或闲置工序）。即在处理水排放后，反应器处于停滞状态，等待下一个操作周期开始的阶段。此工序时间，应根据现场具体情况而定。

SBR 工艺包括以下优点，工艺简单，节省费用；理想的推流过程使生化反应推动力大、效率高；运行方式灵活、脱氮除磷效果好；防止污泥膨胀的最好工艺，产泥量少。

SBR 工艺是一种高效、经济、可靠、适合中小水量污水处理的工艺，尤其是 SBR 工艺对于污水中氮、磷的去除，有其独到的优势。

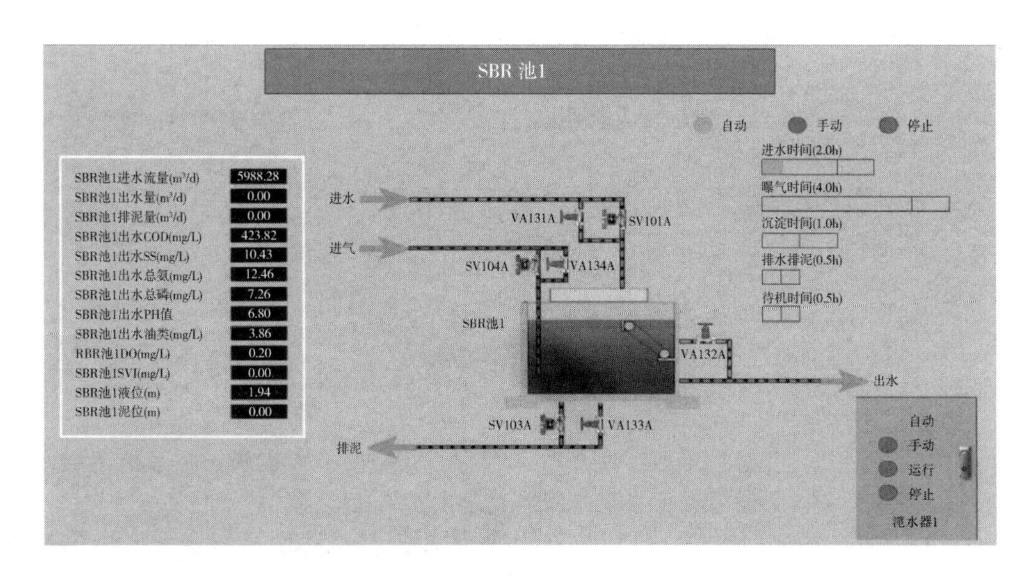

(5) 氧化沟

城市生活污水中含有大量的漂浮物、悬浮物（SS）以及BOD、COD、氨氮（NN）、磷（P）等有机和无机污染物质。因此，在排放前，必须对城市生活污水进行物理、化学和生物处理，使出水水质达到国家规定的排放标准。

污水的物理处理法的去除对象是漂浮物和悬浮物质。其处理方法可分为筛滤截留法（设备有筛网、格栅、微滤机等）、重力分离法（设备有沉砂池、沉淀池、气浮池等）、离心分离法（设备有离心机、旋流分离器等）等。

污水的化学生物处理法去除对象主要是污水中的污染物质如BOD、COD、氨氮（NN）、磷（P）等。活性污泥法是当前应用最为广泛的污水生物处理技术之一。活性污泥法是以活性污泥为主体的污水生物处理技术。向生活污水中注入空气进行曝气，每天保留沉淀物，更换新鲜污水。这样，在持续时间后，在污水中即将形成一种黄褐色的絮凝体。这种絮凝体主要是由大量繁殖的微生物群体所构成，它易于沉淀与水分离，并使污水得到净化、澄清。这种絮凝体就是称为“活性污泥”的生物污泥。最先担当净化任务的是微生物群体中的异氧菌和腐生性真菌，细菌特别是球状细菌起着最关键的作用。优良运转的活性污泥，是以丝状菌为骨架由球状菌组成的菌胶团，沉降性好。随着活性污泥的正常运行，细菌大量繁殖，原生动物也大量繁殖。活性污泥常见的原生动物有鞭毛虫、肉毛虫、纤毛虫和吸管虫。活性污泥成熟时固着型的纤毛虫、种虫占优势；后生动物是细菌的二次捕食者，如轮虫、线虫等只能在溶解氧充足时才出现，所以当出现后生动物时说明处理水质好转。

下图为活性污泥法处理系统的基本流程，系统是以活性污泥反应器——曝气池作为核心处理设备的。如图7-73所示，经过物理方法预处理的污水进入活性污泥反应器（曝气池），在曝气池内活性污泥与来自空压机的空气发生耗氧反应，除掉大部分COD和BOD，从曝气池出来的混合液进入二沉池，在重力的作用下实现污泥和水的固液分离，处理后的达标水排放，污泥则进入污泥井中，部分污泥通过回流泵回到曝气池继续反应，剩余污泥则进入脱水机房进行后处理。

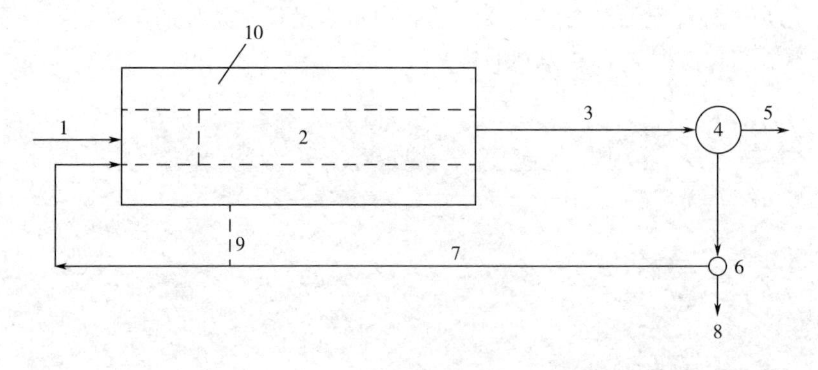

图7-73 活性污泥法的基本流程系统

1—经预处理后的污水；2—曝气池；3—从曝气池出来的混合液；4—二沉池；5—处理水；6—污泥井；7—回流污泥系统；8—剩余污泥；9—来自空压机站的空气；10—曝气系统与空气扩散装置

活性污泥处理技术是通过采取一系列人工强化、控制的技术措施，是系统达到污水净化目的的生物工程技术，通过人工强化控制，要求该系统能够达到以下目标：

① 被处理的原污水水质、水量得到控制，使其能够适应活性污泥处理系统的要求；

② 活性污泥微生物量在系统中保持一个稳定的数量；

③ 在混合液中保持满足微生物需要的溶解氧浓度；

④ 在曝气池内，活性污泥、有机污染物和溶解氧充分混合，以强化传质过程。

为达到以上目标，必须对以下参数进行控制：

① 混合液悬浮固体浓度（MLSS），它表示的是在曝气池单位容积混合液内所含有的活性污泥固体物的总质量。

② 混合液挥发性悬浮固体浓度（MLVSS），它表示的是混合液活性污泥中有机固体物质部分的浓度。污泥沉降比（SV,%），又称 30min 沉降率。混合液在量筒内静置 30min 后所形成沉淀污泥的容积占原混合液容积的百分比。

③ 污泥容积指数（SVI），指曝气池出口处混合液经 30min 静沉后，1g 干污泥所形成的沉淀污泥所占的容积，以 mL 计。

④ 污泥龄，即生物固体平均停留时间。

⑤ 污泥有机负荷，表示的是曝气池内单位质量（kg）活性污泥在单位时间内（d）能够接受，并将其降解到预定程度的有机污染物量。

此外，还必须对影响活性污泥性能的环境因素，如溶解氧浓度、营养成分等进行控制。

氧化沟又称循环曝气池，是活性污泥法的一种变型，其曝气池呈封闭的沟渠型，所以它在水力流态上不同于传统的活性污泥法，它是一种首尾相连的循环流曝气沟渠，污水渗入其中得到净化，通过氧化沟曝气池处理，不但能够除掉 COD 和 BOD，还具有脱氮除磷效果。

本工艺中采用 Carrousel 氧化沟活性污泥工艺。Carrousel 氧化沟平面布置图如图 7-74 所示，污水直接与回流污泥一起进入氧化沟系统。曝气机向混合液提供足够的溶解氧（DO）。在这种充分掺氧的条件下，含有微生物的活性污泥得到足够的溶解氧来去除 BOD；同时，氨也被氧化成硝酸盐和亚硝酸盐，此时，混合液处于有氧状态。在曝气机下游，微

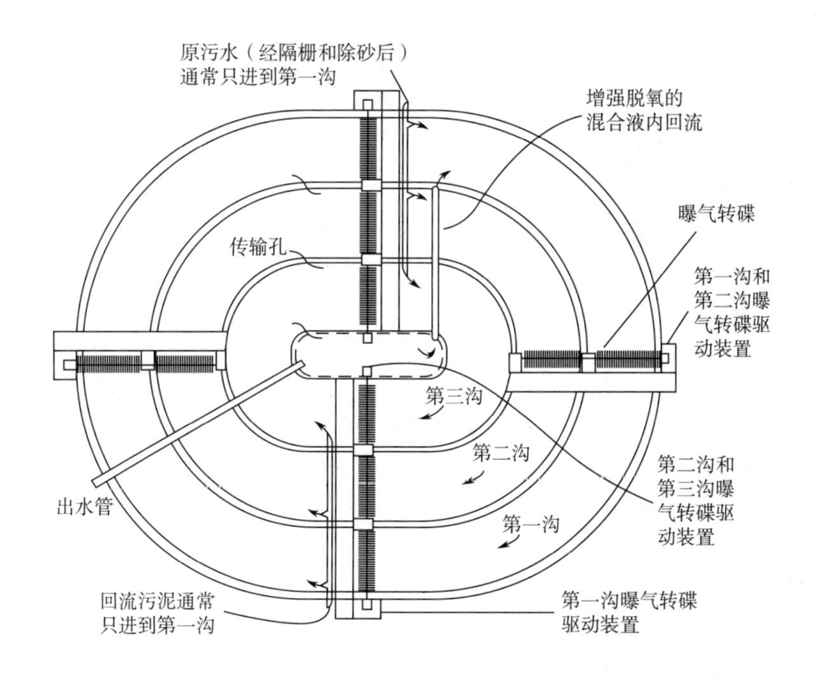

图 7-74　Carrousel 氧化沟平面布置图

生物在氧化过程中消耗了水中溶解氧，直到DO值降为零，混合液呈缺氧状态，即“好氧-厌氧-好氧-厌氧”交替交换。经过缺氧区的反硝化作用，混合液进入有氧区，完成一次循环。该系统中，硝化作用和反硝化作用发生在同一池中，达到同时去除BOD和氮磷的效果。

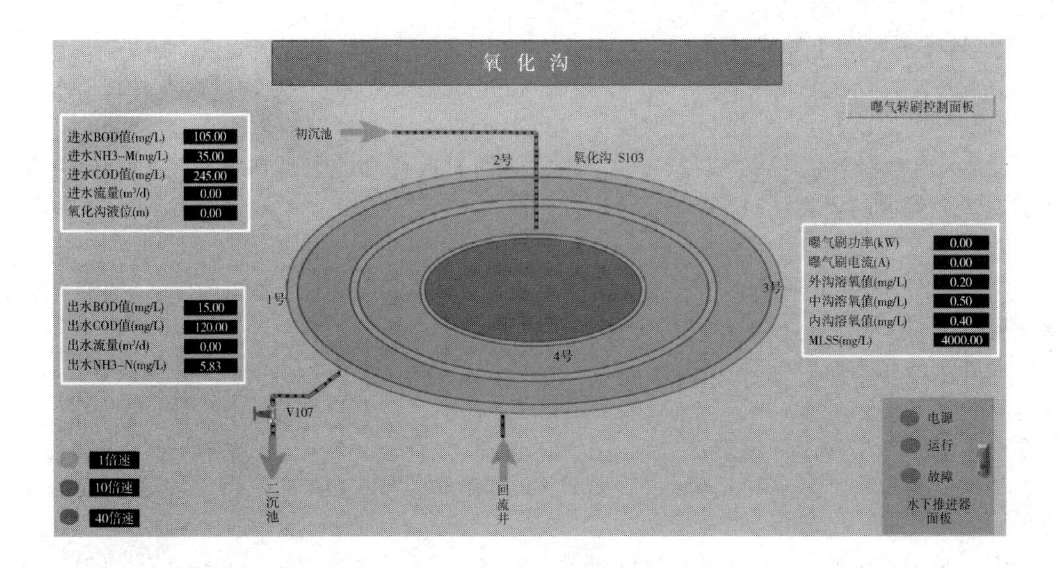

(6) UASB

上流式厌氧污泥床（upflow anaerobic sludge blanket，UASB），已成为应用最广泛的厌氧处理方法。

UASB反应器在运行过程中，废水以一定的流速自反应器的底部进入反应器，水流在反应器中的上升流速一般为0.5～1.5m/h，多宜在0.6～0.9m/h之间。水流依次流经污泥床，污泥悬浮层至三相分离器及沉淀区。UASB反应器中的水流呈推流形式，进水与污泥床及污泥悬浮层中的微生物充分混合接触并进行厌氧分解。厌氧分解过程中产生的沼气在上升过程中将污泥颗粒托起。由于大量气泡的产生，即使在较低的有机负荷和水力负荷的条件下也能看到污泥床的明显膨胀。随着反应器产气量不断增加，由气泡上升产生了搅拌作用，从而降低了污泥中夹带气泡的阻力，气体便从污泥床内突发性地逸出，引起污泥床表面呈沸腾和流化状态。反应器中沉淀性能良好的颗粒状污泥则处于反应器的下部，形成高质量浓度的污泥床。随着水流的上升流动，气、水、泥三相混合液（消化液）上升至三相分离器中，气体遇到反射板或挡板后折向集气室而被有效地分离排出。污泥和水进入上部的静止沉淀区，在重力作用下泥水分离。由于三相分离器的作用，使得反应器混合液中的污泥有一个良好的沉淀、分离和絮凝的环境，有利于提高污泥的沉降性能。

反应器中存在高质量浓度的以颗粒状形式存在的高活性污泥。这种活性污泥是在一定的运行条件下，通过严格控制反应器的水力学特性以及有机污染物负荷，经过一段时间的培养而形成的。

UASB具有运行费用低、投资省、效果好、耐冲击负荷、适应pH和温度变化、结构简单及便于操作等优点，应用日益广泛。UASB反应器的特色主要体现在反应器内颗粒污泥的形成，使反应器内的污泥浓度大幅度提高，水力停留时间因此大大缩短，加上UASB内设三相分离器而省去了沉淀池，又不需搅拌和填料，从而使结构也趋于简单。

UASB适用于高浓度有机污染物废水处理。

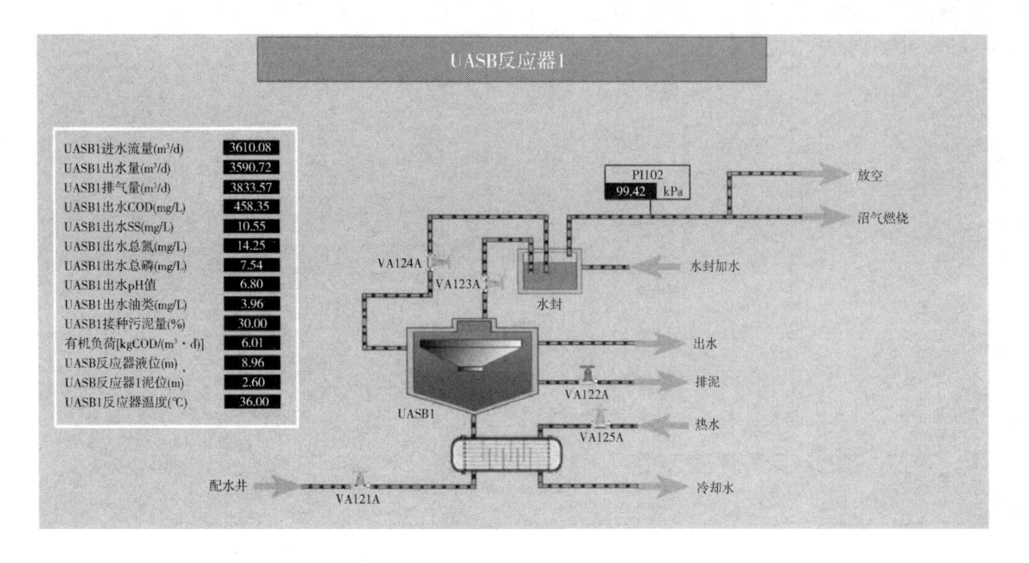

(7) 气浮

气浮法是固液分离或液液分离的一种技术。它是通过某种方法产生大量的微气泡，使其与废水中密度近于水的固体或液体污染物微粒黏附，形成整体密度小于水的“气泡-颗粒”复合体，悬浮粒子随气泡一起浮升到水面，形成泡沫或浮渣，从而使水中悬浮物得以分离。实现气浮分离必须具备以下两个基本条件：①必须在水中产生足够数量的微气泡；②必须使气泡能够与污染物相黏附，并形成不溶性的固态悬浮体。

气浮过程中，通过布气、溶气、电解的方式产生气泡，使气泡和颗粒物共存于水中。一旦气泡与颗粒物接触，由于界面张力作用就会产生表面吸附作用。疏水性颗粒易附着气泡，一起上浮。对于亲水性物质则需加入浮洗剂、表面活性剂等以增加颗粒的疏水性，使之易于附着气泡，提高气浮效果。在废水处理中，气浮法广泛应用于：处理含有小悬浮物、藻类及微絮体等密度接近或低于水、很难利用沉淀法实现固液分离的各种废水；回收工业废水中的有用物质，如造纸厂废水中的纸浆纤维及填料等；代替二次沉淀，分离和浓缩剩余活性污泥，特别适用于那些易于产生污泥膨胀的生化处理工艺中；分离回收含油废水中的悬浮油和乳化油。

加压溶气气浮法是目前应用最广泛的一种气浮方法。空气在加压条件下溶于水中，再使压力降至常压，把溶解的过饱和空气以微气泡的形式释放出来。

回流加压溶气法适用于含悬浮物浓度高的废水固液分离，该流程如图 7-75 所示，待处理的全部废水直接送入气浮池中，经气浮池纯化处理后的清水经加压泵部分回流进入溶气罐，同时空气供给装置将空气输入溶气罐，在溶气罐中空气和水充分接触，在加压的作用下空气充分溶于水中，形成溶气水，溶气水再经减压释放装置进入气浮池，在气浮池中，减压释放出的微气泡进行分离操作。

气浮法与其他方法相比，其优点是：①气浮时间短，一般只需 15min 左右；②对去除废水中纤维物质特别有效，有利于提高资源利用率；③工艺流程和设备简单，运行方便。

气浮法的关键技术：①加压溶气产生大量符合要求的微气泡，气泡直径为 50～100μm；②投加絮凝剂，改变悬浮物的亲水性，使细小的悬浮物结成大颗粒，并黏附大量的气泡。

气浮池的工艺参数：

① 溶气水压力；

② 气固比；

③ 溶气水量占处理废水量的百分比（回流量）；

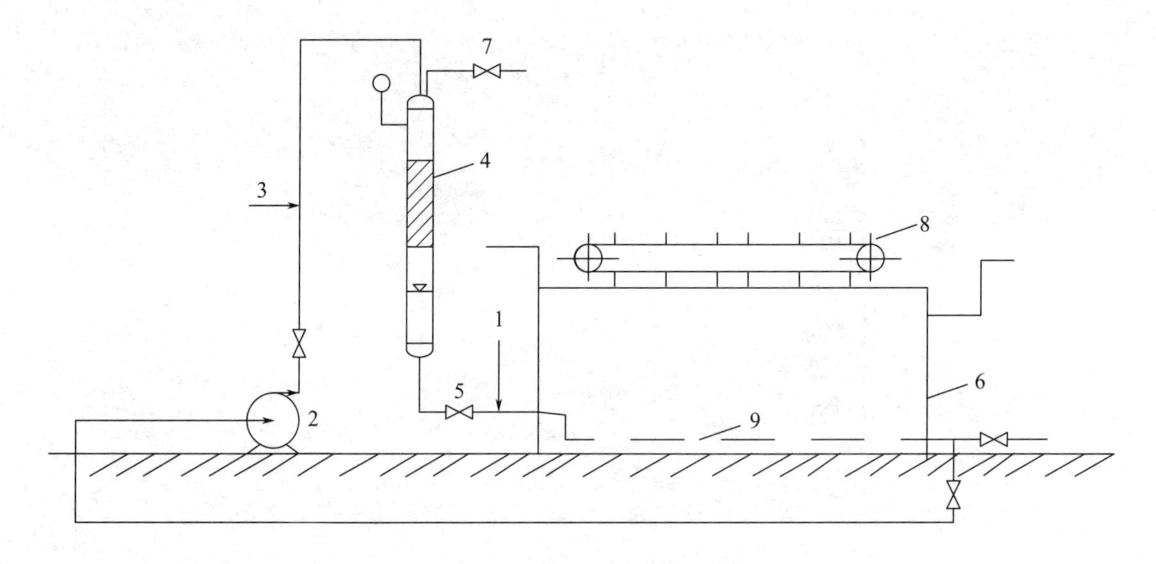

图 7-75 回流加压溶气方式流程示意图

1—原水进入；2—加压泵；3—空气进入；4—压力容器罐（含填料层）；5—减压阀或释放器；6—气浮池；7—放气阀；8—刮渣机；9—集水管及回流清水管

④ 循环泵压力；

⑤ 需溶气水量；

⑥ pH 值。

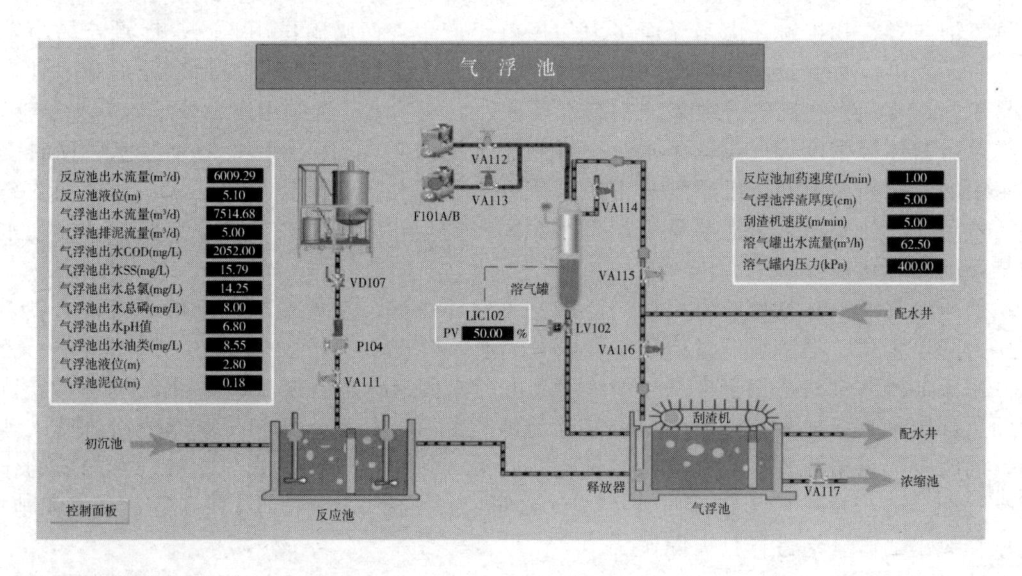

(8) 生物接触池

生物接触氧化法属浸没型生物膜法，在生物接触氧化塔内设置一定密度的填料，在充氧的条件下，微生物在填料的表面形成生物膜，污水浸没全部填料并与填料上的生物膜广泛接触，通过微生物的新陈代谢作用，将污水中的有机物转化为新生质和 CO_2，污水因此得以净化。

生物接触氧化法是一种好氧生物膜法工艺，接触氧化池内设有填料，部分微生物以生物膜的形式固着生长在填料表面，部分则是絮状悬浮生长于水中。该工艺兼有活性污泥法与生物滤池二者的特点。生物接触氧化工艺是一种介于活性污泥法与生物滤池之间的生物膜法工艺，其特点是在池内设置填料，池底曝气对污水进行充氧，并使池体内污水处于流动状态，以保证污水同浸没在污水中的填料充分接触，避免生物接触氧化池中存在污水与填料接触不均的缺陷。生物接触氧化工艺中微生物所需的氧常通过鼓风曝气供给，生物膜生长至一定厚度后，近填料壁的微生物由于缺氧而进行厌氧代谢，产生的气体及曝气形成的冲刷作用会造成生物膜的脱落，并促进新生物膜的生长，形成生物膜的新陈代谢，脱落的生物膜将随出水流出池外。

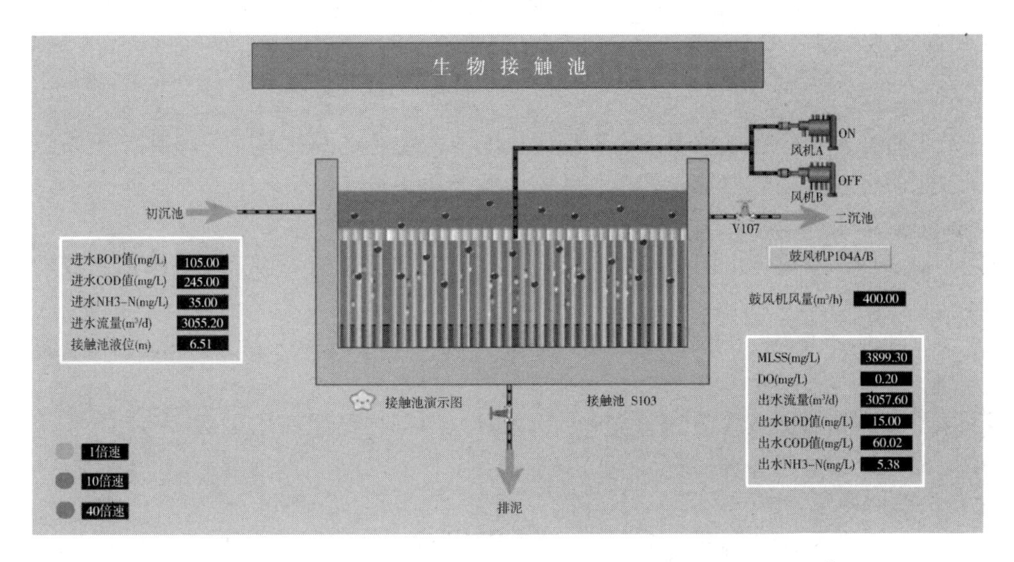

操作注意事项：

① 首先要熟悉厂区的工艺流程，了解主要设备的基本原理；

② 了解厂区布局，可快速到达指定的某一区域；

③ 掌握常见事故的处理方法和相关应急预案流程。

7.6.5 虚拟仿真项目操作规范

(1) 手柄功能键说明

手柄按键说明图见图 7-76。

手柄指示灯含义：

绿色：表示 HTC Vive 手柄目前状态正常，可以正常使用；

蓝色：表示操控手柄已经成功和头戴式设备配对；

橙色：表示手柄正在充电，当手柄变为绿色时，表示充电完毕；

闪烁红色：手柄低电量，即将没电；

闪烁蓝色：表示操控手柄正在和头戴式设备进行配对。

手柄侧面见图 7-77。

手柄追踪状态查询方法：

① 在线打开电脑上的 Steam VR 应用程序；

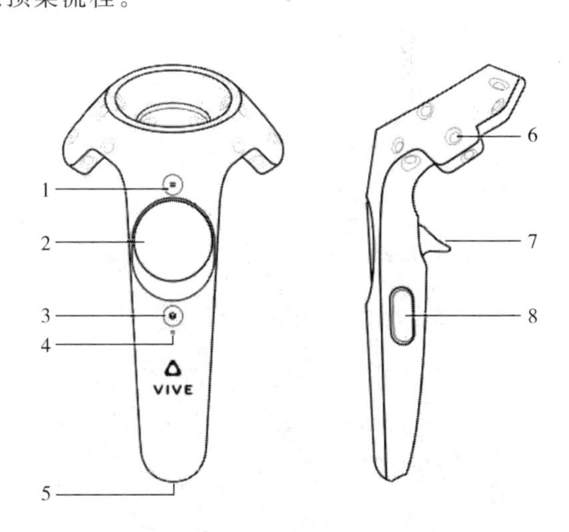

图 7-76 HTC Vive 手柄按键说明图

1—菜单按钮；2—触控板；3—系统按钮；4—状态指示灯；5—Micro—USB 端口；6—追踪感应器；7—扳机；8—抓握键

图 7-77　HTC Vive 手柄按键说明：手柄侧面

② 然后将光标悬停在未被追踪的手柄图标上面，之后点击就可以进行手柄识别了；

③ 如果手柄快速闪烁白色，就表示手柄已经成功识别。

开启或者关闭手柄方法：

① 开启手柄。直接按下手柄按钮即可，如果听到“哔”的一声，就表示已经成功地开启了 HTC Vive 手柄；

② 关闭手柄。直接长按系统按钮，如果听到“哔”的一声就表示已经成功关闭了手柄。

【注意】如果直接关闭了 Steam VR 或者是一段时间内已经使用手柄，都会导致手柄自动关闭。

手柄灵敏度调整方法：

打开电脑上的 Steam 应用，然后点击“手柄”图标，接着点击“校准操控手柄”即可，这样就可以完成校准过程了。

以上是关于 HTC Vive 手柄按键说明的详细方法。

（2）AAOVR 操作介绍

AAOVR 操作界面见图 7-78。

(a) 泵系统车间操作一界面

（b）曝气池车间操作界面

图 7-78　AAOVR 操作界面

（3）有限空间 VR 操作介绍

有限空间 VR 操作界面见图 7-79。

（a）领取任务

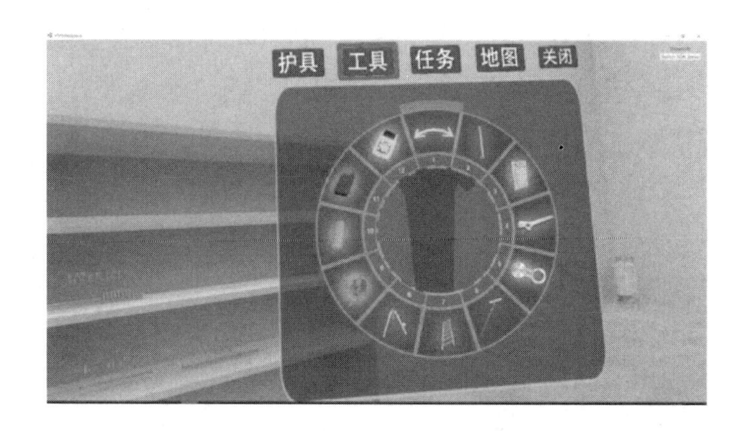

（b）选取使用工具

图 7-79　有限空间 VR 操作界面

第三部分

模拟试卷

模块结构表（1）

序号	练习项目
A（1）	Festo EduKit PA 练习
A（2）	Festo EDS——砂过滤练习
B（1）	絮凝实验练习
B（2）	分析检测练习
C	泵练习
D	经济核算

水技术项目A（1）——EduKit练习

WSC2017 _ TPES01 _ edukit _ exercise _ actual

一、初始状况

1. 需要监测水塔中水箱的液位。因此，传感器将被连接到上部水箱。

2. 传感器传输指示水塔中的填充水平的信号。这些传感器安装正确并且功能正常很重要。

3. 任务包括组装 EduKit Advanced，然后连接传感器。

4. 来自超声波传感器的 0～10 V 信号需要转换成相应的物理量（以 L 为单位的注水量）并显示。确定所需的参数设置，以确保软件显示的填充水平值与实际填充水平一致。

5. 借助两个截头圆锥体确定 3L 水箱的容积。

二、工作步骤

1. 创建所需材料和工具的列表。
2. 从仓库中获取物料和工具（可向专家索取仓库的钥匙）。
3. 切割 PVC 管段至正确的长度（遵守资源保护）。
4. 整套管路/罐体。
5. 安装并连接电容式传感器。
6. 调整电容式传感器（图 1～图 3）。
7. 执行电容式传感器的性能测试。
8. 安装并调整超声波传感器。
9. 将工具返回到仓库并正确储存。

一个黄色的 LED 指示灯显示开关状态，一个绿色的 LED 指示灯显示就绪状态。传感器的灵敏度可以通过一个小的调节螺丝进行单独调节：顺时针旋转更敏感，逆时针旋转不敏感。如果填充液位高于传感器的安装位置，则传感器被激活。传感器符号旁边软件中的黄色 LED 指示灯和绿色指示灯表示此操作状态（图 4）。

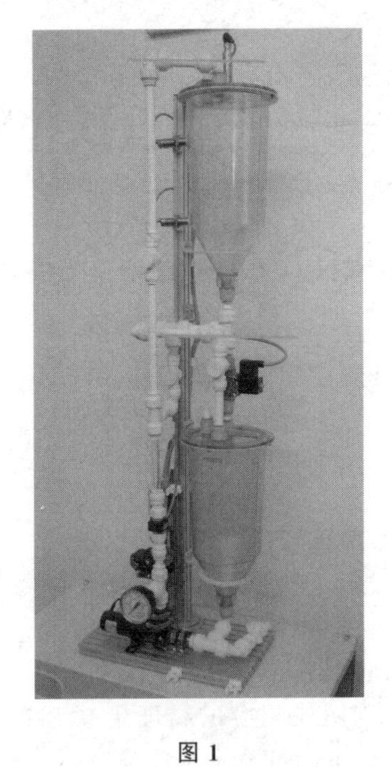

图 1

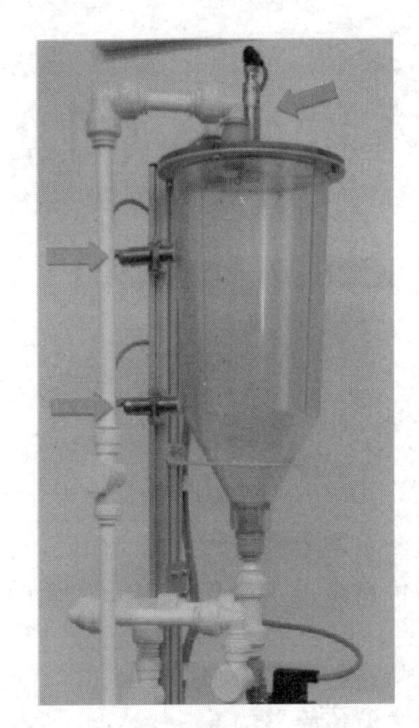

图 2

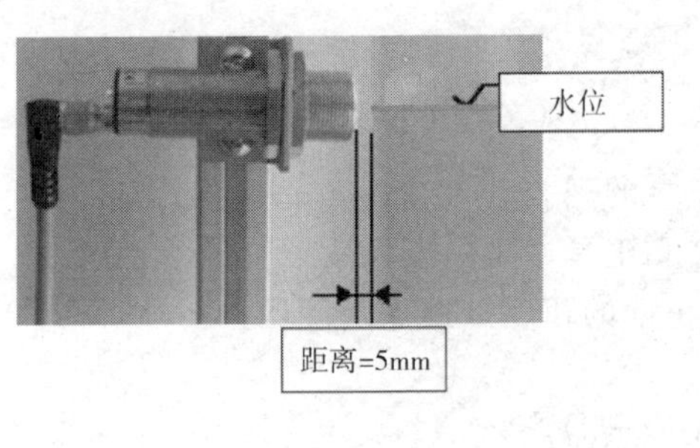

图 3

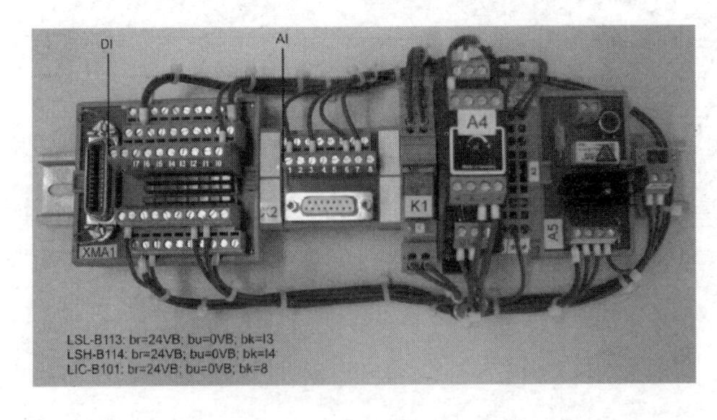

图 4 Festo EduKit PA 相关装置图

TEST PROJECT WATER TECHNOLOGY EDUKIT EXERCISE

WSC2017 _ TPES01 _ edukit _ exercise _ actual

EduKit exercise, Competitor

120 MINUTES	14 POINTS FOR EDUKIT 0.5 POINTS FOR TIME TOTAL: 14.5 POINTS	1 PERSON

team: ________________

Initial situation

1. The fill-level of the tank in the water tower needs to be monitored. Sensors will be attached to the upper tank to this end.

2. The sensors transmit signals indicating the fill-level in the water tower. It's important that these sensors are correctly installed and that they function properly.

3. The task involves assembling the EduKit Advanced and then connecting the sensors.

4. The 0 to 10 V signal from the ultrasonic sensors needs to be converted into the respective physical quantity (water fill-level in litres) and displayed. Determine the parameter settings required to ensure that the fill-level value displayed by the software coincides with the actual fill-level.

5. The content of the 3-liter tank is ascertained with the help of two truncated cones.

Work steps

1. Create a list of required materials and tools.

2. Requisition materials and tools from the warehouse (the key to the warehouse can be requested from the Expert).

3. Cut the PVC pipe sections to the correct length (observe conservation of resources) .

4. Assemble piping/tank.

5. Install and connect the capacitive sensors.

6. Adjust the capacitive sensors.

7. Conduct a performance test for the capacitive sensors.

8. Install and adjust the ultrasonic sensors.

9. Return tools to the warehouse and store them correctly.

material requisition card

name of the team: ____________

Total time for requisitioning materials:

Materials:
Tools:

Date: __________ Signature: __________

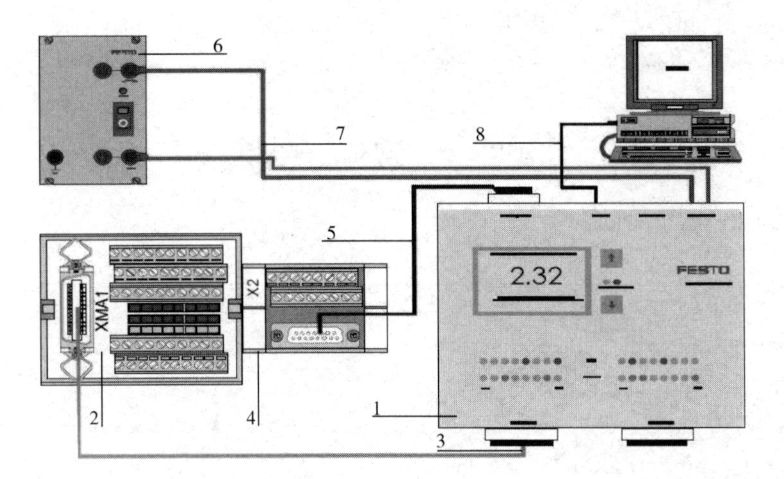

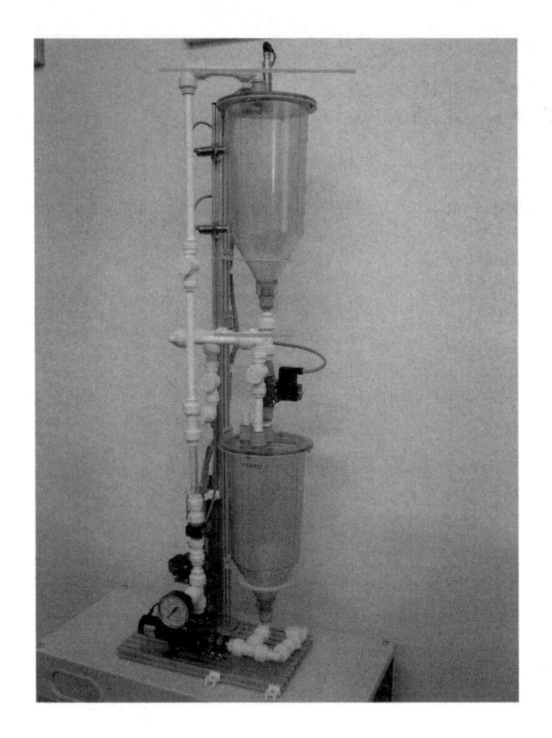

Figure 1

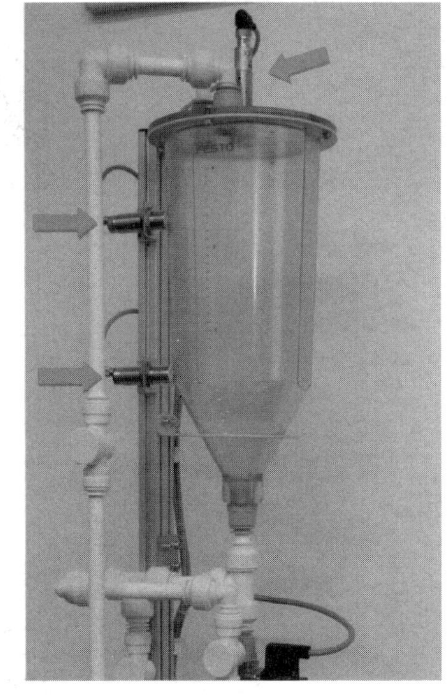

Figure 2

A yellow LED indicates the switching status, and a green LED indicates the ready status. Sensor sensitivity can be individually adjusted with a small setting screw: clockwise more sensitive, counterclockwise less sensitive. If the fill-level is above a sensor's mounting position, the sensor is activated. This operating status is indicated by a yellow LED and a green indicator in the software next to the sensor symbols.

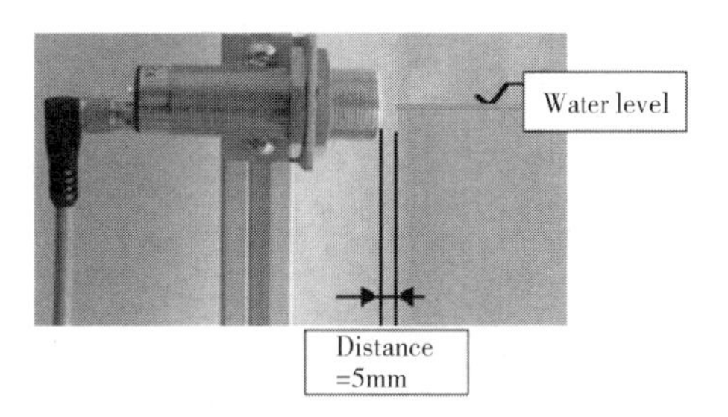

Figure 3

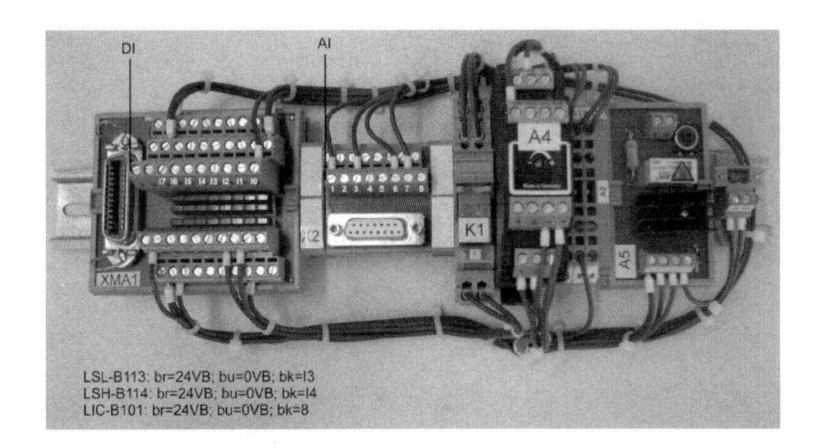

Figure 4

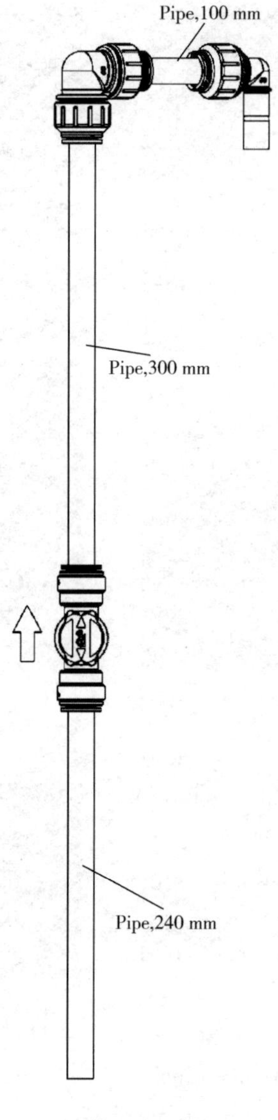

Drawing 1

The 0 to 10 V signal from the ultrasonic sensor needs to be converted into a physical quantity (water fill-level in liters) and displayed. The content of the tank is ascertained with the help of two truncated cones. Several values have to be added for this purpose for the calculation conducted by the software. Complete the table to this end. There' s room for calculations on page 13. Required dimensions can be found in drawings 2 and 3.

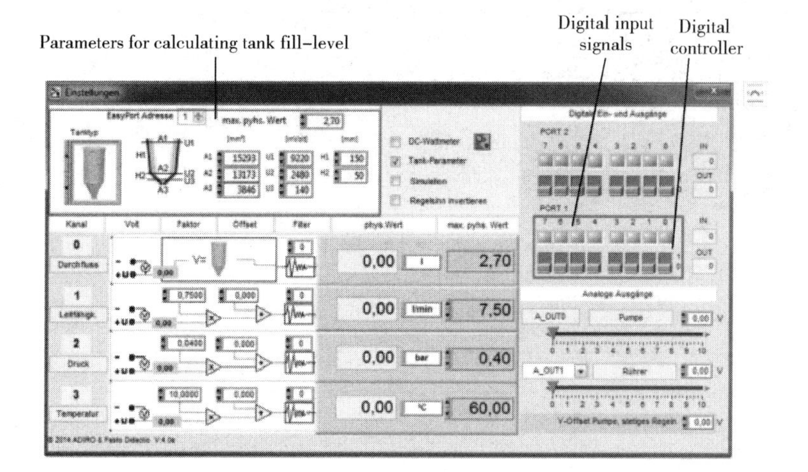

Drawing 2

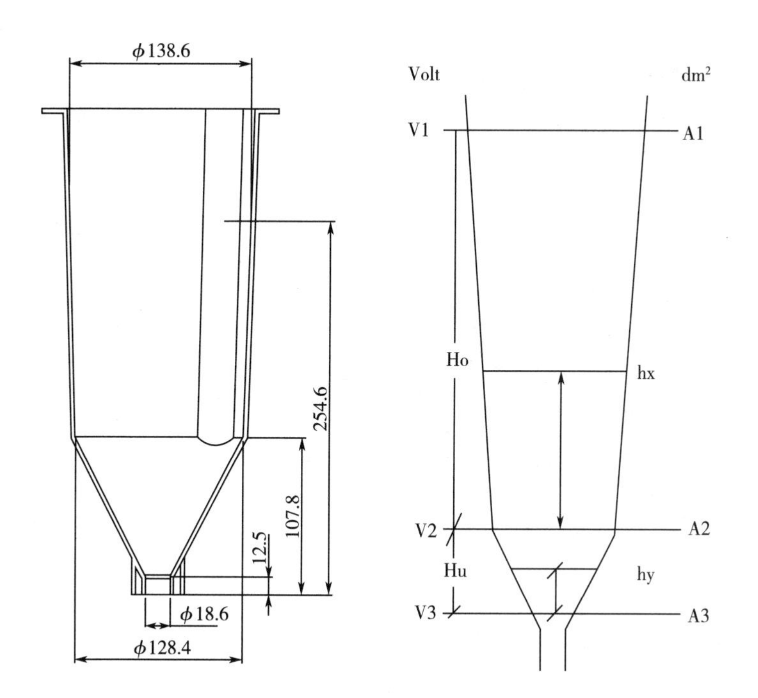

Drawing 3

Appendix 1

Warehouse BOM for:	BG. EL. 0161	Through BG. EL. 0161	Date: 14 Page 1 October 2017
	Triggered item:	BG. EL. 0161	
	Designation:	Capacitive sensor Permissible operating voltage: 12 to 48 V DC Max. current on contact: 200 mA Max. switching frequency: 25 Hz Housing dimensions: M18×59. 7mm	

Item	Article no. Quantity	Designation	Supplier no. Purchased article no.
1	BE. ME. 0777 1. 00 pc.	Elbow	798651 P/N 000874
2	BE. ME. 0704 2. 00 pc.	Pan head screw, 10. 9, ISO 7380 with internal hex socket, M5×8, galvanized	15611 48916
3	BE. ME. 0583 2. 00 pc.	Slot nut, 5 M5 IPM-VN-05-15/M5-ST	12348 AGR4445
4	BE. EL. 0670 1. 00 pc.	Capacitive sensor MP3-E-S Permissible operating voltage: 12 to 48 V DC Housing dimensions: M18×59. 7mm	9465 4684441
5	BE. EL. 0439 1. 00 pc.	Electric socket and cable SIM-M8-3WD-2, 5-PU	123185 414
6	BE. ME. 0051 2. 00 pc.	Hex nut, M18, external drive Width across flats: 24	98998 006589114

Appendix 2

Warehouse BOM for:	BG. EL. 0229	Through BG. EL. 0229	Date: 14 Page 1 October 2017
	Triggered item:	BG. EL. 00161	
	Designation:	Ultrasonic sensor Fill level measurement with ultrasound Measuring range: 50 to 300mm Output signal: 0 to 10 V Supply voltage: 24 V DC	

Item	Article no. Quantity	Designation	Supplier no. Purchased article no.
1	BE. SI. 0192 1. 00 pc.	Ultrasonic proximity switch Analog output: 0 to 10 V	121515 P/N 77811
2	BE. EL. 0534 1. 00 pc.	Electric socket and cable SIM-M12-4WD-5-PU	5465 68486
3	BE. ME. 0051 2. 00 pc.	Hex nut, M18, external drive Width across flats: 24	98998 006589114

List of materials

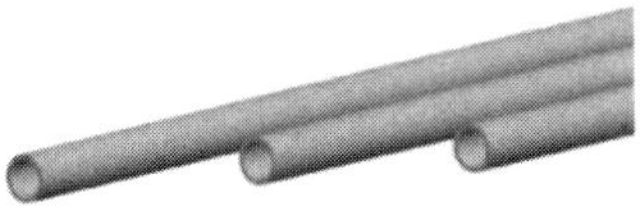	Pipe
	Straight pipe connector
	Push-in T connector
	90° L-connector
	90° push-in connector

continued table

	Hand valve
	Threaded socket
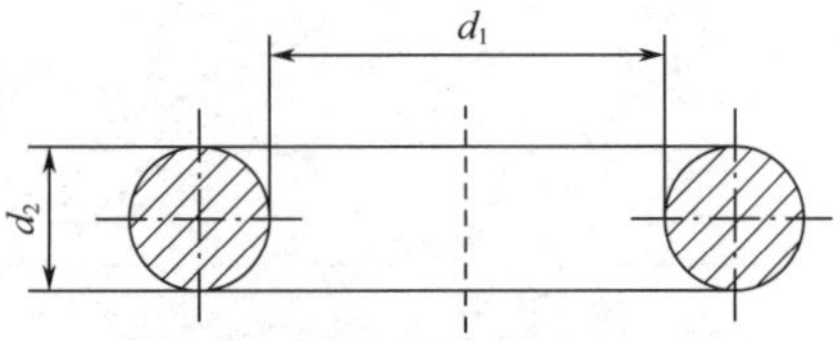	Sealing ring, 15mm×3.2mm
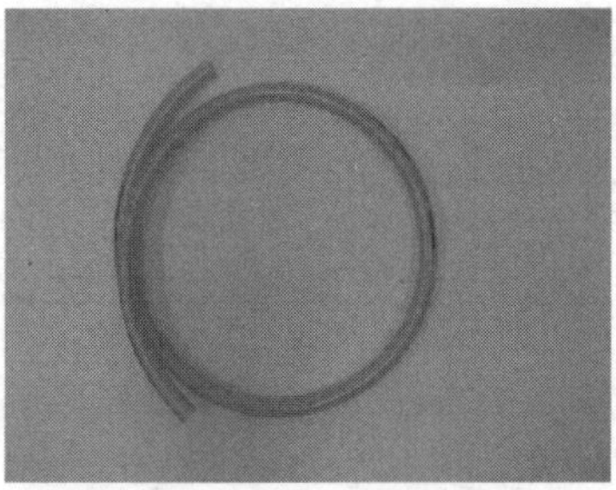	Flexible pipe
	Flexible pipe connector
	Hose clamp

continued table

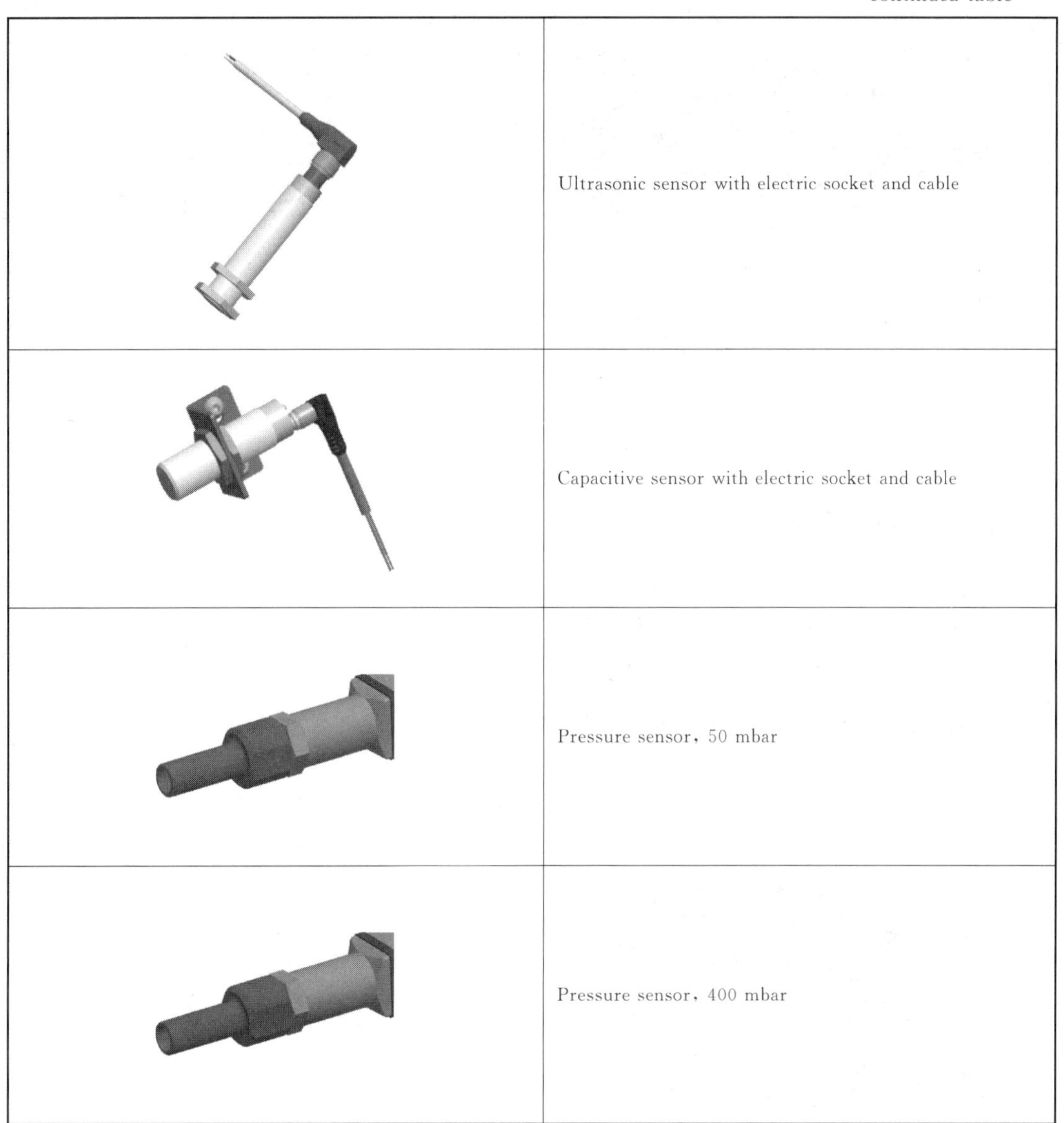

	Ultrasonic sensor with electric socket and cable
	Capacitive sensor with electric socket and cable
	Pressure sensor, 50 mbar
	Pressure sensor, 400 mbar

List of tools

	Set of hex keys Contents: 1.5, 2, 2.5, 3, 4, 5, 6, 8 and 10mm

continued table

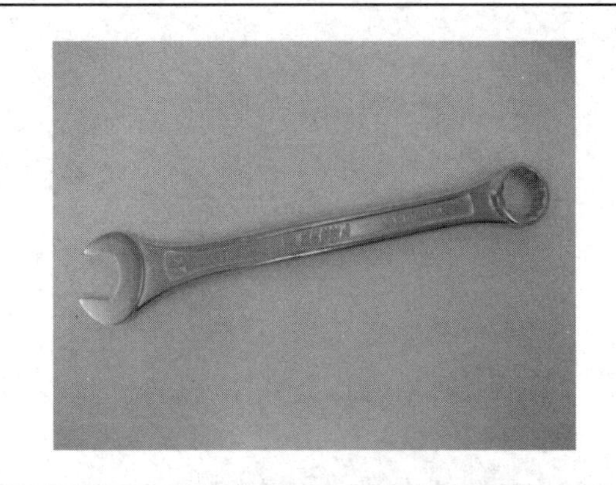	Combination wrench，width across flats：24mm
	Double open-end wrench，width across flats：24mm ×27mm
	Pipe cutter
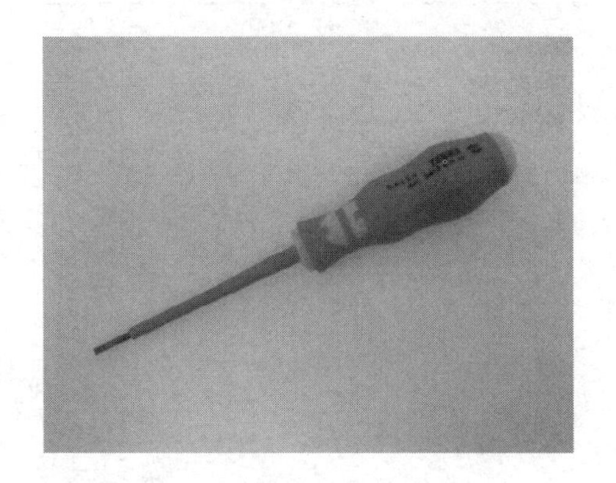	Slotted head screwdriver：0.4mm×2.5mm

continued table

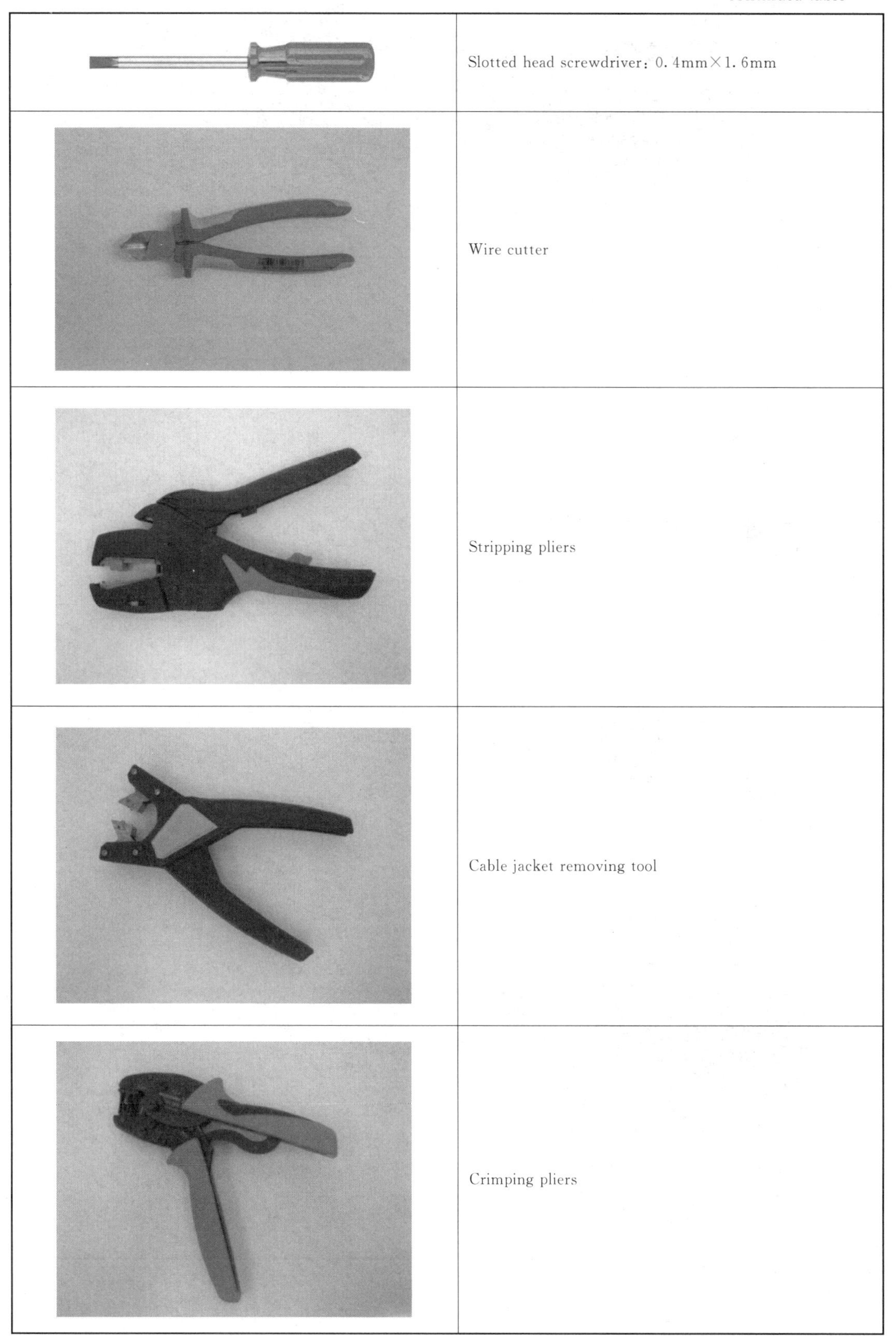

	Slotted head screwdriver：0.4mm×1.6mm
	Wire cutter
	Stripping pliers
	Cable jacket removing tool
	Crimping pliers

continued table

	Slip joint pliers
	Yardstick
	Pocket calculator
	Watering can

水技术项目A（2）——砂过滤练习

WSC2017 _ TPES01 _ sandfilter _ exercise _ actual

一、初始状况

1. 砂滤器的滤室已经从维护工作中移除。工作完成后，砂滤室需要重新上线。

2. 压力传感器提供关于砂滤室内的填充水位的信息。流量传感器检测到砂滤器的流量。这些传感器的正确安装和正常工作是很重要的。

3. 这项任务包括将砂滤器重新投入运行并进行最终的功能测试。

二、工作步骤

1. 创建所需材料和工具的列表。
2. 从仓库中获取材料和工具。
3. 建立与储罐的管路连接。
4. 调整流量传感器 B602。
5. 安装并连接压力传感器 B611 和 B613 以进行液位测量。
6. 执行砂滤器的功能测试。
7. 将工具返回到仓库并正确储存。

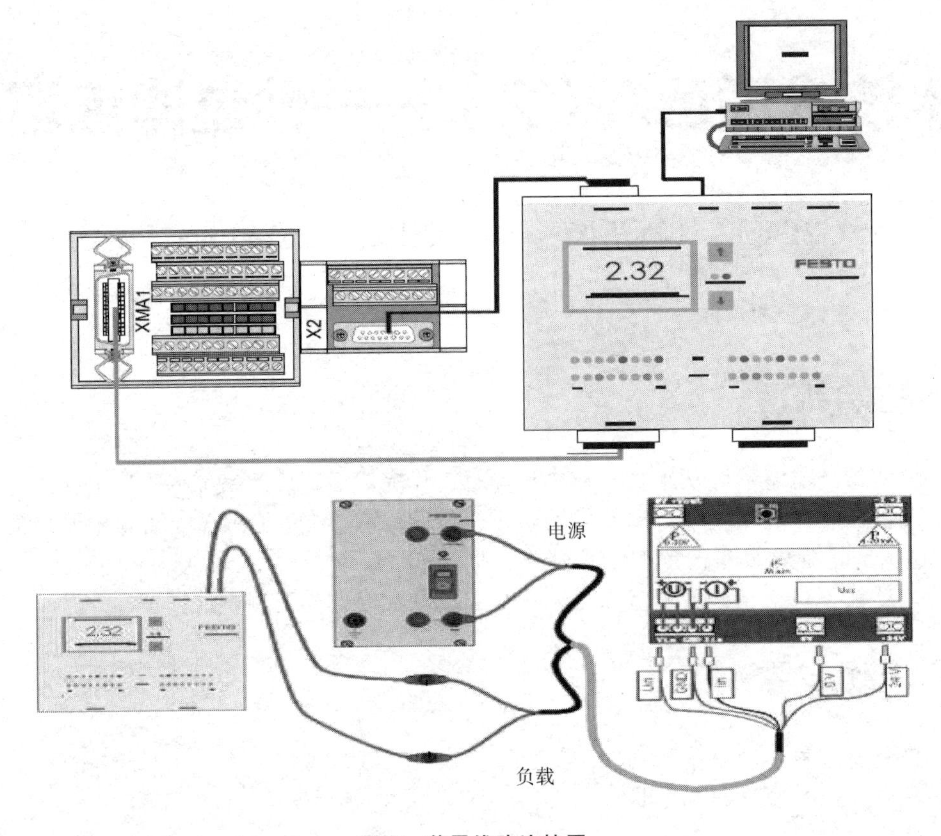

图 1　装置线路连接图

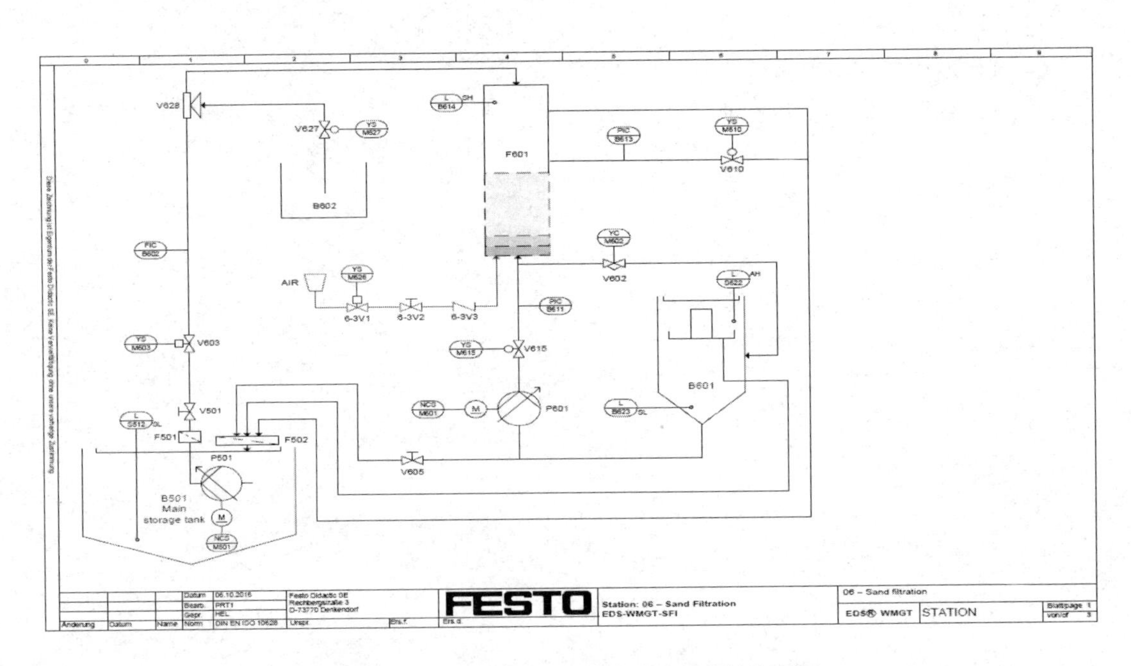

图 2　Festo-EDS 中砂过滤模块带控制点的流程图

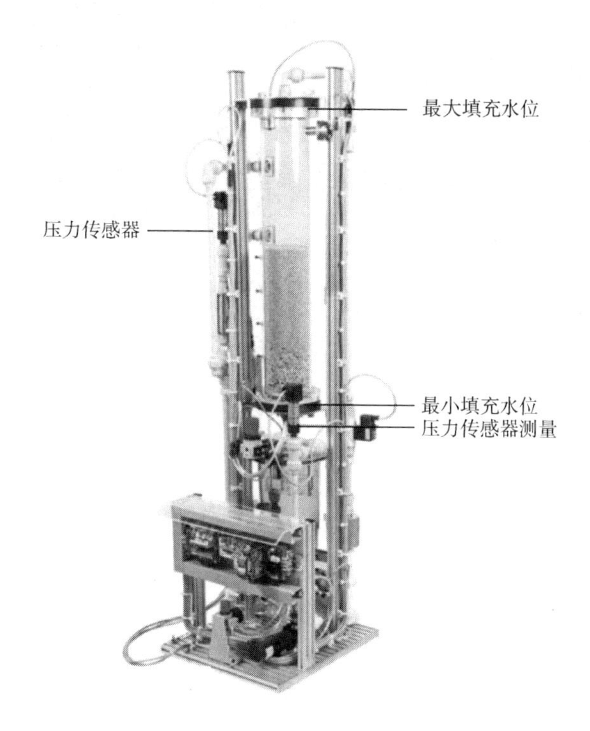

图 3　Festo-EDS 装置图

7-8: Indicator LEDs for switching output
LED 7: Switching status OUT2 (lights when output 2 is switched) LED 8: Switching status OUT1 (lights when output 1 is switched)
9: Alphanumeric display, 4 digits
• Current volumetric flow quantity with setting [SELd] = FLOW • Meter reading of the totaliser with setting [SELd] = TOTL • Current medium temperature with setting [SELd] = TEMP • Parameters and parameter values
10: [Mode/Enter] button
• Change from the RUN mode to the main menu • Select parameters • Acknowledge the set parameter value
11: [Set] button
• Change parameter values (hold button pressed) • Change of the display unit in the normal operating mode (RUN mode)

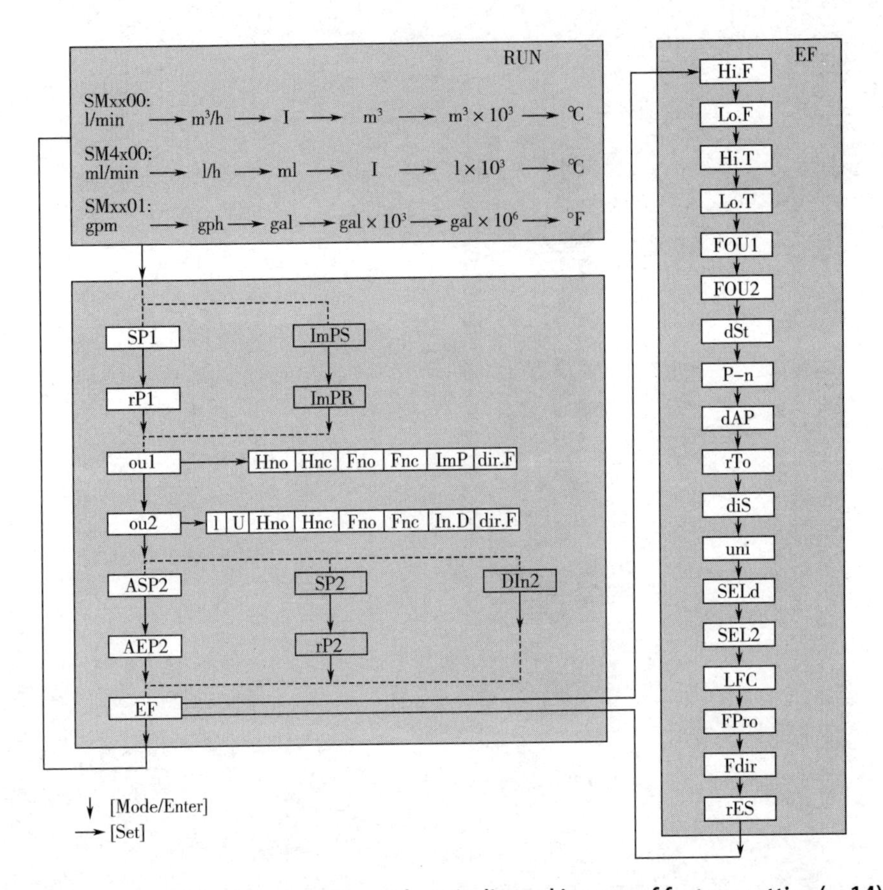

Parameters with white background are indicated in case of factory setting(→14). Parameters with grey background are indicated in case of changes of the preset for ou1 and ou2.

Parameters	Explanation and setting options (→ 4 Function)
SP1 / rP1	Maximum / minimum value for volumetric flow on OUT1.
ImPS	Pulse value = volumetric flow quantity at which 1 pulse is delivered.
ImPR	Configuration of the output for consumed quantity monitoring: YES (pulse signal), no (switching signal).
ou1	Output function for OUT1 (volumetric flow): - Hno, Hnc, Fno, Fnc: switching signal for the limits - ImP: consumed quantity monitoring (totaliser function) - dir.F: detection of direction
ou2	Output function for OUT2 (volumetric flow or temperature): - Hno, Hnc, Fno, Fnc: switching signal for the limits - I (current signal 4...20 mA), U (voltage signal 0...10 V) - dir.F: detection of direction Input function for OUT2: - In.D: input for external meter reset signal
ASP2 / AEP2	Analogue start point / analogue end point for volumetric flow or tempera-ture on OUT2.
SP2 / rP2	Maximum / minimum value for volumetric flow or temperature on OUT2.
DIn2	Configuration of the input for external meter reset signal: HIGH, +EDG, LOW, -EDG (→ 10.3.7)
EF	Extended functions: opening of the lower menu level.
Hi.F / Hi.T	Maximum value memory for volumetric flow / temperature.
Lo.F / Lo.T	Minimum value memory for volumetric flow / temperature.
FOU1 / FOU2	Behaviour of OUT1 / OUT2 in case of an internal fault: OU, On, OFF (→ 10.5.6).
dST	Start-up delay in seconds.
P-n	Output logic: PnP, nPn.
dAP	Measured value damping: damping constant in seconds.
rTo	rES.T (meter reset: manual), h/d/w (time-controlled: hours/days/weeks), OFF.
diS	Update rate and orientation of the display: d1...d3, rd1...rd3, OFF (→ 10.5.2).
uni	Standard unit of measurement for volumetric flow
SELd	Standard measured variable of the display: FLOW (volumetric flow value), TEMP (medium temperature), TOTL (meter reading).
SEL2	Standard unit of measurement for evaluation by OUT2: FLOW (volumetric flow) or TEMP (temperature).

TEST PROJECT WATER TECHNOLOGY SANDFILTER EXERCISE

WSC2017 _ TPES01 _ sandfilter _ exercise _ actual

sandfilter exercise, Competitor

120 MINUTES	11 POINTS FOR SANDFILTER 0.5 POINTS FOR TIME TOTAL: 11.5 POINTS	1 PERSON

team: ________________

Initial situation

1. The chamber of a sandfilter has been removed from operation for maintenance work. After work has been completed, the sand filter chamber needs to be brought back on line.

2. The pressure sensors provide information regarding the fill-level in the sand filter chamber. The flow sensor detects flow to the sand filter. It's important that these sensors are correctly installed and that they function properly.

3. The task involves placing the sand filter back into operation and conducting a final function test.

Work steps

1. Create a list of required materials and tools.
2. Requisition materials and tools from the warehouse.
3. Establish a tubing connection to the storage tank.
4. Adjust flow sensor B602.
5. Install and connect pressure sensors B611 and B613 for fill-level measurement.
6. Conduct a function test for the sand filter.
7. Return tools to the warehouse and store them correctly.

material requisition card

name of the team: ________________

Total time for requisitioning materials:

Materials：
Tools：

Date__________ Signature__________

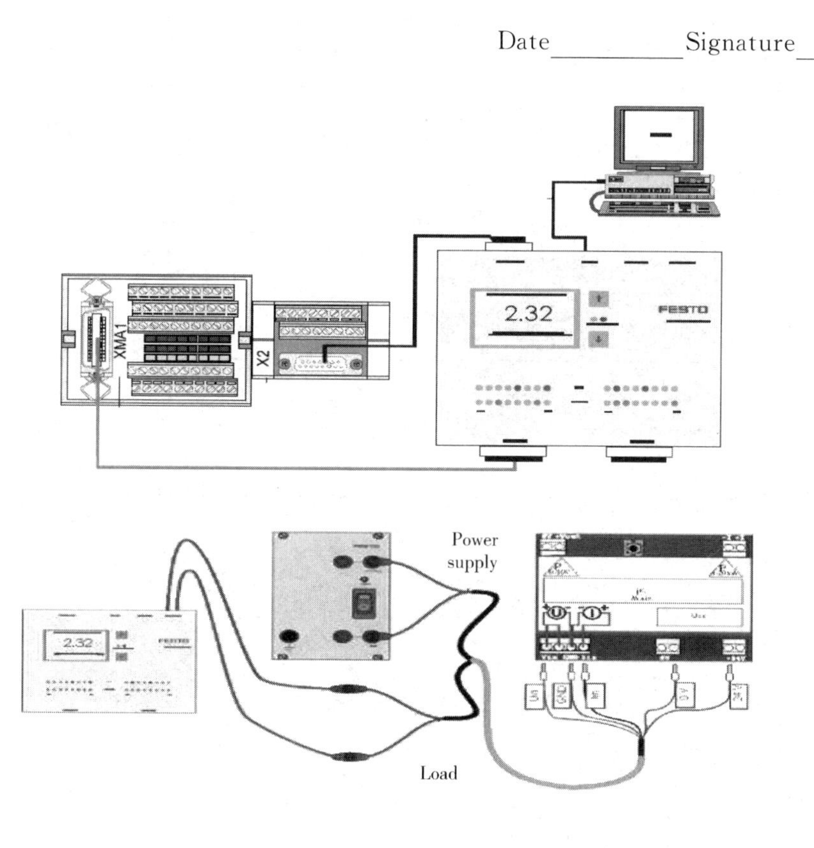

TABLE 1:

Note：Make sure that the tubing sections don't sag excessively in the sand filter outlet. Tank B601 might otherwise overflow.

SAND FILTER AUTOMATIC MODE PARAMETERS	VALUE	POINTS
Filtration period [s]	120.0	
Waiting period [s]	5.0	
Back-flushing，S0	7.0/2/6.7	
Back flushing，S1	7.0/3/6.0	
Back-flushing，S2	7.0/2/6.5	
Back-flushing，S3	11.0/5/8.0	
Settling period，sand [s]	4.0	
Draining time [s]	13.0	
Waiting time [s]	10.0	
Pump voltage [V]	8.0	
Max. water level，B613 [mbar]	10.0	
Rest cycles	5	
Subtotal：		

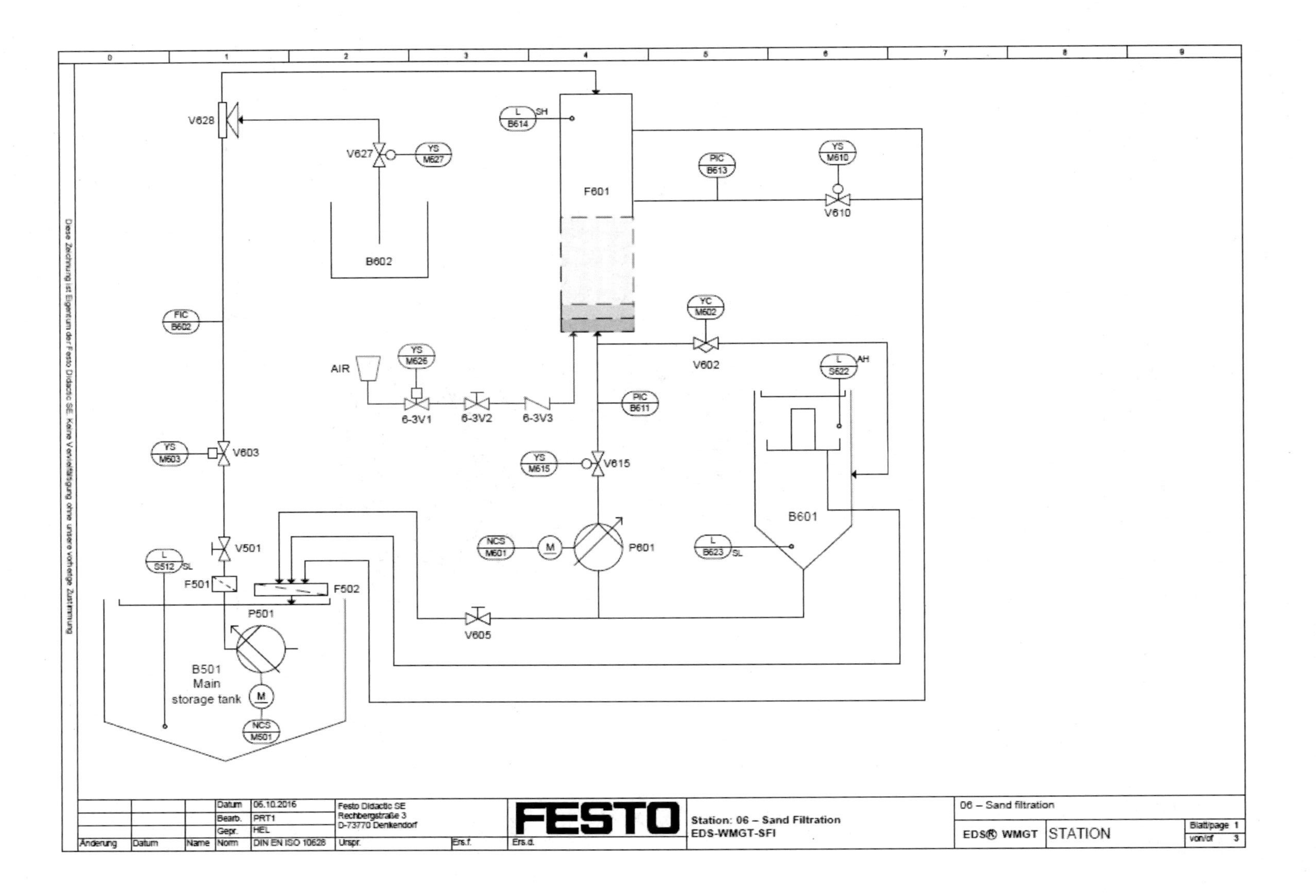

V628
V627
B602
F601
B614
B613
V610
FIC
B602
AIR
YS
M626
6-3V1
6-3V2
6-3V3
V602
B611
V603
V615
B601
V501
S512
F501
F502
P501
P601
B623
S622
V605
B501
Main
storage tank
NCS
M501
M601
06 – Sand filtration
EDS® WMGT
STATION
FESTO
Station: 06 – Sand Filtration
EDS-WMGT-SFI
Festo Didactic SE
Rechbergstraße 3
D-73770 Denkendorf
Datum 06.10.2016
Bearb. PRT1
Gepr. HEL
Norm DIN EN ISO 10628
Blatt/page 1
von/of 3
Diese Zeichnung ist Eigentum der Festo Didactic SE. Keine Vervielfältigung ohne unsere vorherige Zustimmung

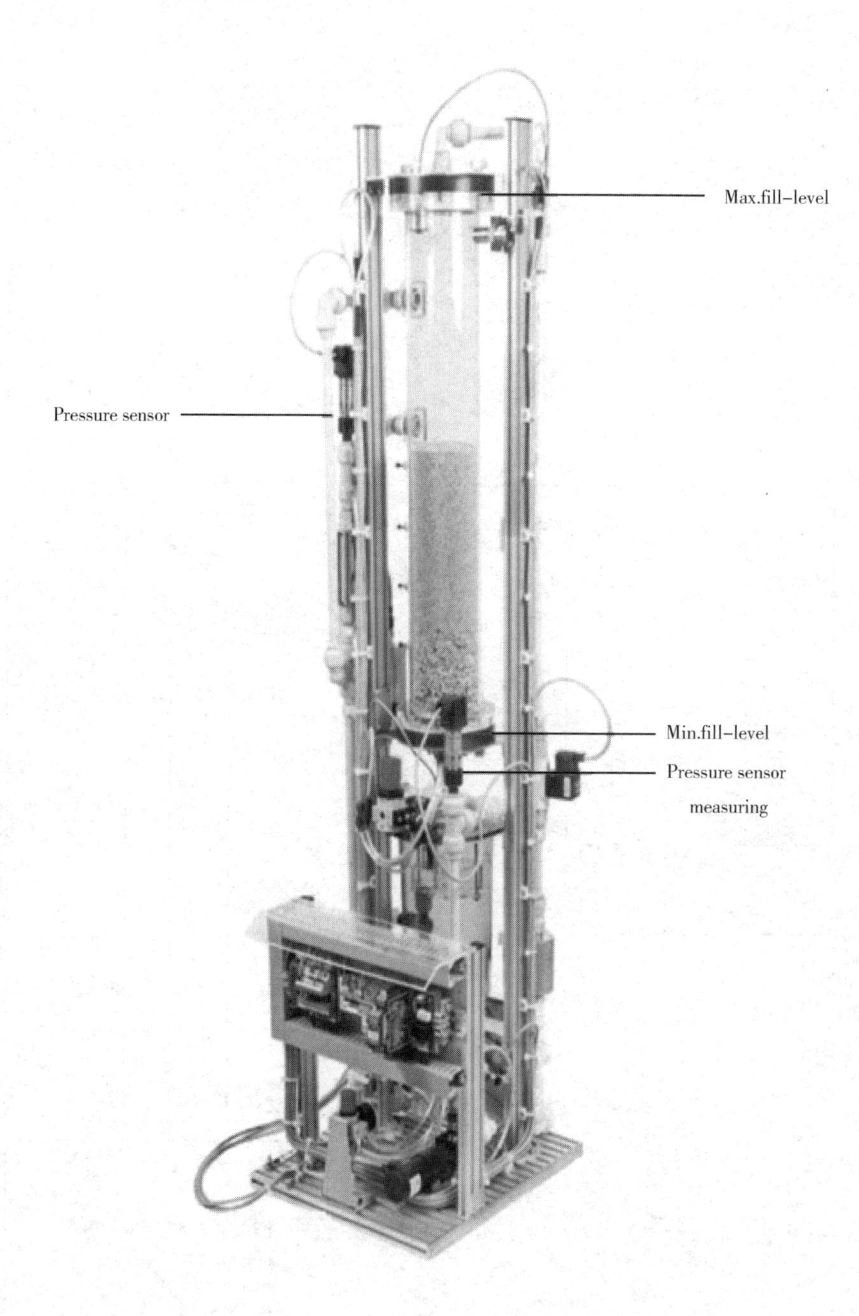
Max.fill-level
Pressure sensor
Min.fill-level
Pressure sensor
measuring

Figure 1

APPENDIX 1:

7 Operating and display elements

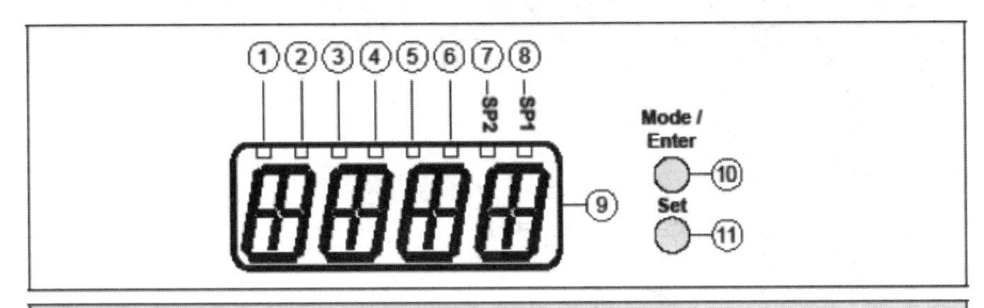

1-6: Indikator-LEDs für Prozesswertanzeige

SMxx00:

LED		Process value display		Unit SMxx00	Unit SM4x00
1	▭	Current flow volume per minute		l/min	ml/min
2	▭	Current flow volume per hour		m^3/h	l/h
3	▭	Current consumed quantity (= meter reading) since the last reset	Totaliser *	l	ml
4	▭			m^3	l
4 + 6	▭			$m^3 x 10^3$	$l x 10^3$
3	☼	Consumed quantity (= meter reading) before the last reset	Totaliser *	l	ml
4	☼			m^3	l
4 + 6	☼			$m^3 x 10^3$	$l x 10^3$
5	▭	Current medium temperature		°C	°C

SMxx01:

LED		Process value display		Unit
1	▭	Current flow volume per minute		gpm
2	▭	Current flow volume per hour		gph
3	▭	Current consumed quantity (= meter reading) since the last reset	Totaliser *	gal
3 + 5	▭			$gal x 10^3$
3 + 6	▭			$gal x 10^6$
3	☼	Consumed quantity (= meter reading) before the last reset	Totaliser *	gal
3 + 5	☼			$gal x 10^3$
3 + 6	☼			$gal x 10^6$
4	▭	Current medium temperature		°F

▭ LED is lit; ☼ LED flashes

* The consumed quantity is automatically displayed in the unit of measurement providing the highest accuracy.

22

7-8: Indicator LEDs for switching output
LED 7: Switching status OUT2 (lights when output 2 is switched) LED 8: Switching status OUT1 (lights when output 1 is switched)
9: Alphanumeric display, 4 digits
• Current volumetric flow quantity with setting [SELd] = FLOW • Meter reading of the totaliser with setting [SELd] = TOTL • Current medium temperature with setting [SELd] = TEMP • Parameters and parameter values
10: [Mode/Enter] button
• Change from the RUN mode to the main menu • Select parameters • Acknowledge the set parameter value
11: [Set] button
• Change parameter values (hold button pressed) • Change of the display unit in the normal operating mode (RUN mode)

UK

8 Menu

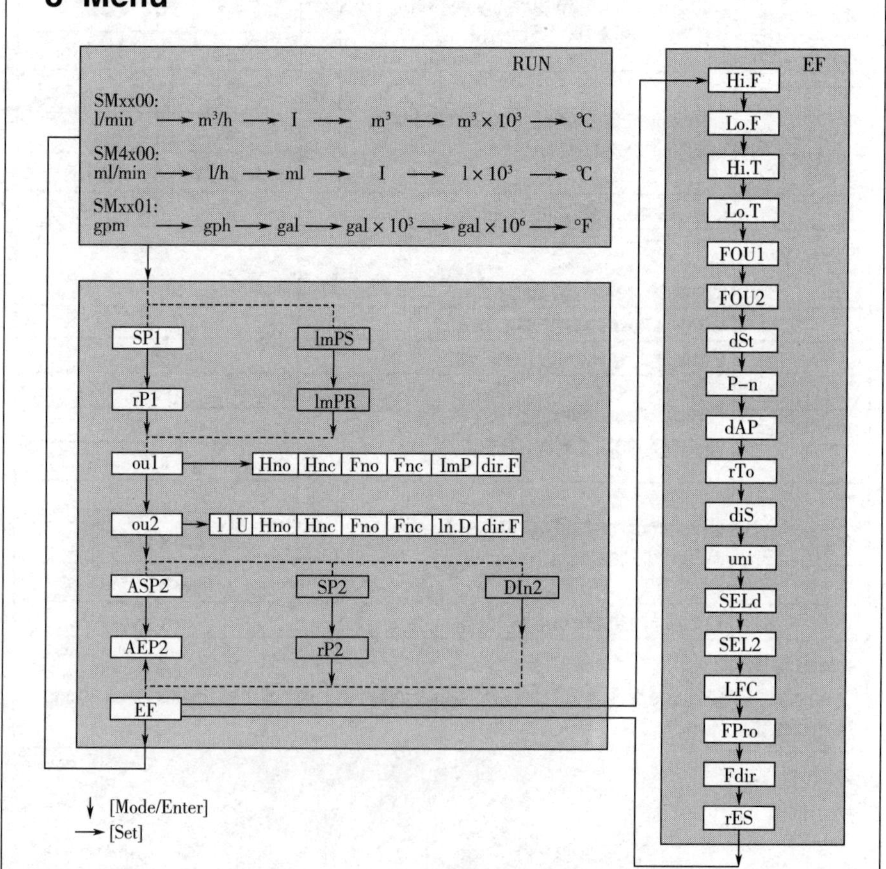

Parameters with white background are indicated in case of factory setting (→14). Parameters with grey background are indicated in case of changes of the preset for ou1 and ou2.

24

Parameters	Explanation and setting options (→ 4 Function)
SP1 / rP1	Maximum / minimum value for volumetric flow on OUT1.
ImPS	Pulse value = volumetric flow quantity at which 1 pulse is delivered.
ImPR	Configuration of the output for consumed quantity monitoring: YES (pulse signal), no (switching signal).
ou1	Output function for OUT1 (volumetric flow): - Hno, Hnc, Fno, Fnc: switching signal for the limits - ImP: consumed quantity monitoring (totaliser function) - dir.F: detection of direction
ou2	Output function for OUT2 (volumetric flow or temperature): - Hno, Hnc, Fno, Fnc: switching signal for the limits - I (current signal 4...20 mA), U (voltage signal 0...10 V) - dir.F: detection of direction Input function for OUT2: - In.D: input for external meter reset signal
ASP2 / AEP2	Analogue start point / analogue end point for volumetric flow or temperature on OUT2.
SP2 / rP2	Maximum / minimum value for volumetric flow or temperature on OUT2.
DIn2	Configuration of the input for external meter reset signal: HIGH, +EDG, LOW, -EDG (→ 10.3.7)
EF	Extended functions: opening of the lower menu level.
Hi.F / Hi.T	Maximum value memory for volumetric flow / temperature.
Lo.F / Lo.T	Minimum value memory for volumetric flow / temperature.
FOU1 / FOU2	Behaviour of OUT1 / OUT2 in case of an internal fault: OU, On, OFF (→ 10.5.6).
dST	Start-up delay in seconds.
P-n	Output logic: PnP, nPn.
dAP	Measured value damping: damping constant in seconds.
rTo	rES.T (meter reset: manual), h/d/w (time-controlled: hours/days/weeks), OFF.
diS	Update rate and orientation of the display: d1...d3, rd1...rd3, OFF (→ 10.5.2).
uni	Standard unit of measurement for volumetric flow
SELd	Standard measured variable of the display: FLOW (volumetric flow value), TEMP (medium temperature), TOTL (meter reading).
SEL2	Standard unit of measurement for evaluation by OUT2: FLOW (volumetric flow) or TEMP (temperature).

UK

25

水技术项目B（1）——实验室练习1

WSC2017 _ TPES01 _ laboratory _ exercise1 _ actual

一、初始状况

1. 实验室里有一个原水样本。任务是执行一系列至少 6 个罐测试（凝结，絮凝和沉降分析），以确定水处理厂中化学产品的最佳剂量。

2. 有关原水的颜色和浊度水平以及每种化学产品的密度的信息将在练习开始前提供给每个小组。

3. 特别要注意观察“专业实践”。

二、工作步骤

1. 校准 pH 计。
2. 每个烧杯加入 0.9L 原水。
3. 使用适当的化学物质正确调整原水的 pH 值。
4. 使用合适的化学品凝结原水。
5. 使用适当的化学品来絮凝原水。
6. 允许污泥沉降。
7. 执行适当的罐测试计算。
8. 设定水处理厂化学产品的最佳用量。

罐测试所需的设备，包括 6 个装有 0.9L 原水的烧杯，如图 1 所示。为了防止损坏设备和玻璃器皿，每个烧杯应直接放置在各自搅拌的中间位置，以免搅拌器撞击玻璃壁。混合速度可以借助于 RPM 旋钮进行调整。

可以通过将 pH 计插入每个烧杯中来测定原始 pH 和调整后的 pH（碱化和/或凝结后）。可以通过用移液管将化学制品滴入烧杯中来进行碱化、凝结和絮凝。每个烧杯中需要加入的化学产品（碱性溶液和凝结剂）的量由 pH 值确定，因此当添加化学物质时，pH 计应该位于烧杯内部。

絮凝剂不会改变水的 pH 值，但不应该过量投加，以防止漂浮而不是沉积片状物。

图 1　罐测试装置和原水

在将每种化学产品加入水中后，加入的体积（mL）和所得到的 pH 值应当被记录下来以用于进一步的计算和/或结果的呈现。图 2 显示了凝结和絮凝期间原水的外观。水必须是碱性的，以便产生所需的化学反应。因此，在凝结水之前的第一步应该是将其 pH 值调整到 7.0～9.5 的范围内。原水中加入的碱性溶液越多，则需要越多的凝结剂来形成颗粒，因此水处理厂的成本将会更高。

凝结剂是酸性盐，当它们加入水中时通常会导致 pH 值下降。但是，水的最终 pH 值不得低于 5.0 或高于 9.0，以防止饮用者面临健康风险。

图 2　凝结和絮凝期间的原水

混凝、絮凝和污泥沉降后的澄清水如图 3 所示。这些程序完成后，应从每个澄清水烧杯中取样，进行颜色和浊度测量。这些测量将确定处理过的水的质量。颜色和浊度去除效率越高，水质越好。饮用水的颜色不应超过 10uH（Hazen 单位），浊度应在 1NTU（浊度单位）左右。

沉降到每个烧杯底部的污泥也应该缓慢地转移到量筒中进行体积测量。污泥越少，处理厂沉淀池内的水力条件越好。

图 3　混凝、絮凝和污泥沉降后的澄清水

因此，技术人员应该选择6种不同剂量的化学产品（罐子试验中使用的6种不同的烧杯）中最好的一种。技术人员必须根据安全和健康参数（包括pH值，颜色和浊度）来选择确保水质的剂量，而不会给处理厂造成过多的成本。

三、计算

(1) 常用化学品浓度 (c)：

$$c=\frac{V\times d\times c\%\times 1000}{V_{rw}}$$

式中 c——常用化学品浓度，mg/L；

V——加入水中的化学产品的体积，mL；

d——添加到水中的化学产品的密度，g/mL；

$c\%$——添加到水中的化学产品的百分比含量；

V_{rw}——原水体积，L。

(2) 水质样品中的原水浊度去除率 (η)

$$\eta=\frac{(I-F)\times 100}{I}$$

式中 η——去除效率，%；

I——初始颜色或浊度（原水）；

F——最终的颜色或浊度（澄清的水）。

TEST PROJECT WATER TECHNOLOGY LABORATORY EXERCISE

WSC2017 _ TPES01 _ laboratory _ exercise1 _ actual

Laboratory exercise 1

120 MINUTES	10. 5 POINTS FOR LABORATORY PROCEDURES 0. 5 POINTS FOR TIME TOTAL: 11 POINTS	1 PERSON

Team: ________________

Initial situation

1. You're in the laboratory where there's a sample of raw water. Your task is to perform a series of at least 6 jar tests (coagulation, flocculation and sedimentation analysis) in order to determine the optimum dosage of chemical products in the water treatment plant.

2. Information concerning raw water color and turbidity levels, as well as the density of each chemical product, will be provided to each team before the exercise is started.

3. In particular be sure to observe "professional practice" .

Work steps

1. Calibrate the pH-meter.
2. Fill 6 beakers with 0. 9 liter of raw water each.
3. Correctly adjust the pH value of the raw water using the proper chemicals.
4. Coagulate the raw water using the proper chemicals.
5. Flocculate the raw water using the proper chemicals.
6. Allow the sludge to settle.
7. Perform the proper jar test calculations.
8. Set the optimum dosage of chemical products in the water treatment plant.

The equipment required for the jar test, including 6 beakers filled with 0. 9 liter of raw water. It is shown in Figure 1. In order to prevent damage to the equipment and the glassware, each beaker should be placed directly in the middle of its respective stirring device so that the stirrers do not strike the glass walls. The mixing speed can be adjusted with the help of the RPM knob.

Raw pH and adjusted pH (after alkalization and/or coagulation) can be determined by inserting a pH meter into each beaker. Alkalization, coagulation and flocculation can be conducted by dripping chemical products into the beaker with the help of a pipette. The amount of chemical products (alkaline solution and coagulant) that need to be added to each beaker is determined by the pH value, and thus the pH meter should always be inside the beaker when adding chemicals.

Flocculants don't change the pH value of the water, but they should not be dosed excessively in order to prevent floating instead of sedimentation of the flakes.

Figure1 Jar test equipment with raw water

After each chemical product is added to the water, the volume added (in mL) and the resultant pH value should be noted for further calculations and/or presentation of the results. Figure 2 shows what coagulated and flocculated water should look like. The water has to be alkaline in order for the required chemical reactions to take place. And thus the first step before coagulating the water should be to adjust its pH level to a value within a range of 7.0 to 9.5. The more alkaline solution is added to the raw water the more coagulant will be required to form particles, and thus the higher the costs will be for the water treatment plant.

Coagulants are acid salts which commonly cause the pH value to drop when they' re added to the water. However, the final pH value of the water must not be below 5.0 or above 9.0, in order to prevent health risks for people who drink it.

Figure 2 Raw water during coagulation and flocculation

Figure 3 shows what clarified water should look like after coagulation, flocculation and settling. After these procedures have been completed, samples should be taken from each beaker of clarified water for color and turbidity measurements. These measurements will establish the quality of the treated water. The greater the color and turbidity removal efficiency, the better the quality of the water. Drinking water color should should not exceed 10 uH (Hazen units) and turbidity should be below 1 NTU (nephelometric turbidity units) .

The sludge which settles to the bottom of each beaker should also be removed for volumetric measurement by slowly transferring it to graduated cylinders. The less sludge the better for the hydraulic conditions inside the treatment plant settling tanks.

The technician should therefore select the best of the 6 various dosages of the chemical products (6 different beakers used in the jar test) . The technician has to choose a dosage which assures water quality according to safety and health parameters including pH, color and turbidity without excessive costs to the treatment plant.

Figure 3 Clarified water after coagulation, flocculation, and sludge sedimentation

Report

Jar test calculations

Common chemical concentration (c):

$$c=\frac{V\times d\times c\%\times 1000}{V_{rw}}$$

where c——common chemical concentration, mg/L;

V——volume of chemical product added to water, mL;

d——density of the chemical product added to the water, g/mL;

$c\%$——percentage title of the chemical product added to the water;

V_{rw}——volume of raw water, L.

Removal efficiency (η):

$$\eta=\frac{(I-F)\times 100}{I}$$

where η——removal efficiency, %;

I——initial color or turbidity (raw water);

F——final color or turbidity (clarified water).

水技术项目B（2）——实验室练习2

WSC2017 _ TPES01 _ laboratory _ exercise2 _ actual

一、初始状况

1. 确定水样的碱度。
2. 使用随附的滴定说明。

二、任务

1. 从 0.5mol/L 盐酸储备液中制备 100mL 0.1mol/L 盐酸标准溶液。
2. 用“稀释”混合方程式计算所需的储备液体积。
3. 使用随附的滴定规范，并对标准溶液和样品进行三平行测定。
4. 准备一个简短的结果报告。

工作指导
碱度滴定
1　准备
1.1　准备 0.1mol/L 盐酸标准溶液
1.2　准备滴定管
1.3　保持三个锥形瓶在手上
1.4　向每个锥形瓶中加入 15 滴指示剂
2　程序
2.1　通过添加滴定溶液，将标准溶液滴定成一式三份，直到颜色从天蓝色变为橙色
2.2　通过加入滴定溶液，将样品滴定成三份，直到颜色从蓝色变为橙色
2.3　记下消耗值，并将其作为碱度输入到报告中，样本以 mg/L 表示，标准品以 mol/L 表示
2.4　标准溶液——摩尔浓度公式：$c(NaOH)V(NaOH)=c(HCl)V(HCl)$
2.5　样品测定——通用浓度公式：$NaOH+HCl \longrightarrow NaCl+H_2O$ $c(NaOH)=(4V/36.5)\times 100$ 式中，$c(NaOH)$为常用浓度，mg/L；V 为滴定体积，mL

各种所需材料及操作规范见图 1～图 14。

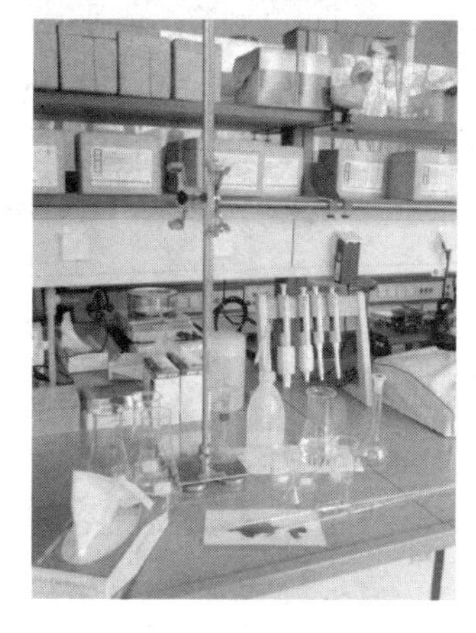

图 1　所需材料

图 2　指示剂从天蓝色变为无色至淡橙色

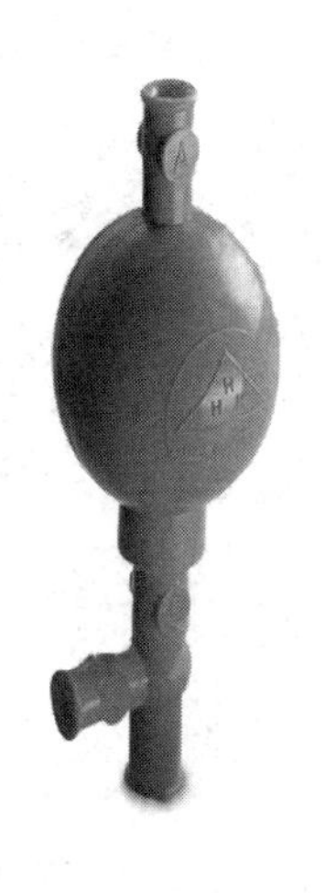

图 3　洗耳球

图 4　玻璃吸管浸入深度

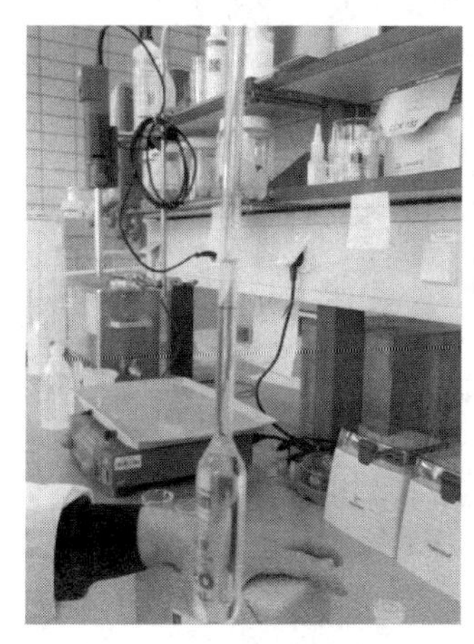

图 5　吸入移液管标记线上方约 1cm

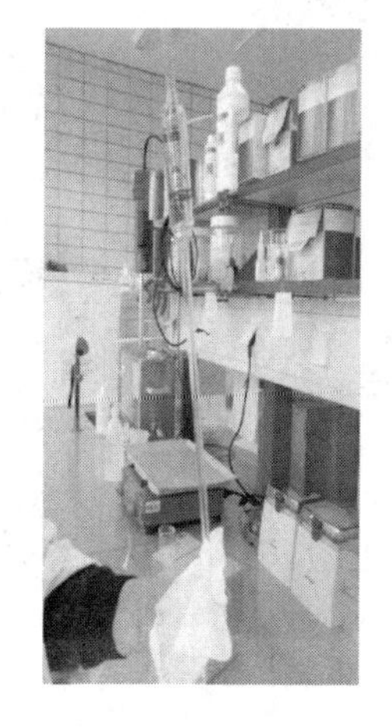

图 6　用滤纸吸出管尖处的溶液规范

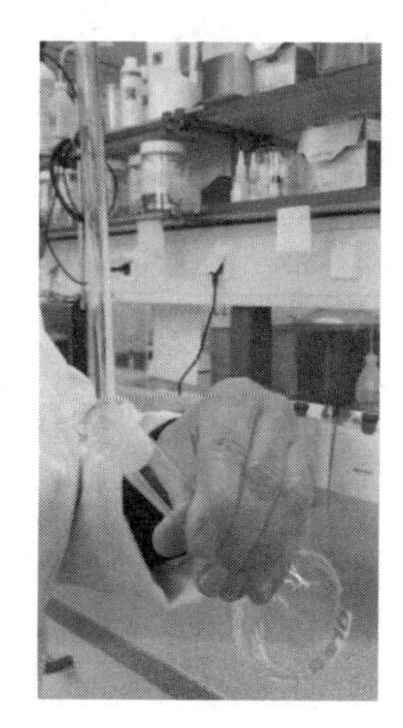

图 7　用移液管移液于容量瓶中

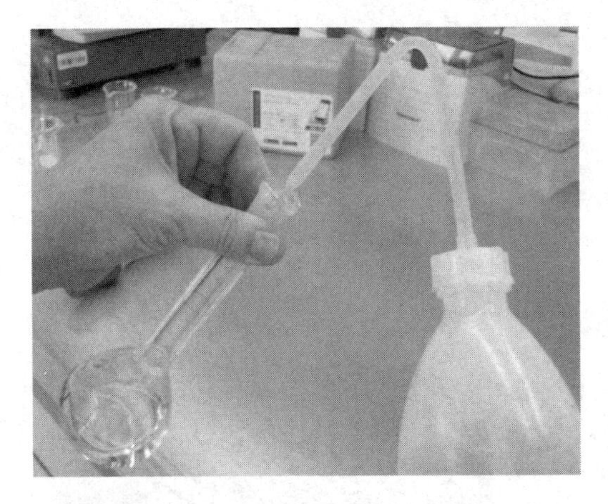

图 8　用洗瓶冲洗烧瓶，不要触摸玻璃壁内侧

图 9　到刻度线下约 1cm 静置

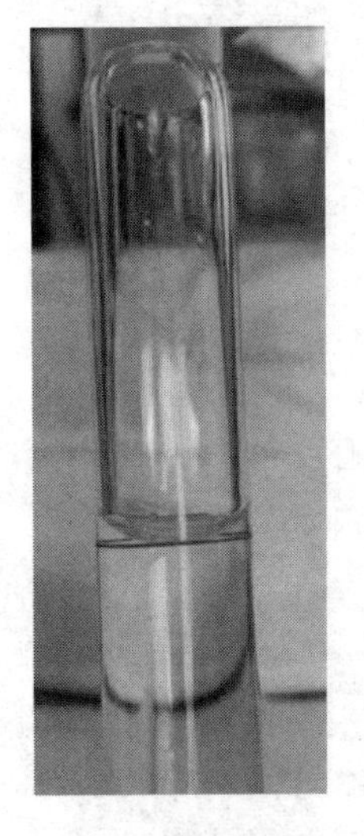

图 10　调节到刻度线

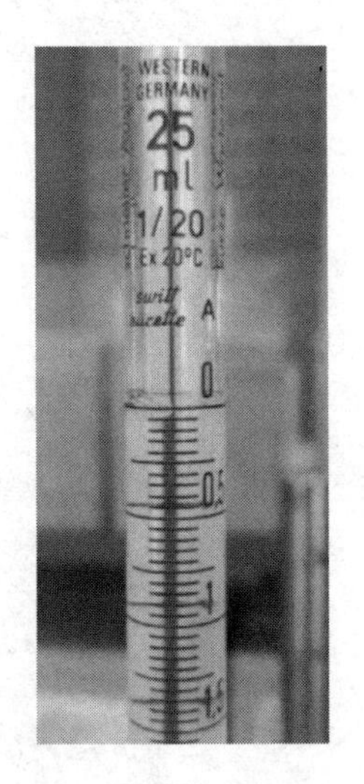

图 11　蓝线管应调至此状

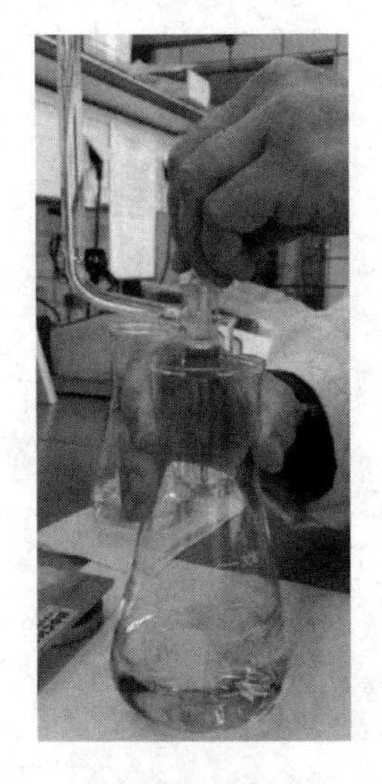

图 12　滴定中要摇锥形瓶

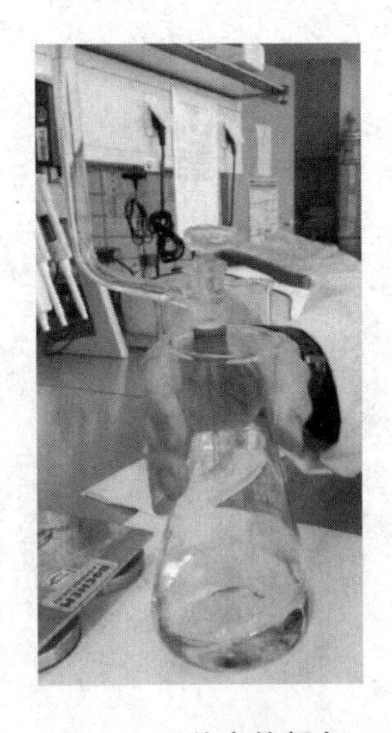

图 13　近终点的颜色

图 14　滴定终点

TEST PROJECT WATER TECHNOLOGY LABORATORY EXERCISE 2

WSC2017 _ TPES01 _ laboratory _ exercise2 _ actual

Laboratory exercise 2

60 MINUTES	7.5 POINTS FOR LABORATORY PROCEDURES 0.5 POINTS FOR TIMETOTAL: 8 POINTS	1 PERSON

Team: ______________

Initial situation

1. Determine the alkalinity of a water sample.
2. Use the accompanying titration instructions.

Work steps

1. Prepare 100mL standard solution of 0.1mol/L hydrochloric acid from a stock solution of 0.5mol/L hydrochloric acid.

2. Calculate the required volume of stock solution with the formula for the "dilution" mixing equation.

3. Use the accompanying titration specification and conduct a triple determination of the standard solution and the sample.

4. Prepare a brief report with your results.

<table>
<tr><th colspan="2">WORK INSTRUCTION</th></tr>
<tr><th colspan="2">Alkalinity titration</th></tr>
<tr><td colspan="2">1 Preparation</td></tr>
<tr><td>1.1</td><td>Prepare the 0.1 mol/L hydrochloric acid standard solution</td></tr>
<tr><td>1.2</td><td>Prepare the burette</td></tr>
<tr><td>1.3</td><td>Keep three erlenmeyer flasks on hand</td></tr>
<tr><td>1.4</td><td>15 drops of indicator are added to each erlenmeyer flask</td></tr>
<tr><td colspan="2">2 Procedures</td></tr>
<tr><td>2.1</td><td>Titrate the standard solution in triplicate by adding the titration solution until the color changes from azure blue to orange</td></tr>
<tr><td>2.2</td><td>Titrate the sample in triplicate by adding the titration solution until the color changes from azure blue to orange</td></tr>
<tr><td>2.3</td><td>Make a note of the consumption values and enter them to your report as alkalinity in mg/L for the sample and mol/L for the standard</td></tr>
<tr><td>2.4</td><td>Standard solution——molar concentration formula: $c_1V_1=c_2V_2$</td></tr>
<tr><td>2.5</td><td>Sample determination——common concentration formula:
$NaOH + HCl \longrightarrow NaCl + H_2O$
$c=(4V / 36.5)\times 1000$
Where, c is common concentration, mg/L; V is titrated volume, mL.</td></tr>
</table>

Handling of pipettes

Pipettes which are adjusted to "Ex" (output)

Correct pipetting using volumetric pipettes with 1 marking (nominal volume in this case: 25mL) and type 2, class AS measuring pipettes (partial volume in this case: 3mL)

Tool: pipetting aid

<table>
<tr>
<td>Filling
1. Fill the pipette using a pipetting aid to a level of roughly 5mm above the desired volume marking
2. Wipe the tip of the pipette dry on the outside using absorbent paper
3. Adjust the meniscus
4. Wipe off droplets remaining on the tip
Emptying
5. Hold the pipette vertically, gently press the discharge tip against the wall of the receptacle which is held at an inclined angle and allow the content to drain-do not remove the tip of the pipette from the wall of the receptacle
6. The 5-second waiting time begins as soon as the meniscus in the tip of the pipette comes to a standstill (for class AS only)
7. After the waiting time has elapsed, draw the tip of the pipette up the wall of the receptacle by about 10mm to wipe it off. In doing so, some of the residual liquid runs off</td>
<td>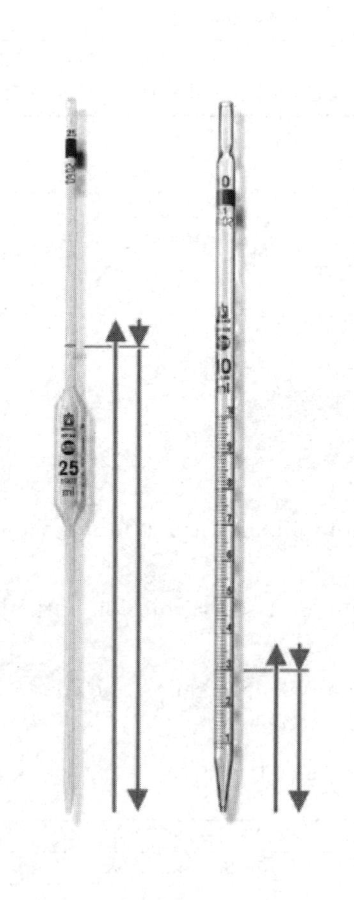</td>
<td>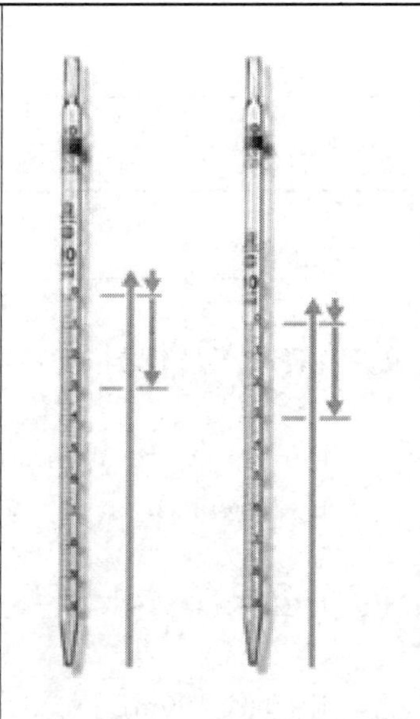
Type 1 and type 3
When using type 1 or type 3 measuring pipettes (zero point at top) the meniscus must:
(1) Initially be set to the zero point after which the liquid is discharged to a level just above the desired partial volume
(2) The meniscus must then be adjusted a second time after a waiting time of 5 seconds</td>
</tr>
<tr>
<td>Note
The remaining liquid in the tip was already taken into consideration when the pipette was adjusted and must not be added to the specimen, i.e. allowed to flow into the receptacle, for example by blowing it out</td>
<td>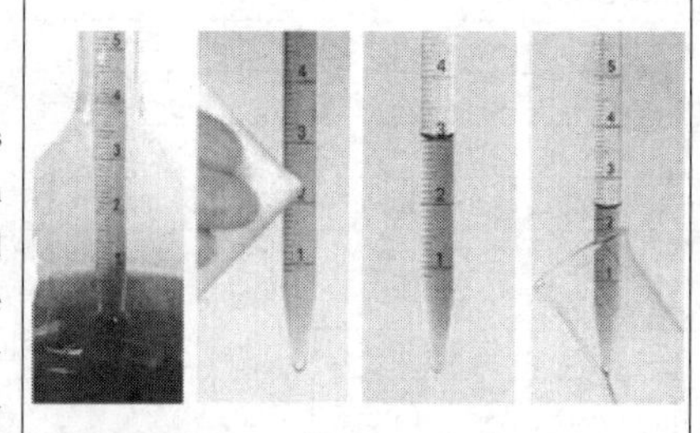
Draw inWipe offAdjust the Discharge meniscus</td>
<td>Working with type 2 measuring pipettes is significantly faster and simpler. Furthermore, type 1 and currently common type 3 pipettes involve the risk of discharging too much liquid during the required second meniscus adjustment, thus making it necessary to mix a new specimen (as is also the case with volumetric pipettes with 2 markings)</td>
</tr>
</table>

Report

	Consumption of 0.1 mol/L hydrochloric acid in ml for the standard	Consumption of 0.1 mol/L hydrochloric acid in ml for the sample
1st titration		
2nd titration		
3rd titration		
Total		
Average consumption in ml		

Molar concentration of standard: ________________ mol/L.

Common concentration of sample: ________________ mg/L.

Hydrochloric acid consumption corresponds to alkalinity.

Solution

水技术项目——泵C操作练习

WSC2017 _ TPES01 _ pump _ competitor _ actual

一、初始状况

1. 在对污水处理厂进行例行检查时，发现消化塔内的偏心螺杆泵发出巨大的噪声。
2. 检查泵，发现问题并修理泵。

二、工作步骤

1. 创建所需材料和工具的列表。
2. 从仓库中获取材料和工具。
3. 排查问题。
4. 取出并更换有缺陷的部件。
5. 将工具和有缺陷的零件返回到仓库，并将其正确存放。

三、任务要求

（1）拆下定子；
（2）取下挡圈；
（3）取下垫圈；
（4）卸下锁定板；
（5）从转头上拆下转子；
（6）拆除分段装置；
（7）拆下吸入外壳；
（8）小心地从定心孔（吸气外壳）上取下O形圈；
（9）拆下防溅圈，以推出插入式轴销；
（10）从电机传动轴上拉出带有轴封的旋转单元；
（11）识别错误。

四、泵组件

（1）将带有轴封的旋转单元推到电机的传动轴上；
（2）插入插入式轴销并安装防溅圈；
（3）小心地将O形圈安装到定心孔（吸入外壳）中；

(4) 组装吸入套管；
(5) 装配分段装置；
(6) 将转子插入转子头；
(7) 安装锁定板；
(8) 安装垫圈；
(9) 安装挡圈；
(10) 插入定子半部；
(11) 连接并拧入调节部分；
(12) 匹配调整段的标签；
(13) 将调整片段设置为适当的间隙。

TEST PROJECT WATER TECHNOLOGY PUMP EXERCISE

WSC2017 _ TPES01 _ pump _ competitor _ actual

Draft monthly report/emergency report exercise

120 MINUTES	11.5 POINTS FOR TROUBLESHOOTING THE PUMP 1 POINT FOR TIME TOTAL: 12.5 POINTS	1 PERSON

Team: ________________

Initial situation

1. During a routine inspection tour of the wastewater treatment plant, you discover that the eccentric screw pump in the digestion tower is making loud noise.
2. Inspect the pump, find the problem, and repair the pump.

Work steps

1. Create a list of required materials and tools.
2. Requisition materials and tools from the warehouse.
3. Troubleshoot the problem.
4. Remove and replace defective parts.
5. Return tools and defective parts to the warehouse, and store them correctly.

水技术项目——应急报告练习

WSC2017 _ TPES01 _ emergency _ report _ actual

一、初始状况

（1）必须为工厂管理/一般管理起草月度报告和紧急报告。

（2）最近四天发生了哪些违规行为，事件和故障？

（3）为月度报告中的以下值准备一个完整的线图：

NH_4-N 曲线：红色；

NO_2-N 曲线：绿色；

NO_3-N 曲线：蓝色；

PO_4-P 曲线：黑色。

（4）紧急报告：以关键字的形式，描述第二天和第三天的工作和实施的措施——有什么改进建议吗？

二、工作步骤

（1）撰写月度报告。

（2）创建线路图。

（3）紧急报告。

TEST PROJECT WATER TECHNOLOGY EMERGENCY REPORT EXERCICE

WSC2017 _ TPES01 _ emergency _ report _ actual

Draft monthly report/emergency report exercise

60 MINUTES	7 POINTS FOR MONTHLY REPORT, EMERGENCY REPORT, LINE DIAGRAMME TOTAL: 7 POINTS	I PERSON

Team: ______________

Initial situation

1. You have to draft a monthly report and an emergency report for plant management/general management.

2. Which irregularities, incidents and malfunctions have occurred during the last four days?

3. Prepare one complete line diagram for the following values from the monthly report:

NH_4-N curve: red

NO_2-N curve: green

NO_3-N curve: blue

PO_4-P curve: black

4. Emergency report: In the form of keywords, describe your work and the measures you implemented on days 2 and 3—do you have any suggestions for improvement?

Work steps

1. Draft the monthly report
2. Create the line diagramme
3. Emergency report

IRREGULARITIES, INCIDENTS, MALFUNCTIONS	DONE
Day 1:	
Day 2:	
Day 3:	

continued table

IRREGULARITIES, INCIDENTS, MALFUNCTIONS	DONE
Day 4:	

EMERGENCY REPORT	DONE
Description and documentation of work executed and utilized materials	
Valves and Pipes:	

continued table

EMERGENCY REPORT	DONE
Description and documentation of work executed and utilized materials	
Pump:	
EduKit:	

continued table

EMERGENCY REPORT	DONE
Description and documentation of work executed and utilized materials	
Sand filter:	

	POINTS EARNED	POSSIBLE POINTS
Monthly report		
Meter values, nos. 1 to 9 (days 1 to 4)		2
Name		0.5
Date		0.5
Subtotal:		3
Irregularities, incidents, malfunctions		
Day 1		
Day 2		
Day 3		
Day 4		
Subtotal:		
Emergency report		
Pump: Description of the malfunction, detailed description of the work steps		
Utilized materials		
EduKit: Detailed description of the work steps		
Utilized materials		
Sand filter: Detailed description of the work steps		
Utilized materials		
Slide valve: Detailed description of the work steps		
Utilized materials		
Subtotal:		1

Line diagram		
Diagram heading		0.3
Arrows on axes		0.3
X and Y-axis labelling		0.3
Correct scale		0.3
Curves drawn correctly		0.3
Curves drawn in correct colour		0.3
Key: color of the curves		0.3
Units of measure		0.3
Labeling the curves		0.3
Well executed diagram		0.3
Subtotal:		3

OVERALL SCORE		MAX. 7

Checked by:

Expert 1　　　　Expert 2　　　　Expert 3

附 件

附件 1 WORLDSKILLS STANDARDS SPECIFICATION

	SECTION	RELATIVE IMPORTANCE (%)
1	Work organization and management	10
	The individual needs to know and understand： (1) principles and applications of safe working in general and for water and waste water treatment and operation in the networks and in sludge and solid waste management (2) the purposes，uses，care，calibration and maintenance of all equipment and materials，together with their safety implications (3) environmental and safety principles and their application to good housekeeping in the work environment (4) principles and methods for work organization，control and management (5) principles of team working and their applications (6) the personal skills，strengths and needs that relate to the roles，responsibilities and duties of others，individually and collectively (7) the parameters within which activities need to be scheduled The individual shall be able to： (1) prepare and maintain a safe，tidy and efficient work area (2) manage and dispose of the refuses produced in the work area (3) prepare for the tasks in hand，with full regard to health and safety (4) schedule work to maximize efficiency and minimize disruption (5) select and use all equipment and materials correctly and safely，in compliance with manufacturers' instructions (6) apply or exceed health and safety standards with regard to the equipment and materials as well as the protection of the environment (7) maintain the work area to an appropriate state and condition (8) contribute to team performance broadly and specifically (9) give and take feedback and support	
2	Communication and interpersonal skills	10
	The individual needs to know and understand： (1) the range and purposes of documentation in both paper and electronic form (2) the technical language associated with the occupation and the industry (3) the standards required for routine reporting and at normality，written and electronic form (e. g. values，figures，units，minimal information，recommendations)	

continued table

	SECTION	RELATIVE IMPORTANCE (%)
2	Communication and interpersonal skills	10
	(4) the required standards for communication with suppliers, public and clients, team members and others (5) the purposes and techniques for generating, maintaining and presenting records The individual shall be able to: (1) read, interpret, and extract technical data and instructions from documentation in any available format (2) communicate by oral, written and electronic means to ensure clarity, effectiveness and efficiency (3) use a wide range of communication technologies (4) discuss complex scientific and technical principles and its applications with others (5) respond to issues and questions arising and reporting (6) respond to clients' needs face-to-face or indirectly (7) gather information and prepare documentation for clients and others	
3	Electrical	10
	The individual needs to know and understand: (1) The basic principles of electricity (2) The basic principles of electrical systems (3) The basics of electrical control of machines and actuators (4) Circuit- and P&I-diagrams as well as operating manuals and/or instruction manuals (5) The protection methods of electrical systems (6) The danger and risk while working with electrician (7) Analysis techniques for fault finding (8) Strategies for problem solving (9) Methods and procedures for identifying high energy consumers (10) Strategies for energy efficiency The individual shall be able to: (1) Disengage electrical equipment commonly used in water and wastewater treatment plants (2) Identify and resolve areas of uncertainty (3) Identify the different components within a control cabinet and their functionality (4) Replace the defective components within a control cabinet (5) Take electrical measurements and interpret/verify the results (6) Connect wires/cables according to industrial standards (7) Install, set up and adjust/calibrate electrical and sensor systems in accordance with the manufacture specification (8) Ensure connection of all wiring according to the circuit diagram (9) Ensure the functionality of the electrical system (i. e. : rotation direction)	
4	Mechanical	10
	The individual needs to know and understand: (1) The basic characteristics of materials and how they react (metals, composites, plastics, etc.) (2) The basics in processing methods of different materials (3) The basics of connection techniques (4) The basics of mechanical engineering (mechanics, sealing methods, gear technology, etc.)	

continued table

	SECTION	RELATIVE IMPORTANCE (%)
4	Mechanical	10
	(5) The basics of fluids (6) Criteria and methods for testing equipment and systems (7) Analysis techniques for fault finding (8) Techniques and options for mechanical repairs (9) Strategies for problem solving (10) Principles and techniques for generating creative and innovative solution (11) What water loss and leakage is, its potential causes and potential solutions for prevention The individual shall be able to: (1) Repair components or assistance efficiently (2) Monitor and control process equipment (3) Adjust and/or calibrate systems where necessary, according to instruction manuals (4) Use accessories correctly (5) Ensure the correct function of the system (6) Adjust process parameters (7) Identify cost drivers and define methods for its minimization (8) Work in a professional manner (9) Identify equipment that requires preventive maintenance and develop/take appropriate measures (10) Create quick and reliable makeshift solutions as an interim in emergencies	
5	Environment Protection	10
	The individual needs to know and understand: (1) The logical sequence of network flow and purification steps (2) The hazardous aspects and points for the environment (danger/risk analysis) (3) Different mitigation methods (4) The basic calculations required within water and wastewater network and treatment processes (5) New trends in environmental processes and protection (6) Dangers of relevant hazardous substances used on the networks and plants (7) The different potential hazardous sources in the vicinity, their potential contents and their possible effects (8) Contingency plans The individual shall be able to: (1) Operate all steps within a water or wastewater network and treatment plants (2) Execute proper preventive or correction actions in order to maintain efficiency within all treatment steps (3) Perform calculations based on given facts (4) Identify potential problem zones and devise remedies accordingly (5) Communicate with the defined target groups, in order to give the correct information about the types of refuse that can be disposed in the wastewater collection system (6) Communicate with the defined target groups, in order to give the correct information about a water distribution system, its possible flaws, water quality and shortage periods (7) Take measurement and carry out analyses for process and quality control	

continued table

	SECTION	RELATIVE IMPORTANCE (%)
5	Environment Protection	10
	(8) Monitor and document in compliance with legal requirements (9) Work in a cost, environmental and hygiene-conscious manner (10) Use different energy forms (electricity, oil, gas, air, water and steam) (11) Review the possibilities of economical energy use (i. e. : mitigation of leakage or usage of heat) (12) Avoid the use of hazardous substances and make proposals for their replacement (13) Create and evaluate contingency plans	
6	Chemical and Biological	25
	The individual needs to know and understand: (1) The basic and principles of solvents and solution preparation, mixing and dilution, including basics calculation (2) The proper use of each specific glassware, analytical equipment or instrument (3) How to read and execute standard analytical assay protocols (4) The basics and principles of sample pre-treatment, storage, sample preserving and sample taking (5) The basic and principles of measuring samples using different techniques (classical and instrumental analysis) (6) Principles of chemical analysis—quality assurance (7) Principles of biological analysis—quality assurance (8) The basic and principles of the statistical analysis that concern the specific sample (e. g. standard calibration curves, quantification limit, standard deviation) (9) Basic operation/function of laboratory equipment The individual shall be able to: (1) Prepare any kind of chemical reactants or solutions (2) Execute analytical measurement using the proper glassware, equipment and instrument, according to the specific assay protocol (3) Clean and calibrate equipment and instruments before starting the protocol (4) Take samples, including its preservation and pre-treatment (5) Use properly any laboratory equipment according to their function (6) Follow chemical and biological analysis protocols and quality (7) Clean and store the equipment and instruments used (8) Estimate the concentration of an unknown sample, using the proper analytical method, protocol and statistical analysis (9) Document results/findings (10) Provide information about the water or wastewater quality, in order to identify any kind of problem within the water or wastewater treatment steps (11) Acquire information about the water or wastewater quality, in order to identify and execute preventative or corrective actions along the treatment steps (12) Provide information about the water or wastewater quality in order to fulfil laws and regulation aspects, aiming to keep the population safe and healthy	

continued table

	SECTION	RELATIVE IMPORTANCE (%)
7	Automation and documentation	15
	The individual needs to know and understand: (1) The basic principles of sensor technology (2) The basic principles and functionality of closed loop technology (3) The basic principles of actuators (4) The basic principles of control technology (5) Analysis techniques for fault finding and solving The individual shall be able to: (1) Identify cost drivers and define methods for its minimization (2) Interpret and differentiate circuit diagrams (3) Regulate and adjust components for their efficient use (4) Identify different automation components within a system and make qualified adjustments (5) Identify elements within process control, together with their functionality (6) Monitor, control and regulate systems manually and by using control and communication systems (7) Document all data in electronic and/or paper form	
8	Application of Health and Safety Measures	10
	The individual needs to know and understand: (1) Principles and practices of hygiene (2) Risk assessment for biological, chemical, electrical, thermal and mechanical-operations (3) Health and work related regulations (4) The meaning of relevant danger and safety symbols/signage (5) Health maintaining regulations, personal protective equipment (PPE) The individual shall be able to: (1) Recognize and analyse risks (2) Create/develop safety instructions (3) Apply and adhere to work related safety and accident mitigation regulations (4) Identify health and safety hazards as well as dangerous situations in the workspace environment and generate actions/steps towards their mitigation	
	Total	100

附件 2　集训队建设规划

1. 集训队的建设

一个集训队的组建，标志着参加比赛的开始。然而在建队之初，明确建设目标和相关途径，是决定该项目的基本条件或是决定该项目能走多远的重要因素，笔者就目前研究的成果，对此问题谈一点看法，供大家参考！

1.1　教练组（专家组）的建设

由于该项目是一个新项目，自身还有待完善，因此有许多不确定的因素。但基本思路是非常清楚的。即应该有五个专业大方向：水处理工艺、水处理机械、水处理自动化控制、水处理分析检测和水处理微生物检测。然而就目前国内现状来看无论是大学、高职学院、中职学校，还是技校，没有一个学校有如此门类齐全的对应专业，同时国内各水处理厂也很少有这样的全才，因此，可能由3～4人组成一个教练组（专家团队）是比较现实的解决方案。

在该团队中，组长的选择是最为重要的一环，该人必须具备如下品质：

① 良好的敬业精神，同时是该方面的权威人士，对水处理项目有全面的了解和把控能力；

② 具有良好的团队意识，能认真倾听他人的意见，调动团队所有人的工作激情；

③ 能及时发现训练中存在的问题，并针对选手的特点，及时修正训练计划，调整选手的训练状态；

④ 能协调各方关系，使工作重心得以落实。

教练组（专家团队）其他成员的选择，需要遵循下列原则：

① 具备整体平衡原则。即在该组成员内，必须涵盖上面五个专业方向，这样训练出来的选手，才能是全面的，不会出现明显的弱项；当然最好是3～4人中，每人都清楚2～3项，那才是最理想的状态。

② 有责任心和顾全大局的意识。该成员必须有强烈的责任心和事业心，不能相互计较得失。虽然各自任务需要明确，但合作过程中，一定要相互补台。发现问题后，除下面个别交流外，在选手面前要相互补台，弥补训练中存在的遗漏。

③ 成员的操作技能和技巧。成员中最好每个人都是操作高手或至少要有一半是操作能手，这样能够及时发现和纠正选手训练中暴露出的问题，而不至于出现错误的操作习惯。

④ 男女比例要适宜。由于性格、亲和力、耐心程度等方面的原因，教练组（专家团队）有1～2位女同志为宜（5人中有2人最好），特别是在大家讨论激烈的时刻，往往女同志的参与，会使讨论气氛更加和谐。

⑤ 要有竞争的意识。当团队中引入适当的竞争机制后，工作热情和工作效率才能充分提高。

1.2　集训队选手的选拔

选手是比赛的主体，是工作的中心，选出好的苗子，再加后天的有效培养，才能结出丰硕的果实。然而，好的选手应具备的条件有哪些？

（1）有发展潜质的选手应具备的条件

选择出的选手，除需要有良好的基础专业技能外，还需要具备一些其他能力，在国赛的赛场上，前5名选手的技能水平，差距并不大，经研究发现，优秀选手需要具备如下发展潜质：

① 必须具备强有力的竞争意识，渴望胜利的人，才能有战胜困难的决心；

② 具有良好的学习兴趣和好奇心，这是努力学习的基础；

③ 动作快速、敏捷，这是完成工作的基础；

④ 具有良好的臂力与耐力，这是完成机械操作工作的前提；

⑤ 具有一定的身高，手要能在 1.70～1.75m 左右高度处操作；

⑥ 具备良好的时间管控能力，最理想的选手是可以通过呼吸或走步，预估出所用时间；

⑦ 具备良好的语言沟通和及时发现问题的能力。

(2) 集训队选手人数的确定

集训队选手人数的确定，是一个技术含量非常高的问题，它既包括单位的投入成本，又涵盖教练质量、选手的心理承受能力、教练的心理变化等一系列问题。目前通用的做法是：

① 层层选拔原则。即最终确定的选手，一定要经过 4 次以上选拔过程；

② 备份原则。即最终确定的选手，一定是两人，且两人的年龄差要在 2 岁或大于 2 岁，但最好不要大于 3 岁；

③ 梯队性原则。即集训队必须有 1 队和 2 队之分，2 队选手的年龄最好比 1 队小 2 岁以上。

从项目发展的角度看，这样的选手结构，有利于项目的可持续发展，对单位的投入而言，是既经济又有效的。

(3) 集训队选手的组成与筛选过程

集训队的组建，一般是在前一个项目确定了参加世赛选手以后，就要着手准备，一般是在 4 月底前粗筛完毕。

① 集训队选手的基础人数。集训队选手的基础人数不宜过多，即超过 20 人及以上，是不利于该专业发展的，但也不能太少，当少于 8 人时，则无法组建出具有选择价值的集训队。集训队的初始组建人数以 10～15 人为宜。

② 游戏与竞争意识的建立，是集训队选手筛选的基础。学习的原动力是“兴趣”，没有学习兴趣的学习，一定是不可持续的。为此，在集训队初建期，要结合学习项目，多组织些“参观”“游戏”“讨论”等活动，一是要增加选手的学习兴趣，二是要观察与发现选手的特长，以便在后面的选拔和训练中，有针对性地加以提高或弥补不足。要根据选手整体的特点和训练方法，有意识地安排 1～2 个月的训练准备期。

加强竞争意识的培养，是选拔选手的重要任务。在这个层面上，选手基本上不具备竞争意识。然而，比赛就一定要有“输和赢”之分，如何面对输赢，是确认有无培养价值的关键所在。

第一步是要建立起选手的自信心，在讨论与沟通中，让选手“自我解读”出自己的优势与不足，要充分地认清自己在学习过程中，哪些部分是强项、哪些部分与他人相当、哪些部分存在明显的差距，这是培养竞争意识的开始。第二步就是要有意识地提高比赛量，调整选手间的差距，用队内的比赛成绩及分析，有意识地培养选手间的竞争意识，即“自我发现”和“自我成长”阶段。当该阶段建立和正常运行后，选手间的主观能动性才能真正地被调动起来，在该阶段中，一定要注意选手的情绪变化，充分鼓励选手的“自我认识”和“自我发现”，并主动培养选手“倾听与分享”的发展与完善。第三阶段，就是要鼓励选手“树立目标”。

若队内有 1～2 人能完整地通过这三个阶段，则选手的培养与选拔就非常成功了。

③ 陪练与后备梯队的关系。比赛的实质是比后备梯队的实力，如陪练选手的实力不计，没有适宜的后备梯队，则该项目最多是“昙花一现”，不可能有后劲。

在陪练选手的选拔中，最好是陪练选手比正选选手小 1～2 岁（以小 2 岁为最佳），同时不要过早地让陪练选手清楚自己的身份，这会对正选选手产生压力，迫使正选选手的训练与提升加快。此外，陪练选手也能有较大的提升，为下一届参赛打好基础。

正选选手和陪练选手还必须负责后备梯队选手的训练与培养，它的作用有两个方面：一是在教后备选手的过程中，动脑思考和理解相关技能要点，为自身的提高和整体设计提供一手数据；二是发现后备选手存在的问题，有利于自己的提高，不会犯同样的错误。

2. 集训计划的制定

教练组和集训选手都选出后，就要确定集训计划。集训计划与选手的筛选是相互对应的，一般集训计划至少要分成五段制定，这与集训时间长短有关，同时也要从选择选手的专业考虑，以最接近“水处理技术”项目的高级技工学校的“环境保护与检测专业”中的“环境保护”方向为例进行分析。由于该专业学生大部分已经学习了工业污水（或城市污水）处理工艺知识与操作和微生物镜检知识与操作，以及污水絮凝沉淀方面的技能，因此，这三部分技能可以合在一起进行集训。但分析检测、水处理机械、自动化控制、水处理虚拟工厂等四个项目依然需要进行系统培训，所以培训范围和培训量都是非常大的。

各阶段培训目标和选手筛选方法。为保障培训目标和任务的明确，我们建议分成两部分制定。

（1）环境保护与检测专业——环境保护专门化方向

该专业的培养目标是环境保护工艺方面，自然会涉及一些“水处理工艺”方面的知识与技能，甚至有些学校还会涉及相当多的部分水处理机械方面的操作技能，这属于有专业基础的选手，如“江西环境工程职业学院”就是这样一所学校，其培训计划建议按附表 1 制定。

附表 1　有基础性的训练计划

序号	培训目标	培训时间	培训方式	培训教师	考核方法
1	基础知识与技能培训（串讲和操作）	3 个月（打基础和全面考察）	大课、企业参观与重点车间操作、重点实验操作	教练组和企业技术员	筛除明显目的不纯的个别选手
2	基本操作培训（不动费斯托和 VR 设备）	3 个月（发现选手特长潜质）	依据搜集资料进行全面系统的操作训练（分组练赛）	专项技能高手指导	筛除有明显差距的个别选手
3	比赛、交流	1 个月	集训队内或地区间比赛	不同教师参加	有目标重点培养
4	强化性训练（针对性）	2 个月（选拔性）	队内比赛与纠正问题结合	专项高手指导	确定正选选手
5	赛前强化（节奏调整），与比赛项目相同	2 个月（强化），增加费斯托	增加训练项目与强度，调整比赛心态	指导性训练，增加应变性	2～3 人的针对性训练与考核

注：培训筛选周期为 1 年（11 个月，除寒暑假部分时间，春节、国庆节等时间）。

然而，大多数学校是属于没有该专业基础的学校，如北京市工业技师学院，虽然有“环境保护与检测专业”，但他们的专业方向是分析检测方面，没有涉及工艺方向，选手在课程中，没有介绍过工艺方面的知识，即使原来有的“化工原理”课，也因某些特殊原因而取消，为此，类似该专业情况的选手，需要制定具有针对性的培训计划，如附表 2 所示。

附表 2　无基础性的训练计划

培训内容	培训目标	培训时间	培训方式	培训教师	考核方法
基础知识培训	水处理中物料传输及设备	3.5 个月（打基础和全面考察）	以操作引领理论学习	校企结合，教练组与企业高手联合，学校提需求	前 45 天四个项目穿插交替；中间 45 天讲练结合；后 17 天考筛 1/3
	水处理工艺（化学、生物、物化）		以参观讨论自主学习		
	水处理过程自动化控制基础		讲练结合，问题引导		
	水处理工艺微生物检测		企业实践，操作为主		
规范强度培训	物料传输设备提高性训练	4.5 个月（强化性和系统性训练）	规范和速度对比	选手自行训练分析为主，教练抽查评议为辅	不定期分别考核 4 次，用加权平均法确认留 4 人
	处理工艺（化学、物化）训练		基本条件优化		
	自动化控制应用训练（费斯托）		速度和控制模式变化		
	微生物镜检及染色训练		速度与准确性训练		
	分析检测项目		执行方法规范及速度		
比赛交流	有针对性选择 3 家学校进行走训，检查应变能力和效果	15 天（适应考核）	以考代练，自我评价，及时总结与对比	以手机录像分析评判	初步确认主力选手
时间准确快速强化	物料传输设备提高性训练	2 个月针对性训练，要解决规范、速度、可对比	干扰性训练、应变性训练、不公正性扣分情况下的适应性强化性训练	随意变换相关教师或企业技术人员	变化教练，改变规则，随意扣分等，观察选手的心态、情绪波动
	处理工艺（化学、物化）训练				
	自动化控制应用训练（费斯托）				
	微生物镜检及染色训练				
	分析检测项目				
赛前调整	赛前强化性训练（节奏调整与优化），与比赛项目相同	15 天调整强化	调整比赛心态，应变能力强化训练	变化时间与内容，查应变能力	确认选手状态，预估比赛成绩

（2）明确训练目标和训练项目

由于水处理技术项目是一个全新的比赛项目，国内只进行过一次全国选拔赛，可借鉴的资料很少，因此训练项目的确认就是一个难题。然而，还是有一些途径可寻的。

① 可以从 2019 年世赛官网上查到第 45 届世赛“水处理技术”项目的相关文件与论坛，了解第 45 届世赛的相关动态与变化情况，选择训练项目；

② 可以根据国内第 45 届世赛选拔赛相关模块，了解国内“水处理技术”项目研究成果与比赛动态，选择训练项目；

③ 可以根据国内第 45 届国家集训队“水处理技术”项目的晋级赛项目，选择训练项目；

④ 可以根据石油和化学行业第十一届技能竞赛“水处理技术”项目设置的比赛项目，选择训练项目。

附表 3　对 2020 年第 46 届全国选拔赛项目的预判

序号	考核模块	考核方式
1	VR 虚拟仿真与虚拟工厂操作	循环方式考核
2	费斯托模块操作	循环方式考核
3	泵管阀连接与故障排除操作	循环方式考核
4	絮凝实验室操作	平行方式考核
5	化学实验室分析检测操作	平行方式考核
6	微生物镜检操作	平行方式考核
7	水处理综合指标分析或个人安全防护操作	平行方式考核

从 2019 年 8 月到 2020 年第 46 届世赛全国选拔赛（附表 3），可能只有 8 个月的时间，如集训还未开始，基本目标还未确定，则 2021 年第 46 届世赛，其成绩可想而知。

3. 资金设备的规划

集训和比赛是一个需要资金和设备支持的项目，就以第 45 届世赛水处理技术项目为例，参加喀山比赛选手的训练设备，各买两套，就需要近两千万元左右，还不算训练经费和交流比赛费。当然只参加国内选拔赛和国内行业比赛，则费用就会少许多，但一些基础性设备与建设也需要一定的资金投入。以预判的第 46 届全国选拔赛——“水处理技术”项目为例，需要购买的设备、训练经费等规划见附表 4。

附表 4　需要购买仪器、设备、药品等基本经费预算（以 4 人 11 个月计）

序号	项目（仪器、设备、药品等）	单价/元	台套数	合计/元	备注
一、仪器设备类（共计：104 万元）					
1	费斯托设备（含备件）	约 200000.00	2 套	400000.00	
2	絮凝实验设备（含浊度仪）	约 70000.00	2 套	140000.00	
3	泵管阀及物料传输设备	约 100000.00	2 套	200000.00	
4	微生物检测设备	约 10000.00	1 套	10000.00	
5	化学实验室分析检测设备	约 70000.00	2 套	140000.00	
6	VR 虚拟仿真设备	约 150000.00	1 套	150000.00	
二、实验药品、耗材类（共计：37 万元）					
1	化学试剂类			约 300000.00	
2	备品、备件耗材			约 50000.00	
3	设备维修、校验费			约 20000.00	
三、其他支出（共计：50 万元）					
1	企业专家讲课费			约 100000.00	
2	企业参观交流费			约 50000.00	
3	走训交流费			约 50000.00	
4	聘请校外专家讲课费			约 50000.00	

续表

序号	项目（仪器、设备、药品等）	单价/元	台套数	合计/元	备注
5	参加各种比赛费			约 50000.00	
6	宣传费			约 50000.00	
7	其他支出费			约 50000.00	
总　计				约 2000000.00	

参考文献

[1] 世界技能大赛中国组委会组织．世界技能大赛知识普及读本［M］. 第 2 版. 北京：中国劳动社会保障出版社，2017.

[2] 廖传华，朱廷风，代国俊，等. 水处理过程与设备丛书［M］. 北京：化学工业出版社，2016.

[3] 胡伟光，张桂珍. 无机化学（三年制）［M］. 北京：化学工业出版社，2020.

[4] 初玉霞. 有机化学［M］. 第 3 版. 北京：化学工业出版社，2020.

[5] 袁騉，李淑荣. 高级分析工［M］. 北京：化学工业出版社，2004.

[6] 赵秀琴，王要令. 化工原理［M］. 北京：化学工业出版社，2020.

[7] 陆美娟，张浩勤. 化工原理（上册）［M］. 第 3 版. 北京：化学工业出版社，2020.

[8] 陈国桓，陈刚. 化工机械基础［M］. 第 3 版. 北京：化学工业出版社，2019.

[9] 严金云. 电工基础及应用——信息化教程［M］. 北京：化学工业出版社，2019.

[10] 田文德，陈秋阳，李正勇，等. 化工工艺虚拟仿真与安全分析［M］. 北京：化学工业出版社，2018.